프렌즈 시리즈 19

프렌즈
싱가포르

박진주 지음

Singapore

중앙books

여행작가_박진주

일찌감치 동남아의 묘한 매력에 빠져 골목골목 누비고 다녔다. 짧게 가는 여행에 목마름만 더해져 하던 일을 그만두고 본격적으로 여행을 다니기 시작했고 이제 좋아하는 여행을 업으로 삼는 행운까지 얻게 되었다. 여행과 사진을 사랑해 현재는 해외 곳곳을 발로 뛰며 사진을 찍고 글을 쓰고 있다. 여행지에서 맞는 아침, 낯선 골목길 탐험, 뜨거운 태양 아래서 마시는 시원한 맥주 한잔이 그를 가장 행복하게 한다고, 'No Travel, No Life!'를 외치며 오늘도 열심히 여행 계획 중!

주요 저서 『베스트 프렌즈 싱가포르』, 『시크릿 타이베이』, 『서울, 단골가게』, 『발리 100배 즐기기』, 『말레이시아 100배 즐기기』, 『필리핀 100배 즐기기』

홈페이지 www.LetterFromLeely.com | **이메일 l_b_v@naver.com**

Special Thanks

먼저 해외 출장이 잦은 딸내미가 늘 걱정인

사랑하는 부모님과 오빠에게 출간의 기쁨과 감사를 전합니다.

늘 아낌없이 주는 나무가 되어주는 나의 시모와 싱가포르에서 외로이 취재하는 나를 위해

날아와 준 소울 메이트 유진과 베스트 주희, 그리고 나인틴 친구들!

나의 멘토이신 제스 언니에게도 감사를 표합니다.

좋은 책이 나올 수 있도록 힘써 주신 손모아 편집자님,

멋지게 디자인해 주신 디박스 이기연 · 김상란님, 예쁜 일러스트를 그려주신 주아름님,

중앙일보 어문연구소 김형식 부장님 감사합니다.

또한 싱가포르항공의 이혜원 부장님을 비롯한 관계자 여러분께도 깊은 감사드립니다.

마지막으로 현지에서 도움 주신 많은 분들에게도 모두 진심으로 감사를 드립니다.

Thank you!

Prologue

저에게 '싱가포르'는 남다른 애정과 추억이 있는 곳입니다.

20대의 시작을 함께했던 곳이고 한창 여행과 일에 빠져있을 때 많은 인연을 맺은 곳이기도 합니다.

싱가포르에 처음 가게 되었을 때를 생각해보면,

이토록 싱가포르에 푹 빠질 것이라고는 전혀 상상하지 못했습니다.

누구나 그렇듯 저 또한 싱가포르 하면 빌딩이 가득한 인공적인 도시,

이삼일이면 얼추 다 둘러볼 수 있는 작은 나라라고 생각했습니다.

하지만 그런 편견은 택시를 타고 공항에서 숙소로 향하는 그 짧은 시간에 와르르 무너졌지요.

그곳은 밋밋한 회색 도시가 아니라 녹음으로 뒤덮인 싱그러운 도시,

화려한 시티라이프를 즐길 수 있는 트렌디한 도시이자 다채로운 민족과 문화를 가진

팔색조 같은 도시였습니다. 그렇게 싱가포르와 사랑에 빠졌습니다.

작은 도시임에도 불구하고 골목만 돌면 전혀 기대하지 못했던 이국적인 풍경이 펼쳐지고

새로운 아이디어들이 넘쳐나니 질릴 틈이 없었습니다. 또한 워커홀릭의 나라라고 불릴 만큼

열정 넘치는 싱가포르 사람들에게서 뜨거운 에너지를 받기도 했습니다.

여행을 좋아하고 여행에 푹 빠져 지내다가 운 좋게도 여행하는 것이 직업이 되었습니다.

그렇게 몇 해 치열하게 여행하고 작업을 이어가다 보니 어느 순간 여행이 정말 일처럼 되어버렸습니다.

온전히 여행을 즐기는 것이 아니라 하지 않으면 안 되는 작업이 되어 스트레스가 쌓이고

여행의 기쁨도 잃어가고 있었습니다. 그맘때 싱가포르와 다시 만나게 되었습니다.

20대의 마지막을 싱가포르에서 지내면서 잠시 잊고 있었던 여행의 설렘,

새로운 것들이 주는 영감을 다시 느꼈습니다.

열정적인 싱가포르 사람들의 에너지를 받으며 선물 같은 시간을 보냈습니다.

그리고 제가 느끼고 얻은 것들을 이 책에 고스란히 담고자 노력했습니다.

이 책을 읽고 계신 여러분에게도 이토록 멋진 싱가포르를 전해드리고 싶습니다.

이 책과 함께 싱가포르에서 여행의 기쁨을 발견하고 에너지를 충전할 수 있기를 빕니다.

Previews
일러두기

이 책에 실린 정보는 2019년 11월까지 수집한 정보를 바탕으로 하고 있습니다. 따라서 현지 볼거리·레스토랑·쇼핑센터의 요금과 운영 시간, 교통 요금과 운행 시각, 숙소 정보 등이 수시로 바뀔 수 있습니다. 때로는 공사 중이라 입장이 불가하거나 출구가 막히는 경우도 생깁니다. 저자가 발빠르게 움직이며 바뀐 정보를 수집해 반영하고 있지만 뒤따라가지 못하는 경우도 발생합니다. 이 점을 감안하여 여행 계획을 세우시기 바랍니다. 혹여 여행의 불편이 있더라도 양해 부탁드립니다. 새로운 정보나 변경된 정보가 있다면 아래로 연락주시기 바랍니다.

저자 이메일 l_b_v@naver.com | 편집부 전화 02-6416-3922

1*싱가포르 인트로

싱가포르를 처음 방문하는 초보여행자와 시간이 없는 비즈니스 여행자를 위해 준비했다. 꼭 가봐야 할 최고의 명소와 쇼핑, 꼭 맛봐야 할 음식과 레스토랑, 쇼핑 팁과 선물 리스트 등을 간략하게 소개했다. 이 부분만 참고해도 가뿐한 싱가포르 여행을 즐길 수 있다.

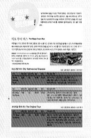

2*싱가포르 베스트 추천 루트

여행을 준비하는 데 가장 중요한 것은 일정 짜기. 이 책에서는 2박3일·3박4일·4박5일 맞춤일정을 제시한 기간별 추천 코스와 가족·허니문·쇼핑 등 테마별 추천 코스를 제시했다. 주머니가 가벼운 실속 여행자 vs 가족이나 허니문 여행자를 위한 럭셔리 여행 예산 짜기는 덤이다.

3*싱가포르 지역 구분

싱가포르 총 12개 지역, 싱가포르 주변국 4개 지역으로 구분했다. 도입부의 간략한 소개를 통해 전반적인 지역 이해도를 높였다.

4 * 효율적으로 둘러보기

지역마다 효율적인 추천 코스와 이동 방법을 한눈에 보여준다.
명소 중에서도 Must do it을 통해 놓치지 말아야 할 리스트를 콕
짚어준다. 낯선 도시에 대한 두려움을 빨리 해소하고 핵심 볼거
리를 알차고 재미있게 관광할 수 있다.

5 * 싱가포르의 볼거리·쇼핑·레스토랑·나이트라이프·숙소

지역별 세부 볼거리, 대형 쇼핑센
터와 로드숍, 서민적인 호커 센터
부터 셀러브리티 셰프의 파인 다
이닝 레스토랑, 요즘 뜨는 나이트
라이프 스폿, 종류별 추천 숙소
등을 소개했다.

6 * 싱가포르 전역의 최신 지도

본문에 소개한 다양한 볼거리와 레스토랑, 쇼핑 스폿, 숙소 위치
를 지도에 표시했다. 본문 상세 정보에 표시된 Map P.000-A1
을 참고해 지도와 연계해 보면 찾기 쉽다. 홀더지도는 싱가포르
전역을 한눈에 볼 수 있어서 여행 계획을 짤 때 편리하다.

7 * 지도에 사용한 기호

🚇 MRT 역	Ⓓ MRT 출구 번호	Ⓜ 마사지
🚌 버스 터미널	● 관광 명소	Ⓝ 나이트라이프
🚝 모노레일 역	Ⓢ 쇼핑	Ⓗ 숙소
🚋 비치 트램	Ⓡ 레스토랑	🛈 관광안내소
⛴ 페리 터미널	Ⓒ 카페	

목차
Contents

Bucket List
Singapore
싱가포르에서 꼭 해야 할 일

한정된 시간에 무엇을 하고 즐겨야 할지 고민인 여행자들을 위해 싱가포르에 왔다면
한번쯤 해봐야 할 버킷 리스트를 공개한다. 보고 먹고 느끼면서 오감으로 싱가포르를 즐겨보자.

버★킷 리스트 1 싱가포르 대표 테마파크 탐방하기

싱가포르에서만 만날 수 있는 특별한 테마파크와 관광지를 즐겨보자. 세계 최초의 야간 개장 동물원인 나이트 사파리는 울타리 없이 신비로운 동물의 세계를 엿볼 수 있다. 어트랙션의 천국 센토사는 활동적인 여행자라면 반드시 가봐야 할 섬으로 아시아에서는 두 번째로 유니버설 스튜디오까지 상륙해 인기가 나날이 높아지고 있다. 관광을 좋아하지 않는 이들이라도 이 두 가지는 꼭 경험해볼 것을 적극 추천한다.

유니버설 스튜디오

나이트 사파리

버★킷
리스트
2
쇼핑 천국, 오차드 로드와 하지 레인에서 쇼핑 즐기기

싱가포르는 쇼퍼홀릭을 유혹하는 쇼핑 천국이다. 특히 오차드 로드는 대형 쇼핑몰들의 격전지로 명품 브랜드부터 저가 브랜드까지 논스톱으로 만날 수 있다. 대표적인 쇼핑몰로는 아이온, 파라곤, 만다린 갤러리 등을 꼽을 수 있다. 독특한 스타일을 찾는 트렌드세터라면 하지 레인을 주목하자. 좁은 골목에 개성 넘치는 셀렉트 숍과 디자이너 숍이 줄줄이 이어진다.

오차드 로드

아이온

하지 레인

버★킷
리스트
3
싱가포르의 아이콘들 만나기

싱가포르에 대해 잘 모르는 사람이라도 '싱가포르' 하면 떠오르는 아이콘들이 있을 것이다. 멀라이언 파크에서 입에서 물을 뿜는 멀라이언과 함께 사진을 찍고 바로 앞에 위풍당당하게 서 있는 마리나 베이 샌즈를 가보는 일은 빼놓을 수 없다. 마리나 베이 샌즈는 호텔은 물론 쇼핑몰·카지노·컨벤션·박물관·레스토랑과 나이트 스폿까지 복합된 멀티 플레이스로 현재 싱가포르에서 가장 뜨거운 인기를 누리고 있다. 두리안 빌딩이라는 애칭으로도 유명한 에스플러네이드에서 해질 녘 야경을 감상하는 것도 놓치지 말자.

멀라이언 파크

마리나 베이 샌즈

에스플러네이드

11

버★킷 리스트 4
싱가포르 속 또 다른 나라, 다민족 문화 즐기기

싱가포르의 가장 큰 특징으로는 다민족 문화를 꼽을 수 있다. 중국인을 비롯해 말레이시아 · 인도 · 서양인들까지 다채로운 민족이 조화를 이루며 살고 있는데 지역별로도 뚜렷한 색깔을 가지고 있다. 홍등이 빛나는 차이나타운에 가면 노점들 사이로 맛있는 딤섬집들이 숨어 있다. 아랍 스트리트로 향하면 황금빛 이슬람 모스크 사원이 빛나고, 히잡을 두른 여인들이 눈에 띄며 곳곳에서 말레이 문화를 느낄 수 있다. 리틀 인디아로 발길을 돌리면 커리 향과 인도식 전통 복장인 사리를 입은 여인들이 인도 분위기를 물씬 풍긴다. 또한 홀랜드 빌리지에 가면 금발의 외국인들이 즐겨 찾는 야외 테라스에서 유럽의 어느 거리 같은 풍경을 감상할 수도 있다. 이처럼 싱가포르에는 여러 가지 색깔과 매력이 있다.

차이나타운

홀랜드 빌리지

아랍 스트리트

차이나타운

버★킷 리스트 5
가든 시티, 싱가포르의 공원 산책하기

보타닉 가든

가든스 바이 더 베이

12

화려한 도시지만 곳곳에서 울창한 녹음으로 뒤덮인 공원들을 쉽게 만날 수 있다는 것은 싱가포르의 큰 매력 중 하나다. 대표적인 공원으로는 보타닉 가든을 꼽을 수 있는데 오차드 로드에서 차로 10분 남짓이면 갈 수 있다. 드넓은 잔디와 수목이 펼쳐지는 싱그러운 곳이다. 가벼운 발걸음으로 공원을 산책하거나 간단한 간식을 싸 가지고 가서 피크닉을 즐기는 것도 잊지 못할 추억이 될 것이다. 싱가포르가 만들어 낸 또 하나의 기적과도 같은 거대한 공원. 가든스 바이 더 베이도 반드시 가보자. 일부를 제외하고는 대부분 무료 개방이며 영화 '아바타'에 나오는 환상적인 공원을 만날 수 있다.

버★킷 리스트 6 2층 버스 타고 싱가포르 유랑하기 → p.38

싱가포르를 여행하다 보면 관광객을 가득 태운 2층 버스를 거리에서 쉽게 만날 수 있다. 오픈 구조로 된 2층 버스를 타고 거리를 내려다보며 달리다가 원하는 목적지에서 자유롭게 내리고 탈 수 있다. 노선에 따라 3가지 종류가 있으며 주요 관광지를 모두 순환하므로 효과적으로 편리하게 관광을 즐길 수 있다. 관광객들에게 단연 인기!

버★킷 리스트 7 화려한 싱가포르의 나이트, 루프탑 바 & 라운지 바에서 야경 즐기기 → p.70

Level 33

세라비

싱가포르는 밤이 되면 낮과 다른 모습으로 화려하게 변신한다. 마리나 베이를 품고 있는 마천루와 스폿들이 빛나면서 백만불짜리 야경을 완성한다. 탁 트인 공간에서 싱가포르의 야경을 파노라마로 내려다볼 수 있는 유명한 루프탑 바들이 많아서 밤이 되면 더욱 즐겁다. 대표적으로 마리나 베이 샌즈 정상에 위치한 세라비, 장애물 없이 360도로 전망을 내려다볼 수 있는 레벨 33, 클러빙과 전망을 동시에 누릴 수 있는 바 루즈 싱가포르를 꼽을 수 있다.

버★킷 리스트 8 로맨틱한 리버 크루즈 타보기 → p.40

13

싱가포르 강이 있어 싱가포르의 풍경은 한결 로맨틱해진다. 보트 키, 클락 키, 마리나 베이로 이어지는 강을 따라 운행하는 리버 크루즈를 타고 싱가포르를 감상해보자. 낮보다는 밤이 훨씬 낭만적이고 아름다우니 배에 몸을 싣고 화려하게 빛나는 싱가포르의 밤을 만끽해보자.

버★킷 리스트 9 스타 셰프의 요리 맛보기
→ p.68

레 자미

스파고

미식가의 나라임을 자부하는 싱가포르에서는 세계적인 명성의 스타 셰프들을 만날 수 있다. 미슐랭 스타에 빛나는 레 자미, 건더스를 먼저 손에 꼽을 수 있다. 마리나 베이 샌즈에는 스타 셰프 군단이 모여 있어 한자리에서 식도락을 누릴 수 있다. 대표적으로는 울프강 퍽 셰프가 선보이는 궁극의 스테이크를 맛볼 수 있는 컷, 57층에서 아찔한 뷰를 감상할 수 있는 스파고 등을 들 수 있다.

버★킷 리스트 10 호커 센터에서 로컬 푸드 맛보기 → p.62

맥스웰 푸드 센터

마칸수트라 글루턴스 베이 호커 센터

라우 파 삿

싱가포르만의 독특한 음식 문화 중 하나가 호커 센터다. 푸드 코트처럼 작은 노점이 모여 있어서 한자리에서 다양한 음식을 먹을 수 있고 가격도 저렴해 주머니 가벼운 여행자들에게 사랑받는다. 싱가포르 로컬 음식에서부터 말레이시아식·인도식·중식·일식·한식에 이르기까지 다양한 음식들을 맛볼 수 있어 골라 먹는 재미를 느낄 수 있다. 차이나타운의 맥스웰 푸드 센터, 라우 파 삿과 마리나 베이와 마주하고 있는 마칸수트라 글루턴스 베이 호커 센터가 대표적이다.

버★킷 리스트 11 싱가포르 명물 칠리 크랩 즐기기 → p.60

싱가포르에 와서 단 한 가지 음식만 맛봐야 한다면 고민할 것 없이 칠리 크랩을 추천한다. 매콤하면서도 달콤한 칠리 소스와 담백한 게살이 잘 어울려 한국인 입맛에도 그만이다. 소스에 튀긴 번 Bun과 볶음밥까지 곁들이면 푸짐한 한 끼 식사로 완벽하다. 대표적으로는 점보 시푸드, 롱비치 레스토랑, 노 사인보드, 레드 하우스 등을 들 수 있다. 인기 시푸드 레스토랑들은 클락 키가 있는 리버사이드와 이스트 코스트 지역에 집중적으로 모여 있으니 이 지역을 방문한다면 반드시 맛보도록 하자.

레드 하우스

롱비치 레스토랑

점보 시푸드

버★킷 리스트 12 우아하게, 애프터눈 티 즐기기 → p.65

과거 영국의 영향으로 싱가포르에서는 오후에 애프터눈 티를 즐기는 문화가 있다. 고급 호텔부터 아늑한 카페까지 여러 곳에서 하이 티나 애프터눈 티를 즐길 수 있으니 오후에 잠시 달콤한 휴식을 누려 보자. 호텔 애프터눈 티 중에는 플러튼 호텔의 코트야드가 독보적인 인기를 끌고 있으며 리츠 칼튼의 치훌리 라운지, 굿우드 파크 호텔의 카페 레스프레소, 만다린 오리엔탈의 액시스 바도 인기가 높다. 호텔 애프터눈 티가 부담스럽다면 우아한 티 살롱 TWG에서 디저트와 차를 마시며 오후의 여유를 느껴보자.

버★킷 리스트 13 스파와 마사지 즐기기 → p.74

싱가포르에는 수준 높은 스파부터 알뜰하게 즐길 수 있는 저렴한 마사지까지 다양한 스파가 있다. 고가의 마사지는 정원식 스파로 명성이 자자한 소 스파, 세계적 럭셔리 스파 브랜드인 반얀 트리, 만다린 오리엔탈의 오리엔탈 스파 등을 손꼽을 수 있다. 저렴한 마사지는 차이나타운과 MRT 서머셋 Somerset 역 주변에 모여 있으며 쇼핑몰 안에서도 중급대의 스파를 쉽게 만날 수 있다.

버★킷 리스트 14 말레이시아와 인도네시아, 주변 국가 여행하기 → p.366

싱가포르는 말레이 반도에 있어 주변 국가로의 여행이 쉽고 편리하다. 말레이시아의 조호 바루 같은 경우 매일 싱가포르로 출퇴근하는 사람들이 있을 정도로 버스로 쉽게 이동할 수 있으며, 빈탄과 바탐 같은 인도네시아의 섬도 배를 타고 1시간 남짓이면 도착할 수 있다. 또한 에어아시아, 라이온에어와 같은 저가 항공을 이용하면 알뜰한 가격으로 인도네시아 · 발리 · 태국 · 필리핀 등 주변 국가로 이동할 수 있다. 또 다른 매력을 느낄 수 있는 이들 지역과 연계해서 자유롭게 유랑해보자.

Highlight Scene
Singapore
싱가포르 하이라이트 신

 하★이 라이트 1 마리나 베이 샌즈의 화려한 레이저 쇼 → **p.218**

하★이 라이트 2 가든스 바이 더 베이의
웅장한 레이저 쇼 → **p.200**

하★이 라이트 3 가든스 바이 더 베이의
아찔한 구름다리 → **p.202**

하★이라이트 4 다양한 인종과 문화가 모여 꽃피운
컬러풀한 다민족 문화

하★이라이트 5 작은 뒷골목에 개성만점의 숍들이 가득 들어선
하지 레인 → p.286

패션 피플들이 사랑하는 쇼핑 천국, 오차드 로드 → p.126

하★이
라이트
6

하★이
라이트
7

싱가포르 리버를 따라 유유히 떠다니는
리버 크루즈 → p.40

19

싱가포르의 심벌이 된 마리나 베이 샌즈 → p.218

하★이라이트 9
미식가들을 유혹하는
싱가포르의 맛있는 진미들
→ p.52

하★이라이트 10
라운지에서 즐기는
싱가포르 최고의 전망
→ p.70

하★이라이트 11
즐길 거리가 넘쳐나는
싱가포르

싱가포르 인트로
Intro

싱가포르는 크기가 서울과 비슷한 작은 나라지만 다채로운 즐길 거리, 세계적인 수준의 음식들, 화려한 쇼핑가, 이국적인 문화와 열대의 자연 환경으로 365일 여행자들을 끌어모으고 있다. 싱가포르의 가장 큰 특징이자 매력은 다양성에 있다. 여러 인종이 모여 사는 다민족 국가로 지역마다 각기 다른 문화·종교를 체험할 수 있으며 이는 다채로운 음식문화로 이어져 싱가포르를 식도락의 천국으로 만들었다. 오늘날 싱가포르는 영국의 지배를 받던 작은 어촌에서 아시아 금융허브이자 관광대국으로 거듭났다. 초고속 경제 성장에도 불구하고 역사와 문화유산을 잘 보존하고 있어 여행자들은 싱가포르의 과거와 현재를 동시에 경험하는 즐거움을 누릴 수 있다. 또한 엄격한 법 시행으로 치안을 잘 유지해 다른 동남아시아에 비해 안전하며 강력한 벌금 제도로 도시의 청결과 깨끗함을 유지하고 있다. 가든 시티라는 닉네임에 어울리게 도시 곳곳에서 울창한 자연과 싱그러운 공원들을 쉽게 만날 수 있다. 트렌디한 시티 라이프와 따뜻한 남쪽 나라에서의 휴양, 두 마리 토끼를 잡을 수 있는 나라가 바로 싱가포르다.

싱가포르 ★추천★ 여행코스

여행 준비에서 가장 중요한 것은 일정을 계획하는 것이다. 여행 기간, 함께 떠나는 동반자, 취향, 예산 등에 따라 여행의 스타일도 달라지므로 나에게 맞는 일정을 짜도록 하자.

Course1

짧고 굵게 즐기는 주말여행

2박3일

싱가포르는 규모가 서울보다 조금 큰 정도다. 따라서 비교적 짧은 시간에 편리한 교통수단을 이용해 다양한 관광을 즐길 수 있어 주말여행으로 찾는 여행자들이 늘고 있다. 2박3일 일정의 여행에서는 시간이 많지 않으므로 과감히 뺄 것은 빼고 시간 낭비를 하지 않도록 동선을 효율적으로 잘 짜야 한다.

day1

싱가포르에 도착해서 숙소에 짐을 푼 후, 이곳의 심벌인 에스플러네이드와 멀라이언 파크를 보러 가자. 저녁 식사로는 칠리 크랩을 먹고 리버 크루즈를 타고 로맨틱한 야경을 보며 마무리 하자!

싱가포르 입국 → 숙소 체크인 → 에스플러네이드 → 멀라이언 파크 → 칠리 크랩으로 저녁 식사

(점보 시푸드 or 팜 비치) → 클락 키 관광 → 리버 크루즈를 타고 야경 감상

day2

오전에는 활기찬 차이나타운에서 시작해보자. 홍등이 걸린 골목을 누비고 점심은 딤섬을 먹거나 호커 센터에서 지역 음식을 맛보자. 오후에는 오차드 로드에서 쇼핑을 즐긴 후 나이트 사파리를 보러 가자.

차이나타운 관광 → 맥스웰 푸드 센터 or 딤섬으로 점심 식사 →

오차드 로드에서 쇼핑(아이온, 니안 시티) → 애프터눈 티(굿우드 파크 호텔 or TWG)

 → 나이트 사파리

day3

젊음의 거리 부기스를 둘러본 후 아랍 스트리트로 넘어가서 이슬람 문화를 느껴보자. 시간 여유가 있다면 리틀 인디아까지 둘러본 후 마리나 베이 샌즈에서 쇼핑과 식도락을 즐긴 후 싱가포르 플라이어로 황홀한 전망을 감상하며 여행의 대미를 장식하자.

 부기스 정션 & 부기스 스트리트 → 아랍 스트리트 → 하지 레인 → 리틀 인디아 →

마리나 베이 샌즈 & 스카이 파크 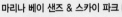 → 가든스 바이 더 베이 → 창이 국제공항

싱가포르인트로

기간별추천코스

Course2

핵심 코스를 집중적으로 마스터하는 여행

3박4일

여행자들이 가장 많이 택하는 일정으로 싱가포르의 대표 관광지를 알차게 구경하고 식도락과 쇼핑도
틈틈이 즐길 수 있다. 원하는 관광지에 우선순위를 두고 동선에 맞게 배치하면서 알찬 일정을 짜도록 하자.

day1

싱가포르에 도착해서 숙소에 짐을 푼 후, 올드 시티를 시작으로 마리나 베이 지
역으로 이동해 보자. 저녁은 에스플러네이드의 맛집이나 호커 센터에서 해결하
고 마리나 베이 샌즈로 넘어가서 나이트라이프까지 논스톱으로 즐기자.

싱가포르 입국 → 숙소 체크인 → 멀라이언 파크 → 에스플러네이드 →

저녁 식사(마칸수트라 글루턴스 베이) → 가든스 바이 더 베이 → 마리나 베이 샌즈

쇼핑 후 야경 감상

day2

오전에는 싱그러운 보타닉 가든에서 시작해 오차드 로드로 넘어가서 쇼핑을 즐기자. 오후에는 차이나타운 구석구석을 관광한 후 저녁에는 클락 키로 넘어가자. 맛있는 칠리 크랩으로 저녁 식사를 한 후 강가를 따라 리버 크루즈를 타고 야경을 보자. 체력이 남아있다면 싱가포르 플라이어까지 알차게 즐겨보자.

 보타닉 가든 산책 → 오차드 로드에서 쇼핑(T 갤러리아, 파라곤, 아이온) → 쇼핑몰 내의 푸드

코트에서 점심 식사 → 차이나타운(클럽 스트리트) → 클락 키 → 칠리 크랩으로

저녁 식사 → 리버 크루즈를 타고 야경 감상 → 싱가포르 플라이어

day3

부기스에서 시작해서 이슬람의 문화가 녹아 있는 아랍 스트리트와 인도의 향기가 가득한 리틀 인디아를 관광하자. 오후에는 싱가포르 동물원 혹은 주롱 새공원을 탐방한 후 나이트 사파리까지 알차게 즐기자.

 부기스 정션 & 부기스 스트리트 → 아랍 스트리트 → 하지 레인 → 리틀 인디아 →

커리와 난으로 점심 식사 → 리버 사파리 or 싱가포르 동물원 → 나이트 사파리

day4

마지막 날은 센토사를 알차게 돌아보도록 하자. 비보 시티에서 모노레일을 타고 센토사로 이동해 센토사 관광의 꽃인 유니버설 스튜디오에서 신나는 시간을 보내며 마지막을 장식하자.

 하버 프런트 역·비보 시티 → 모노레일을 타고 센토사 도착 → 해변을 보며 점심 식사(트라피자

or 코스테츠) → 유니버설 스튜디오 → S.E.A. 아쿠아리움 → 창이 국제공항

기간별추천코스

Course3

관광과 휴양을 함께 즐기는 플러스 여행

4박5일

비교적 여유롭게 관광지를 둘러보고 휴양도 함께 즐길 수 있는 일정이다. 초반에는 시티에서
집중적으로 관광과 쇼핑, 식도락을 즐기고 그 후에는 센토사에서 여유롭게 휴양의 시간을 즐겨보자.

day1

싱가포르에 도착해서 숙소에 짐을 푼 후, 오차드 로드로 가자. 쇼핑을 즐기고 오차드 로드의 인기 만점 레스토랑에서 저녁을 먹은 후 마리나 베이 샌즈로 이동해서 나이트 라이프를 즐겨보자.

싱가포르 입국 → 숙소 체크인 → 오차드 로드에서 쇼핑(T 갤러리아, 파라곤, 아이온) → 저녁 식사

 (스트레이트 키친 or 딘타이펑) → 가든스 바이 더 베이 → 마리나 베이 샌즈에서 쇼핑 후 야경 감상

day2

박물관·관광지가 밀집해있는 올드 시티 지역을 여행해 보자. 멀라이언 파크와 플러튼 호텔까지 둘러본 후 클락 키로 넘어가서 디너와 야경을 즐겨보자.

래플스 시티 쇼핑 센터 → 차임스 → 싱가포르 국립박물관 → 점심 식사 →

래플스경 상륙지 → 멀라이언 파크 → 플러튼 호텔 애프터눈 뷔페 → 에스플러네이드 → 클락 키

 → 저녁 식사(점보 시푸드 or 레드 하우스) → 리버 크루즈를 타고 야경 감상 → 싱가포르 플라이어

day3

차이나타운부터 부기스, 아랍 스트리트, 리틀 인디아의 루트로 여행하며 싱가포르에 존재하는 다양한 민족의 문화를 체험해 보자. 오후에는 싱가포르 관광의 필수 코스인 주롱 새공원 혹은 동물원을 둘러보고 신비로운 나이트 사파리까지 즐기자.

차이나타운 관광 → 부기스 정션 & 부기스 스트리트 → 아랍 스트리트 →

하지 레인 → 리틀 인디아 → 커리와 난으로 점심 식사 → 주롱 새공원 or 싱가포르 동물원

 나이트 사파리

day4

센토사로 넘어가서 열대의 섬에서 휴양을 즐겨보자. 센토사에서는 다양한 액티비티와 어트랙션을 즐겨도 좋고 느긋하게 휴식을 취해도 좋다.

하버 프런트 역 → 비보 시티 → 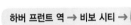 케이블카를 타고 센토사 도착 → 리조트 체크인 →

센토사 관광(타이거 타워, 센토사 루지) → S.E.A. 아쿠아리움 → 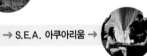 로맨틱 디너 즐기기 →

윙즈 오브 타임 → 비치 클럽에서 칵테일 마시기(탄종 비치 클럽, 코스테츠)

day5

마지막 날, 오전에는 리조트에서 달콤한 휴식을 즐긴 후 센토사 어트랙션의 하이라이트인 유니버설 스튜디오에서 신나는 시간을 보내자.

체크아웃 전까지 리조트에서 수영하기 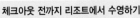 → 유니버설 스튜디오 → 점심 식사

 (말레이시안 푸드 스트리트 or 오시아) → 창이 국제공항

상가포르 일주로

Course4

스톱오버 여행자를 위한 경유 여행

1박2일

싱가포르항공을 이용해 몰디브·발리 등으로 넘어가기 전 경유지로 싱가포르를 찾는 여행자들도 많다. 스톱오버로 싱가포르에 머무르는 여행자를 위해 짧은 시간에 알차게 둘러볼 수 있는 1박2일 일정을 제시한다.

day1

숙소에 도착한 후 에스플러네이드가 있는 마리나 베이 지역으로 가자. 멀라이언 파크에서 기념사진을 찍고 클락 키로 넘어가 싱가포르 명물 칠리 크랩으로 저녁 만찬을 즐기자. 리버 크루즈를 타고 마리나 베이 샌즈로 가서 쇼핑을 즐긴 후 나이트라이프를 즐겨보자.

싱가포르 입국 → 숙소 체크인 → 에스플러네이드 → 멀라이언 파크 → 클락 키 관광

 → 칠리 크랩으로 저녁 식사 → 리버 크루즈를 타고 야경 감상

→ 레벨 33에서 야경 감상

day2

아침 일찍 보타닉 가든으로 가서 산책을 한 후 오차드 로드로 넘어가 쇼핑을 즐기자. 다음으로는 차이나타운으로 넘어가 골목골목을 구경한 후 싱가포르 플라이어를 타고 파노라마 전망을 감상하며 마무리하자!

 오차드 로드에서 쇼핑(니안 시티, 아이온) → 점심 식사(딘타이펑 or 푸드 리퍼블릭)

 → 차이나타운 → 가든스 바이 더 베이 → 마리나 베이 샌즈

→ 창이 국제공항

2박3일 여행예산 짜기

싱가포르는 어디에서 자고 먹고 즐기느냐에 따라 비용이 천차만별이다. 주머니가 가벼운 배낭여행자라면 관광과 어트랙션은 즐기되 숙박비와 식사비, 교통비를 최소화하면 알뜰하게 여행을 즐길 수 있다. 허니문이나 가족여행이라면 무조건 아끼기보다는 여유를 누리며 인기 맛집도 탐방하고 쇼핑과 관광도 남부럽지 않게 하고 멋진 호텔에서 달콤한 휴양도 즐겨보자.

2박3일 예산 산출

(※항공권을 제외한 1인 예상 예산임. 2명이 간다는 전제 하에 숙박비는 1인 요금으로 계산)

알뜰한 비용으로 최대 만족, 실속파 여행자

숙소	저렴한 게스트 하우스 (윙크 호스텔, G4 스테이션 등)	S$50(2박)
교통	이지링크로 MRT, 버스 이용	S$10~(3일)
식사	호커 센터&푸드 코트 등 저렴한 맛집 위주로 탐방	S$30(3일)
쇼핑	차이나타운, 무스타파 센터 등 저렴한 기념품 쇼핑	S$20~
관광	리버 크루즈	S$25
	싱가포르 나이트 사파리	S$49
	보타닉 가든	무료
	센토사 섬 관광	무료
	루지 & 스카이 라이드	S$23,50
	멀라이언 파크	무료
	가든스 바이 더 베이	
기타	에스플러네이드 야외 공연, 마리나 베이 샌즈 원더풀 쇼	무료
총계		**약 S$320~**

tip 싱가포르는 대중교통이 잘 갖춰져 있으니 택시보다는 MRT와 버스를 이용하면서 경비를 아끼자. 숙소는 저렴한 게스트 하우스나 저가 호텔로 정하고 식사도 호커 센터나 푸드 코트에서 맛있는 로컬 푸드로 해결하자. 가고 싶은 관광지와 어트랙션이 있다면 아끼지 말고 투자하되 너무 많이 보려고 욕심내지 말자. 시간 분배를 잘해서 입장료를 뽑고도 남을 정도로 100% 즐기도록 하자. 입장료가 없는 공원, 관광지, 무료 공연 등도 챙겨서 누리자.

아낄 건 아끼고 누릴 건 누리자, 스마트 럭셔리 여행

숙소	5성급 고급 호텔	S$250~(2박)
교통	대중교통 & 택시 이용	S$30(3일)
식사	칠리 크랩 & 파인 다이닝, 애프터눈 티, 호커 센터 등 다양하게 즐기기	S$100~(3일)
쇼핑	Charles & Kieth, TOPSHOP 등 브랜드 쇼핑	S$100~
관광	유니버설 스튜디오	S$79
	싱가포르 플라이어	S$39
	히포 투어 버스	S$39
	리버 크루즈	S$25
	가든스 바이 더 베이	S$28
기타	멋진 바에서 나이트라이프	S$25~
	스파와 마사지 즐기기	S$50~
총계		**S$1150~**

tip 멋진 도시 싱가포르에 왔으니 유명한 관광지와 맛집·쇼핑을 한껏 즐겨보자. 전 세계를 놀라게 한 마리나 베이 샌즈와 같은 근사한 호텔에서 달콤한 휴가를 즐기고 싱가포르의 대표 음식 칠리 크랩을 먹으며 식도락을 즐기자. 또 밤에는 멋진 바에서 싱가포르 슬링을 마시며 야경도 감상하자. 소 스파, 반얀 트리 스파와 같은 수준 높은 스파에서 마사지를 받으면서 나를 위한 호사도 누리자. 유니버설 스튜디오, 싱가포르 플라이어 등 인기 어트랙션도 놓치지 말자.

싱가포르 인트로

호커 센터 · 보타닉 가든 · 원더풀 쇼 · 쇼핑 · 스파 · 파인 다이닝

Course5

3박4일

로맨틱하게 즐기는 달콤한 허니문

싱가포르는 세련된 도시 안에서 관광과 쇼핑, 휴양을 논스톱으로 즐길 수 있어 최근 허니문으로 싱가포르를 선택하는 커플 여행자들이 늘고 있다. 허니문이라면 시티에서 굵고 짧게 관광을 즐긴 뒤 센토사의 트로피컬한 리조트에서 달콤한 휴양을 즐기는 여유로운 일정을 추천한다.

day1

| Start |
싱가포르
입국

14:00
숙소 체크인

16:00
차이나타운 관광

20:00
리버 크루즈를 타고
야경 감상

| 도보 3분 |

19:00
칠리 크랩으로 저녁 식사
(추천 : 점보 시푸드 or 레드 하우스)

| 도보 3분 |

18:00
클락 키

| 도보 15분 or
MRT 1 정거장 |

day2

| Start |

09:00
보타닉 가든 산책

| 택시 10분 |

11:00
오차드 로드에서 쇼핑
(추천 : T 갤러리아, 파라곤, 아이온)

13:00
점심 식사
(추천 : 딘타이펑
or 팀 호완)

| 도보 5분 |

18:00
멀라이언 파크

| 도보 5분 |

17:00
에스플러네이드

| MRT 3 정거장 |

15:00
애프터눈 티 즐기기
(추천 : TWG or 레스프레소)

| 10분 | | 도보 5분 | | 도보 1분 |

19:00
가든스 바이 더 베이

20:00
마리나 베이 샌즈
저녁식사

21:00
야경 감상하며 칵테일 즐기기
(추천 : 세라비, Level 33)

day3

| Start |

13:00
점심 식사
(추천 : 트라피자)

| 비치 트램 5분 |

12:00
센토사

| 15분 |

11:30
케이블카 탑승

| 도보 5분 |

11:00
하버 프런트 역

| 5분 뒤편 |

14:40
리조트에서 휴양

| 도보 or 버스 5분 |

18:00
로맨틱한 저녁 식사
(추천 : 클리프)

| 도보 10분 |

20:00
비치 클럽에서 칵테일 한잔!
(추천 : 탄종 비치 클럽)

day4

| Start |

체크아웃 전까지
리조트 즐기기

| 도보 10분 머무 |

20:00
창이 국제공항
도착

| 택시 20분 |

17:00
비보 시티에서
쇼핑 & 저녁 식사

| 모노레일 5분 |

14:00
유니버설 스튜디오

| 도보 2분 |

13:00
점심 식사
(추천 : 오시아 or 말레이시안 푸드 스트리트)

UNIVERS

상세한 일정표

Course6 3박4일

아이와 함께하는 가족여행

싱가포르는 아이들의 눈높이에 맞는 어트랙션과 교육적인 관광지 또한 풍부해서 가족여행자들에게 더 없이 좋은 놀이터다. 히포 투어, 덕 투어 등 투어 프로그램을 활용하여 다양한 관광지를 편리하게 구경할 수 있도록 활용하고 아이들이 좋아하는 센토사 유니버설 스튜디오도 꼭 일정에 넣도록 하자.

day1

| Start |
싱가포르
입국

14:00
숙소 체크인

| 도보 10분 |

15:00
에스플러네이드

| 도보 10분 |

16:00
멀라이언 파크

| 도보 5분 |

17:00
아시아 문명 박물관

| 도보 3분 |

18:00
래플스경 상륙지

| 도보 10분 or
리버 크루즈 5분 |

19:00
클락 키 관광 후
저녁 식사
(추천 : 점보 시푸드
or 레드 하우스)

| 도보 3분 |

21:00
리버 크루즈를 타고
야경 감상

day2

| Start |

09:30
선텍시티 몰

| 히포 투어 버스
or 택시 10분 |

10:00
리틀 인디아

| 택시 10분 |

11:30
부기스

| 택시 10분 |

12:30
차이나타운

day3

| 5분 | | MRT or 택시 50분 | | 도보 3분 | |
13:00 — 15:30 — 19:00

13:00 점심 식사
(추천 : 맥스웰 푸드센터
or 얌차)

**15:30 싱가포르 동물원 or
리버 사파리**

**19:00 나이트 사파리
즐기기**

| Start |
10:00 하버 프런트 역
| 모노레일 5분 |

| 도보 10분 or
비치 트램 5분 | | 15분 | | 도보 5분 | | 모노레일 5분 |

12:30 점심 식사
(추천 : 트라피자)

12:00 센토사 비치 스테이션 도착

11:30 케이블카 탑승

10:30 비보 시티

| 모노레일 5분 |

day4

| 모노레일 5분 | | 도보 3분 |

**13:30 유니버셜 스튜디오 &
S.E.A. 아쿠아리움**

18:00 저녁 식사
(추천 : 말레이시안 푸드 스트리트)

19:00 윙스 오브 타임 관람

| 택시 20분 | | 택시 5분 | | 도보 5분 | | Start |

**20:00 창이
국제공항
도착**

17:00 싱가포르 플라이어

14:00 마리나 베이 샌즈

10:30 가든스 바이 더 베이

SINGAPOR FLYE

싱가포르일정

테마별추천코스

Course 7

3박4일

쇼핑 앤 더 시티, 그녀들을 위한 트렌디 여행

싱가포르는 쇼핑과 미식, 나이트라이프를 즐기기에 더없이 좋은 시티 여행지로 젊은 여성 여행자들에게 절대적인 사랑을 받고 있다. 거대한 쇼핑몰에서부터 아기자기한 숍들이 숨어있는 거리를 누비며 쇼핑을 즐기고 호커 센터와 미슐랭 스타에 빛나는 파인 다이닝을 넘나들며 멋진 시티 라이프를 즐겨보자.

day1

| Start |
••••• 싱가포르 입국 •••• **14:00** 숙소 체크인 •••••• **14:30** 마리나 스퀘어 ••• | 도보 5분 | **15:00** 리츠 칼튼에서 애프터눈 티 즐기

| 도보 15분 |

20:30 마리나 베이 샌즈에서 쇼핑 후 야경 감상하며 칵테일 한잔 (추천 : 세라비 or 레벨 33)

| 택시 or 리버택시 5분 | **19:30** 멀라이언 파크 | 도보 10분 | **18:30** 저녁 식사 (추천 : 마칸수트라 글루턴스 베이) | 도보 2분 | **18:00** 에스플러네이드

36

day2

••••• **11:00** 오차드 로드에서 쇼핑 (추천 : T 갤러리아, 파라곤, 아이온) | 택시 10분 | **13:00** 뎀시 힐에서 브런치 (추천 : 존스 더 그로서 or P.S 카페

day3

16:00	|도보 15분 or MRT 1 정거장|	19:00	|도보 3분|	21:00

차이나타운에서 쇼핑
(추천 : 클럽 스트리트)

클락 키에서 저녁 식사
(추천 : 점보 시푸드 or
옥타파스)

**클락 키에서
나이트라이프 즐기기**

|Start|

11:00

하버 프런트 역

|모노레일 &
비치 트램 10분|

17:00 ... **13:30** ... **12:30** ... |도보 3분| ... **12:00** ... |모노레일 5분| ... **11:30**

...치 클럽 즐기기
천 : 탄종 비치 클럽)

**유니버설
스튜디오**

점심 식사
(추천 : 말레이시안
푸드 스트리트
or 딘타이펑)

**리조트 월드
센토사**

비보 시티

|센토사 버스 10분|

19:00

저녁 식사
(추천 : 클리프, 트라피자)

|모노레일 & 버스 10분|

22:00

**세인트 제임스
파워 스테이션에서
나이트라이프 즐기기**

day4

|Start|

11:00

부기스 정션

14:00	|도보 10분|	12:00	|도보 3분|	11:00

아랍 스트리트

점심 식사
(추천 : 푸드 정션, 올리브 트리)

|도보 3분| ... **15:30** ... |MRT 3정거장| ... **17:30** ... |택시 20분| ... **20:00**

하지 레인에서 쇼핑

가든스 바이 더 베이

창이 국제공항 도착

싱가포르 투어 ★★ 완전정복!

싱가포르에서 즐길 수 있는 투어의 종류는 기대 이상으로 다양하다. 싱가포르 구석구석을 이어주는 2층 버스, 강을 따라 떠다니는 크루즈 등을 타고 싱가포르의 도심을 누벼보자. 본격적인 관광을 하고 싶은 여행자라면 싱가포르 패스를 이용해서 알차게 즐기는 것도 좋은 방법이다.

tip 싱가포르의 물가가 만만치 않기 때문에 투어 버스, 리버 크루즈 등의 요금도 꽤 부담스러울 수 있다. 조금이라도 절약을 하고 싶다면 입장권을 저렴하게 판매하는 온라인 사이트에서 사전 구매를 하고 가자.
클룩 www.klook.com

히포 투어 버스 The Hippo Tours Bus

여행자들이 가장 선호하는 투어 프로그램으로 2층 버스를 타고 싱가포르 주요 관광지들을 둘러볼 수 있다. 각 지역별 정류장에서 자유로이 승차 가능하므로 원하는 곳에서 하차해 관광을 즐긴 뒤 다시 버스를 타고 이동하면 된다. 버스 안에는 영어 가이드가 함께 동승해서 주요 관광지에 대해 소개해준다. 코스에 따라 버스는 3가지 종류로 나뉘며 색깔로 구분한다.

홈페이지 www.ducktours.com.sg **요금** 1일권 일반 S$39, 어린이 S$33, 2일권 일반 S$53, 어린이 S$43 **티켓 구입** 선텍시티 갤러리아 1층(푸드 리퍼블릭 옆, 운영 09:30~18:30), 오차드 로드(Singapore Visitor Centre 옆), 싱가포르 플라이어, 차이나타운 헤리티지 센터, 클락 키, 에스플러네이드
※버스에 탑승해서도 티켓 구입 가능

히포 투어 버스

도심 관광 버스 City Sightseeing Singapore

버스	배차 간격	유효 기간	첫차	막차	주요 정차 루트
CS Red Heritage Route	20분	1일	19:40	18:20	선텍시티 허브 – 리틀 인디아 – 캄퐁 글램 – 부기스 – 래플스 호텔 – 보트 키 – 차이나타운 – 피플스 파크 센터 – 마리나 베이 샌즈 – 리츠 칼튼 호텔 – 선텍시티 허브

오리지널 투어 버스 The Original Tour

버스	배차 간격	유효 기간	첫차	막차	주요 정차 루트
CS Yellow City Route	30분	1일	09:30	19:10	플라이어 – 리츠 칼튼 호텔 – 에스플러네이드 – 멀라이언 파크 – 차이나타운 – 클락 키 – 포트 캐닝 – 로버슨 키 – 그레이트 월드 시티 – 세인트 레지스 호텔 – 오차드 로드 – 도비 갓 – 리틀 인디아 – 부기스 빌리지 – 칼튼 호텔 – 선텍시티 허브 – 플라이어

빅 버스 싱가포르 6 루트 Big Bus Singapore 6 Routes

도심 관광 버스의 여러 가지 버스 노선을 비롯해 나이트 사파리와 싱가포르 동물원, 주롱 새공원 등을 연결되는 주 사파리 노선(Zoo-Safari)까지 자유롭게 탈 수 있는 통합권이다. 주요 티켓 판매처 또는 홈페이지를 통해 구입할 수 있고 버스에 탑승해서 직접 기사에게 티켓을 구매할 수도 있다.

*요금 : 1일권 일반 S$42.30, 어린이 S$33.0

유효 기간	빅 버스 싱가포르 6 루트에 포함된 노선
1일	6개 관광 버스 노선(Yellow Line, Red Line, Blue Line, Green Line, Safari Line, Safari Line 2)

펀비 버스 FunVee Open Top Bus

펀비 버스

히포 투어 버스와 비슷한 관광버스로 2층으로 된 오픈 버스를 타고 싱가포르 시내를 둘러볼 수 있다. 시티 호퍼, 마리나 호퍼, 센토사 호퍼까지 3가지 노선이 있으며 횟수에 제한 없이 1일 동안 마음껏 타고 내릴 수 있다. 히포 투어 버스에 비해서 조금 더 저렴한 가격이 장점이며 온라인 예매 시 할인을 받을 수 있다. 투어의 출발점이라고 할 수 있는 싱가포르 플라이어까지 주요 호텔에서 무료 픽업 서비스(09:00, 11:00)를 받을 수 있어 편리하다. 한국어 오디오 가이드가 제공된다.

전화 6738-3338 **홈페이지** www.citytours.sg **요금** 일반 S\$26.90, 어린이 S\$17.90 **탑승 장소** 마리나 스퀘어(팬 퍼시픽 호텔 앞 버스 정류장)

운행	배차 간격	소요 시간	주요 정차 루트
City Hopper (Green)	20~30분	09:00~17:00	싱가포르 플라이어 – 에스플러네이드 – 라우 파 삿 – 차이나타운 – 클락 키 – 보타닉 가든 – 오차드 로드
Marina Sightseeing Hopper (Orange)	60분	10:45~16:45	마리나 스퀘어 – 싱가포르 플라이어 – 마리나 베이 샌즈 – 가든스 바이 더 베이 – 차이나타운 – 클락 키 – 리틀 인디아 – 아랍 스트리트 – 마리나 스퀘어
Sentosa Shuttle (Red)	1일 4회	09:30, 11:30, 15:30, 17:30 (마리나 스퀘어 출발 기준)	마리나 스퀘어 – 마운트 패버 – 센토사 유니버설 스튜디오 – 마리나 스퀘어

덕 투어 Duck Tours

덕 투어

유쾌한 오리 모양을 하고 있는 수륙양용차를 타고 **육지에서는 버스처럼 달리다 바다에 이르면 배처럼 떠서 갈 수 있는 투어 프로그램.** 60분간 가이드의 설명을 들으며 주요 관광 코스를 도는데 하이라이트는 육지를 달리다가 바다로 뛰어들 때! 마치 놀이

기구를 탄 듯 짜릿한 경험을 할 수 있어 아이를 동반한 가족 단위 여행자들에게 인기가 높다.

전화 6338-6877 **홈페이지** www.ducktours.com.sg **요금** 일반 S\$43, 어린이(3~12세) S\$33, 유아(2세 이하) S\$10 **탑승 장소** 선텍시티 몰(DUCK & HiPPO Hub), 싱가포르 플라이어 **티켓 구입** 선텍시티 몰(DUCK & HiPPO Hub), 싱가포르 플라이어, 창이 공항, 차이나타운, 마리나 베이 크루즈 센터, 비보 시티 등 **티켓 부스 운영 시간** 선텍시티 몰(DUCK & HiPPO Hub) 09:00~18:30

운행	배차 간격	소요 시간	주요 정차 루트
10:00~18:00 (매시 정각 출발)	1시간	1시간	선텍시티 허브 – 플라이어 – 에스플러네이드 – 멀라이언 파크 – 마리나 베이 – 마리나 베이 샌즈

싱가포르 인트로

리버 크루즈 River Cruise

과거에 짐을 나르던, 나무로 만든 범 보트를 타고 유유히 클락 키, 보트 키, 마리나 베이를 둘러보는 투어다. Singapore River Experience와 New River Experience, 두 가지로 나뉘는데 New River Experience는 로버슨 키가 포함되어 코스가 더 길고 요금도 조금 더 비싸다. 왕복으로 운행하므로 승선했던 곳에서 하선하면 되고 도중에 내리고 싶은 장소가 있으면 자유롭게 내려도 된다. 뜨거운 낮보다는 해질 무렵이나 완전히 해가 진 후 야경을 감상하는 것이 더 낭만적이다.

전화 6336-6111 **홈페이지** www.rivercruise.com.sg **탑승 장소** 노보텔 클락 키 호텔 앞, 래플스경 상륙 기념지 앞 등 총 9군데
티켓 구입 티켓 탑승 장소 부스에서 직접 구입 **운행 시간** 매일 09:00~22:30

리버 크루즈 선착장

리버 크루즈

크루즈 타고 황홀한 레이저 쇼 감상하기

요금 일반 S$38, 어린이 S$22

마리나 베이 샌즈에서 매일 저녁 레이저 쇼를 선사하는데 이 레이저 쇼를 더 특별하게 보고 싶다면 크루즈에 몸을 싣자. 하루 두 번, 저녁 7시 30분과 8시 30분에 운행하며 한 병의 싱가포르 슬링 또는 주스가 포함되어 있다. 싱가포르 리버를 유유히 떠다니며 감상하는 레이저 쇼의 감동은 배가 된다.

투어명	Singapore River Experience The tale of 2 Quays
요금	일반 S$25, 어린이 S$15
소요 시간	40분
배차 간격	30분
하이라이트 코스	마리나 베이 – 보트 키 – 클락 키 – 앤더슨 브리지 – 멀라이언상 – 플러튼

싱가포르에서 색다른 투어 즐기기

싱가포르에서 조금은 독특한 투어를 즐겨보고 싶은 이들이라면 아래의 투어를 살펴보자. 현지 가이드와 함께 자전거를 타고 싱가포르를 구석구석 여행할 수 있는 바이크 투어, 차이나타운·깜뽕·깜퐁 글램 등 지역을 둘러보며 현지인들이 즐겨 먹는 로컬 음식들을 리얼하게 맛볼 수 있는 로컬 푸드 투어, 차이나타운·리버사이드 등 싱가포르 도심 곳곳을 둘러보며 워킹 투어를 즐길 수 있는 무료 프로그램까지 흥미로운 투어가 많으니 홈페이지에서 정보를 체크해보자.

로컬 푸드 투어 베텔 박스 투어 www.betelboxtours.com
무료 워킹 투어 인디 싱가포르 www.indiesingapore.com
자전거 투어 렛츠고 바이크 www.letsgobikesingapore.com

싱가포르 대표 관광지를 한번에 즐길 수 있는 슈퍼 패스~!

비교분석!

싱가포르, 관광패스로 즐기기!

싱가포르를 여행하면서 관광과 투어 프로그램에 중점을 두고자 하는 활동적인 여행자라면 패스 티켓을 사는 것이 더 유리하다.

히포 싱가포르 패스 HiPPO Singapore Pass

싱가포르의 주요 인기 어트랙션을 이용할 수 있는 패스. 기간별, 유형별로 종류도 다양해 자신의 여행 타입에 맞춰 디테일하게 고를 수 있다. 홈페이지를 통해 더 자세한 내용을 확인할 수 있다.

패스명	HiPPO Singapore All Day Pass	HiPPO Singapore Top Pick Pass
유효 기간	2일, 3일, 5일	5일
요금	2일권 일반 S$287, 어린이 S$227 3일권 일반 S$367, 어린이 S$287 5일권 일반 S$437, 어린이 S$347	3 Top Pick 일반 S$107, 어린이 S$87 5 Top Pick 일반 S$177, 어린이 S$137
특징	프리미엄 어트랙션 1개와 나머지 43개의 어트랙션을 제한 없이 이용할 수 있는 패스. 기간 내에 최대한 많은 어트랙션을 보고 싶은 이들에게 추천한다.	클래식 어트랙션 3~5개와 프리미엄 어트랙션 1~2개를 선택해 이용할 수 있는 패스. 방문하고 싶은 어트랙션이 3~7곳 정도라면 패스를 구입하는 게 더 저렴하다.
패스 구입처	선텍시티 몰(DUCK &HiPPO Hub), 창이 공항, 비보 시티 등 홈페이지 www.hippopass.com/singapore	

싱가포르 시티패스 Singapore City Pass

노란색 펀비 2층 버스를 무제한으로 탈 수 있고 추가로 원하는 어트랙션 2개를 고를 수 있는 패스다. 리버 사파리, 케이블 카, 센토사 타이거 스카이타워 등 중에서 고를 수 있는데 3일권과 5일권은 S.E.A. 아쿠아리움, 유니버셜 스튜디오 등도 고를 수 있어 어트랙션의 선택의 폭이 더 크다. 2층 버스도 타보고 싶고 관광지나 투어 프로그램도 즐기고 싶다면 제격이다. 홈페이지에서 자세한 포함사항과 프로모션 요금을 확인할 수 있다.

종류	2일권	3일권	5일권
요금 (온라인 기준)	일반 S$69.90 어린이 S$55.90	일반 S$109.90 어린이 S$82.90	일반 S$169.90 어린이 S$119.90
유효 기간	2일	3일	5일
선택 투어	2개 선택	2개 선택	3개 선택
포함 투어	펀비 버스 2일권 + 어트랙션 입장권 2개	펀비 버스 2일권 + 리버 보트 + 어트랙션 입장권 2개	펀비 버스 2일권 + 유니버셜 스튜디오 입장권 + 어트랙션 입장권 2개
패스 구입처	마리나 스퀘어(#01-221호), Esplanade Xchange(#B1-08호), 홈페이지 singaporecitypass.com		

써드 로드 덕 & 히포 오피스 / 선텍시티 허브 오피스 / 덕 투어

비싼 나라 싱가포르,

알뜰하게 여행하는 8가지 비법

싱가포르의 물가는 아시아 국가 중 최고 수준이라 값비싼 입장료나 물가가 여행자들에게는 부담스러울 수 있다. 하지만 잘 찾아보면 공짜로 즐길 수 있는 곳과 적은 예산으로도 싱가포르를 100% 즐길 수 있는 노하우가 있다. 알뜰하게 싱가포르 여행을 즐길 수 있는 알짜배기 팁을 공개한다.

1 마리나 베이 샌즈가 선물하는 원더풀 쇼 공짜로 감상하기

싱가포르를 대표하는 아이콘, 마리나 베이 샌즈가 매일 밤 선사하는 환상적인 레이저 쇼는 이제 싱가포르 여행의 필수 코스로 거듭났다. 매일 저녁(일~목요일 20:00, 21:00 금~토요일 20:00, 21:00, 22:00 약 15분) 웅장한 음악과 함께 엄청난 스케일의 레이저 쇼가 마리나 베이를 환상적으로 물들인다. 좋은 자리를 잡고 시원한 맥주 한 캔까지 챙겨서 공짜 야경 쇼를 만끽해보자. 레이저 쇼 보기 좋은 명당자리 정보는 P.73 참고.

2 가든스 바이 더 베이의 슈퍼트리 쇼 공짜로 즐기기

가든스 바이 더 베이에서는 매일 저녁 인심 좋게 공짜로 환상적인 레이저 쇼를 선보인다. 위풍당당한 슈퍼트리에서 쏘는 화려한 레이저 쇼는 웅장한 음악과 어우러져 여행자들에게 멋진 추억을 만들어준다. 저녁 7시 45분과 8시 45분에 두 번 펼쳐지니 일찌감치 좋은 자리를 잡아 놓고 기다리자. 마리나 베이 샌즈 호텔에서 연결되는 라이언스 브리지(Lions Bridge), 공원 내 슈퍼트리 근처 벤치에 편하게 기대어보는 것도 추천. 자세한 정보는 P.73 참고.

3 센토사에서 공짜 쇼 감상하기

센토사에서는 무료로 볼 수 있는 쇼가 2개가 있다. 먼저 저녁 8시에 시작하는 크레인 댄스는 거대한 철골 구조물로 한 쌍의 새가 화려한 조명과 음악에 취해 춤을 추는 듯한 웅장한 공연을 선보인다. 약 10분간의 사랑 이야기를 테마로 공연이 펼쳐지며 무료 공연임에도 스케일이 웅장하고 화려해서 쇼를 보기 위해 일찌감치 사람들이 모여 자리를 잡는다. 크레인 댄스 쇼가 끝나고 시간이 있다면 저녁 11시부터 시작하는 레이크 오브 드림을 보러 가자. 약 25분 동안 화려하게 펼쳐지는 분수 쇼로 영어로 진행된다. 거리도 가까우니 크레인 댄스를 본 후 레이크 오브 드림을 보러 가면 완벽한 코스.

크레인 댄스 Crane Dance
시간 20:00 **장소** 센토사, 리조트 월드 역에서 하차 후 유니버설 스튜디오 출입구 왼쪽에 위치한 워터프런트까지 도보로 이동

레이크 오브 드림 Lake of Dreams
시간 23:00 **장소** 센토사, 리조트 월드 역에서 하차 후 유니버설 스튜디오 출입구 왼쪽에 위치한 페스티브워크까지 이동

4 무료입장이 가능한 공원을 100% 즐기자

싱가포르의 대표 공원인 보타닉 가든을 비롯해 최근 싱가포르의 명소로 뜨고 있는 가든스 바이 더 베이와 같은 공원은 무료로 입장이 가능하다. 특히 가든스 바이 더 베이는 3개관을 제외하면 입장료 없이 구석구석을 누빌 수 있으니 반드시 방문해보자.

5 공짜 WIFI를 잡아라

싱가포르의 공공 지역(도서관, 은행, 지하철역, 시내 업무단지 등)에서는 무료로 인터넷을 사용할 수 있다. 미리 홈페이지(www.icellnetwork.com)를 통해 무료로 아이디를 등록한 후 와이어리스@SG(Wireless@SG)를 잡아서 사용하면 되니 검색 후 이용해보자.

6 관광지 입장권은 여행사에서 할인가로 구입하기

볼 것 많고 즐길 것 넘치는 싱가포르에서 가장 부담이 되는 것은 값비싼 입장료다. 한 푼이라도 아끼고 싶은 여행자들이라면 현지 여행사를 통해 입장권을 구매하자. 차이나타운에 위치한 피플스 파크 센터 안에 있는 여행사를 통하면 유니버설 스튜디오, 윙스 오브 타임, S.E.A. 아쿠아리움, 리버크루즈, 가든스 바이 더 베이, 나이트 사파리, 싱가포르 플라이어, 레고 랜드 등 웬만한 인기 관광지의 입장권을 정상 가격보다 훨씬 저렴하게, 할인 폭이 높은 것은 S$10 이상 싸게 살 수 있으니 알뜰 여행자라면 수고스럽더라도 이곳에 가서 표를 사두자. 자세한 정보는 P.259 참고. 온라인을 통해 더 간편하고 저렴하게 구입하는 방법도 있다. 최근 클룩 Klook(www.klook.com)같은 여행 사이트에서는 정상 가격보다 저렴하게 관광지의 입장권, 투어 티켓 등을 판매하고 있으니 적극적으로 활용해보자.

7 센토사 섬 100% 활용하기

센토사 섬은 처음 들어갈 때의 모노레일 비용을 제외하고는 섬 내에서 이용하는 버스, 모노레일, 비치 트램은 모두 공짜다. 도심과는 180도 다른 해변의 정취를 느낄 수 있는 섬으로 여행자들을 위한 샤워장, 자전거 렌트 등을 제공하고 있으니 간단히 타월과 수영복 등을 챙겨서 센토사 섬에서 알뜰하게 휴양을 즐겨보자.

싱가포르에 간다면 반드시 경험해봐야 할

베스트 관광지 9
9 Best Sights in Singapore

나이트 사파리 **Night Safari** → p.324

세계 최초의 야간 동물원인 나이트 사파리는 싱가포르에서 반드시 경험해봐야 할 관광 코스로 추천하기에 손색이 없다. 12만 평 규모의 드넓은 부지에 1000여 마리의 동물이 서식하고 있으며 80% 이상이 야행성 동물이다. 인공 구조물 없이 열린 구조에서 어둠 속 신비로운 동물의 세계를 관찰하는 기분은 다른 곳에서는 느낄 수 없는, 색다르고 놀라운 체험이다.

센토사 **Sentosa** → p.328

열대의 해변, 흥미진진한 어트랙션, 멋진 리조트까지 이 모든 것을 누릴 수 있는 섬이 바로 센토사다. 즐길 만한 액티비티와 어트랙션이 풍부해서 섬 자체가 거대한 테마파크처럼 느껴지기도 한다. 덕분에 아이를 동반한 가족 여행자들과 활동적인 여행자들에게 큰 인기를 끌고 있다. 섬이기는 해도 옆 동네에 놀러가듯 쉽게 이동할 수 있으니 숙박을 하지 않더라도 꼭 방문해서 센토사의 매력을 만끽해보자.

가든스 바이 더 베이 **Gardens by the Bay** → p.200

2012년 싱가포르 정부가 야심차게 탄생시킨 기적과도 같은 거대한 공원으로 무려 100만㎡가 넘는 초대형 사이즈다. 25만 종류가 넘는 희귀식물들을 만날 수 있으며 이름처럼 엄청난 슈퍼트리는 무려 빌딩 16층 높이. 가든스 바이 더 베이를 걷다 보면 마치 영화 '아바타'처럼 환상적인 풍경에 감탄이 절로 나온다. 3개의 테마를 제외하고는 무료로 공원을 개방하고 있으며 해가 진 후에는 황홀한 레이저 야경 쇼까지 감상할 수 있으니 놓치지 말자.

유니버설 스튜디오 **Universal Studios Singapore** → p.354

센토사에 지각변동을 일으킨 복합 리조트, 리조트 월드 센토사의 꽃은 바로 유니버설 스튜디오다. 동남아시아 최초의 유니버설 스튜디오로 할리우드의 영화 거리를 그대로 재현한 테마파크와 흥미로운 어트랙션이 총집합해 있다. 이 밖에도 리조트 월드 센토사 안에는 리조트와 레스토랑·카지노·숍 등이 밀집해 있어 '아시아 최고의 놀이터'라는 호칭이 아깝지 않다.

 영화 속 배경이 된 싱가포르 명소

2018년 개봉한 '크레이지 리치 아시안 Crazy Rich Asians' 영화를 주목하자. 싱가포르의 주요 명소들을 배경으로 촬영된 이 영화는 보는 것만으로도 싱가포르를 여행하는 기분을 느낄 수 있다. 화려한 싱가포르의 모습을 미리 엿 볼 수 있으니 여행을 떠나기 전 예습하듯 영화를 감상해 보는 것도 좋겠다.

마리나 베이 샌즈 **Marina Bay Sands** → p.218

등장과 동시에 싱가포르의 풍경을 바꿔버린 마리나 베이 샌즈는 현재 싱가포르에서 가장 뜨거운 핫 이슈다. 건축가 모세 사프디가 설계한 이 건물은 카드를 맞대어 놓은 형상이다. 거대한 3개의 타워로 되어 있으며 200m 높이의 정상에는 마치 크루즈 배를 얹어 놓은 듯한 스카이 파크가 웅장한 자태를 뽐내고 있다. 호텔은 물론 카지노, 스타 셰프들의 파인 다이닝 레스토랑, 300개가 넘는 숍, 컨벤션 센터, 극장 등 멀티 플레이스로 사람들을 끌어모으고 있다. 숙박이 아니어도 즐길 거리가 넘쳐나니 꼭 방문해서 마리나 베이 샌즈를 즐겨보자.

멀라이언 파크 **Merlion Park** → p.195

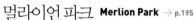

싱가포르 하면 가장 먼저 멀라이언상을 떠올리는 이들이 많을 것이다. 싱가포르의 상징인 멀라이언상은 머리는 사자에 몸은 물고기의 형상을 하고 입에서 물을 뿜어낸다. 싱가포르라는 국명도 산스크리트어로 '사자(Singa) 도시(Pura)'에서 유래했다. 이 공원에 있는 멀라이언상을 보기 위해 365일 관광객들이 모여든다.

싱가포르 플라이어 **Singapore Flyer** → p.195

세계 최대 규모의 관람차인 싱가포르 플라이어는 165m 상공에서 싱가포르의 시티를 한눈에 내려다볼 수 있게 해준다. 가깝게는 마리나 베이의 근사한 전망부터 멀리는 센토사와 이스트 코스트까지 약 30분 동안 감상할 수 있다. 낮보다는 화려한 조명으로 물드는 저녁에 타면 훨씬 짜릿한 전망을 볼 수 있다.

리버 사파리 **River Safari** → p.326

싱가포르 동물원, 나이트 사파리에 이어 이번에는 강을 둘러싸고 있는 사파리가 나타났다. 미시시피강, 나일강, 콩고강, 메콩강, 양쯔강, 갠지스강을 한곳에 모아둔 콘셉트로 아시아 최초로 강을 테마로 한 테마파크다. 무려 12ha의 면적에 300여 종 5000마리 이상의 다양한 동식물들은 물론 귀여운 판다도 만날 수 있다. 강을 테마로 한 사파리인 만큼 직접 보트를 타고 즐길 수 있는 크루즈 프로그램도 경험할 수 있다.

S.E.A. 아쿠아리움 **S.E.A. Aquarium** → p.340

세계에서 가장 큰 규모의 아쿠아리움이 센토사에 상륙했다. 2012년 문을 연 아쿠아리움으로 높이 8.3m, 길이 36m에 달하는 수중 관람 통로를 통해서 800종이 넘는 해양 생물 10만 마리를 생생하게 경험할 수 있다. 초대형 투명 아크릴 패널을 통해 수백 마리의 상어들이 머리 위를 유유히 헤엄치는 모습은 전율 그 자체. 마치 진짜 바다 속에 들어와 해양 생물을 관찰하는 기분을 만끽할 수 있으며 특히 아이들이 있는 가족 여행자들에게 강력 추천한다.

Icon of Singapore!
싱가포르를 상징하는 대표 아이콘

'싱가포르' 하면 가장 먼저 떠오르는 단어로는 입에서 물을 뿜는 멀라이언부터 레전드가 된 래플스 호텔, 싱가포르 국민 음식 칠리 크랩 등이 있다. 이들 대표 아이콘에 관련된 역사와 비하인드 스토리들을 소개한다.

멀라이언상 **Merlion**

싱가포르를 상징하는 마스코트 멀라이언과 관련된 전설은 1290년대로 거슬러 올라간다. 인도네시아의 한 왕자가 지금의 싱가포르를 발견했다. 그가 어느 날 사냥을 나갔는데 머리는 사자이고 몸은 인어 모양을 한 기이한 동물을 잡았다. 왕자는 이를 길조로 여겨 그 지역을 '사자(Singa) 도시(Pura)'라는 뜻의 싱가푸라로 이름 짓고 그곳에 정착하게 됐다고 한다. 1972년 8m 높이의 멀라이언 동상을 세워 현재의 모습을 갖추었으며 여행자들이 줄지어 기념사진을 찍으려고 모여드는 대표 관광지가 됐다. 참고로 멀라이언은 Mermade(인어)와 Lion(사자)을 합쳐 만든 합성어다.

래플스 호텔 **Raffles Hotel**

1819년 싱가포르에 영국 정착촌을 세웠던 스탬퍼드 래플스경의 이름을 따 사키즈 형제가 문을 연 호텔이다. 처음에는 방갈로를 개조한 정도의 수준이었지만 곧 확장과 재건축을 통해 르네상스 양식의 우아한 건축물로 거듭났다. 당시 사교계의 중심지 역할을 했으며 유럽의 왕족들을 비롯해 찰리 채플린, 윌리엄 서머싯 몸 같은 명사들이 묵었던 곳으로도 유명하다. 1987년 싱가포르 정부가 래플스 호텔의 본관을 국가기념물로 지정했으며 현재는 100개가 넘는 스위트룸과 20여 개의 레스토랑과 바, 우아한 쇼핑 아케이드, 극장과 박물관까지 갖추고 명성을 이어가고 있다.

싱가포르 슬링 **Singapore Sling**

싱가포르 슬링은 1915년 래플스 호텔의 바텐더였던 니암 통 분에 의해 세상에 나왔다. 붉은 싱가포르의 석양을 모티브로 만든 칵테일로 영국 작가 서머싯 몸이 '동양의 신비'라고 극찬한 칵테일이다. 진을 베이스로 하고 체리 브랜디와 레몬주스를 넣어 핑크빛을 띠며, 많이 쓰지 않고 달콤해서 여자들에게 특히 사랑받고 있다. 오리지널은 래플스 호텔의 롱 바에서 마시는 것이지만 싱가포르의 아이콘인 만큼 웬만한 바에서도 쉽게 맛볼 수 있다. 창이 국제공항과 슈퍼마켓 등에서도 곱게 병에 담긴 싱가포르 슬링을 살 수 있으며 싱가포르항공 탑승 시 기내에서 서비스된다.

칠리 크랩 **Chili Crab**

칠리 크랩은 싱가포르의 대표 음식을 넘어 싱가포르의 아이콘으로 거듭났다. 말레이시아와 중국 스타일이 혼합된 요리로 다문화가 융합된 싱가포르의 특성을 잘 보여주는 요리이기도 하다. 큼직한 게를 칠리 소스와 토마토 소스를 적당히 배합해서 만든 걸쭉한 양념과 함께 센 불에 볶아서 내는 요리. 매콤하면서도 달콤한 소스와 담백한 게살의 조화가 일품이며 볶음밥이나 갓 튀긴 번과 함께 먹으면 찰떡궁합을 이룬다.

타이거 **Tiger**

태국은 싱하, 중국은 칭다오 등 나라별로 대표 맥주가 하나씩 있는데 싱가포르를 대표하는 맥주는 단연 타이거 맥주! 타이거 맥주는 1932년 처음 출시되었으며 싱가포르에서 처음으로 생산된 맥주였다. 인공 첨가물 없이 호주와 유럽산 보리 몰트, 독일산 호프, 네덜란드에서 배양된 이스트 등 자연 원료만을 사용해 산뜻하고 부드러운 맛을 자랑한다. 심벌인 호랑이가 그려진 파란색 로고만 봐도 싱가포르가 떠오를 만큼 이 나라를 대표하는 또 하나의 아이콘이 됐다. 타이거 맥주를 모티브로 한 재미있는 기념품들도 쉽게 볼 수 있다.

에스플러네이드 **Esplanade**

삐죽삐죽한 독특한 외관 덕분에 두리안 빌딩이라는 애칭을 가지고 있는 건축물. 이 건물은 영국의 건축가 데이비브 스탬플이 디자인한 것으로 1만508개의 유리 글라스를 겉에 붙였으며 공사 기간만 6년이 걸렸고, 600만 싱가포르 달러를 투입한 초대형 프로젝트였다. 오페라 하우스의 마이크를 본떠 만든 표면의 뾰족한 가시는 금속 소재의 햇빛 가리개로 7000여 개가 타원형 돔을 덮고 있다. 1800석 규모의 대형 콘서트 홀, 극장, 미술관이 있어 복합 문화공간으로 사랑받고 있다. 여행자들이라면 공연을 보지 않더라도 괜찮은 레스토랑들이 많이 입점해 있으니 식도락을 즐기기에도 좋다. 특히 야외극장 옆에서 보는 야경은 싱가포르 최고의 뷰 포인트라고 해도 과언이 아닐 정도로 아름답다.

마리나 베이 샌즈 **Marina Bay Sands**

싱가포르를 넘어 세계적으로 화제를 몰고 온 마리나 베이 샌즈는 두 장의 카드가 서로 기대 서있는 형상을 모티브로 디자인됐다. 200m 높이의 정상에는 3개의 타워를 연결하는 거대한 배 모양의 스카이 파크가 올라가 있어 장관을 이루고 있다. '피사의 사탑'보다 10배나 더 기울어진 최고 52도에 달하는 가파른 경사로 하늘 높이 뻗어 올라가 57층의 스카이 파크까지 연결되는 건물을 바라보고 있노라면 그 자체로도 드라마틱한 감동을 받는다. 이스라엘 건축가 모세 사

피디가 설계한 이 건물은 입찰 당시 세계 유수 건설사들도 상상 속에서나 가능한 프로젝트라고 주저했던 어려운 건축 양식인데, 우리나라의 쌍용이 해냈으며 '21세기 건축의 기적'이라는 찬사를 듣고 있다.

Singapore OLD & NEW Architecture Sketch!

싱가포르의 위대한 유산과 뉴 아이콘

싱가포르에는 아름답고 독특한 건축물이 많은데 건축에 관심이 없는 이라도 이곳을 여행하다 우연히 마주치게 되는 건축물에 한번쯤은 감탄하게 된다. 싱가포르의 과거 역사가 녹아있는 콜로니얼 건축물부터 새로운 싱가포르의 아이콘으로 거듭난 건축물까지 싱가포르 건축물에 대해 이야기해보자.

OLD icon

래플스 호텔 **Raffles Hotel** → p.185

래플스 호텔은 몇 안 되는 19세기 호텔들 중의 하나이며, 싱가포르의 대표적인 건축 아이콘이자 최초의 호텔이고 싱가포르 슬링 칵테일이 탄생한 곳이다. 1887년 12월 1일 사키즈 형제들이 스탬퍼드 래플스경의 이름을 따 오픈했다. 처음 문을 열었을 무렵에는 객실 10개를 갖춘 작은 방갈로에 지나지 않았지만 이후 확장에 확장을 거듭해 1899년에는 지금의 메인 빌딩 모습으로 새롭게 문을 열게 된다. 고풍스러운 르네상스 건축미를 뽐내는 메인 빌딩은 건축가 알프레드 존 비드웰이 디자인한 것으로 당시 어떤 건물과도 비교할 수 없을 만큼 아름다웠다. 싱가포르 최초의 전등이 객실에 설치되고 프랑스 셰프도 영입했으며 1915년에는 호텔 바텐더가 '싱가포르 슬링'을 만들어 내면서 호텔은 전성기를 누리게 된다. 당대를 호령하던 유명 인사들이 호텔을 찬양했으며 지금도 전 세계 유명 인사들이 끊임없이 찾는다. 2019년 8월, 복원 작업을 마치고 재개장했다.

플러튼 호텔 **Fullerton Hotel** → p.198

플러튼 호텔은 식민지 시대 싱가포르를 지배했던 영국을 상징하는 건축물이다. 호텔명은 영국의 해협식민지 시대 초대 총독이었던 로버트 플러튼의 이름에서 따왔다. 1829년 빅토리아 시대 스타일의 우체국 건물로 지어졌던 이 빌딩은 싱가포르 클럽의 사교장으로도 사용됐는데 이후 월드 클래스 호텔로 개조돼 지금의 모습을 갖추게 되었다.

굿우드 파크 호텔 **Goodwood Park Hotel** → p.399

언덕 위에서 고급스러운 위용을 뽐내는 굿우드 파크 호텔은 래플스 호텔을 디자인한 알프레드 존 비드웰의 작품으로 원래는 독일인들의 사교클럽(Teutonia Club)으로 지어졌다. 제1차 세계대전이 일어나기 전까지 이곳은 싱가포르 최고의 사교클럽으로 운영되었으며 사람들은 클럽하우스와 테니스 코트에서 여가를 즐겼다. 1918년 마나세 가문에서 이곳을 인수해 1929년 굿우드 파크 호텔로 이름을 바꾸고 본격적인 호텔 사업을 시작한다. 이후 확장과 리노베이션을 거쳐 지금은 235개의 객실과 완벽한 부대시설을 갖춘 싱가포르의 레전드 호텔로 거듭났다. 110년이 넘는 오랜 역사를 지닌 이 호텔은 싱가포르의 위대한 유산 중 하나다.

아이온 ION → p.128

2009년 7월 21일 싱가포르의 중심 거리인 오차드 로드에 문을 연 아이온은
오픈과 동시에 이 거리의 쇼핑몰 중 최고 자리에 올라선 슈퍼스타. 6만
6000㎡의 공간에 전 세계에서 사랑받는 브랜드, 플래그십 스토어가 400개
이상 입점해 있으며 레스토랑과 푸드 코트, 레지던스 콘도미니엄도 함께 운
영 중이다. 아이온은 영국 버밍엄시티의 불링 Bullring을 건축한 리딩 시공사
베노이의 작품으로 영국에 이어 싱가포르의 아이콘을 만들었다. 아이온의 상징인 패널은 독특한 도심을 표현하고 있
으며 자연에서 영감을 얻어 건축 디자인에 접목시켰다. 초현대적인 건축물로 각광을 받고 있는 아이온은 상업부동산
박람회(MAPIC)에서 두 번의 상을 수상하는 영광을 얻었다.

에스플러네이드 Esplanade → p.196

시빅 Civic 지구와 마리나 베이의 중간에 위치하고 있는 에스플러네이드는 2002년에 오픈한 복합 문화공간이다. 두 개
의 조개껍질, 또는 두리안, 파리의 눈이라는 애칭처럼 독특한 디자인으로 많은 여행자들과 현지인들의 사랑을 받고 있
는 싱가포르의 아이콘이다. 디자인은 싱가포르의 DPA(DP Architects)와 런던에 사무소를 두고 있는 MWP(Michael
Wilford & Partners), 두 건축 시공사에서 담당했다. 7139개의 알루미늄 햇빛 가리개
와 1만508개의 유리 글라스가 사용되었으며 공사 기간만 6년이 걸린 걸작이
다. 음악·춤·영화·뮤지컬·전시회 등 공연 예술과 다채로운 행사를 즐
길 수 있는 곳으로 연중 끊이지 않는 스케줄을 소화해 내고 있다. 1800
석을 자랑하는 콘서트홀과 2000석 규모의 영화관, 오페라하우스 등의
무대 시설을 갖추고 있으며 8000㎡ 리테일 매장 공간에 공사 비용만
600만 싱가포르 달러가 투입됐다.

마리나 베이 샌즈 Marina Bay Sands → p.218

인간의 상상력이 만들어낸 또 하나의 불가사의한 작품으로 아시아 최고의 건축물이자 싱가포르의 새로운 아이콘이
다. 비즈니스·레저·엔터테인먼트 모두를 즐길 수 있는 복합 건축물로 첫 번째 카지노가 들어선 곳이기도 하며 카지
노의 카드에서 영감을 받아 마치 카드를 맞대 놓은 형상을 하고 있다. 총 2561개의 룸
을 보유하고 있으며 360도 조망이 가능한 57층의 스카이 파크에는 수영장
과 자쿠지·레스토랑·바가 들어서 있다. 건축가 모세 사프디가 설계
했고 불가능할 거라 예상했던 건축 양식을 우리나라의 쌍용이 해냈
다. 15.5ha의 부지에 건설됐으며 투자된 금액만도 5700만 US달러
에 이르는 마리나 베이 샌즈는 수많은 기록을 만들었으며 그 신화
는 지금도 현재진행형이다.

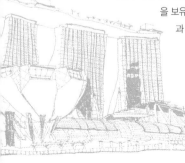

Best Food in Singapore

싱가포르의 대표 음식

싱가포르만큼 다양한 음식문화를 지닌 나라가 또 있을까? 싱가포르의 음식은 다민족 국가답게 중국 · 말레이시아 · 인도네시아 · 인도의 영향을 많이 받았다. 서민적인 호커 센터에서 세계적인 스타급 셰프들의 파인 다이닝에 이르기까지 끝없이 늘어선 음식점들과 놀라울 만큼 많은 메뉴들은 하루에 열 끼를 먹어도 모자랄 정도. 호커 센터는 싱가포르의 음식 문화를 이끄는 바탕이다. 이곳에서는 다채로운 로컬 음식을 저렴한 가격으로 즐길 수 있다. 고급스러운 분위기와 수준 높은 요리로 여행자들을 유혹하는 최고급 레스토랑들도 수두룩하다. 국제적인 업무 단지인 싱가포르에는 현지 못지않게 수준 높은 이탈리안 · 프렌치 스타일 등 이국적인 레스토랑들이 즐비해서 미식가들을 행복하게 한다. 식도락은 싱가포르의 여행을 더욱 멋지고 즐겁게 해주는 일등 공신이다.

대표 음식

칠리 크랩 Chilli Crab

싱가포르를 대표하는 일등 요리는 바로 칠리 크랩이다. 전 세계 머드 크랩의 70% 이상이 이곳에서 소비될 정도로 싱가포르의 크랩 사랑은 남다르다. 매콤하면서도 달콤한 칠리 소스와 큼직한 게의 담백함이 어우러져 맛이 일품이다. 칠리와 토마토로 만든 소스에 큼직한 게를 통째로 넣어 볶아 만들며 마지막에는 계란을 풀어 넣어 더욱 걸쭉하게 한다. 우리 입맛에도 잘 맞아 한국인 여행자가 싱가포르에서 가장 사랑하는 요리다. 볶음밥이나 번에 소스를 얹어 먹으면 밥도둑이 따로 없는 찰떡궁합을 이룬다.

블랙 페퍼 크랩 Black Pepper Crab

칠리 크랩과 함께 쌍두마차로 사랑받는 메뉴가 블랙 페퍼 크랩이다. 통후추를 사용해서 매콤하면서도 깔끔한 맛이 특징이며 게살 본연의 맛을 잘 느낄 수 있다. 원조는 롱비치 레스토랑으로 진흙 같은 페퍼 소스로 볶아서 내놓는다.

치킨라이스 Chicken Rice

싱가포르 사람들이 가장 즐겨 먹는 음식 중 하나로 중국 남부의 하이난 Hainan 이민자들이 들여왔다. 닭 육수로 지은 밥에 찐 닭고기를 얹은 덮밥으로 닭 육수까지 곁들여 나온다. 간단한 요리지만 촉촉한 닭고기와 고소한 밥 맛이 좋아 먹다보면 자꾸 끌리는 매력이 있다. 곁들여 나오는 간장, 칠리 소스와 함께 먹으면 색다르게 즐길 수 있다. 로스트 바비큐로 구운 치킨라이스도 함께 인기를 끌고 있다.

사테 **Satay**

싱가포르뿐만 아니라 동남아시아에서도 쉽게 볼 수 있는 요리로 꼬치구이라고 생각하면
된다. 닭고기·쇠고기·양고기·새우 등 다양한 재료로 만들며 쌀로 만든 떡과 야채 등을
땅콩 소스와 곁들여 먹는다. 숯불에 구운 사테는 맥주와 찰떡궁합으로 저녁 시간의 호커
센터에서 특히 사랑받는다.

락사 **Laksa**

칠리 가루를 넣은 육수에 각종 허브·해산물·숙주·고수 등을 넣은 페라
나칸식 국수 요리다. 육수에 코코넛 밀크를 섞어 국물이 걸쭉한데 우동처
럼 통통한 면발의 맛과 잘 어울린다. 부드러우면서도 진한 국물이 독특한
매력이 있다. 그러나 익숙하지 않은 맛이라 호불호가 나뉘기도 한다.

호키엔 미 **Hokkien Mee**

새우·오징어 같은 해산물과 숙주·국수를 볶아낸 것으
로 요리 방법에 따라 볶음국수처럼 물기가 없는 것도
있고 국물이 흥건하게 있는 경우도 있다. 면발이 부드
럽고 촉촉한 것이 특징으로 매콤한 삼발 소스와 라임
이 곁들여져 나온다.

바쿠테 **Bak Kut Teh**

바쿠테는 중국식 돼지갈비 수프로 돼지갈비를 허브와 마늘 등을 넣고
푹 고아낸 음식이다. 국물 맛이 우리네 갈비탕과 비슷하다. 구수한 육
수와 고기를 밥과 함께 먹으면 든든해져 보양식으로 즐겨 먹는다.

로작 **Rojak**

말레이어로 '마구 섞는 것'을 뜻하는 로작은 튀긴 두부, 야채, 중국식 튀긴 빵, 무, 과
일 등을 땅콩으로 만든 드레싱으로 버무린 요리로 진한 땅콩소스와 재료들의 조화가
오묘한 맛을 낸다. 식사 전 가볍게 샐러드처럼 먹으며 호커 센터에서 쉽게 볼 수 있다.

용타우푸 Yong Tau Foo

호커 센터에서 빠지지 않고 등장하는 용타우푸는 수북하게 쌓여 있는 각종 야채·두부·어묵·국수 등의 재료를 그릇에 골라 담으면 바로 삶아서 내준다. 입맛대로 골라 먹을 수 있어 재미있고 맛도 재료에 따라 달라진다. 쌀국수처럼 담백하면서 오뎅탕처럼 시원한 국물 맛이 좋다.

나시 르막 Nasi Lemak

'나시'는 '쌀'이란 뜻이고 '르막'은 '풍부하다'란 의미다. 코코넛으로 찐 쌀밥 위에 작은 생선·땅콩·계란 등과 매콤한 삼발 소스를 얹어서 한 접시에 담아 내오거나 바나나 잎에 싸서 준다. 나시 르막은 아침 식사로 즐겨 먹는 음식이다.

피시볼 수프 Fishball Soup

생선살로 만든 어묵(피시볼)을 넣어 만든 수프다. 담백하고 개운하며 면을 함께 넣어 먹기도 한다.

오타 오타 Otah Otah

코코넛과 칠리소스를 넣은 생선살을 야자나무 잎에 말아서 구운 것. 생선 냄새가 약간 나며 현지인들이 출출할 때 간식처럼 즐겨 먹는다.

포피아 Popiah

얇게 만든 밀전병에 야채와 튀긴 두부, 땅콩 등을 얹고 돌돌 말아서 만든 음식으로 튀기지 않은 스프링 롤과 비슷하다. 아삭하면서도 오묘한 맛의 조화가 입맛을 돋워줘 애피타이저로 즐겨 먹는다.

차 퀘 테우 Char Kway Teow

해산물과 숙주·야채를 쌀국수와 함께 볶아낸 음식으로 가볍게 한 끼 해결하기 좋다. 마치 볶음짜장과 비슷한 모습이다. 센 불에서 볶아 불향이 좋고 달콤하면서도 짭짤한 소스가 우리 입맛에도 잘 맞는다.

완탕 미 Wantan Mee

새우나 돼지고기를 넣어 만든 '작은 만두' 완탕이 들어 있는 볶음국수. 완탕과 야채, 훈제 닭고기가 국수에 곁들여져 나온다. 달콤하면서도 짭조름한 소스에 국수가 꼬들꼬들한 것이 특징이다. 만둣국처럼 국물이 나오는 스타일도 있다.

쿠에 파이 티 Kueh Pie Tee

바삭한 파이로 만든 컵 안에 야채와 새우, 칠리 소스 등을 버무려서 담은 앙증맞은 모습으로 페라나칸 음식 중 하나다. 한입에 쏙 들어가는 크기로 애피타이저로 즐겨 먹는다.

나시 파당 Nasi Padang

인도네시아식 음식문화로 푸드 코트에서 빠지지 않고 등장할 정도로 싱가포르에서 인기 있다. 나물·치킨·생선·커리 등을 죽 나열해 놓고 원하는 것을 고르면 밥이 담긴 접시에 선택한 것을 담아주는데 밥과 반찬을 먹는 것과 비슷해 우리 입맛과 잘 맞는다. 마음대로 반찬을 고를 수 있으며 어떤 것을 선택하느냐에 따라 요금도 달라진다. 보통 S$5~10 정도면 배부르게 먹을 수 있다.

로티 프라타 Roti Prata

밀가루로 반죽을 해 기름을 두르고 얇고 넓게 구워낸 남인도식 팬케이크다. 커리에 찍어 먹으면 한 끼 식사로 든든하며 간식처럼 먹기도 한다. 향신료·바나나 등으로 속을 채워서 구워내는 로티 프라타도 디저트처럼 즐겨 먹는다.

콘지 Congee

아침 식사로 싱가포리언들이 즐겨 먹는 중국식 죽. 치킨·생선·오리알 등을 토핑으로 얹어서 먹으며 우리의 죽과 비교하면 더 부드럽고 묽은 편이다. 호커 센터에서 쉽게 맛볼 수 있다.

딤섬 Dim Sum

딤섬은 중국식 만두인데 오후에 차와 함께 간식으로 가볍게 즐기거나 식사 후 마무리로 즐겨 먹는다. 차이나타운에 가면 딤섬을 전문으로 하는 레스토랑이 있으며 호커 센터에서도 쉽게 찾아 볼 수 있다. 안에 넣는 재료에 따라 종류가 무척 다양하며 맛과 모양도 다채로워서 골라 먹는 재미가 있다.

피시 헤드 커리 Fish Head Curry

이름처럼 커리에 생선 머리가 통째로 들어간 음식으로 독특한 모양만큼이나 맛도 특이하다. 커리 국물을 쌀밥이나 난과 곁들여 먹으면 은근한 중독성이 있으며 리틀 인디아의 인도 레스토랑에서 쉽게 맛볼 수 있다.

비리야니 Biryani

비리야니는 인도식 쌀 요리로 향신료에 잰 고기, 생선 또는 계란, 채소 등을 넣고 볶아 만든 요리로 인도식 볶음밥이라고 생각하면 쉽다. 푸드 코트나 리틀 인디아의 레스토랑에서 쉽게 볼 수 있다.

캐롯 케이크 Fried Carrot Cake

이름과는 다르게 무와 달걀 등으로 만든 반죽을 깍두기처럼 네모나게 썰어 간장 소스를 넣고 달걀과 함께 볶은 요리다. 소스에 따라 화이트 캐롯 케이크, 블랙 캐롯 케이크로 나누며 짭조름하면서도 달콤한 맛이 나고 부드러워 애피타이저로 식사 전 즐겨 먹는다.

CHECK LIST ☑

Must Taste in Singapore
싱가포르에서 꼭 먹어야 할

필수음식! 🍽

싱가포르 대표 선수, 칠리 크랩 맛보기!
추천업소: 점보 시푸드(p.241), 롱비치(p.308), 레드 하우스(p.242)

싱가포르만의 독특한 음식 문화, 페라나칸 음식 체험하기
추천업소: 블루 진저(p.265), 김 추(p.313)

호커 센터에서 로컬 음식 한 상 가득 푸짐하게 먹기
추천업소: 마칸수트라 글루턴스 베이(p.210), 라우 파 삿(p.212)

숯불에 구운 사테와 함께 싱가포르 맥주 타이거 맛보기
추천업소: 라우 파 삿(사테 스트리트)(p.212)

차이나타운에서 딤섬과 함께 얌차 타임 즐기기
추천업소: 얌차(p.262)

카야 토스트로 싱가포르식 아침 식사 즐기기
추천업소: 야쿤 카야 토스트(p.263), 토스트 박스(p.229)

오후의 달콤한 휴식, 애프터눈 티 즐기기
추천업소: 코트야드(p.65), 치훌리 라운지(p.65), TWG(p.144)

세계 각국의 산해진미를 한번에, 풍성한 뷔페 즐기기
추천업소: 스트레이트 키친(p.142), 캐러셀(p.145)

황홀한 야경과 함께 싱가포르 슬링 맛보기
추천업소: 세라비(p.227), 롱 바(p.181, 187)

Drink in Singapore
싱가포르의 마실 거리

싱가포르 하면 떠오르는 타이거 맥주와 래플스 호텔에서 시작되어 이제는 전 세계인이 사랑하는 싱가포르 슬링, 뜨거운 날씨에 더위를 식혀줄 달콤한 빙수들까지. 싱가포르를 대표하는 마실 거리들을 소개한다.

타이거 Tiger

싱가포르의 대표 맥주로 사랑받고 있으며, 파란색 로고의 호랑이가 심벌이다. 1932년 처음 출시된 싱가포르 최초의 맥주로 산뜻하고 부드러운 맛이 특징. 싱가포르 로컬 푸드와 가장 잘 어울리므로 싱가포르를 여행한다면 한번쯤 맛보자.

싱가포르 슬링 Singapore Sling

뉴욕에 맨해튼 칵테일이 있다면 싱가포르에는 싱가포르 슬링이 있다. 핑크빛이 매력적인 칵테일로 래플스 호텔의 롱 바에서 탄생했다. 싱가포르에 가는 여행자들이라면 한번쯤은 맛보는 명물이니 원조인 롱 바나 야경이 근사한 바에서 마셔보자.

테 타릭 Teh Tarik

테 타릭은 밀크 티와 비슷한 음료로 따뜻하게 차로 즐기기도 하고 얼음을 넣어 시원하게 마시기도 한다. '길게 당기는 차'라는 뜻의 이름에 걸맞게 두 개의 컵으로 차와 연유를 길게 주고받으며 만드는데 그 모습이 흥미롭다.

아이스 카창 Ice Kachang

싱가포르 스타일의 빙수. 곱게 간 얼음 위에 젤리·팥·옥수수 등 토핑을 얹고 알록달록한 시럽까지 곁들여 나오는 시원한 디저트. 호커 센터에서 쉽게 볼 수 있으며 무더운 날씨에 간식으로 먹으면 시원하게 즐길 수 있다.

첸돌 Cendol

아이스 카창과 비슷하지만 판단 pandan으로 만든 초록색 토핑을 얹어 주는 점이 다르다. 곱게 간 얼음 위에 팥과 젤리, 코코넛 밀크를 듬뿍 얹어 달콤하면서도 부드러운 맛이 일품. 무더위를 가시게 해줄 최고의 디저트다.

싱가포르 인트로

Tropical Fruit in Singapore

싱가포르 열대 과일

싱가포르는 열대 지역답게 어디에서든 쉽게 풍성한 열대 과일들을 맛볼 수 있다.
우리나라에서는 귀하고 비싼 열대 과일을 비교적 저렴하게 먹을 수 있는 기회이니 놓치지 말자.

망고 Mango

가장 인기 있는 열대 과일 중 하나로 마트나 시장에서 쉽게 접할 수 있다. 노란색과
초록색이 일반적이며 잘 익은 망고는 달콤한 과즙의 맛이 일품이다. 카페나 레스토
랑에서는 시원한 주스나 디저트로 쉽게 접할 수 있다. 우리나
라에 비해 가격이 저렴하니 망고를 좋아한다면 많이 먹어
두자.

망고스틴 Mangosteen

망고와 함께 가장 인기가 높은 과일로 자주색의 두꺼운 껍질을 벗기면 새하얀 속살
이 나온다. 쉽게 구입할 수 있어서 망고스틴 마니아들은 잔뜩 사두고 간식으로 먹기
도 한다. 손으로 힘을 주어 양쪽으로 나누면 쉽게 쪼개지는데 하얀 과육은 달콤하고
맛이 매우 좋다.

코코넛 Coconut

커다란 코코넛에 구멍을 내고 빨대를 꽂아 시원한 주스 형태로 마신다. 과일로 그냥
먹기보다는 코코넛 과육, 코코넛 밀크로 요리에 첨가해서 먹는 경우가 많다.

두리안 Durian

과일의 왕이라 불리기도 하는 두리안은 그 특유의 강한 냄새 때문에 호불호가 분명하게 나뉘는 과일이다. 가시가 뾰죽뾰죽 돋친 껍질을 벗기면 부드러운 속살이 나오는데 열량도 높고 영양가도 좋다. 케이크나 파이·아이스크림 등에 재료로 쓰이기도 한다. 고열량이어서 술과 함께 먹는 것은 좋지 않다고 한다.

드래건 프루츠 Dragon Fruits

우리나라에서 '용과'라고 부르는 과일이다. 핑크빛의 반질반질한 표면을 자르면 겉과는 전혀 다른 하얀색의 과육에 씨가 깨알같이 박혀 있다. 독특한 모습과는 다르게 부드럽고 상큼한 맛이 좋다.

파파야 Papaya

주황색이 도는 과일로 멜론과 비슷한 맛이 난다. 향이 진하고 주스와 요리에 많이 사용되며 부드럽고 달콤한 맛이 좋아서 아침 식사나 디저트로 즐겨 먹는다.

스네이크 프루트 Snake Fruit

뱀 껍질 같은 과일 표면 때문에 스네이크 프루트로 불린다. 껍질을 벗기면 단단한 과육이 들어있는데 아삭한 맛과 떫은 맛이 특징이다. 단맛이 적어 인기 있는 과일은 아니다.

람부탄 Rambutan

빨간 껍질을 부드러운 털이 감싸고 있는 과일로 내용물은 달콤하고 부드럽다. 중앙에 있는 씨를 빼고 과육만 먹는다.

스타 프루츠 Star Fruits

각지게 생겨서 잘라내면 별 모양이 되므로 스타 프루츠라는 이름이 붙었다. 맛은 사과와 약간 비슷한데 단맛이 살짝 나면서 아삭아삭해서 씹는 맛이 좋다.

Best Chili Crab Restaurant in Singapore

싱가포르 대표 명물 요리,
칠리 크랩 맛집

싱가포르의 국가대표급 음식을 하나만 꼽으라면 단연 칠리 크랩이다. 새콤달콤한 칠리소스와 담백한 게살이 조화를 이루는 칠리 크랩은 현지인은 물론 여행자들의 입맛도 사로잡았다. 칠리 크랩과 함께 블랙 페퍼 크랩도 담백하고 깔 끔한 맛으로 사랑받고 있다. 해산물 레스토랑들은 싱가포르 강이 있는 리버사이드, 해산물 특구로 통하는 이스트 코스트 지역에 많이 모여 있다. 다른 것은 제쳐두고라도 반드시 먹어 봐야 하는 칠리 크랩을 어디서 어떻게 맛있게 먹을 수 있는지 대표 맛집들과 팁을 소개한다.

> **클락 키 지역**

점보 시푸드 Jumbo Seafood → p.241

칠리 크랩 하면 점보 시푸드를 가장 먼저 떠올릴 만큼 한국인 여행자들에게 절대적인 인기를 끌고 있는 맛집이다. 총 7개의 지점이 있는데 핫 플레이스 클락 키에 있는 점보 시푸드 리버 사이드 포인트 분점이 제일 유명하다.

간판 메뉴인 칠리 크랩은 매콤한 칠리소스와 담백한 게살의 조 화가 일품이다. 갓 튀긴 번, 볶음밥을 칠리소스와 함께 먹으면 또 다른 별미를 즐길 수 있다.

주소 30 Merchant Road #01-01/02, Riverside Point, Singapore
전화 6532-3435 **홈페이지** www.jumboseafood.com.sg

> **로버슨 키 지역**

레드 하우스 Red House → p.242

레드 하우스는 여행자들보다는 현지인들 사이에서 최고의 칠리 크랩 명가로 손꼽히는 곳이다. 이스트 코스트 본점에서 시 작돼 로버슨 키에 분점을 냈으며 호젓한 강가에 위치하고 있어 분위기도 좋다. 싱싱한 크랩을 사용한 칠리 크랩의 맛은 설명이 필요 없을 정도이며 그 외에 블랙 페퍼 크랩과 새우 · 랍스터 등 의 해산물요리도 기대 이상으로 맛있다.

주소 #01-14 The Quayside, 60 Robertson Quay, Singapore
전화 6735-7666 **홈페이지** www.redhouseseafood.com

마리나 베이 지역

팜비치 시푸드 Palm Beach Seafood → p.211

싱가포르의 심벌들을 바라보면서 맛있는 칠리 크랩을 먹을 수 있는 곳. 원 플러튼에 위치한 팜 비치는 바로 앞에 전개되는 마리나 베이의 시원스러운 전망을 시작으로 옆으로 멀라이언상과 에스플러네이드, 싱가포르 플라이어, 마리나 베이 샌즈가 이어져 최고의 전망을 파노라마로 즐길 수 있다. 이곳의 칠리 크랩은 소스가 감칠 맛이 강해서 입에 착착 붙는다. 시원한 실내도 좋지만 특히 야외석은 해가 진 후 저녁에는 로맨틱한 야경까지 더해져 더욱 근사하다.

주소 1 Fullerton Road #01-09, Singapore **전화** 6336-8118 **홈페이지** www.palmbeachseafood.com

이스트 코스트 지역

롱비치 시푸드 레스토랑 Longbeach Seafood Restaurant → p.308

60년 전통의 시푸드 명가로 본점인 이곳 외에 4개의 분점이 있다. 싱가포르 대표 음식인 칠리 크랩을 잘하는 것은 물론이고 블랙 페퍼 크랩의 창시자로 명성이 자자하다. 마치 진흙에서 방금 꺼낸 듯한 블랙 페피 소스를 뿌린 블랙 페퍼 크랩은 담백하면서도 알싸한 맛이 독특한 매력이다. 칠리 크랩은 다른 곳과 비교해 소스가 더 풍부하고 진하다.

주소 #01-04 East Coast Seafood Centre, Singapore
전화 6448-3636 **홈페이지** www.longbeachseafood.com.sg

칠리 크랩, 더 맛있게 즐기기

❶ 주문하기

칠리 크랩을 주문할 때 대부분의 식당들이 사람 수가 아닌 크랩의 무게로 요금을 받으므로 우선 점원에게 인원수에 맞게 추천을 해달라고 요청해 보세요. 평균적으로 성인 2인에 크랩 1~1.5kg 정도면 적당한 양입니다. 1kg을 주문하더라도 정확히 무게대로 게를 자르거나 하는 것이 아니라 그 무게에 가까운 사이즈의 게를 골라서 한 마리를 통째로 조리하는 것이기 때문에 1kg의 요금보다 조금 더 적게 혹은 많이 나올 수 있습니다.

❷ 칠리 크랩의 짝꿍, 번과 볶음밥

칠리 크랩 요리의 빠뜨릴 수 없는 짝꿍이 바로 갓 튀긴 번 Bun과 볶음밥입니다. 매콤한 소스에 부드러운 번을 찍어서 먹고 볶음밥에 소스를 얹어 슥슥 비벼 먹으면 밥도둑이 따로 없답니다.

❸ 두 손으로!

칠리 크랩에 단 한 가지 흠이 있다면 먹기가 쉽지 않다는 것이죠. 도구를 사용하는 것이 불편하면 눈치 보지 말고 손을 이용해서 먹으면 됩니다. 대부분 손을 씻을 수 있는 물을 따로 내주며 요청 시 먹기 좋게 게살만 내주는 곳들도 있으니 문의해 보세요.

싱가포르 인트로

Best Hawker Centre in Singapore

골라 먹는 재미가 있는, 싱가포르 Best 호커 센터

다민족 국가의 다채로운 음식문화를 고스란히 느껴볼 수 있는 곳이 호커 센터다. 각국 로컬 요리들의 축소판과도 같은 호커 센터는 수십 개의 작은 노점이 모여서 이루어진 식당가를 뜻하는데 노천 푸드 코트라고 생각하면 된다. 과거 싱가포르 도시 개발 초기에 환경미화를 위해 노점상들을 한데 모아서 식당가를 만든 것에서 유래했는데 현재는 저렴한 가격에 다채로운 음식들을 맛볼 수 있어 현지인은 물론 여행자들에게도 사랑받고 있다.

싱가포르의 인기 호커 센터

> 마리나 베이 지역

마칸수트라 글루턴스 베이 **Makansutra Gluttons Bay** → p.210

양보다는 질로 승부하는 곳으로 노점 수는 10개가 채 안 된다. 그렇지만 맛에 있어서만큼은 어디에도 뒤지지 않는다. 싱가포르 현지 매거진인 〈마칸수트라〉에서 보증하는 호커 센터이니 맛은 믿어도 좋다. 더위가 가신 저녁에 문을 열며 마리나 베이가 시원하게 펼쳐져 한층 맛깔스러운 저녁 식사를 즐길 수 있게 해준다. 식사 후 에스플러네이드 앞의 벤치에 앉아서 근사한 야경을 감상하면 완벽한 코스!

주소 #01-15, Esplanade Mall, Singapore
가는 방법 에스플러네이드 야외 공연장에서 타이 익스프레스 방향, 야외에 있다.

차이나타운 지역

맥스웰 푸드 센터 Maxwell Food Centre → p.261

차이나타운에서 배가 고프다면 망설이지 말고 이곳으로 달려갈 것! 다소 허름한 분위기의 호커 센터로 100여 개에 달하는 음식점이 모여 있어 골라 먹는 재미를 톡톡히 누릴 수 있다. 차이나타운에 위치한 만큼 중국 음식이 강세를 보인다. 특히 인기 있는 것은 젠 젠 포리지의 중국식 죽과 티안 티안 치킨라이스의 하이난식 치킨라이스다. 두 집은 항상 긴 줄이 늘어서 있으므로 단박에 찾을 수 있다.

주소 1 Kadayanallur Street, Singapore **가는 방법** MRT Chinatown 역에서 사우스 브리지 로드 South Bridge Road 방향으로 도보 5분. 불아사 건너편에 있다.

라우 파 샷 Lau Pa Sat Festival Market → p.212

고층 빌딩들이 즐비한 금융 비즈니스 지구의 한가운데 위치한 호커 센터. 과거의 재래시장을 재현한 정감 어린 소품과 장식들이 여행자들에게 눈요깃거리도 선사한다. 로컬 음식은 물론 딤섬·인도 음식·해산물·누들, 이탈리아 음식까지 한국 음식까지 다양한 메뉴를 갖추고 있다. 주변에 회사가 많다 보니 말끔한 양복 차림으로 호커 센터를 찾는 외국인들도 많이 눈에 띈다. 저녁이면 호커 센터 옆으로 사테 퍼레이드가 열린다. 거리 가득히 자욱한 연기 속에 숯으로 사테 굽는 냄새가 군침이 돌게 만든다. 잘 구워진 사테와 시원한 맥주를 즐겨보자.

주소 Lau PA Sat, 18 Raffles Quay, Singapore **가는 방법** ①MRT Raffles Place 역 1번 출구에서 도보 5분 ②차이나타운에서 파 이스트 스퀘어 Far East Square 방향으로 크로스 스트리트 Cross Street를 따라 도보 8~10분

뉴튼 지역

뉴튼 서커스 호커 센터 Newton Circus Hawker Centre → p.150

여행자들에게는 다소 생소한 호커 센터일지 모르지만 현지인들이 맛있는 저녁을 먹기 위해 모여드는 곳이다. 다양한 로컬 푸드를 파는 것은 물론 싱싱한 해산물을 많이 다루기 때문에 해산물을 좋아하는 이들에게 더욱 인기가 있다. 추천 메뉴는 칠리 크랩과 시푸드 사테! 전부 야외석이라 더운 낮보다는 저녁에 가는 것이 좋으며 사람들이 많아 복작복작하는 분위기가 즐겁다.

주소 500 Clemenceau Avenue North, Singapore
가는 방법 MRT Newton 역 B번 출구에서 도로를 건넌 후 도보 2분

깔끔한 실내형 호커 센터, 푸드 코트

오차드 로드 지역 ▶

푸드 리퍼블릭 Food Republic → p.150

푸드 리퍼블릭은 푸드 코트 체인으로 주로 대형 쇼핑몰에 입점해 있어 싱가포르를 여행하다 보면 한번쯤은 식사를 하게 되는 곳이다. 호커 센터를 캐주얼하게 재해석해 과거의 노점 수레, 자전거, 소품 등을 테마 식으로 꾸며 놓아 정감 있고 편안한 분위기다. 푸드 리퍼블릭은 오차드 로드의 위스마 아트리아, 313@서머셋, 하버 프런트의 비보 시티, 선텍시티 등에 있다. 깔끔한 푸드 코트에서 합리적인 가격으로 다양한 요리를 골라 먹을 수 있으니 쇼핑을 한 후 출출할 때 들러보자.

가는 방법 MRT Orchard 역에서 지하로 연결되는 위스마 아트리아 쇼핑몰 4층

푸드 오페라 Food Opera → p.129

오차드 로드에서 가장 핫한 쇼핑몰 아이온 안에 있는 푸드 코트인 만큼 모던하고 깔끔하게 꾸며져 있다. 지하 4층으로 에스컬레이터를 타고 내려가면 바로 보이며 식사 시간이면 빈자리가 없을 정도로 손님들이 많다. 20개가 넘는 가게들이 모여 있으며 누들 · 딤섬 · 해산물 · 치킨라이스 · 파당 푸드 등 다양한 메뉴를 갖추고 있어서 맛있게 한 끼 식사를 해결하기에 부족함이 없다.

가는 방법 MRT Orchard 역에서 지하로 연결되는 아이온 쇼핑몰 지하 4층

부기스 지역 ▶

푸드 정션 Food Junction → p.282

부기스 정션 안에 있는 푸드 코트로 싱가포르 로컬 푸드와 디저트부터 누들 · 웨스턴식 · 중식 · 일식 · 한식까지 다양한 음식을 저렴한 가격에 즐길 수 있다. 복층 구조로 돼있으며 부기스 주변에서는 가장 깔끔하고 다양한 음식을 먹을 수 있는 푸드 코트라서 인기가 좋다. 원래 가격이 저렴한 데다 프로모션을 자주 실시해서 더 알차게 즐길 수 있는 것도 장점이다.

가는 방법 MRT Bugis 역에서 지하로 연결되는 부기스 정션 3층

 tip   호커 센터 100% 즐기기

노점들이 모여 있는 곳이니 청결이 걱정된다고요? 싱가포르는 이상할 정도로 깨끗한 나라인 만큼 호커 센터의 위생은 큰 걱정 하지 않아도 됩니다. 작은 노점이기는 하지만 호커 센터 안의 식당들은 모두 정식 등록이 되어 있는 음식점들이고 이 음식점들의 청결도는 정부가 등급별로 관리합니다. 가게마다 A, B 마크가 붙어 있는 것을 발견할 수 있는데 이것이 청결 점수인 셈이지요. 예전에 노점에서 시작했기 때문에 각각의 가게는 스톨 Stall이라고 불린답니다. 손님이 직접 가게에 주문을 한 후 돈을 내면 되고 음식이 나오면 스스로 숟가락과 소스 등을 챙겨서 가져가는 셀프 시스템입니다. 가끔 늦게 나올 경우 테이블로 가져다주기도 하고요. 무엇보다 호커 센터에서는 세금도 서비스 차지도 없으니 주머니가 가벼운 여행자들에게는 더없이 고마운 존재입니다.

Enjoy Afternoon Tea

오후의 달콤한 휴식,
우아하게 애프터눈 티 즐기기

애프터눈 티 Afternoon Tea는 영국의 상류층이 점심과 저녁 사이에 홍차와 영국의 전통 과자인 스콘으로 티타임을 즐기던 전통에서 유래했다. 한때 영국의 식민지였던 싱가포르에는 이 전통이 여전히 존재한다. 우리에게는 낯선 문화이지만 싱가포르에 왔다면 특별한 오후의 여유를 한번쯤 맛보는 것도 좋을 것이다. 바쁘고 타이트한 관광 일정 사이에 잠시 짬을 내 근사한 호텔 로비 라운지에 앉아서 달콤한 사치를 부려보자.

인기 애프터눈 티 전문점

코트야드 **The Courtyard**

애프터눈 티의 여왕으로 통하는 곳으로 맛과 분위기 모두 만점이다. 로비 라운지의 높은 천장은 우아하고 클래식하며 직원들의 서비스도 수준급이다. 앙증맞은 핑거 푸드와 스콘, 크렘 브륄레, 케이크 등이 3단 트레이에 아름답게 담겨 나온다. 차와 함께 달콤한 디저트를 즐기며 느긋하게 호사를 즐겨보자.

주소 1 Fullerton Square, Singapore **전화** 6733-8388 **홈페이지** www.fullertonhotel.com **영업** 월~금요일 15:00~18:00, 토~일요일 14:00~16:00, 16:30~18:00 **예산** S$45 **가는 방법** MRT Raffles Place 역에서 도보 5~8분, 플러튼 호텔 내에 있다.

치훌리 라운지 **Chihuly Lounge**

리츠 칼튼의 명성에 걸맞게 우아하고 격조 높은 분위기의 애프터눈 티로 여성들 사이에서 인기를 끌고 있다. 빛나는 골드 트레이에 디저트와 핑거 푸드가 앙증맞게 나온다. 고급스러움과 우아함만큼은 최고라고 해도 좋다. 월요일부터 금요일까지는 트레이에 담긴 애프터눈 티로 운영되고 토요일과 일요일은 애프터눈 티 뷔페로 운영된다.

주소 7 Raffles Avenue, Singapore **전화** 6434-5288 **홈페이지** www.ritzcarlton.com **영업** 매일 14:30~17:00 **예산** 평일 애프터눈 티 1인 S$49, 주말 뷔페 S$58(+TAX&SC 17%) **가는 방법** MRT City Hall 역에서 도보 10분, 리츠 칼튼 호텔 내에 있다.

카페 레스프레소 **Cafe L'Espresso**

콜로니얼풍의 클래식한 매력이 물씬 풍기는 굿우드 파크 호텔에서 애프터눈 티를 즐길 수 있다. 다른 곳과는 다르게 뷔페식으로 풍성하게 차려져 맛은 물론 양까지 만족시킨다. 다채로운 디저트와 핑거 푸드의 퍼레이드가 펼쳐지며 한 끼 식사로도 손색이 없다. 사람들이 몰리는 주말에는 1회와 2회로 시간을 나누어 운영한다.

주소 Goodwood Park Hotel, 22 Scotts Road, Singapore **전화** 6730-1743 **홈페이지** www.goodwoodpark hotel.com **영업** 월~목요일 14:00~17:30, 금~일요일 1회 12:00~14:30, 2회 15:00~17:30 **예산** 월~목요일 1인 S$45 금~일요일 1인 S$48 (+TAX&SC 17%) **가는 방법** MRT Orchard 역에서 도보 5~8분, 굿우드 파크 호텔 내에 있다.

더 로비 라운지 The Lobby Lounge

우아함과 기품이 느껴지는 인터컨티넨탈 호텔의 애프터눈 티. 시크릿 가든(Secret Garden)이라는 테마로 품격있으면서도 독창적인 디저트를 즐길 수 있어 인기가 높다. 티 세트는 차나 커피를 선택할 수 있는 메뉴와 샴페인을 선택할 수 있는 메뉴로 나뉜다.

주소 80 Middle Road, Singapore **전화** 6338-7600 **홈페이지** www.intercontinental.com/singapore **영업** 14:00~17:00 **예산** 애프터눈 티(2인) S$78~(+TAX&SC 17%) **가는 방법** MRT Bugis 역에서 연결, 인터컨티넨탈 호텔 1층

티핀 룸 Tiffin Room

이름만으로도 찬란한 래플스 호텔에서 즐기는 애프터눈 티는 더욱 특별한 의미를 지닌다. 싱가포르 하이 티의 원조라고 할 수 있는 곳으로 3단 트레이에 담겨 나오는 디저트 외에 뷔페 코너에서는 딤섬과 간단한 핑거 푸드를 즐길 수 있다. 아담한 공간에 인기가 높으니 예약을 하는 것이 안전하다.

주소 1 Beach Road, Singapore **전화** 6412-1816 **홈페이지** www.raffles.com **영업** 매일 15:00~17:30 **예산** 1인 S$62(+TAX&SC 17%) **가는 방법** MRT City Hall 역에서 도보 5분, 래플스 호텔 내에 있다.

액시스 바 Axis Bar

동양적인 화려함으로 유명한 만다린 오리엔탈 호텔의 애프터눈 티답게 남다른 스타일을 자랑한다. 다른 곳은 우아한 분위기가 대부분이지만 이곳의 바는 강렬한 컬러와 스타일로 장식돼 있다. 1층이 아닌 고층에서 시원스러운 전망을 감상하면서 애프터눈 티를 즐길 수 있는 것도 매력적이다. 달콤한 디저트를 정성껏 서빙하며 맛 또한 수준급이다. 애프터눈 티와 함께 샴페인을 무제한으로 즐길 수 있는 세트(S$98)도 선보이고 있다.

주소 5 Raffles Avenue, Mandarin Oriental, Singapore **전화** 6835-3098 **홈페이지** www.mandarinoriental.com **영업** 매일 월~금요일 15:00~17:00 토~일요일 1회 12:30~14:30 2회 15:00~17:00 **예산** 애프터눈 티 1인 S$42, 2인 S$80(+TAX&SC 17%) **가는 방법** MRT City Hall 역에서 도보 10분, 만다린 오리엔탈 호텔 내에 있다.

Leely Say

애프터눈 티 맛있게 즐기기

싱가포르는 애프터눈 티 문화가 발달해 웬만한 고급 호텔들은 모두 애프터눈 티를 갖추고 있답니다. 호텔마다 스타일이 다르지만 크게 나누면 3단 트레이에 곱게 세팅이 되어 나오거나 뷔페 스타일로 다양하게 차려지는 두 가지입니다. 스콘과 케이크 · 초콜릿 · 샌드위치 등이 나오며 딤섬이나 스프링롤, 핑거 푸드가 뷔페 스타일로 차려지기도 하니 취향에 맞게 선택해 보세요. 사람 수에 맞게 주문을 하고 차를 고른 뒤 여유롭게 즐기면 됩니다. 호텔의 애프터눈 티가 부담스럽거나 디저트의 양이 너무 많다면 TWG와 같은 카페에서 차와 디저트를 골라서 가볍게 오후의 여유를 즐겨도 좋습니다.

Breakfast At Singapore!

싱가포르에서 아침을!

다채로운 문화가 융화된 다민족 국가 싱가포르는 아침을 즐기는 방법도
가지각색이다. 싱가포르의 아침을 즐기는 다양한 방법을 소개한다.

카야 토스트 Kaya Toast

중국계 이민자들이 만들어 낸 싱가포르 스타일의 토스트로 현재까지도 아침 식사와 오후
의 간식으로 사랑을 받고 있다. 숯불에 구운 토스트에다 코코넛 밀크와 판단 잎(허브), 계
란을 넣어 만든 카야 잼을 바른 심플한 레시피임에도 불구하고 한번 맛보면 달콤하고 바
삭한 토스트 맛에 반하게 된다. 여기에 뜨거운 물에 살짝 익힌 계란과 진한 싱가포르식 커
피까지 곁들이면 완벽한 3종 세트가 완성된다.

나시 르막 Nasi Lemak

나시 르막은 말레이시아 사람들이 즐겨 먹는 서민적인 아침 식사로 우리의 간단
한 백반과 비슷한 개념이다. 코코넛 즙을 넣어 지은 밥과 멸치볶음, 오이, 계란,
매콤한 칠리 소스가 한 접시에 담겨 나오고 생선이나 닭튀김 등이 올려지기도
한다. 간단하지만 든든한 아침 식사로 제격이며, 매콤한 칠리 소스에 슥슥 비벼
먹으면 우리 입맛에도 잘 맞으니 한번 도전해보자.

콘지 Congee

콘지는 중국식 죽으로 싱가포르인들이 가장 즐겨 먹는 아침 식사다. 전분 양
이 적은 안남미를 끓여서 만들며 우리나라 죽에 비해 더 묽고 부드럽다. 토핑
처럼 생선·치킨·계란 등을 가미하기도 한다. 호커 센터에서 쉽게 볼 수 있으며
아침 식사로 먹으면 속도 편안하고 부담이 없어 사랑받고 있다.

로티 프라타 Roti Prata

남부 인도식 음식인 로티 프라타도 싱가포르 아침 식사에서 빼놓을 수 없다. 기름
을 두른 커다란 팬에 종이처럼 얇게 편 밀가루 반죽을 구워낸 것으로 인도식 팬
케이크라고 생각하면 된다. 오래 끓인 커리에 찍어 먹거나 설탕을 뿌려서 달콤하
게 즐겨도 좋다. 싱가포르 스타일의 밀크 티인 테 타릭 Teh Tarik까지 곁들이면 완
벽한 인도식 아침 식사를 즐길 수 있다.

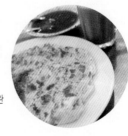

Singapore Best Fine Dining!

미식의 절정을 맛보다

이보다 더 멋진 파인 다이닝 스폿이 있을까 싶을 정도로 싱가포르 전역에는 최고급 레스토랑들이 즐비하다. 미슐랭도 인정한 세계적인 스타급 셰프들이 선보이는 식도락의 진수를 싱가포르에서 만끽해보자.

레 자미 **Les Amis** → p.143

싱가포르 파인 다이닝을 주도하는 레 자미 그룹의 대표 레스토랑. 오차드 로드의 중심에 위치하고 있으며 미슐랭 스타 셰프이기도 한 호주 출신의 Armin Leitged가 프렌치 모던 퀴진을 선보인다. 재료 고유의 맛과 향을 최대한 끌어올리면서 창작 예술에 가까운 요리로 시각과 미각을 모두 사로잡는다.

가는 방법 MRT Orchard 역에서 도보 3분, 이세탄 스코츠 지나서 카날레 파티세리 Canelé Patisserie에서 좌회전, 오르막길로 도보 1분

건더스 **Gunther's** → p.178

각종 매거진에서 싱가포르 톱 레스토랑으로 손꼽히는 화려한 이력의 레스토랑으로 메인 셰프 Gunther Hubrechsen's가 지휘하는 모던 프렌치 요리를 맛볼 수 있다. 『미슐랭 가이드』가 아시아 리스트에 이름을 올린 레스토랑인 만큼 맛에 있어서는 보증할 수 있다. 더욱이 이곳이 매력적인 이유는 명성에 비해 합리적인 가격이라는 것. 특히 평일 런치를 이용하면 가격 대비 수준 높은 맛을 즐길 수 있다.

가는 방법 래플스 호텔을 지나 퍼비스 스트리트의 잉타이 팰리스 옆에 있다.

컷 CUT → p.226

미국 전역에 17개의 레스토랑을 보유하고 있는 미슐랭 스타 셰프 Wolfgang Puck의 첫 아시아 진출 레스토랑이 싱가포르에 있다는 것은 미식가들에게 최고의 희소식이 아닐 수 없다. 고전적인 스테이크 하우스의 메뉴를 모던하게 재해석해 선보이며 엄선된 재료와 고기를 다루는 숙련된 스킬로 최상의 요리를 선사한다.

가는 방법 마리나 베이 샌즈 쇼핑몰 지하 1층 Galleria Level의 극장 옆에 있다.

잔 JAAN → p.177

싱가포르의 파인 다이닝을 논할 때 빠지지 않고 등장하는 곳으로 각종 어워드를 휩쓴 화려한 수상 경력이 레스토랑의 수준을 증명한다. 스위소텔 더 스탬퍼드 호텔 70층에 위치하고 있어 초고층에서 내려다보는 싱가포르의 시티 뷰는 그야말로 압권이다. 인기가 워낙 높아 예약은 필수다.

가는 방법 MRT City Hall 역에서 연결되는 래플스 시티 쇼핑센터 옆, 스위소텔 더 스탬퍼드 호텔 70층

클리프 The Cliff → p.350

센토사는 물론 싱가포르를 대표하는 파인 다이닝 레스토랑으로 로맨틱한 분위기로는 독보적인 존재로 꼽힌다. 럭셔리 휴양지인 소피텔 싱가포르 센토사 리조트 & 스파 내에 위치하고 있으며 싱그러운 정원과 근사한 풍경에 최상의 요리들까지 곁들이니 이보다 더 좋을 수 없다. 싱가포르에서 가장 프러포즈하기 좋은 레스토랑으로 통하는 만큼 허니무너나 커플들에게 특히 추천할 만하다.

가는 방법 센토사 버스를 타고 소피텔 싱가포르 센토사 리조트&스파에서 하차, 소피텔 싱가포르 센토사 리조트&스파 내에 있다.

Singapore Best View Bar

싱가포르 최고의 야경을 만나다!

싱가포르의 밤은 낮보다 아름답다. 마리나 베이를 둘러싼 역사적인 건축물들과 싱가포르를 상징하는 아이콘, 하늘 높이 솟은 마천루가 만들어내는 스펙터클한 야경은 싱가포르 여행의 하이라이트라고 할 수 있다. 분위기 좋은 바에서 나이트라이프를 즐기면서 황홀한 야경까지 감상하면 일석이조다.

싱가포르 최고의 루프 탑 바

세라비 CÉ LA VI → p.216

싱가포르의 대표 아이콘이 된 마리나 베이 샌즈의 57층에 위치해 200m 상공에서 환상적인 야경을 내려다보며 나이트라이프를 즐길 수 있다. 트렌디한 라운지 음악과 자유롭고 릴랙스한 분위기가 매력적이다. 레스토랑에서 식사를 즐겨도 좋고 칵테일을 마시면서 가볍게 바만 이용해도 좋다. 시원하게 오픈된 야외 루프탑 바에서 달콤한 칵테일을 마시면서 싱가포르의 스펙터클한 야경에 흠뻑 빠져보자.

주소 Marina Bay Sands Sky Park, 1 Bayfront Avenue, Singapore **전화** 6688-7688 **홈페이지** sg.celavi.com
가는 방법 마리나 베이 샌즈의 스카이 파크 57층에 있다.

레벨33 Level 33 → p.215

최근 가장 뜨고 있는 루프 탑 바는 바로 여기! 이름처럼 33층, 156미터 높이에 자리했으며 마리나 베이 샌즈를 시작으로 파노라마로 마리나 베이의 뷰를 감상할 수 있는 최고의 전망으로 뜨거운 인기를 끌고 있다. 특히 해가 진 후 불빛들이 켜지기 시작하면 환상적인 야경이 시작되며 여기에 맛있는 음식과 갓 뽑아낸 하우스 맥주까지 더하면 완벽하다.

주소 #33-01, Marina Bay Financial Centre Tower 1, 8 Marina Boulevard, Singapore **전화** 6834-3133 **홈페이지** www.level33.com.sg **가는 방법** MRT Raffles Place 역에서 지하로 연결되는 MBFC Tower 1(Marina Bay Financial Centre Tower 1)로 간다. 1층 로비로 들어가면 안쪽에 Level 33 전용 엘리베이터가 있다.

원 앨티튜드 **1 Altitude** → p.216

멋진 야경이 펼쳐지는 마리나 베이 지역에는 루프탑 바들이 경쟁하듯 모여 있는데 그중에서도 제일 높은 곳에 있다. 세계에서 가장 높은 층의 루프탑 바로 화제가 되었으며 282m 상공에서 싱가포르의 드라마틱한 전망을 감상할 수 있다. 마리나 베이부터 싱가포르 플라이어, 에스플러네이드, 멀라이언 파크까지 장애물 없이 시원하게 360도 전망을 즐길 수 있다. 시원한 밤바람 속에 달콤한 칵테일 한잔을 마시면서 바라보는 싱가포르의 야경은 잊지 못할 추억이 될 것이다.

주소 One Raffles Place(Levels 61/62/63), 1 Raffles Place, Singapore
전화 6438-0410 **홈페이지** www.1-altitude.com
가는 방법 MRT Raffles Place 역에서 나와 원 래플스 플레이스 빌딩에 있다.

바 루즈 싱가포르 **Bar Rouge Singapore** → p.181

세라비와 원 앨티튜드가 생기기 전부터 싱가포르 최고의 야경을 감상할 수 있는 곳으로 사랑받아온 곳이다. 스위소텔 스탬퍼드 호텔의 71층에 위치해 유리창 너머로 눈부신 야경이 펼쳐진다. 에쿼녹스는 하이 티와 레스토랑을 운영하고 있고 바 루즈 싱가포르는 칵테일과 함께 기분 좋게 취하기에 좋다. 자정이 넘어가면 흥겨운 음악과 함께 춤추고 즐기기 좋은 분위기로 달아오른다.

주소 Equinox Complex, Swissotel The Stamford, Singapore **전화** 6837-3322
홈페이지 www. equinoxrestaurant.com.sg **가는 방법** MRT City Hall 역에서 연결되는 래플스 시티 쇼핑센터 옆 스위소텔 스탬퍼드 71층. 호텔 로비 왼쪽 에쿼녹스 입구를 이용해 입장하면 된다.

랜턴 **Lantern** → p.217

싱가포르의 새로운 랜드마크로 뜨고 있는 플러튼 베이 호텔 루프탑에 위치한 바. 멋진 수영장 옆으로 칵테일 바와 카우치가 이어져 여유롭고 릴랙스한 매력이 느껴진다. 마리나 베이 너머로 싱가포르 플라이어와 멀라이언 파크, 에스플러네이드까지 시원스럽게 펼쳐지는 전망은 감동적이다. 때때로 라틴 · 쿠바 음악 밴드 공연이 열리면 더욱 낭만적이고 이국적인 밤이 된다. 포근한 카우치 소파에 앉아 칵테일을 마시며 싱가포르의 반짝이는 야경을 만끽해보자.

주소 The Fullerton Bay Hotel(Rooftop), 1 Fullerton Road, Singapore **전화** 6597-5299 **홈페이지** www.fullertonbayhotel.com **가는 방법** MRT Raffles Place 역에서 도보 3분, 플러튼 베이 호텔 내에 있다.

최고의 야경을 공짜로 감상할 수 있는 명당자리

저자가 발로 뛰며 찾아낸, 입장료 없이 최고의 야경을 공짜로 감상할 수 있는 명당자리를 공개한다. 이왕이면 마리나 베이 샌즈에서 레이저 쇼를 시작하는 시간(일~목요일 20:00, 21:00 금~토요일 20:00, 21:00, 22:00)에 맞춰서 자리를 잡고 시원한 맥주 한 캔을 들고 기다려보자. 가든스 바이 더 베이도 매일 저녁 두 번 레이저 쇼를 선보인다. 럭셔리한 루프 탑 라운지 부럽지 않은 황홀한 야경을 감상할 수 있다.

플러튼 파빌리온 The Fullerton Pavilion 의 루프 탑

카탈룬야 레스토랑으로 이용되고 있는 플러튼 파빌리온의 입구 옆 계단을 따라 올라가면 기대하지 못했던 최고의 야경을 감상할 수 있다. 별도의 입장료 없이 누구나 올라갈 수 있으며 장애물 없이 파노라마로 멀라이언 상부터 에스플러네이드, 싱가포르 플라이어, 마리나 베이 샌즈까지 시원하게 360도로 펼쳐진다. 시원한 음료수 또는 캔 맥주를 챙겨 가면 값비싼 요금 필요 없이 루프 탑 라운지에서 보는 전망을 똑같이 누릴 수 있다.

가는 방법 MRT Raffles Place 역에서 J, C, E 출구로 나와 도보 약 8분. 플러튼 베이 호텔과 원 플러튼 사이의 동그란 파빌리온 건축물이 플러튼 파빌리온이다.

플러튼 베이 호텔 Fullerton Bay Hotel 옆 데크

마리나 베이와 접하고 있는 플러튼 베이 호텔. 호텔 옆은 워터 택시들이 서는 선착장으로 데크가 깔려 있고 아름다운 분수와 꽃으로 장식되어 있어서 로맨틱한 분위기가 흘러넘친다. 특히 왼쪽에 있는 플러튼 파빌리온으로 연결되는 다리를 걸을 때는 영화 속 주인공이 된 듯 특별한 기분을 느낄 수 있다. 벤치가 있으니 앉아서 봐도 좋고 산책 삼아 데크를 걸은 후 플러튼 파빌리온의 계단을 따라 올라가 루프 탑에서 야경을 봐도 좋겠다.

가는 방법 MRT Raffles Place 역에서 J, C, E 출구로 나와 도보 약 8분. 마리나 베이 샌즈를 바라보고 플러튼 베이 호텔 왼쪽에 데크가 있다.

에스플러네이드 Esplanade 앞 야외 계단

일명 두리안 빌딩으로 불리는 에스플러네이드를 지나 마리나 베이 쪽으로 나오면 계단에 앉아서 야경을 감상하는 사람들을 여럿 발견할 수 있다. 편하게 앉아서 시원한 맥주 한 캔을 마시며 보는 환상적인 레이저 쇼는 돈 주고도 못 할 특별한 경험이다. 운이 좋으면 바로 옆 야외극장에서 펼쳐지는 무료 공연도 덤으로 감상할 수 있다.

가는 방법 MRT City Hall 역에서 지하로 연결되는 시티링크 몰을 따라 도보 약 8~10분. 에스플러네이드를 통과하면 나오는 야외극장 옆

멀라이언 파크 Merlion Park 옆

시원하게 물을 뿜는 멀라이언 파크는 해가 지고 저녁이 되면 한층 더
황홀하게 변신한다. 멀라이언 상을 배경으로 기념사진을 찍고 또 마리
나 베이와 위풍당당한 마리나 베이 샌즈까지 함께 둘러볼 수 있어 일석
이조. 멀라이언 파크 옆 원 플러튼에는 스타벅스를 비롯해 레스토랑과
카페가 이어지니 이곳으로 자리를 옮겨 계속 야경을 감상해도 좋다.

가는 방법 ① MRT Raffles Place 역 B번 출구에서 플러튼 호텔 오른쪽 방향
으로 도보 5분 ② 에스플러네이드에서 멀라이언 상을 따라 에스플러네이드 브
리지를 건넌다. 도보 10분

가든스 바이 더 베이 Gardens by the Bay

싱가포르에서 반드시 가봐야 하는 최고의 명소로 손꼽히는 가든 바
이 더 베이. 싱그러운 낮의 가든을 산책하는 것도 좋지만 해가 진 후의
가든스 바이 더 베이는 더 화려하게 변신한다. 매일 저녁 두 번, 7시 45
분과 8시 45분에 환상적인 레이저 쇼를 선보이니 미리 자리를 잡고 거
대한 슈퍼트리의 야경을 감상해보자. 마리나 베이 샌즈에서 이어지는
라이언스 브리지에서 슈퍼트리를 정면으로 바라보는 데크가 가장 제대
로 볼 수 있는 명당자리. 아예 가든스 바이 더 베이 안으로 들어가 슈퍼
트리 근처에 자리를 잡고 벤치에 누워서 보는 것도 색다른 재미가 있을 것이다.

가는 방법 ① MRT Bayfront 역 B번 출구와 연결된 언더패스를 통해 이동 ② 마리나 베이 샌즈 호텔에서
연결되는 쇼핑몰 4층에 샤넬(CHANEL) 매장 옆 통로로 들어가 에스컬레이터를 타고 이동. 라이언스 브리지
(Lions Bridge)를 건너면 가든스 바이 더 베이로 연결된다.

마리나 베이 샌즈 Marina Bay Sands 앞 산책로

마리나 베이 샌즈만 바라볼 것이 아니라 반
대로 마리나 베이 샌즈 앞에서 맞은편의 래
플스 플레이스의 화려한 마천루들을 바라보
는 것도 장관이다. 야자수가 있는 산책로의
계단에 앉아서 병풍처럼 펼쳐지는 마천루들
의 반짝이는 야경을 감상해보자. 원더풀 쇼
도 더 가까이에서 볼 수 있어 특별한 추억이
될 것이다. 시간이 있다면 이곳에서부터 걸어서 맞은편 플러튼 베이 호텔 쪽으로 산책 삼아 걸어가거나 손 모양을 닮
은 사이언스 센터 방향으로 걸어가도 좋다.

가는 방법 MRT Bayfront 역 B번 출구와 연결된 언더패스를 통해 마리나 베이 샌즈로 이동. 마리나 베이 샌즈의 아발론 또는 루이
뷔통 매장 앞에 조성된 산책로

Luxury Spa& Massage!
고품격 스파로 재충전하기, 스파 & 마사지

싱가포르는 다른 동남아 국가에 비해 스파와 마사지가 저렴하다고 할 수는 없지만 스파의 수준은 어디와 비교해도 뒤지지 않는다. 일상의 스트레스를 피해 싱가포르를 찾았다면 지친 몸과 마음을 스파와 마사지로 달래 보자.

소 스파 So Spa → p.351

소 스파는 도심 속의 스파와는 전혀 다른 열대의 스파를 경험할 수 있는 곳으로 싱가포르 최초의 정원식 스파다. 잘 가꾸어진 정원과 폭포, 전용 풀은 열대의 아름다움이 물씬 풍기며 단순히 하나의 스파라기보다는 작은 리조트를 연상시킨다. 개별 룸에는 각각 로컬 스파이스의 이름이 있고 6개의 야외 트리트먼트 파빌리온은 오키드·히비스커스 등 화초의 이름을 붙였다.

주소 2 Bukit Manis Road, Singapore **전화** 6317-1318 **홈페이지** www.spabotanica.com **영업** 매일 10:00~22:00 **예산** 시그니처 마사지 S$190(60분), 센토사 마사지 S$180(60분) **가는 방법** 센토사, 센토사 버스를 타고 소 스파 앞에서 하차한다. Map.P326-C2

SK-Ⅱ 스파 SK-Ⅱ Spa

믿을 수 있는 브랜드 SK-Ⅱ와 스파 전문가인 Senze Salus가 만나 문을 연 럭셔리 스파로 SK-Ⅱ 제품만을 사용해 체계적인 스파를 받을 수 있다. 평화로운 스코츠 로드에 있는 단독 건물을 사용해서 여유롭고 우아한 분위기가 인상적이다. 내부는 8개의 싱글 룸과 1개의 커플 룸으로 이루어져 있으며 보디 마사지보다는 페이셜 마사지를 전문적으로 하고 있다. 시그니처 마사지는 Cloud 9 Facial로 에센셜 오일을 사용하여 숙련된 테크닉으로 케어를 받을 수 있으며 요금은 90분에 S$290. 가격이 만만치 않지만 지친 피부를 위해 투자하고 싶은 이들이라면 만족도가 높을 것이다. SK-Ⅱ 스파는 세계적으로 유일하게 싱가포르에만 있으며 본점인 이곳과 밀레니아 워크에 매장이 있다.

주소 1 Scotts Road **전화** 6836-9168 **홈페이지** www.senzesalus.com **영업** 월~금요일 10:30~21:00, 토요일 09:30~19:30, 일요일 10:30~19:30 **예산** 페이셜 스파 S$190~(60분) **가는 방법** MRT Orchard 역에서 도보 10분, 쉐라톤 호텔에서 도보 3분 Map.P122-B1

74

치 더 스파 CHI, The Spa

샹그릴라 리조트 내에 위치한 럭셔리 스파. 중국 전통 방식의 '기(氣)'로 지친 몸을 치유하고 에너지를 채워주는 스파로 유명한 세계적인 스파 브랜드다. 전신 마사지를 집중적으로 받고 싶다면 치 밸런스 CHI Balance 마사지를 추천하며 치 핫 스톤 CHI Hot Stones은 따뜻하게 달군 돌로 뭉친 근육을 이완시키는 데 효과적이다. 풀코스로 스파를 받고 싶다면 치 저니 CHI Journeys 메뉴를 체크해보자. 고급스러운 스파 룸에서 호사스러운 스파를 경험할 수 있어 커플 여행자에게는 제격이다.

주소 22 Orange Grove Road, Singapore **전화** 6213-4818 **홈페이지** www.shangri-la.com/singapore **영업** 10:00~22:00 **예산** 싱가포르 헤리티지 마사지 S$185(60분), 풋 리플렉솔로지 S$120(60분) **가는 방법** MRT Orchard 역에서 도보 15분, 샹그릴라 호텔 가든 윙 1층 **Map.P122-A1**

윌로 스트림 Willow Stream

페어몬트 호텔 그룹에서 독자적으로 운영하는 스파. 보디 트리트먼트에서부터 마사지 · 페이셜 등의 메뉴가 있으며 다른 곳과 비교할 때 페이셜 메뉴가 다양하고 체계적이라서 여행 중 자외선에 지친 피부에 생기를 주고 싶은 이들에게는 안성맞춤이다. 빡빡한 스케줄로 여행하느라 심신이 지쳤다면 트래블 리커버리 마사지 Travel Recovery Massage를 추천한다. 에센셜 오일을 사용해 뭉친 근육을 이완시킴으로써 쌓인 여독을 시원하게 풀어준다. 살롱에서는 헤어 트리트먼트, 왁싱, 네일과 페디 케어도 받을 수 있다.

주소 80 Bras Basah Road, Singapore **전화** 6431-5600 **홈페이지** www.willowstream.com **영업** 매일 09:00~22:00 **예산** 윌로 스트림 엘리먼트 S$289(90분), 스트레스 릴리프 S$159(60분)(+TAX 7%) **가는 방법** MRT City Hall 역에서 도보 3~5분, 페어몬트 호텔 6층에 있다. **Map.P168-A2**

tip 저렴하게 마사지 즐기기

오차드 로드의 서머셋 역 주변에는 비교적 저렴한 발마사지 숍이 몰려있습니다. 오차드 플라자 1층에는 중국식 발마사지 가게들이 많으며 30분에 S$20 정도로 크게 부담스럽지 않은 수준입니다. 가게는 대부분 작고 허름한 편이지만 쇼핑 후 잠시 피로를 풀기에는 제격입니다. 차이나타운에도 시원한 손맛의 마사지 가게들이 모여 있으며 특히 켄코 Kenko와 같은 실속 있는 발마사지를 전문으로 하는 가게들이 많으니 도전해보세요!

더 스파 The Spa at Mandarin Oriental

만다린 오리엔탈은 호텔 그룹으로 명성이 높지만 스파도 그 못지 않은 인기를 누리고 있다. 고대 아시아의 근원과 현대의 기술이 조화를 이루는 스파를 선보이며 럭셔리 스파의 진수를 경험할 수 있다. 최근 스파 트리트먼트 룸은 리노베이션을 통해 한층 더 고급스럽고 호화롭게 업그레이드됐다. 보디부터 풋·페이셜 등 체계적인 메뉴를 갖추고 있으며 추천 메뉴인 오리엔탈 에센스 Oriental Essence는 만다린 오리엔탈의 시그니처 스파 테라피를 이용해 만든 마사지로 목과 어깨를 시작으로 몸 전체의 긴장을 풀어주어 지친 여행자들에게 제격이다.

주소 5 Raffles Avenue, Marina Square, Singapore **전화** 6885-3533 **홈페이지** www.mandarinoriental.com/singapore **영업** 매일 10:00~23:00 **예산** 만다린 오리엔탈 시그니처 테라피 S$330(100분), 오리엔탈 에센스 S$270(90분) **가는 방법** MRT City Hall 역에서 도보 10분, 만다린 오리엔탈 호텔 내에 있다. **Map.P192-B2**

반얀 트리 스파 Banyan Tree Spa → p.224

럭셔리 스파의 대명사 반얀 트리 스파가 싱가포르에 상륙했다. 이 스파는 마리나 베이 샌즈에 있으며 그 명성에 걸맞게 화려하고 럭셔리하다. 총 15개의 트리트먼트 룸을 갖추고 있으며 55층에 위치해 멋진 전망까지 덤으로 즐길 수 있다. 시설과 트리트먼트가 하이클래스인 만큼 가격 또한 만만치 않지만 호사스러운 스파를 경험해보고 싶은 스파 마니아라면 도전해볼 만한 가치가 있다.

주소 10 Bayfront Avenue, Singapore **전화** 6688-8825 **홈페이지** www.banyantree.com **영업** 매일 10:00~23:00 **예산** 로열 반얀 S$480(180분), Asian Blend S$200(60분) **가는 방법** MRT Bayfront 역 B·C·D·E번 출구와 연결되는 마리나 베이 샌즈 타워 1, 55층에 있다. **Map.P192-B3**

Must Have Item

싱가포르,
머스트 해브 아이템

쇼핑을 빼고는 싱가포르 여행을 이야기할 수 없다. 싱가포르에서만 볼 수 있는
아이템과 이것만큼은 꼭 사야 하는 완소 쇼핑 아이템들을 소개한다.

찰스 앤 키스 **Charles & Keith**

슈어홀릭은 물론이고 싱가포르를 여행하는 여성 여행자들
도 반드시 들르는 성지와 같은 매장이 바로 찰스 앤 키스!
싱가포르 국가 대표급 슈즈 브랜드로 트렌디한 신발과 가방
을 선보인다. 가격이 합리적이고 디자인도 예뻐서 절대적인
사랑을 받고 있다. 가격은 S$30~60 수준으로 디자인과 퀄
리티에 비해 비싸지 않고 신상품이 금방금방 나오므로 질릴
틈이 없다. 편안한 플랫부터 샌들, 아찔한 킬힐까지 스타일
도 다양하며 한 코너에서는 상시 세일을 해 더욱 알뜰하게
쇼핑을 할 수 있다. 인기에 힘입어 우리나라에도 매장이 생기기는 했지만 여전히 싱가포르가 가격이나 신상품 면에서
메리트가 있다.

페드로 **Pedro**

찰스 앤 키스보다 조금 더 파격적이고 화려한 스타일의 슈즈를 만나볼
수 있다. 한쪽에는 남성 코너도 있어 남성 여행자들에게도 인기! 몇몇 아
이템은 상시 50% 내외의 세일을 해 반값에 예쁜 구두를 살 수도 있으니
눈여겨보자.

카야 잼 **Kaya Jam**

싱가포르에서 인기 절정인 야쿤 카야 토스트 덕분에 여행자들에게도 카야 잼은 인
기 아이템이다. 코코넛 열매로 만든 밀크와 판단 잎(허브), 계란으로 만들어진 이 잼
은 한번 맛보면 독특한 달콤함이 입맛을 사로잡는다. 가격도 저렴하므로 몇 개 사오
면 한국에서도 토스트에 발라 먹으며 싱가포르에서의 맛을 다시 느껴볼 수 있다. 야
쿤 카야 토스트에서 판매하며 브레드 토크 Bread Talk와 같은 베이커리나 슈퍼마켓 등에서도 쉽게 만날 수 있다.
가격은 S$2~.

탑샵 TOPSHOP

영국 스트리트 패션을 주도하는 탑샵은 패셔니스타 케이트 모스가 사랑하는 브랜드로 자신이 직접 디자인을 하기도 해서 더욱 유명해졌다. 우리나라에서도 마니아층이 두터워서 구매대행을 통해 쇼핑을 하기도 하는데 싱가포르에서는 어디서든 쉽게 탑샵을 만날 수 있다. 탑샵은 여성, 탑맨 TOPMAN은 남성 의류를 판매하고 있으며 과감한 디자인과 톡톡 튀는 스타일이 많으니 펑키한 스트리트 패션을 좋아하는 이들이라면 반드시 체크해볼 것!

TWG 티

싱가포르에서 시작되어 단기간에 인기가 급상승 중인 티 브랜드. 최상급의 차와 TWG만의 고급스러움으로 사람들의 입맛을 사로잡고 있다. 한국의 백화점에도 입점해 있지만 가격이나 종류는 싱가포르가 훨씬 낫다. 저렴한 편은 아니지만 일단 티를 한번 맛보면 생각이 달라질 것이다. 찻잎부터 티백·패키지까지 퀄리티가 뛰어나서 선물용으로도 그만이다.

기념품

여행 기념품도 빠뜨릴 수 없는 쇼핑 아이템! 싱가포르를 상징하는 멀라이언은 기념품으로 가장 많은 사랑을 받는다. 미니어처부터 열쇠고리, 마그넷, 각종 카드 등 여러 형태로 제작되며 가격은 천차만별이고 어디서나 쉽게 찾을 수 있다. 차이나타운, 무스타파 센터 등이 저렴하게 살 수 있는 곳이다.

---

 tip   **폭풍 쇼핑 시즌, 싱가포르 그레이트 세일** Singapore Great Sale!

쇼핑 천국 싱가포르에서는 매년 5~7월 사이에 그레이트 세일을 실시합니다. 이 기간에는 거의 모든 매장의 물품을 작게는 30%부터 크게는 70~80%까지 파격적으로 할인해 판매합니다. 세일은 물론 각종 이벤트와 프로모션도 실시하므로 쇼퍼홀릭이라면 이때를 노려보세요! 매년 날짜에 차이가 있으므로 홈페이지에서 정보를 확인하는 게 좋습니다.

홈페이지 www.greatsingaporesale.com.sg

부엉이 커피 OWL COFFEE

부엉이 커피로 불리는 OWL Coffee는 한국 여행자들 사이에서 인기 폭발이다. 우리의 믹스커피와 비슷한데 가루의 양이두 배 정도로 훨씬 많고 맛도 풍부하다. 커피부터 밀크 티까지 종류가 다양해서 입맛에 따라 고를 수 있다. 웬만한 슈퍼마켓에서 어렵지 않게 발견할 수 있으니 20~25개가 든 한 팩이 S$4~5 정도로 가격도 부담 없는 수준. 가끔 프로모션으로 1+1 행사를 하기도 하니 평소 믹스커피를 좋아하는 마니아라면 추천한다.

배스 앤 보디웍스 BATH & BODY WORKS

국내에도 마니아들이 꽤 많아 구매대행으로 많이 구입하는 배스앤 보디웍스의 아이템을 싱가포르에서 살 수 있다. 핸드 솝, 보디 미스트, 로션 등이 인기 있으며 가격도 합리적인 편이다. 핸드 솝 S$9, 샤워 젤 S$20, 보디 로션 S$20 정도 수준. JAPANESE CHERRY BLOSSOM, MOONLIGHT PATH, A THOUSAND WISHES 등이 대표적인 향. 매혹적인 이름만큼이나 다양한 향이 있으니 직접 시향을 해보면서 나에게 맞는 아이템을 쇼핑해보자. 싱가포르에는 2곳에 매장이 있는데 오차드 로드의 니안 시티 안에 있는 다카시마야 쇼핑센터와 마리나 베이 샌즈에서 만날 수 있다.

히말라야 허벌 HIMALAYA HERBALS

검증된 허브들을 이용해 만드는 인도 코스메틱 브랜드. 최근 한국에도 수입되었는데 싱가포르에서 사는 것이 조금 더 저렴하다. 클렌징, 스크럽, 크림, 립밤 다양한 아이템을 판매하며 입술 보습에 효과적인 히말라야 허벌 립밤 Himalaya herbals Lip Balm과 순하고 보습력 좋은 너리싱 스킨 크림 Nourishing Skin Cream이 대표적인 인기 아이템. 히말라야 화장품을 사기 가장 좋은 곳은 리틀 인디아의 무스타파 센터로 1층에서 집중적으로 판매하고 있다. 무스타파 센터에서는 프로모션도 많이 하기 때문에 하나 가격에 두 개를 살 수도 있다.

Where to Buy ?

어디에서 쇼핑할까?

쇼핑 천국 싱가포르에는 너무 많은 쇼핑몰이 있다는 것이 흠이라면 흠. 한정된 시간에 원하는 아이템을 사기 위해서는 자신에게 잘 맞는 쇼핑몰을 추려내는 지혜가 필요하다. 쇼핑 스타일에 맞게 2~3군데 쇼핑 스팟을 고르고 집중적으로 공략해보자.

싱가포르 대표 쇼핑몰

> 오차드 로드

아이온 ION → p.128

오차드 로드에서 단 한 개의 쇼핑몰만 둘러볼 생각이라면 단연 아이온을 추천한다. 지하 4층부터 지상 4층까지 400여 개가 넘는 숍과 레스토랑이 입점해 있으며 브랜드도 중저가 브랜드에서 럭셔리 명품까지 폭넓게 갖추고 있다.

주소 ION Orchard, 2 Orchard Turn, Singapore **가는 방법** MRT Orchard 역에서 지하와 바로 연결된다.

> 오차드 로드

파라곤 Paragon → p.131

오차드 로드에서 명품 쇼핑을 할 생각이라면 반드시 들러야 할 쇼핑몰. 1층에 명품 브랜드가 집중적으로 입점해 있으며 준명품과 캐주얼한 브랜드도 층별로 나뉘어 있어 효율적인 쇼핑을 할 수 있다. 쇼핑몰 안에 딘타이펑, 크리스탈 제이드와 같이 소문난 맛집도 많아 식도락도 오케이!

주소 290 Orchard Road, Singapore **가는 방법** MRT Orchard 역에서 도보 3분, 니안 시티 건너편에 있다.

80

> 오차드 로드

니안 시티 Ngee Ann City → p.130

파라곤과 함께 오차드 로드의 터줏대감인 이 쇼핑몰은 지하 3층에서 지상 7층까지 복합적인 구조로 이루어져 있으며 1993년 오픈 당시에는 동남아에서 가장 큰 규모로 화제가 됐었다. 럭셔리한 명품 브랜드에서 중저가 브랜드까지 폭넓게 상품을 갖추고 있으며 매장이 크고 아이템이 다양해 쇼핑을 즐기기에 좋은 환경이다.

주소 391 Orchard Road, Singapore
가는 방법 MRT Orchard 역 C번 출구에서 도보 3분

만다린 갤러리 **Mandarin Gallery** → p.132

명품 브랜드의 세컨드 브랜드와 신진 디자이너의 브랜드 등 다른 쇼핑몰에서는 찾아보기 힘든 아이템을 살 수 있는 쇼핑몰. 로베르토 카발리의 세컨드 라인인 Just Cavalli, 요지 야마모토와 아디다스가 함께 론칭한 Y3, Marc by Marc Jacobs, Bread&Butter, 일본 스트리트 패션 브랜드 A BATHING APE 등이 있다.

주소 333 Orchard Road, Singapore **가는 방법** MRT Somerset 역과 Orchard 역 사이에 있다. 니안 시티에서 MRT Somerset 역 방향으로 도보 2분

313@서머셋 **313@Somerset** → p.135

명품보다는 영 캐주얼 의류 브랜드와 SPA 브랜드 쇼핑을 원하는 쇼퍼라면 주목하자. 1층부터 4층까지 통째로 Forever 21이 입점해 있으며 ZARA, UNIQLO, Cotton On 등도 들어와 있다. 매장 수는 적지만 주요 브랜드의 규모가 커서 선호하는 브랜드가 있다면 다양한 아이템을 쇼핑할 수 있다.

주소 313 Orchard Road, Singapore
가는 방법 MRT Somerset 역에서 바로 연결된다.

상세별 안내

Gift From Singapore!

싱가포르에서 온 선물

싱가포르에서 꼭 사야 하는 머스트 해브 아이템부터 즐거웠던 싱가포르 여행을 두고두고 기억하게 해줄
앙증맞은 기념품들, 친구들과 가족들에게 줄 선물까지. 싱가포르에서 사면 좋을 아이템들 대공개!

싱가포르 심벌들 S$5~

싱가포르의 심벌들을 담은
앙증맞은 마그넷 S$2~

유니버설 스튜디오에서
파는 기념품들 S$5~

유니버설 스튜디오의 앙증맞은 티팟 세트 S$5.95~

배스 앤 보디웍스 Bath & Body Works
샤워 젤, 미스트, 보디 로션이 포함된
패키지 S$60~

액션~! 유니버설 스튜디오의
노트북 케이스 S$15~

앙증맞은 멀라이언 모양의 초콜릿과 쿠키 S$4.50~

부엉이 커피로 불리는 OWL Coffee.
두툼한 사이즈의 믹스커피 S$4~

질 좋은 차는 물론 패키지까지 예쁜 TWG 티.
선물용으로도 그만! S$36~

탑샵 TOPSHOP
빈티지한 스타일의 원피스 S$89

싱가포르 항공의
예쁜 유니폼을
입은 스튜어디스
인형 S$43

합리적인 가격에 트렌디한
디자인의 가방을
쇼핑할 수 있는 찰스 앤 키스
Charles & Keith
S$55~

싱가포르에서 온 차 선물. 보타닉 공원에서
판매하는 티 패키지! S$19~

아찔하게 잘 빠진 알도 ALDO
하이힐 S$159~

여행지의 추억을
새록새록 기억나게
해줄 스노 글로브 S$10~

점보 시푸드의 칠리 크랩과 블랙 페퍼 크랩을
집에서도 맛볼 수 있는 인스턴트 S$10~

싱가포르 공항 면세점에서 알뜰하게 살 수 있는
빅토리아 시크릿의 로션 S$22~,
향수&메이크업 세트 S$45~

싱가포르의 카야 토스트가
그리울 때를 위하여,
카야 잼 S$2.70~

유니크한 감성 아이템이 가득한
타이포 Typo에서 건진
유쾌한 디자인의 컵
S$15~

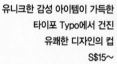

달콤 쌉싸름한
싱가포르 슬링 S$15~

만병통치약이라고도 불리는 호랑이 연고,
타이거 밤 S$3.90~

부담 없이 마시기 좋은 Twings Tea 홍차 S$6.80~

싱가포르의 맛이 그리울 때
해먹을 수 있는 인스턴트 S$4.50~

100% 천연 성분,
국내에도 마니아층이 두터운
히말라야 화장품 S$8.90~

아랍 스트리트에서 구입한
에스닉한 디자인의 가방 S$15~

칠리 크랩 맛 라면 중에서 가장 맛있다는
평을 듣고 있는 제품. 슈퍼마켓에서 구입 가능!
S$4~

배스 앤 보디웍스
Bath & Body Works
미스트 S$22, 보디 로션 S$20

코코넛의 풍미를 더한
인스턴트 락사 라면,
프리마 테이스트 락사
S$10~(4개)

찰스 앤 키스 Charles & Keith의 구두.
편안한 샌들부터 아찔한 힐 S$35~

이케아 IKEA

스웨덴에서 시작해 이제는 세계적 가구 브랜드가 된 이케아는 감각적인 디자인에 실용성을 갖추고 거품은 쏙 뺀 합리적인 가격이 매력적이다. 이미 마니아층이 두터워 온라인 쇼핑몰에서 구입하거나 외국에 나가면 반드시 사는 이들이 있을 정도. 싱가포르에서는 두 곳에서 이케아를 만날 수 있다. 여행자들이 가기에는 도심에서 가까운 이케아 알렉산드라점이 편리하다. 창고형으로 규모가 무척 크고 물품도 다양하다. 상하이나 홍콩에 비하면 가격 메리트가 조금 떨어지지만 우리나라 온라인에서 판매하는 가격보다는 저렴하다. 내부에 짐을 보관할 수 있는 로커가 있으며 스웨디시 미트볼과 스파게티 등을 파는 카페도 있다. 맛이 좋고 가격도 저렴하니 여기서 식사를 해결하자.

매장 정보 홈페이지 www.ikea.com/sg

알렉산드라점 IKEA Alexandra	
주소	317 Alexandra Road, Singapore
전화	6786-6868
영업	매일 10:00~23:00(레스토랑 09:30~22:30)

가는 방법 ① MRT Queenstown 역에서 버스 195번을 타고 세 번째 정거장에서 하차한다.

② MRT Orchard 역 B번 출구로 나와 큰길을 건너서 버스 14번을 탄다.

탐피네스점 IKEA Tampines	
주소	60 Tampines North Drive 2, Singapore
전화	6786-6868
영업	매일 10:00~23:00(레스토랑 09:30~22:30)

가는 방법 MRT Pasir Ris 역에서 버스 58번을 탄다.

알뜰 쇼퍼홀릭을 위한 아웃렛 쇼핑몰, 앵커포인트 Anchorpoint

이케아 알렉산드라점 바로 맞은편에 있는 쇼핑몰로 규모는 크지 않지만 상시 할인을 하는 아웃렛 매장들이 입점해 있다. 브랜드들의 아웃렛이 있어 50% 이상 할인된 금액으로 구매 가능하다. 1층에는 여자들이 좋아하는 구두 브랜드 Charles & Kieth, Pedro, 캐주얼한 의류 브랜드 Cotton On, Giordano, FOX가 있으며 지하 1층에는 Billabong, Roxy 등이 있고 푸드 코트와 레스토랑들도 있다. 종류가 다양한 편은 아니라서 일부러 찾아갈 정도는 아니지만 바로 앞에 있는 이케아와 엮어서 알뜰 쇼핑을 즐기고 싶다면 들러볼 만하다.

주소 368 Alexandra Road, Singapore **가는 방법** 차이나타운에서 버스 혹은 택시로 10~15분

TAX Refund

세금환급

싱가포르에서 쇼핑이 더 즐거운 이유는 면세 국가이기 때문이다. 싱가포르에서 구매하는 상품에는 7%의 부가가치세(GST)가 포함돼 있는데 관광객의 경우 S$100 이상 구매하면 7%의 GST를 돌려받을 수 있다. TAX FREE SHOPPING 마크가 붙어있는 모든 매장에서 적용이 가능하다. Global Blue와 Premier Tax Free 두 가지 종류로 나뉘는데 환급 절차는 큰 차이가 없다. S$100 이상 결제 시에 환급증명서(Refund Cheque)를 받아두면 공항에서 환급받을 수 있다. 복잡할 것 같지만 의외로 무척 간단하니 반드시 챙기자!

쉽고 간단한 환급 절차

 **매장에서 결제 시 환급증명서 받기**

 **공항 도착 후 GST 환급검사 카운터에서 확인**

 **출국 수속 후 GST 환급 창구에서 환급액 수령하기**

1

쇼핑몰 매장이나 소매점에서 S$100 이상 결제 시에 직원에게 환급증명서(Global Refund Cheque)를 요청해서 작성한다. 이때 여권이 필요한 경우도 있기 때문에 여권을 지참하거나 복사본을 가지고 다니는 것이 좋다.

2

출국일. 공항에 도착하면 짐을 부치기 전 GST 환급검사 카운터에서 구입한 제품·영수증·여권·항공권을 보여주고 확인 도장을 받는다. 이때 세금 환급 대상을 직접 보여줘야 하므로 환급 받을 물건은 트렁크에 넣지 말고 따로 보관하고 있는 것이 편리하다.

3

확인을 받고 비행기 티켓 체크인과 출국 수속을 마친 후 면세 구역으로 들어가면 다시 GST Refund 창구로 가자. Global Blue와 Premier Tax Free 2개의 창구가 있으니 종류에 맞게 찾아 가면 된다. 그곳에서 앞서 작성한 서류를 내고 세금을 돌려받는다. 싱가포르 달러로 환급받거나 신용카드로 환급받을 수 있다.

싱가포르 인트로

택스 리펀드 가맹점 마크, Global Blue와 Premier Tax Free

택스 리펀드 가맹점은 크게 두 가지로 나뉘니 마크를 확인해보자. 글로벌 블루는 각 상점에서 S$100 이상 구입 시 환급받을 수 있고 공항은 물론 시내의 현금 환불 센터(Downtown Cash Refund Centre)에서도 환급이 가능하다.

프리미어 택스 프리는 영수증의 GST 번호가 같은 상점에서 S$100 이상 구매 시 환급증을 발급받을 수 있으며 영수증 합산은 하루 3장까지 가능하다.

홈페이지 글로벌 블루 www.globalblue.com, 프리미어 택스 프리 www.premiertaxfree.com

Best Accommodation

싱가포르 숙소 Best of Best!

럭셔리 호텔에서부터 유니크한 부티크 호텔, 인기 절정의 호텔과 알뜰한 저가 호스텔까지!

숙소는 여행에서 차지하는 비중이 반 이상이라고 해도 과언이 아닐 정도로 여행의 만족도를 좌우한다. 싱가포르는 나라 규모는 작지만 호텔의 수가 우리나라보다 훨씬 많고 종류도 다양하니 자신의 여행 스타일과 예산 등을 고려해 숙소를 정하자. 어느 곳에 갈지 고민이 된다면 아래의 베스트 호텔들을 참고하자!

여행자들에게 인기 만점, 베스트 인기 호텔 Top3

마리나 베이 샌즈 호텔 Marina Bay Sands Hotel → p.218, 407

단순한 호텔이 아니라 싱가포르를 대표하는 심벌로 등극한 마리나 베이 샌즈는 현재 가장 인기가 높은 호텔이다. 이 호텔의 객실은 무려 2561개에 달한다. 하이라이트는 역시 57층의 스카이파크와 아찔한 인피니티 풀. 싱가포르 시티가 한눈에 내려다보이는 인피니티 풀은 오직 투숙객에게만 주어지는 특권이다.

샹그릴라 라사 센토사 Shangri-la's Lasa Sentosa Resort → p.410

센토사에서 가장 인기가 높은 리조트는 단연 이곳이다. 센토사에서 해변으로 바로 연결되는 유일한 리조트로 실로소 비치의 끝자락에 위치하고 있다. 넓은 수영장과 아이들을 위한 슬라이드, 풍부한 부대시설 등 트로피컬한 리조트를 꿈꾸는 이들에게 더 없이 좋은 환경이다.

칼튼 호텔 Carlton Hotel → p.392

MRT 시티 홀 City Hall 역과 차임스를 이웃하고 있는 최상의 위치와 쾌적한 시설을 자랑하며 그에 비해 가격은 합리적이어서 여행자들이 입을 모아 칭찬하는 호텔이다. 가격 대비 만족도가 높아 대중적으로 인기가 높다.

만다린 오리엔탈 **Mandarin Oriental** → p.404

세계적인 명성의 특급 호텔 브랜드로 동양적이면서도 매혹적인 스타일을 자랑한다. 아트리움 스타일의 로비는 들어서는 순간 웅장함에 압도되며 마리나 베이를 조망할 수 있는 풀에서 최고의 휴양을 즐길 수 있다. 명성에 걸맞은 최고의 서비스를 받을 수 있고 만족도가 높아 고가 호텔임에도 불구하고 상시 인기가 높다.

더 리츠칼튼 밀레니엄 **The Ritz-Carlton Millenia Singapore** → p.405

마리나 베이의 고급 호텔들 중에서도 단연 톱으로 꼽히는 호텔. 격조 높고 우아한 분위기는 따라올 자가 없을 정도다. 욕실의 팔각형 창은 이곳의 심벌로 창 너머로 화려한 마리나 베이의 전망을 즐길 수 있다.

플러튼 베이 호텔 **The Fullerton Bay Hotel** → p.406

싱가포르의 레전드급 호텔인 플러튼 호텔에서 야심차게 준비한 플러튼 베이 호텔. 마리나 베이 워터프런트에 위치하고 있어 마치 물 위에 지어진 듯한 환상적인 분위기를 풍긴다. 화려하고 럭셔리한 객실을 자랑하며 루프탑에 있는 풀에서는 멋진 전망을 볼 수 있다.

Taste Singapore Brand!

싱가포르 브랜드를 맛보다

싱가포르에는 본격적인 식사를 위한 레스토랑들도 많지만 간단하게 간식을 즐기기에 좋은 브랜드와 베이커리·카페 등도 많다. 그중에는 브레드 토크, 야쿤 카야 토스트, 비첸향과 같이 싱가포르 내는 물론 세계 각국에 분점을 거느릴 정도로 큰 성공을 이룬 브랜드도 있다. 거리나 쇼핑몰에서 쉽게 체인점들을 발견할 수 있으니 여행을 하며 출출할 때 간식을 즐겨보자.

TWG Tea → p.144

싱가포르에서 탄생한 럭셔리한 티 브랜드로 성공적인 론칭 이후 싱가포르는 물론 아시아와 영국, 캐나다 등에 분점을 내며 무서운 속도로 인기몰이를 하고 있는 중. 최상급의 질 좋은 차를 다루며 고급스럽고 클래식한 분위기의 티 살롱에서 티와 함께 디저트나 간단한 식사를 즐길 수 있어 특히 여자들의 사랑을 한 몸에 받고 있다. TWG의 시그니처가 된 우아한 틴케이스에 담긴 티는 싱가포르 여행자들의 기념품으로 뜨거운 인기를 얻고 있다.

홈페이지 www.twgtea.com **예산** 1인당 S\$20~30 **주요 지점** 다카시마야, 아이온, 마리나 베이 샌즈, 리퍼블릭 플라자

비첸향 Bee Cheng Hiang 美珍香 → p.260

싱가포르의 명품 육포! 싱가포르는 물론 세계 각국에 130개가 넘는 매장을 거느리고 있다. 인스턴트 육포에서는 맛볼 수 없는 부드러움을 지니고 있으며 특제 양념이 더해져 맛이 일품이다. 치킨·비프·포크 등 종류가 다양하며 그램 단위로 판매하고 있다. 얼핏 비싸다고 생각할 수 있지만 슈퍼에서 파는 육포와 비교하면 양도 많고 맛도 월등히 뛰어나니 고민하지 말고 일단 맛보자.

홈페이지 www.bch.com.sg **예산** 1인당 S\$15~25 **주요 지점** 파 이스트 스퀘어(본점), 부기스 정션, 래플스 쇼핑센터, 313@서머셋 등

90

야쿤 카야 토스트 Yakun Kaya Toast → p.263

중국인 이민자 야쿤이 1944년 처음 문을 연 이후 현재는 싱가포르는 물론 세계 각국에 수십 개의 분점을 거느린 싱가포르 대표 브랜드가 됐다. 토스트 하나로 눈부신 성공을 이룬 비결은 바로 맛에 있다. 숯불에 구워낸 토스트에 두껍게 썬 버터와 카야 잼을 바른 이 토스트는 매우 간단하지만 한번 맛보면 자꾸만 생각나는 중독성이 있다. 거기에 연유를 넣은 커피와 반숙 계란까지 더하면 싱가포르인들이 가장 사랑하는 아침 식사가 완성된다. 가벼운 아침 식사나 간식으로 즐기기에 좋고 가격도 저렴하니 싱가포르에 왔다면 반드시 먹어 보자.

홈페이지 www.yakun.com **예산** 1인당 S\$4~6 **주요 지점** 파 이스트 스퀘어(본점), 부기스 정션, 래플스 쇼핑센터, 313@서머셋, 센트럴 등

토스트 박스 Toast Box → p.229

야쿤 카야 토스트의 아성에 도전하는 토스트 브랜드! 버터와 카야 잼을 바른 토스트도 맛있지만 토스트 박스는 특제 땅콩소스를 듬뿍 바른 토스트가 간판 메뉴다. 야쿤 카야 토스트에 비하면 종류가 더 다양하고 토스트가 조금 더 두툼한 것이 특징이다. 땅콩소스도 따로 판매하고 있다. 토스트와 차·커피 등의 메뉴 외에 나시 르막, 락사 등도 판매하고 있어서 식사를 해결하기에도 좋다.

홈페이지 www.toastbox.com.sg **예산** 1인당 S$3~7 **주요 지점** 313@서머셋, 부기스 정션, 시티링크 몰, 선텍시티 몰, 아이온, 위스마 아트리아 등

티시시 TCC The Connoisseur Concerto

싱가포르 버전의 스타벅스. 가장 대표적인 커피 체인점으로 주요 관광지와 쇼핑몰에서 쉽게 발견할 수 있다. 일반적인 커피 메뉴는 물론 프라페·커피 쿨러 등 다양한 커피 종류를 보유하고 있어서 커피 마니아들에게 인기가 있다. 커피에 곁들이면 좋은 케이크는 물론 샐러드·샌드위치·파스타 등의 메인 메뉴까지 총망라하고 있어 식사를 즐기기에도 안성맞춤이다.

홈페이지 www.theconnoisseurconcerto.com **예산** 1인당 S$7~15 **주요 지점** 아이온, 시티링크 몰, 위스마 아트리아, 마리나 베이 샌즈, 부기스 정션, 선텍시티 등

올드 창 키 Old Chang kee 老曾記

쇼핑몰 지하 혹은 거리에서 노란 간판을 단 올드 창 키를 쉽게 볼 수 있으며 주 종목은 튀김이다. 새우·버섯·생선·닭고기·만두·커리 등의 튀김을 봉투에 담아 주전부리로 먹어가며 여행을 즐겨도 좋다.

홈페이지 www.oldchangkee.com **예산** 1인당 S$4~6 **주요 지점** 부기스 정션, 파라곤, 아이온, 선텍시티 몰, 313@서머셋 등

커피 클럽 O' Coffee Club

TCC와 함께 사랑받고 있는 커피 체인. 화사하고 클래식한 분위기로 편안하게 커피와 식사를 즐기기에 좋다. 질 좋은 원두를 직접 로스팅해서 내놓는 커피의 맛이 좋고 커피 종류도 무척 다양하다. 식사 메뉴도 알차며 맛도 여느 레스토랑과 비교해 뒤지지 않을 정도다. 체인 카페 치고는 가격대가 조금 높은 편.

홈페이지 www.ocoffeeclub.com **예산** 1인당 S$8~20 **주요 지점** 센트럴, 마리나 스퀘어, 파라곤, 래플스 시티 쇼핑센터, 윌록 플레이스

브레드 토크 Bread Talk

갓 구운 빵 냄새가 저절로 발길을 이끄는 마력의 베이커리. 싱가포르 사람들이 가장 사랑하는 빵집으로 싱가포르 전역은 물론 세계 각국에 분점을 거느리고 있다. 다양한 빵과 케이크·쿠키 등을 판매하며 토핑이 가득 뿌려진 빵 플로스 Floss는 현재까지 3200만 개 이상이 팔려나간 간판 메뉴. 최근 인기에 힘입어 우리나라 명동·압구정 등에도 매장이 생겼다.

홈페이지 www.breadtalk.com.sg **예산** 1인당 S$2~5 **주요 지점** 313@서머셋, 부기스 정션, 시티링크 몰, 래플스 시티 쇼핑센터, 파라곤 등

싱가포르 인트로

싱가포르의 축제와 행사

싱가포르는 다양한 민족이 모인 사회인 만큼 다채로운 축제와 종교 행사가 일 년 열두 달 빠지지 않고 이어진다. 이와 더불어 음식, 패션, 그레이트 싱가포르 세일, F1 그랑프리 등의 이벤트도 풍성해 일 년 중 어느 달에 가더라도 축제 분위기를 느낄 수 있다.

1월 · 타이푸삼 Thaipusam

보름달을 뜻하는 인도어로 시바 신의 아들 무르간이 악마군의 공격을 막은 것을 감사하는 의미로 행하는 대규모 힌두교 축제다. 힌두교 수행자들이 자신의 몸을 뾰족한 것으로 뚫어 장식한 채로 카바디라는 구조물을 짊어지고 거리를 걷는다. 리틀 인디아 혹은 스리 마리암만 힌두교 사원에 가면 진귀한 광경을 구경할 수 있다.

2월 · 음력설 Chinese New Year

우리와 같이 음력 1월 1일을 축하하는 중국 설 기간으로 싱가포르에서 가장 큰 명절에 속한다. 차이나타운에서 연등 장식과 다양한 행사가 열리며 악기를 연주하는 사람들과 사자춤을 구경할 수 있다.

칭게이 Chingay : 음력설이 지나고 22일째 되는 날에 열리는 축제로 싱가포르 최대 규모를 자랑한다. 여러 민족 간의 화합을 위한 행사로 사자춤·용춤 등을 추는 거리 공연단이 오차드 로드나 콜로니얼 지구 등에서 화려한 퍼레이드를 펼친다. 행렬을 볼 수 있는 티켓을 사두거나 자리를 잡아두는 것이 좋다. 홈페이지 www.chingay.org.sg

3월 · 모자이크 뮤직 페스티벌 Mosaic Music Festival

매년 열리는 뮤직 페스티벌로 세계적인 뮤지션들의 공연으로 유명하다. 에스플러네이드 아트센터에서 10일간 음악 축제가 이어진다. 홈페이지 www.mosaicmusicfestival.com

4월 · 세계 미식 대회 World Gourmet Summit

세계 최고의 셰프들과 미식가들이 모여 식도락의 절정을 맛볼 수 있는 축제. 호텔 내 레스토랑, 고급 레스토랑에서 이뤄지고 화려한 요리와 와인의 향연이 펼쳐지며 요리 강습 등도 개최된다. 홈페이지 www.worldgourmetsummit.com

5월 · 베삭 데이 Vesak Day

싱가포르의 석가탄신일로 부처님의 탄생을 축하하기 위해 불교 신자들이 사원을 찾는다. 불아사 사원 등을 찾으면 비둘기 등을 풀어주는 광경을 볼 수 있다.

6월 · 그레이트 싱가포르 세일 Great Singapore Sale

5월 말에서 7월초까지 쇼핑몰과 상점들이 대대적인 세일에 들어가는 시즌으로 여행자들에게는 가장 반가운 축제이기도 하다. 최소 30%에서 60~70%까지 대폭 세일을 실시하니 쇼퍼홀릭이라면 이때를 노려보자. 홈페이지 www.greatsingaporesale.com.sg

7월 · 싱가포르 음식 축제
Singapore Food Festival

7월에는 식도락의 천국 싱가포르에서 음식 축제가 열린다. 싱가포르의 대표 음식과 세계 각국의 요리를 맛볼 수 있는 좋은 기회이니 놓치지 말자.

홈페이지 ww.singaporefoodfestival.com.sg

드래건 보트 페스티벌 Dragon Boat Festival : 싱가포르 동부 지역에 위치한 베독 Bedok 호수에서 이뤄지는 보트 경주 페스티벌로 6월에서 7월 사이에 열린다

8월 · 싱가포르 독립 기념일 **National Day**

말레이시아 연방에서 탈퇴해 독립국가가 된 것을 기념하는 날. 8월 9일에 대규모 행사로 진행되며 곳곳에서 불꽃놀이와 퍼레이드가 펼쳐진다.

중원절 Festival of the Hungry Ghost : 지옥에서 풀려난 귀신을 위해서 음식을 집 밖에 풍성하게 차려놓는 중국식 추석. 걸신 축제라는 뜻의 이날은 배고픈 귀신들을 먹여야 불행이 오지 않는다고 믿는 데서 생겨났다.

9월 · 월병 축제 **Mooncake Festival**

음력 8월 15일로 전통 과자인 월병을 먹는 날이다. '등불 축제 Lantern Festival'라고도 한다. 이 무렵에는 싱가포르 전역에서 월병을 판매하며 서로 선물을 하고 나누어 먹는다.

10월 · 하리 라야 푸아사
Hari Raya Puasa

하리 라야 푸아사는 '금욕을 해제하는 날'이란 뜻이다. 무슬림 금식 기간인 라마단이 끝나는 날을 축하하는 행사로 말레이 무슬림들에게는 최대의 명절이다.

디파발리 Deepavali : 힌두교의 성대한 축제로 '빛의 축제'라고도 불린다. 리틀 인디아에 가면 한 달 내내 화려한 조명으로 꾸며 놓은 광경을 구경할 수 있다.

11월 · 티미티 **Thimithi**

힌두교의 축제로 불 위를 맨발로 걷는 행사로 유명하다. 스리 마리 암만 사원에 찾아가면 이러한 진귀한 풍경들을 볼 수 있다. 10~11월경에 열리며 매해 날짜는 바뀔 수 있다.

12월 · 크리스마스 **Christmas**

축제를 열정적으로 즐기는 싱가포르답게 크리스마스도 매우 화려하다. 오차드 로드를 시작으로 조명과 장식으로 화려하게 꾸며 장관을 이룬다.

하리 라야 하지 Hari Raya Haji : '희생의 축제'라고도 불리는 하리 라야 하지는 메카 순례가 끝났음을 축하하는 행사다. 전통적인 기도가 끝나면, 양을 잡는 의식이 치러지며 제사에 쓰인 고기는 이슬람 공동체나 가난한 집에 나눠준다.

I Love interview
Singapore!

싱가포르와 사랑에 빠진
그들이 말하는 싱가포르

싱가포르에 거주하는 사람들과 여행자가 말하는 싱가포르의 매력과 그들이 강력히 추천하는 스폿, 팁을 소개합니다.

데니스 용 - Dennis Yong (FAR EAST HOSPITALITY 근무)

저는 싱가포르에서 태어났고 싱가포르의 로컬 음식을 사랑하고
틈틈이 여행과 쇼핑을 즐깁니다.

Q 싱가포르에 살면서 느끼는 싱가포르의 매력은 무엇인가요?

가장 큰 즐거움은 역시 식도락이지요. 싱가포르에서는 어느 나라의 어떤 음식이든 다 찾아낼 수 있고 음식 수준 또한 훌륭합니다. 물론 싱가포르의 로컬 음식도 맛있고요. 근사한 야경을 감상할 수 있는 바와 클럽이 많아서 밤에도 즐겁게 보낼 수 있죠. 교통 시설이 완비돼 있어서 이 도시가 처음인 여행자들도 쇼핑몰이든 관광지든 MRT나 버스를 타고 쉽게 이동할 수 있습니다.

Q 싱가포르에서 꼭 맛봐야 할 로컬 푸드를 추천한다면?

먼저 하이난식 치킨라이스를 맛봐야 해요. 싱가포르 사람들이 가장 자주 먹고 사랑하는 음식 중 하나이지요. 여행자라면 맥스웰 푸드 센터의 티안 티안 치킨라이스를 추천합니다. 찾아가기도 쉽고 맛도 좋고 가격도 저렴하죠. 또 칠리 크랩도 빼놓을 수 없죠. 한국 친구 말로는 한국 사람들이 매운맛을 좋아해서 칠리 크랩의 인기가 높다고 들었어요. 싱가포르 동부에는 훌륭한 시푸드 레스토랑이 많아요. 그중에서도 롱비치 시푸드 레스토랑을 추천합니다. 칠리 크랩은 물론 이곳의 명물 블랙 페퍼 크랩도 놓치지 마세요.

롱비치 레스토랑

Q 가장 좋아하는 레스토랑과 메뉴를 추천해주세요!

스촨 코트의 Smoked duck은 정말 강력 추천입니다. 또 화이트 래빗의 Oxtail stew, Pork knuckles도 환상적이고요. 해천루의 딤섬과 로스트 요리도 훌륭하지요.

해천루

최고의 나이트 스폿을 추천한다면?

신나게 춤추고 놀기에는 클락 키의 주크
Zouk만 한 곳이 없어요. 보트 키는 클럽은 아니
지만 강가에서 맛있는 요리와 맥주를 마시기에 가장 좋은 곳
입니다.

주크

보트 키

싱가포르에 처음 온 여행자에게 조언을 한다면?

아트 사이언스 뮤지엄

먼저 싱가포르의 로컬 음식을 경험해보라고 하고 싶네요. 차이나타운, 카
통, 티옹 바루, 라벤더 로드, 탄종 파가 로드는 싱가포르의 가장 솔직한 모
습을 볼 수 있는 곳이고 로컬 음식 또한 훌륭하죠. 예술에 관심이 있다면 싱가포르
아트 뮤지엄이나 아트 사이언스 뮤지엄에 반드시 가보세요. 또 싱가포르는 늘 더운
나라이니, 옷을 가볍게 입고 물도 자주 마시는 것이 필수겠지요.

안드레아나 소 Andreana Soh (Four Seasons Hotel Singapore 근무)

제 이름은 안드레아나 소이고 오차드의 포 시즌스 호텔의
PR 업무를 맡고 있습니다.

싱가포르에서 가장 쇼핑하기 좋은 곳은 어디죠?

아이온

우선 쇼핑의 메카는 오차드 로드죠. 거대한 쇼핑몰들이 모여 있
는데 아이온과 니안 시티를 추천해요. 꼭 사야 할 것은 찰스 앤
키스 Charles & Kieth의 구두죠. 합리적인 가격에 예쁜 디자인의 구두를
살 수 있고 신상품이 자주 나와서 질릴 틈이 없답니다. 또한 아랍 스트
리트의 하지 레인은 쇼핑몰에서는 찾을 수 없는 독특한 아이템들이
많아 싱가포르의 젊은이들에게 인기가 높죠. 작은 거리지만 개성 넘
치는 숍들이 많아 여자들에게 특히 사랑받고 있어요.

찰스 앤 키스

최고의 나이트 스폿을 추천한다면?

우선 클락 키의 주크 Zouk를 추천해요. 주크는 싱가포르에서
가장 오래되고 가장 인기 있는 나이트클럽이에요. 싱가포르 관
광청에서 여섯 번이나 최고의 나이트 스폿으로 뽑기도 했고요. 하우스,
R&B, 팝 등 음악 종류도 다양하고 신나게 춤추고 놀 수 있죠.

Q 여행자가 싱가포르에서 꼭 가봐야 할 곳들을 추천해주세요.

가족 여행자라면 단연 싱가포르 동물원과 나이트 사파리를
추천합니다. 특히 나이트 사파리는 아이가 있다면 정말 특별
하고 재미있는 경험이 될 거예요. 오차드와 가까운 보타닉 가든은 4000
여 종의 식물들이 있는 근사한 공원이지요. 오전에 산책을 하거나 피크
닉을 즐기기에 가장 좋은 곳이지요. 유니버설 스튜디오도 빼놓을 수 없
죠. 싱가포르에서 가장 신나게 놀고 즐길 수 있는 어트랙션이에요.
친구들끼리의 여행이라면 다양한 박물관과 미술관을 보는 것
도 좋을 거예요. 또 싱가포르 강에서 리버 크루즈를 타거나
라우 파 삿과 같은 호커 센터에서 싱가포르 로컬 푸드를 맛
보거나 왁자지껄한 차이나타운에서 맛있는 딤섬을 먹는 것
도 즐겁겠죠.

나이트 사파리

싱가포르 동물원

안유진 (싱가포르 여행자)

저는 20대 대학원생으로 싱가포르 여행 후
이곳의 매력에 푹 빠진 싱가포르 홀릭입니다.

Q 20대 여성으로서 싱가포르의 가장 큰 매력은 무엇인가요?

싱가포르는 정말 여성을 위한 파라다이스 같아요. 쇼핑은 물론이고 맛있는 음식, 핫한
클럽과 바들이 낮과 밤을 모두 행복하게 해줘요. 무엇보다 치안이 좋다는 것은 여성 여
행자들에게 더 없이 좋은 환경이에요. 물가가 비싼 편이지만 버스나 MRT를 타면 알뜰하게 여행할
수 있고 택시도 바가지가 없이 합리적이기 때문에 요금을 두고 실랑이하지 않아도 돼서 좋았어요.

찰스 앤 키스

TWG

Q 가장 좋았던 레스토랑과 음식은?

여행자들은 역시 점보 시푸드를 사랑하는 것 같아요. 저도 그렇
고요. 특히 칠리 크랩은 필수로 맛봐야 하고요. 클락 키의 점보
시푸드는 맛과 분위기 모두 만족이었어요. 강가에 배들도 지나다니고 클락
키도 화려하게 빛나고 칠리 크랩의 맛도 좋았어요. 또 여
성분들이 좋아하는 애프터눈 티! 저는 호텔 라운지는
부담스러워서 TWG에서 티와 스콘을 즐겼는데 우아
한 분위기가 정말 좋았답니다. 티 패키지가 예뻐서
선물용으로도 그만이고요.

점보 시푸드

Q 싱가포르 여행에서 가장 좋았던 곳은 어디인가요?

유니버설 스튜디오를 빼놓을 수 없어요. 미국 여행 때 이미 유니버설 스튜디오에서 즐거운 시간을 보내서 싱가포르에서도 기대를 많이 했는데 역시나 즐겁고 신나는 시간이었습니다. 또 센토사에서의 시간도 잊을 수 없어요. 도시적인 싱가포르와는 다르게 열대적인 분위기가 좋았고 즐길 거리가 많아서 신이 났습니다. 센토사 루지를 타고 내려오던 그 짜릿함! 또 웨이브 하우스도 추천해요. 서핑을 체험해보는 것은 물론 웃통을 벗고 서핑을 즐기는 멋진 서퍼들도 구경할 수 있거든요. 날씨가 더우니 선크림과 물은 항상 필수라는 것을 잊지 마세요. 또 가든스 바이 더 베이에서의 야경은 최고였어요.

유니버설 스튜디오

웨이브 하우스

Q 싱가포르에서 반드시 사야 할 아이템이 있다면?

우선 오차드 로드에는 정말 많은 쇼핑몰이 있어서 이곳에서 시간을 많이 보냈어요. 우리나라에 아직 론칭하지 않은 브랜드 위주로 쇼핑을 즐겼어요. 영국 스트리트 패션 Topshop을 좋아하는데 독특한 디자인의 원피스가 많아서 지름신이 왔답니다. 또 유니버설 스튜디오의 기념품 숍에도 귀엽고 재미있는 아이템이 많더라고요. 슈렉 머리띠, 베티 붐 컵, 스노 글로브 등 조카들을 위한 선물을 잔뜩 샀답니다.

TOPSHOP

Q 싱가포르를 한마디로 표현한다면?

즐겁고 생동감 넘치는 도시! 볼거리, 즐길 거리, 먹거리, 뭐 하나 실망시키는 것이 없어요. 휴양을 하면서 동시에 시티 라이프를 즐길 수 있는 것도 장점 중 하나입니다. 흔히 동남아로 여행 가면 바다나 수영장 외에는 갈 곳이 없어 호텔에만 있게 되는데 싱가포르는 그럴 이유가 전혀 없어요. 물론 바다도 있고 멋진 수영장에서 쉴 수도 있으니 지루할 틈이 없지요.

Q 싱가포르에 가면 꼭 다시 하고 싶은 게 있나요?

센토사로 들어갈 때 주얼박스 케이블카를 탔는데 싱가포르에 가면 꼭 다시 타고 싶어요. 제가 이제까지 탔던 케이블카와는 차원이 달랐어요. 너무나 깔끔하고 세련되어 주얼박스라는 이름이 잘 어울리더라고요. 케이블카에서 로맨틱한 음악도 나오고 전망까지 좋아서 다음에 남자친구 생기면 꼭 같이 와서 타고 싶어요.

싱가포르 케이블카

실전
싱가포르

싱가포르 기초 정보

개요

싱가포르는 말레이 반도 끝에 위치한 섬나라로 1819년 이후 영국의 식민지였다가 후에 영연방 내 자치령이 됐다.

그후 말레이시아연방에 속했다가 인종적·경제적 대립으로 1965년 자주국가로 분리 독립했다.

역사

자바어로 '바다마을'이라는 뜻을 지닌 테마섹 Temasek은 싱가포르를 칭하는 다른 이름이기도 하다. 스리비자야 왕국의 일부였던 테마섹은 지리적 조건이 탁월하여 다양한 나라의 해양 경로 역할을 했다. 전설에 의하면 스리비자야의 왕자가 테마섹에 들렀다가 우연히 머리는 사자이고 몸은 인어인 동물을 발견해 이곳을 '사자의 도시'라는 뜻의 싱가푸라 Singa Pura로 부르게 됐으며 그것이 싱가포르의 어원이라고 한다.

싱가포르는 1819년 영국의 토머스 스탬퍼드 래플스경이 이곳에 상륙한 후 국제적인 무역항으로 개발됐다. 제2차 세계대전 당시에는 일본의 지배를 받았으며 리콴유 총리의 등장과 함께 말레이시아로부터 독립해 1965년 독립국가로 새 출발을 하게 된다. 이후 놀라운 경제성장과 발전에 힘입어 현재는 아시아 최고의 물류센터이자 금융 중심지로 탈바꿈했다.

면적

서울보다 약간 큰 697.2㎢. 지속적인 간척 사업으로 국토를 확장하고 있다.

위치

싱가포르는 말레이 반도 최남단에 위치하고 있으며 본섬과 63개의 부속 섬들로 이루어져 있다.

종교

다민족 국가로 불교·힌두교·이슬람교·기독교 등 다양한 종교를 믿는다.

통화 및 환율

싱가포르 달러(SGD)를 사용하며 환율은 1SGD가 한화로 약 815원이다(2019년 11월 기준).

비행 시간

직항 편으로 인천공항 기준 약 6시간 소요.

시차

한국보다 1시간이 느리다(서울이 오후 7시일 때 싱가포르는 오후 6시).

여권과 비자

여권 유효 기간이 6개월 이상 남아있어야 하며 관광 및 출장 목적으로 방문할 경우 최대 90일까지 무비자 방문이 가능하다.

언어

공용어로 영어가 사용되므로 소통하는 데 큰 무리가 없다. 이외에도 말레이어·중국어·타밀어 등이 많이 사용되고 있다.

날씨

열대 우림 기후로 기온은 연중 23~32℃, 연평균 강수량은 2343.1 mm 정도다. 우기와 건기로 구분되며 우기는 10월에서 이듬해 2~3월까지, 건기는 4~9월이다.

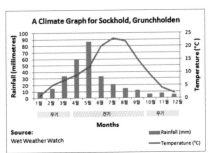

A Climate Graph for Sockhold, Grunchholden

Source: Wet Weather Watch

- Rainfall (mm)
- Temperature (℃)

물가

물가는 서울과 비슷하거나 서울보다 조금 더 비싼 편이다. 교통비·식비 등은 서울과 비슷하나 담배·술은 훨씬 비싸다.

전압

싱가포르는 한국과는 달리 구멍이 세 개 있는 소켓을 사용한다. 따라서 우리나라 전자 제품을 사용할 경우 변환 어댑터가 필요하다. 어댑터를 챙겨 가거나 호텔 리셉션에서 요청하면 된다. 전압은 220~240V 50Hz로 우리나라 전자 제품을 사용하는 데 문제가 없다.

전화

국제전화는 국제전화용 카드 혹은 신용카드를 이용해서 할 수 있으며 국가번호와 지역번호를 눌러야 한다. 한국의 국가번호는 82, 싱가포르의 국가번호는 65다.

(한국에서 싱가포르로 걸 때)

전화회사 식별번호 001, 002, 00700 등+국가번호(65)+걸고자 하는 전화번호를 누른다.

예〉 한국에서 싱가포르로 전화 걸기
번호: 65-1234-5678 → 001-65-1234-5678

(싱가포르에서 한국으로 걸 때)

001+국가번호(82)+지역번호(앞의 0은 뺀다)+걸고자 하는 전화번호를 누른다.

예〉 싱가포르에서 한국으로 전화걸기
번호 : 02-1234-5678 → 001-82-2-1234-5678

인터넷

지역에 따라 차이는 있지만 싱가포르에서도 대부분 호텔에서 무선인터넷을 무료 또는 유료로 사용할 수 있다. 또한 카페나 레스토랑도 무선인터넷을 사용할 수 있는 곳들이 점차 늘어나고 있다.

치안

싱가포르는 다른 동남아 국가와 비교해 무척 안전한 편에 속한다. 그러나 아무리 안전한 곳이라도 문제가 생길 수 있으니 여행자 스스로 주의하는 것이 좋다.

알아 두세요 **엄격한 싱가포르의 법!**

벌금의 나라로 불릴 정도로 법이 엄격한 싱가포르에선 특히 공중도덕과 기본질서에 어긋나지 않도록 행동을 주의해야 합니다. 기본적으로 버스나 MRT 안에서 음식물이나 음료를 먹는 것도 금지입니다. 이를 어길 시 적지 않은 대가를 치러야 하므로 피해를 보지 않도록 각별히 주의하세요.

- **무단횡단** : 횡단보도로부터 50m 이내에서 무단횡단할 경우 S$50
- **흡연** : 버스·박물관·백화점 등의 공공장소에서 흡연 시 S$1000
- **버스·MRT** : 음식물이나 음료 섭취 시 S$500, MRT 내에 인화성 물질을 갖고 탑승 시 S$5000
- **음주** : 싱가포르에서 만 18세 미만의 청소년은 음주할 수 없으며 이를 어길 경우 S$1000
- **침 뱉기, 쓰레기 투척** : 공공장소에서 최초 적발 시 S$1000, 두 번째 적발 시 S$2000
- **화장실** : 용변을 본 뒤 물을 내리지 않아도 벌금형. 최초적발 시 S$150, 두 번째 적발 시 S$1000

싱가포르 입국 정보

1 출국! Let's Go 싱가포르

우리나라에서는 인천국제공항·김해국제공항을 통해 싱가포르로 갈 수 있다. 대부분의 여행객이 이용하는 인천국제공항을 중심으로 출국 절차를 알아보자. 비행기 출발 시각 최소 2시간 전에 공항에 도착해서 탑승 수속과 입국 심사를 받아야 하므로 시간을 여유 있게 잡고 공항으로 이동해야 한다.

인천국제공항 가기

인천국제공항으로 가는 가장 일반적인 방법은 공항버스와 공항철도를 이용하는 것이다. 공항버스는 서울과 수도권은 물론 전국 각지에서 공항을 연결하므로 가장 많이 이용하는 교통수단이다. 공항철도는 서울역 및 지하철 1·2·4·5·6·9호선과 연결되어 있어 편리하게 이동할 수 있다.

102 전화 1577-2600 홈페이지 www.airport.kr

인천국제공항으로 가는 교통편

● **버스** : 가장 보편적으로 이용되는 방법으로 일반 공항 리무진 버스부터 고급 리무진 버스, 시내버스, 시외버스 등을 이용해서 인천국제공항으로 갈 수 있다. 인천국제공항 홈페이지(www.airport.kr)에서 지역별 버스 노선과 요금을 확인할 수 있다. 인터넷 예매(www.airportbus.or.kr)도 가능하니 미리 웹사이트를 통해 체크해보자.

● **공항철도** : 서울역과 여러 지하철역에서 탈 수 있으며 비교적 저렴한 요금으로 편리하게 이용할 수 있다.

인천공항2터미널역 → 인천공항1터미널역 → 공항화물청사역 → 운서역 → 영종역 → 청라국제도시역 → 검암역 → 계양역 → 김포공항역 → 마곡나루역 → 디지털미디어시티역 → 홍대입구역 → 공덕역 → 서울역

일반열차 서울역~인천공항1터미널 59분 소요 / (서울역 기준)05:20~24:00 / 요금 4150원

직통열차 서울역~인천공항1터미널 43분 소요 / (서울역 기준)06:10~22:50 / 요금 9000원

* 코레일 공항철도 홈페이지(www.arex.or.kr)에서 운임·시간·노선 확인이 가능하다.

● **승용차** : 승용차로 이동 시 인천국제공항고속도로를 이용하면 된다. 고속도로 통행료를 내야 하며, 공항에 주차할 경우 주차 비용이 발생한다. 주차장은 단기 주차장과 장기 주차장으로 나뉘며, 단기 주차의 경우 5일까지다. 6일 이상 장기 여행을 할 경우 처음부터 장기 주차장을 이용하는 것이 경제적이다. 주차 관련 요금은 인천국제공항 홈페이지(www.airport.kr)에서 확인하면 된다.

인천국제공항 편의시설 이용하기

인천국제공항은 2001년 3월 29일에 개항했으며 2006~2009년까지 매년 세계최고공항상을 수상할 정도로 공항서비스나 디자인·시설 면에서 최고다. 1층은 도착층이고 2층은 환승을 주로 하는 탑승동이며, 3층은 출국장, 4층은 편의시설과 라운지로 이루어져 있다. 인천국제공항에는 출입국장 외에도 지하와 1층에 위치한 병원·이발소·세탁소·식당·은행 등 여러 가지 편의시설이 많으니 알아두고 활용해 보자.

겨울철 두꺼운 외투 보관 및 택배 서비스

1 | 한진택배 수하물보관소: 동측(체크인 카운터 B구역)

전화 032-743-5804 **운영** 매일 06:00~22:00

2 | 대한통운 수하물보관소: 서측(체크인 카운터 M구역)

전화 032-743-5306 **운영** 매일 07:00~22:00

3 | 크리스탈 세탁소: 인천국제공항 교통센터 지하 1층 우리은행 뒤편

전화 032-743-2500 **운영** 매일 08:00~20:00

신혼여행 떠나는 신부들이 들러 머리 풀기 좋은 미용실

써지오 보시(SERGIO BOSSI): 일반지역 지하 1층 동편

전화 032-743-5959 **운영** 매일 10:00~20:00

2 인천국제공항에서 출국하기

국제선 탑승을 위해 공항에 갈 때는 시간 여유가 충분하도록 일찍 떠나는 것이 좋다. 보통은 비행기 출발 2시간 전, 초보자의 경우 3시간 전에 도착해야 공항에서 필요한 일들을 무리 없이 처리할 수 있다.

간단하게 살펴보는 출국 절차

인천국제공항 도착 / 탑승 수속 카운터 확인 → 탑승 수속 및 짐 부치기 → 세관 신고 → 탑승구 통과 → 보안 검색 → 출국 심사 → 면세 구역 → 비행기 탑승(보딩)

1 | 탑승 수속 카운터 확인

인천국제공항의 3층 출발 층에 도착하면 먼저 운항정보 안내 모니터에서 탑승할 항공사명을 확인한다. 항공사별로 알파벳으로 구분된 탑승 수속 카운터(A~M)를 확인하고 해당 카운터로 이동해서 탑승 수속을 하면 된다.

2 | 탑승 수속 및 짐 부치기

항공사 탑승 수속은 보통 출발 2시간30분 전에 시작된다. 탑승 수속은 비행기 출발 시각까지 하는 것이 아니라 **출발 40분 전에 마감**되니 주의해야 한다. 카운터에서

여권과 예약항공권(혹은 전자항공권 e-ticket)을 제시하면 탑승 게이트와 좌석이 적혀 있는 탑승권(보딩 패스 Boarding Pass)을 받게 된다. 창가석 Window Seat이나 복도석 Aisle Seat 등 원하는 좌석을 요구할 수도 있다. 예약항공권(혹은 전자항공권)은 한국으로 돌아오는 귀국 편 수속에도 사용해야 하므로 잘 보관해야 한다. 그리고 짐을 부치게 되는데 보통 수하물은 1인당 20kg까지 허용되며 초과할 경우 추가요금이 있다. 짐을 부치고 나면 수하물증명서(배기지 클레임 태그 Baggage Claim Tag)를 받게 된다. 짐이 사라진 경우 수하물을 맡겼다는 유일한 증거가 될 수 있으니 수하물증명서는 잘 보관해야 한다.

짐을 부칠 때 주의할 점

- 액체류와 젤류, 스프레이 등은 개당 용량 100mL가 넘으면 기내 반입을 금지하므로 트렁크에 넣어 부쳐야 하고, 개당 용량 100mL 이하는 1L 크기의 투명한 지퍼락 규격 봉투에 담아 휴대할 수 있습니다. 봉투는 1인당 1개만 허용됩니다.

- 트렁크에 이름과 전화번호 등을 적은 꼬리표를 달아 다른 여행자가 착각해서 가져가지 않도록 해야 합니다. 리본을 매는 등 표시를 해두면 나중에 짐 찾기가 편리합니다.

출국장 이동 전 꼭 확인해야할 것!

- 여행자보험을 들지 않았다면 여행 중 일어날 수도 있는 불의의 사고를 대비해 출국장 이동 전에 들어두세요.

- 한국 휴대폰을 로밍할 계획이라면 로밍이 가능한지 미리 확인하세요. 공항 내 통신사에서 문의하거나 요청해도 됩니다.

- 면세 구역 내에서도 환전은 가능하지만 현금을 출금할 수는 없습니다. ATM에서 현금을 출금해서 환전해야 하는 경우라면 출국장 이동 전에 해야 합니다.

3 | 세관 신고

미화 1만 달러를 초과해서 소지하고 있는 여행자라면 출국하기 전 세관 외환신고대에서 신고하는 것이 원칙이다. 여행 시 사용하고 다시 가져올 고가품을 소지하고 있다면 '휴대물품반출신고(확인)서'를 받아 두는 것이 안전하다. 세관 신고를 할 물품이 없으면 곧장 국제선 출국장으로 이동하면 된다.

4 | 보안 검색

가까운 국제선 출국장으로 들어가 보안 검색을 받으면 된다. 이때 여권과 탑승권을 제시해야 하며 검색대를 통과할 때는 모자를 벗고 주머니도 모두 비워야 한다. 가방 등은

X-선 투시기를 통과시킨다. 테러 등에 대비해 꽤 까다롭게 진행하기도 한다. 화장품이나 음료수 등의 액체나 젤, 칼 등의 물품은 압수당할 수 있으니 주의해야 한다.

5 | 출국 심사

보안 검색대를 통과하면 바로 출입국 심사대가 나온다. 여권과 탑승권을 제시하고 출국 심사를 받고 통과하면 된다.

자동출입국심사시스템 SES(Smart Entry Service)란?

2008년 6월부터 시작된 자동출입국심사는 신속하고 편리하게 출입국심사를 받을 수 있게 한 제도입니다. 출입국 심사대를 거치지 않고 바로 기계에 여권을 직접 스캔하고 지문을 찍으면 되는 시스템이죠. 단, 만 7~18세 이하 국민은 자동출입국심사 등록센터에서 사전 등록해야 합니다(만 7~14세 미만은 부모 동반 및 가족관계확인서류 제출).

- 등록 절차 : 여권 소지 → 등록센터 방문(인천공항 3층 체크인 카운터 F구역 옆) → 신청 및 심사 → 지문 등록 및 사진 촬영
- 운영 시간 : 06:30~19:30

* 자세한 사항은 홈페이지(www.ses.go.kr) 참고

6 | 면세 구역

출국 심사가 끝나 여권에 도장을 받게 되면 형식적으로는 한국을 떠난 셈이 되며 세금을 물지 않고 쇼핑할 수 있는 면세 구역에 들어서게 된다. 한국에 들어올 때는 이용하지 못하는 면세점이니 필요한 물건은 여기서 미리 사두자. 또한 시내 면세점이나 인터넷 면세점을 통해 구입한 물건이 있다면 면세 구역 내의 면세품 인도장에서 전달 받는다.

7 | 비행기 탑승

항공기가 대기하고 있는 탑승구(Gate)에는 **적어도 출발 시간 30분 전까지는 도착**해야 한다. 공항이 크고 가끔 변경 사항도 있어서 탑승구까지 가는 데 시간이 많이 걸릴 수도 있다는 점을 감안하고 움직이는 게 좋다. **특히 싱가포르항공과 같은 외국계 항공사를 이용할 경우 셔틀 트레인**을 타고 별도의 청사에 가서 보딩을 하기 때문

에 게이트까지 이동하는 시간을 여유 있게 잡아야 한다.

기내에서

티켓을 승무원에게 보여주고 좌석 안내를 받은 뒤 짐은 머리 위의 선반에 넣고, 전자 제품은 일단 전원을 끄두는 것이 에티켓이다. 싱가포르까지 가는 도중 기내식과 술, 음료 등이 서비스된다. 기내에서는 쉽게 술기운이 오르니 음주는 적당히 즐기는 것이 좋겠다. 싱가포르 도착 전에 나누어 주는 출입국 신고서는 미리 기내에서 작성해 놓는 것이 편하다.(뒷 페이지 참고)

3 입국! Welcome 싱가포르

약 6시간의 비행을 마치면 싱가포르의 창이 국제공항에 도착하게 된다. 기내에서 내릴 때 빠진 짐은 없는지 체크한 후 'Arrival'이라고 적힌 안내 표지판을 따라가면 된다.

간단하게 살펴보는 입국 절차

입국장으로 이동 → 입국 심사 → 수하물 찾기 → 세관 통과

싱가포르 창이 국제공항 도착

창이 국제공항은 4개의 청사로 되어 있는데 서로 연결되어 있으며 터미널 간의 이동은 무료로 스카이트레인이나 셔틀버스를 이용할 수 있다. 항공사마다 사용하는 터미널이 다르니 출국 시에 어떤 터미널을 이용하게 되는지 반드시 숙지하고 있어야 한다.

터미널2 싱가포르항공, 스쿠트항공, 말레이시아항공
터미널3 싱가포르항공, 아시아나항공
터미널4 대한항공
창이 국제공항 홈페이지 www.changiairport.com

1 | 입국장으로 이동, 입국 심사 받기

비행기에서 내려 Arrival이라고 적힌 안내 표지판을 따라서 Immigration으로 가면 된다. 싱가포르 자국민을 심사하는 곳과 외국인을 심사하는 곳으로 나누어져 있는데 외국인 Foreigner 표시가 있는 심사대로 가서 줄을 서면 된다. 입국 심사를 받기 위해서는 **출입국 신고서를 작성**해야 하는데 가능하면 비행기에서 내리기 전 미리 작성해 놓는 것이 좋다. 신고서는 알아보기 좋게 대문자로 작성하며 여행 목적은 'Holiday'로 쓰고 도착지 주소는 정해 놓은 호텔 이름을 적거나 정해 놓지 않았을 때는 아는 호텔 이름을 적는다.

 입국 심사 때 출입국사무소 직원이 입국 신고서를 일부 절취한 '출국 신고서'를 여권에 끼워 주는데 이 출국 카드는 싱가포르에서 한국으로 다시 나올 때 반드시 필요하므로 절대로 버리지 말고 여권 안에 잘 보관해야 합니다. 분실 시 다시 심사를 받고 재발급하는 과정을 거쳐야 합니다.

도착 전에 승무원이 나눠 주는 출입국 신고서는 기내에서 미리 작성해 두자. 대부분 출국과 입국 카드가 한 장에 앞뒤로, 또는 반씩 나누어 인쇄돼 있으므로 함께 작성하면 된다. 이름은 알파벳 대문자로 여권에 나와 있는 대로 쓰면 된다.

싱가포르 출입국 신고서 쓰는 법

도착 전에 승무원이 나눠 주는 출입국신고서는 기내에서 미리 작성해 둔다. 대부분 출국과 입국카드가 한 장에 앞뒷면 또는 반으로 나누어서 있으므로 함께 작성하고 알파벳 대문자로, 이름은 여권에 나와 있는 대로 쓰면 된다. 출입국 신고서를 낸 후 여권에 끼워주는 출국 카드는 싱가포르를 출국할 때 반드시 필요하므로 잃어버리지 않도록 주의하자.

입국 신고서 Arrival Card

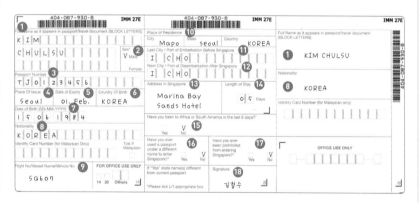

❶ 여권상의 영문 이름

❷ 성별(남자는 Male, 여자는 Female)

❸ 여권 번호

❹ 여권 발행지

❺ 여권 유효기간

❻ 출생 국가

❼ 생년월일(일, 월, 년의 순으로)

❽ 국적

❾ 항공기편명

❿ 자신의 거주지 (구, 시, 나라 순으로)

⓫ 출발지

⓬ 다음 목적지 (인천–싱가포르 왕복일 경우 모두 인천 표기)

⓭ 싱가포르 내 주소 (호텔명 기입)

⓮ 체류 예상 기간

⓯ 지난 6일간 아프리카 혹은 남미에 방문한적 있습니까?

⓰ 현재와 다른 이름의 여권으로 싱가포르에 입국한 적 있습니까?

⓱ 과거 싱가포르에서 입국 거절을 당한 적이 있습니까?

⓲ 자필 서명

2 | 수하물 찾기

입국 심사를 마친 다음에는 인천국제공항에서 부쳤던 짐을 찾아야 한다. 짐 찾는 곳은 'Baggage Claim'이라고 적힌 표지판을 따라가면 된다. 짐이 나오는 컨베이어 벨트 번호는 자신이 타고 온 비행기 편명을 확인해야 정확히 알 수 있으니 전광판의 안내를 잘 체크하자.

3 | 세관 통과

짐을 찾았다면 그다음은 세관 검사 차례다. 특별히 신고해야 할 물품이 없다면 초록색 표시가 된 곳을 따라 나가면 된다. 짐이 크거나 의심할 만한 사항이 보이면 따로

부르기도 하는데 문제될 사항이 없다면 침착하게 묻는 질문에 답하고 지시에 따르면 된다.

> **알아두세요**
>
> **싱가포르 입국 시 반입 금지 품목**
>
> ● 껌 ● 씹는 담배 ● 폭죽 ● 음란물 비디오나 CD
> ● 리벌버 모양의 라이터 ● 향정신성 물질
> ● 양주 · 맥주 등의 주류는 1L까지 허용되며 담배는 면세 품목이 아님

4 공항에서 시내로 이동하기

싱가포르 공항에서 입국 수속이 끝났다면 이제 싱가포르 시내로 나갈 차례다. 싱가포르의 창이 국제공항은 시내 중심으로부터 약 20km 정도 떨어져 있으며 택시 · 공항셔틀버스 · MRT 등을 타고 쉽게 시내로 이동할 수 있다.

From airport to **CITY**

	BUS / TRAIN	S$2
AIRPORT SHUTTLE	S$9 ~ S$6	
	S$50	
REGULAR TAXI	S$18 - S$38	
LIMOUSINE TAXI	S$45	
LARGE TAXI		

1 | MRT(Mass Rapid Transit)

MRT는 싱가포르의 지하철을 일컫는 말로 공항에서는 City Train, Train To City로 부르기도 한다. 가장 저렴하게 시내로 이동할 수 있어서 알뜰 여행자들이 선호한다. 공항 내 에스컬레이터를 이용해 지하의 MRT 정거장으로 내려간 후 **초록색 East West 라인으로 MRT 타나 메라 Tanah Merah 역까지 간 후 목적지로 갈아타면** 된다. 타나 메라 역에서 East West 라인의 대표적인 역인 시티 홀 City Hall 역까지는 30분 정도 소요되며 오차드 방면은 시티 홀에서 갈아타야 한다. 약 30분 정도 소요되며 요금은 S$1.40~2 안팎으로 저렴한 편이지만 짐이 있는 경우 번거로울 수 있다.

MRT 입구 터미널2의 지하 1층, 터미널3의 1층과 2층
전화 1800-336-8900(07:30~18:30)
홈페이지 www.smrt.com.sg **운행** 매일 05:30~23:18

↑ Train to City

地铁 (往市区)
Tren ke Bandar
電車 (市内行)

2 | 시티 셔틀

시내의 주요 호텔까지 태워다주며 요금이 비교적 저렴한 편이라 여행자들이 선호하는 이동 수단이다. 요금은 일반 S$9, 어린이 S$6로 오전 6시부터 밤 12시까지는 15분 간격, 자정부터 오전 6시까지는 30분 간격으로 운행한다. 티켓은 공항 내 **에어포트 셔틀 카운터**에서 구입하면 된다. 시내에서 공항으로 이동할 때도 사전 요청하면 호텔로 픽업을 오며 요금은 동일하다.

전화 6241-3818 **홈페이지** changi.groundtransportconcierge.com

3 | 택시 Taxi

가장 편하게 이동할 수 있는 방법은 역시 택시다. 싱가포르의 택시는 대부분 친절하고 정직한 편이라 믿고 이용할 수 있다. 도착 층에서 탈 수 있는데 공항에서 나올 때 S\$3~5 정도의 추가요금이 있으며 출퇴근 시간이거나 짐이 많은 경우 요금이 가산된다. 또 밤 12시부터 새벽 6시 사이에 도착했을 때는 총 요금의 50%에 해당하는 할증이 붙는다. 도착홀(짐을 찾아서 나오는 곳)에서 안내 표지판을 따라가면 택시 승강장이 나온다. 공항에서 시내까지는 20~30분 정도 소요되며 위치에 따라 차이는 있지만 **레귤러 택시를 탈 경우 보통 S\$23~26, 피크타임에는 S\$28~32 정도 요금이 나온다.** 프리미엄 택시를 탈 경우 S\$7~10 정도가 추가된다.

4 | 리무진 택시 & 맥시 캡 Limousine Taxi

리무진 택시는 택시와 같은 개념으로 벤츠 같은 고급 차량을 이용해 목적지까지 데려다 준다. 훌륭한 서비스에 편하기도 하지만 목적지나 사람 수에 관계없이 요금이 S\$55로 고정돼 있어 택시에 비해 비싸다. 24시간 운행하며 자정부터 새벽 6시까지는 S\$10 정도 추가요금을 받는다.
맥시 캡 Maxi Cab은 승합차를 이용하게 되는데 S\$60의 고정 요금을 받는다. 7명까지 탑승가능하며 예약은 택시 카운터에서 한다.

108

Singapore Stopover Holiday Program
환승객 무료 시티 투어

싱가포르항공의 Singapore Stopover Holiday(SSH) 상품을 이용해서 싱가포르를 경유하는 환승객을 위해 시티 투어를 제공하고 있습니다. 무료로 버스를 타고 약 2시간 동안 싱가포르 도심 관광을 즐길 수 있습니다. 카운터에서 신청하면 됩니다.

홈페이지 www.siahopon.com

❶ 헤리티지 투어

투어 시간 09:00~11:00, 11:30~13:30, 14:30~16:30, 16:00~18:00
싱가포르의 역사적·문화적 장소를 방문해서 건축물과 관광지를 볼 수 있는 투어. 멀라이언 파크, 차이나타운, 리틀 인디아를 돌아보는 일정입니다.

❷ 시티 라이트 투어

투어 시간 18:30~20:30
야경이 아름다운 싱가포르의 밤을 느낄 수 있는 투어. 부기스 빌리지, 래플스 호텔, 마리나 베이 워터 프런트를 둘러보는 일정입니다.

신청 방법
무료 싱가포르 투어 신청 부스(FST)에서 최소 1시간 전에 신청해야 합니다.

위치
• 2번 터미널 : 북 도착 입국 심사와 스카이 트레인 역 근처. 경유 라운지 E구역 근처
• 3번 터미널 : 2층 북 경유 라운지 B구역 옆

싱가포르 내 교통 정보

싱가포르는 대중교통 시설이 무척 잘 되어 있어 낯선 여행자도 쉽게 이동할 수 있다. 우리의 지하철과 같은 MRT가 도심 구석구석을 빠르게 이어주며 택시·버스 이용도 어렵지 않다.

지하철 MRT(Mass Rapid Transit)

싱가포르 도심에서 가장 쉽고 편리하게 이용하게 되는 MRT는 우리의 지하철이라고 생각하면 된다. 저렴한 요금으로 싱가포르 구석구석을 이어주며 환승도 쉬워서 초보자도 어렵지 않게 이동할 수 있다. 요금은 스탠더드 티켓을 이용할 경우 보증금 S\$1를 포함해 S\$1.66부터 시작되며 역에 따라서 차이가 나는데 시티 홀 역에서 창이 국제공항까지 간다 해도 \$2 정도 수준이어서 저렴한 편이다. 종류는 1회용 티켓인 스탠더드 티켓 Standard Ticket과 충전식 카드인 이지링크 카드 ez-Link Card, 여행자를 위한 싱가포르 투어리스트 패스 Singapore Tourist Pass로 나뉘며 일반적으로 이지링크 카드를 가장 많이 사용한다. 승강장에는 노선도 안내가 잘 돼있어 편리하다. 주의할 점은 지하철 내에서 음식을 먹거나 음료수를 마시는 행위는 금지돼 있다는 것!

운행 매일 05:30~24:30(역마다 차이 있음) **요금** S\$0.80~
홈페이지 www.smrt.com.sg

티켓의 종류

● 스탠더드 티켓 Standard Ticket

MRT 1회권으로 우리의 지하철 1회권과 같은 개념이다. 발급기에서 출발역과 도착역을 선택하면 요금이 책정되며 보증금으로 S\$1가 더해진다. 도착 후 기계에 반납하면 S\$1를 다시 돌려받을 수 있다. 대중교통을 많이 이용하지 않을 계획이어서 이지링크 카드를 사지 않았을 때 이용하면 된다.

● 이지링크 카드 ez-Link Card

우리의 충전식 교통카드와 같은 것으로 MRT는 물론 버스에서도 사용할 수 있으므로 대중교통을 많이 이용할 예정이라면 사는 것을 추천 요금도 아낄 수 있고 매번 스탠더드 티켓을 사지 않아도 돼서 편리하다. 1인 기준 카드 값 S\$5에 실제로 사용할 수 있는 금액 S\$7가 들어 있어 합계 S\$12에 판매하고 있다. 남은 금액이 S\$3 이하일 경우 충전을 해야 하며 무인 발매기를 통해서 쉽게 충전할 수 있다.
구입 역 내의 티켓 오피스 Ticket Office와 패신저 서비스 Passenger Service에서 살 수 있다. 충전은 무인 발매기를 통해서 S\$10 단위로 가능하다.

 잔액 환불

이지링크 카드를 사용한 후 카드 값(S\$5)을 제외하고 추가로 충전한 금액이 남아있다면 티켓 오피스에서 환불받을 수 있으니 여행을 마칠 때 돌려받도록 하세요.

● 싱가포르 투어리스트 패스 Singapore Tourist Pass

여행자를 위한 교통카드로 구입 시 일정 기간 동안 자유로이 이용할 수 있다. 1일권·2일권·3일권이 있는데 선택한 기간 동안 지하철과 버스를 무제한으로 이용할 수 있으므로 단기간에 대중교통수단을 많이 사용할 여행자에게 추천! 요금에는 보증금 S$10가 포함돼 있다. 구입 후 5일 이내에 반환 시 보증금 S$10를 돌려받을 수 있으며 기간이 지나면 이지링크 카드처럼 추가로 충전을 해서 교통카드로 사용할 수 있다.

요금 1-Day Pass : S$10, 2-Day Pass : S$16, 3-Day Pass : S$20

구입 창이 국제공항을 포함하여 오차드 역, 차이나타운 역, 부기스 역, 시티 홀 역, 래플스 플레이스 역, 하버 프런트 역 등에 위치한 티켓 오피스에서 구입할 수 있다.

사진으로 보는 티켓 발매기 이용하기

● 스탠더드 티켓 Standard Ticket 발매하기

① Buy Standard Ticket 터치
② 노선도에서 목적지 역 선택
③ 요금 확인
④ 투입구에 요금 넣기
⑤ 티켓 받기

● 스탠더드 티켓 보증금 환급받기

① Refund Deposit 터치
② 스탠더드 티켓 삽입
③ 보증금 S$1 환급받기

● 이지링크 카드 ez-Link Card, 싱가포르 투어리스트 패스 Singapore Tourist Pass 충전하기

① 카드 올려두기
② Add Value 터치
③ Cash 터치
④ 현금 투입 (최소 S$10 이상)
⑤ 충전 표시 확인 후 카드 수령

MRT · LRT 노선도

범례
O 환승역

MRT
LRT

LRT 역 목록

① LRT 사우스 뷰 South View 역
② LRT 킷 홍 Keat Hong 역
③ LRT 텍 와이 Teck Whye 역
④ LRT 피닉스 Phoenix 역
⑤ 부킷 판장 Bukit Panjang 역
⑥ LRT 페티르 Petir 역
⑦ LRT 펜딩 Pending 역
⑧ LRT 방깃 Bangkit 역
⑨ LRT 파자 Fajar 역
⑩ LRT 세가르 Segar 역
⑪ LRT 젤라팡 Jelapang 역
⑫ LRT 센자 Senja 역
⑬ LRT 텐 마일 정션 Ten Mile Junction 역
⑭ LRT 통캉 Tongkang 역
⑮ LRT 렌종 Renjong 역
⑯ LRT 라야르 Layar 역
⑰ LRT 펀베일 Fernvale 역
⑱ LRT 탕감 Thanggam 역
⑲ LRT 쿠팡 Kupang 역
⑳ LRT 팜웨이 Farmway 역
㉑ LRT 청 림 Cheng Lim 역
㉒ LRT 컴파스베일 Compassvale 역
㉓ LRT 룸비아 Rumbia 역
㉔ LRT 바카우 Bakau 역
㉕ LRT 캉카르 Kangkar 역
㉖ LRT 랑궁 Ranggung 역
㉗ LRT 코브 Cove 역
㉘ LRT 메리디안 Meridian 역
㉙ LRT 코랄 엣지 Coral Edge 역
㉚ LRT 리비에라 Riviera 역
㉛ LRT 카달로오르 Kadaloor 역
㉜ LRT 오아시스 Oasis 역
㉝ LRT 다마이 Damai 역
㉞ LRT 샘 키 Sam Kee 역
㉟ LRT 펑골 포인트 Punggol Point 역
㊱ LRT 사무데라 Samudera 역
㊲ LRT 니봉 Nibong 역
㊳ LRT 수망 Sumang 역
㊴ LRT 수 텍 Soo Teck 역

주요 역 (MRT)

Tuas Link / Tuas West Road / Tuas Crescent / Gul Circle / 주롱 조 쿤 Joo Koon 역 / 파이오니어 Pioneer 역

분 레이 Boon Lay 역 / 레이크사이드 Lakeside 역 / 차이니스 가든 Chinese Garden 역 / 클레멘티 Clementi 역

주롱 이스트 Jurong East 역 / 부킷 바톡 Bukit Batok 역 / 부킷 곰박 Bukit Gombak 역 / 초아 추 캉 Choa Chu Kang 역 / 유 티 Yew Tee 역 / 크란지 Kranji 역 / 우드랜즈 Woodlands 역 / 애드미럴티 Admiralty 역 / 셈바왕 Sembawang 역

부킷 판장 Bukit Panjang 역 / 카스뷰 Castew / 힐뷰 Hillview / 뷰티 월드 Beauty World / 킹 앨버트 파크 King Albert Park / 식스 애비뉴 Sixth Avenue / 탄 카 키 Tan Kah Kee / 보타닉 가든 Botanic Gardens 역

마실링 Marsiling 역 / 노베나 Novena 역

욘 추 캉 Yio Chu Kang 역 / 앙 모 키오 Ang Mo Kio 역 / 로롱 추안 Lorong Chuan / 카데캇 Caldecott 역 / 마리몬트 Marymount 역 / 비샨 Bishan 역

부오나 비스타 Buona Vista 역 / 원 노스 one-north 역 / 켄트 릿지 Kent Ridge / 호 파 빌라 Haw Par Villa / 파시르 판장 Pasir Panjang 역 / 라브라도 파크 Labrador Park 역 / 텔록 블랑아 Telok Blangah 역 / 하버프런트 HarbourFront 역

홀랜드 빌리지 Holland Village 역 / 커먼웰스 Commonwealth 역 / 퀸스타운 Queenstown 역 / 레드힐 Redhill 역 / 티옹 바루 Tiong Bahru 역 / 아웃램 파크 Outram Park 역 / 탄종 파가 Tanjong Pagar 역

도버 Dover 역 / 파러 로드 Farrer Road 역 / 스티븐스 Stevens / 뉴튼 Newton / 오차드 Orchard 역 / 서머셋 Somerset 역 / 도비 갓 Dhoby Ghaut 역 / 포트 캐닝 Fort Canning 역 / 클락 키 Clarke Quay 역 / 차이나타운 Chinatown 역 / 텔록 아이르 Telok Ayer 역 / 다운타운 Downtown 역 / 래플스 플레이스 Raffles Place 역 / 마리나 베이 Marina Bay 역 / 마리나 사우스 피어 Marina South Pier 역 / 베이프런트 Bayfront 역 / 프로미나드 Promenade 역 / 에스플러네이드 Esplanade 역 / 시티 홀 City Hall 역

리틀 인디아 Little India 역 / 벤쿨렌 Bencoolen 역 / 로처 Rochor / 부기스 Bugis 역 / 브라스 바사 Bras Basah 역 / 잘란 브사르 Jalan Besar / 라벤더 Lavender 역

파러 파크 Farrer Park 역 / 부운 켕 Boon Keng 역 / 포통 파시르 Potong Pasir 역 / 우들레이 Woodleigh 역 / 브래델 Braddell 역 / 토아 파요 Toa Payoh 역 / 세랑군 Serangoon 역 / 코반 Kovan 역 / 호우강 Hougang 역 / 부앙콕 Buangkok 역 / 셍캉 Sengkang 역 / 펑골 Punggol 역

겔랑 Geylang 역 / 카키 부킷 Kaki Bukit / 우비 Ubi / 맥퍼슨 MacPherson 역 / 파야 레바 Paya Lebar 역 / 달콩 Dakota 역 / 문트배튼 Mountbatten 역 / 스타디움 Stadium 역 / 니콜 하이웨이 Nicoll Highway 역 / 칼랑 Kallang 역 / 알주니드 Aljunied 역 / 유노스 Eunos 역 / 캄팡안 Kembangan 역 / 베독 Bedok 역 / 타나 메라 Tanah Merah 역 / 엑스포 Expo 역 / 창이 공항 Changi Airport 역 / 시멜 Simei 역 / 어퍼 창이 Upper Changi 역 / 타나 메라 Tanah Merah 역 / 타나 메라 Tanah Merah 역 / 타이 셍 Tai Seng / 맷타 Mattar / 파야 레바 Paya Lebar 역 / 바틀리 Bartley 역

베독 리저버 Bedok Reservoir / 베독 노스 Bedok North / 타임피니스 이스트 Tampines East / 타임피니스 Tampines / 타임피니스 웨스트 Tampines West / 파시르 리스 Pasir Ris 역

버스 BUS

여행자들보다는 현지인들이 많이 이용하지만 우리의 버스와 크게 다를 것이 없다. MRT가 가지 않는 지역으로도 이동할 수 있으므로 노선만 맞는다면 타볼 만하다. 또 2층 버스도 있어 창밖으로 풍경을 감상하며 이국적인 기분을 즐길 수도 있다. 정류장에서 노선도를 보고 목적지로 가는지 확인한 후 탑승하면 된다. **주의할 점은 우리나라와 다르게 안내방송이 나오지 않으므로** 기사나 주변 사람들에게 목적지를 말해두고 안내를 받는 것이 안전하다.

버스 요금

버스 요금은 종류와 거리에 따라 차이가 나지만 S$0.73~2.15 정도로 저렴한 편이다. 이지링크 카드로 탈 때는 우리의 버스와 똑같이 탈 때 한 번, 내릴 때 한 번 단말기에 카드를 대면 된다. 내릴 때 카드를 대지 않으면 요금이 추가로 부과되니 꼭 찍고 내리자. 현금으로 승차 시 기사에게 목적지를 말하면 요금을 알려주며 통에다가 돈을 넣으면 된다. 요금을 내면 옆에 있는 기계에서 작은 영수증과 같은 승차권이 나오니 챙겨두자. **현금 승차 시 주의할 점은 잔돈을 거슬러주지 않는다는 것.** 큰돈을 내도 거스름돈을 받을 수 없으니 꼭 잔돈을 챙겨서 탑승하도록 하자.

버스 노선표

버스 노선도는 무척 보기 쉽게 돼 있다. 정류장에서부터 노선과 거리가 자세하게 안내돼 있으니 어렵지 않게 탈 수 있다.

> **알아두세요**
> ### NR? 나이트 라이더 버스!
> 버스정류장에서 안내판을 보면 NR로 시작하는 버스가 있는데 이것은 **나이트 라이더 버스**입니다. 말 그대로 심야에 운행하는 버스로 마리나 베이에서부터 센토사의 리조트 월드 등 노선이 다양하니 노선도를 확인해보세요. 금 · 토요일에 밤 12시부터 아침 5시 정도까지 운행하며 요금은 S$4.50 정도입니다.

택시 Taxi

싱가포르에서 애용되는 교통수단 중 하나로 저렴하지는 않지만 요금 체계가 합리적이라 이용할 만하다. 싱가포르 도심에 일방통행이 많아 돌아가는 기분이 들 수 있지만 싱가포르 택시는 바가지를 씌우는 행태는 거의 없는 편이니 아무 걱정하지 말 것. 우리와 다르게 아무 곳에서나 손을 든다고 택시가 서지 않는다. **정해진 택시 승차장 Taxi Stand에서만 탑승이 가능하니** 무작정 거리에서 택시를 기다리지 않도록 하자.

홈페이지 www.smrt.com.sg
대표 택시회사 전화
Transcab: 6555-3333 | Comport: 6552-1111
smrt: 6555-8888 | Smart Cab: 6485-7777

택시 요금

기본료는 택시 회사에 따라 조금씩 차이가 나지만 S$3.2~3.9 정도이며 거리와 시간에 따라 요금이 올라간다. 싱가포르 도심은 비교적 좁은 편이라 S$10 안팎이면 대부분 이동이 가능하니 짐이 있거나 체력이 달릴 때는 이용하는 것도 좋다. 다만 주의할 점은 싱가포르의 택시는 할증료가 시간 · 위치 등에 따라 무척 다양하게 부과되기 때문에 목적지에 도착했을 때 몇 가지 추가 버튼을 누르면 원래 미터기 요금에서 많게는 두 배까지도 요금이 불어나기도 하니 당황하지 말자.

> **알아두세요**
> ### 택시 주요 할증료
> 00:00~05:59 승차 시 50% 할증. 월~금요일 오전 6시부터 오전 9시30분까지 25% 할증. 월~일요일 오후 6시부터 밤 12시까지 25% 할증. 시티 지역 안에서 월~일요일 · 공휴일 오후 5시부터 밤 12시까지 추가요금 S$3. 창이 국제공항 추가요금 S$3~5. 마리나 베이 샌즈 일요일 · 공휴일 오전 6시부터 오후 4시59분까지 추가요금 S$3. 리조트 월드 센토사 추가요금 S$3

그밖의 관광 수단

● 시아 홉 온 버스 Sia Hop on Bus

싱가포르항공을 이용한다면 시아 홉 온 버스를 이용할 수 있다. 무료 또는 할인된 요금으로 시내 곳곳과 주요 관광지 22개를 이어줘 편리하다. 시아 홀리데이, 싱가포르 스톱오버 홀리데이 상품을 이용하면 무료로 제공되며 싱가포르항공 승객은 50% 할인된 요금으로 탈 수 있다.

홈페이지 www.siahopon.com
요금 1일 이용권 일반 S$19.50, 어린이 S$14.50
운영 매일 09:00~21:00

● 히포 투어 버스 The Hippo Tours Bus

2층 버스를 타고 싱가포르 구석구석을 누빌 수 있는 관광 투어 버스로 여행자들에게 인기 만점이다. 각 정류장에서 승하차가 자유로워서 내 마음대로 여행을 즐길 수 있으며 싱가포르 항공권 소지 시 할인받을 수 있다. (상세 정보는 p.38 참고)

요금 1일 이용권 일반 S$39, 어린이 S$33

● 펀비 버스 FunVee Open Top Bus

히포 투어 버스와 비슷한 2층 관광버스로 정해진 기간 동안 자유롭게 타고 내리면서 싱가포르 구석구석을 누빌 수 있다. 히포 투어 버스보다 조금 더 저렴한 가격이 장점으로 주요 호텔에서 싱가포르 플라이어까지 픽업 서비스를 제공해서 편리하게 이동할 수 있다. (상세한 정보는 p.39참고)

홈페이지 www.citytours.sg
요금 일반 S$26.90, 어린이 S$17.90

싱가포르에서 출국하기

싱가포르 여행을 마치고 출국을 앞두고 있다면 우선 짐을 잘 꾸리고 공항으로 갈 준비를 해야 한다. 입국 때와 마찬가지로 교통수단으로는 택시·MRT·셔틀을 이용할 수 있다. 공항에는 최소한 출발 2시간 전에는 도착하는 것이 안전하다. 참고로 창이 국제공항은 3개의 터미널이 있는데 항공사에 따라 이용하는 터미널이 다르다. 전자항공권에 T3, T2와 같이 표기되니 티켓에서 터미널을 확인하자. (**터미널2** 아시아나항공·대한항공·싱가포르항공 **터미널3** 싱가포르항공·가루다인도네시아)

1. 공항으로 이동하기

● 택시 Taxi

가장 편하게 이동할 수 있는 방법은 역시 택시다. 짐이 많다면 더욱 편리하다. 싱가포르 시내에서 공항까지는 20~30분 정도 걸리며 요금은 출발지에 따라 다르지만 시내라면 S$18~30(센토사 S$28~35) 안팎으로 예상하면 된다.

● MRT Mass Rapid Transit

가장 저렴한 이동방법으로 짐이 많지 않거나 알뜰한 여행자에게 추천할 만하다. 출발지에서 가까운 역에서 MRT를 탄 후 초록색 East West 라인의 MRT 타나 메라 Tanah Merah 역까지 간 후 갈아타고 창이 국제공항 역까지 가면 된다. 약 30분 정도 소요되며 요금은 S$2~3 정도.

● 공항셔틀버스

시내에서 공항으로 이동할 때도 공항 셔틀버스를 이용할 수 있다. 최소한 반나절 정도 전에 요청을 해두면 호텔로 픽업하러 온다. 호텔 프런트에 부탁하거나 직접 전화를 해도 된다. 요금은 일반 S$9, 어린이 S$6. 다른 호텔도 들러서 픽업한 후 공항으로 가기 때문에 택시보다는 시간이 더 소요되는 점을 유의하자.

전화 터미널1 : 6543-1985 터미널2 : 6546-1646
터미널3 : 6241-3818(메인 연락처)

2. 공항 도착, GST 환급 카운터에서 도장 받기

(GST 환급 대상자에 한해서 적용) 공항에 도착하면 짐을 부치기 전에 GST 환급검사 카운터에서 구입한 제품, 영

수증, 여권, 항공권을 보여주고 확인 도장을 받는다. 이
때 세금을 환급받을 물품을 직접 보여줘야 하므로 구입
한 제품을 트렁크에 넣지 말고 따로 보관하고 있는 것
이 편리하다. (환급 상세 정보 p.87 참고)

3. 탑승 수속

일단 공항터미널에 도착하면 자신이 탈 항공사의 카운
터 번호를 확인하고 탑승 수속을 시작하자. 전자항공권
과 여권을 내고 짐을 부치고 항공권을 받으면 끝. 싱가
포르항공의 경우 홈페이지와 공항 체크인 카운터에서
얼리 체크인이 가능하다(단, 부칠 짐이 있다면 최소 1시
간 30분 전 카운터에서 부칠 것).

4. 보안 검색-출국 심사

소지하고 있는 짐을 바구니에 넣고 보안 검색대를 통과

하면 된다.
모자와 노트북 등도 꺼내서 검색을 해야 하며 출국 시
에는 싱가포르 입국 시 여권에 끼워줬던 출국 신고서와
여권을 제시해야 한다.

5. GST 환급금 받기

(GST 환급 대상자에 한해서 적용)
출국 심사 후 면세 구역으로 들어가면 GST Refund 창
구가 바로 보일 것이다. Global Refund와 Premier Tax
Free 2개의 창구가 있으니 종류에 맞게 데스크로 가서
서류를 내고 세금을 돌려받는다.

6. 비행기 탑승

항공권의 마감 시간 확인 후 게이트에서 늦지 않게 비
행기에 탑승하도록 하자.

| 싱전 상가포르 |

👆 **알아
두세요**
창이 국제공항 즐기기
공항 순위를 논할 때 항상 상위에 랭크되는 창이 국제공항은 여행자들을 위한 편의 시설도 풍부하게 준비되어
있습니다. 무료 인터넷 제공은 물론 무료로 15분 마사지를 받을 수도 있으며 터미널1의 3층 루프탑에는 야외 수영장도
있답니다. 각 터미널마다 짐을 맡아주는 곳이 있어 잠시 짐을 맡기고 시내
관광을 나가도 좋습니다. 요금은 24시간 기준 $1.07부터 시작됩니다. 경유
시간이 5시간 이상으로 여유가 있다면 Free Singapore Tour에
참여해보세요. Cultural Tour, Colonial Tour로 나뉘며 약 2시간 동안 투어를
즐길 수 있습니다. 터미널2와 터미널3에서 접수하며 투어 시각은 오전 9시,
11시, 오후 1시, 3시, 4시입니다. 선착순 마감(등록 시간: 터미널2 07:00~15:15,
터미널3 07:00~15:00)되니 서두르는 것이 좋겠지요!

싱가포르 한눈에 보기

싱가포르는 작은 도시이지만 지역별로 문화나 특성의 차이가 큰 편이다. 짧은 일정 동안 효율적으로 여행을 소화하려면 지역별 특성을 먼저 파악하고 동선을 짜도록 하자.

오차드 로드 Orchard Road p.118

싱가포르를 대표하는 쇼핑의 메카. 오차드 역에서부터 서머셋 역을 지나 도비갓 역까지 3km에 달하는 거리에 거대한 쇼핑몰과 호텔들이 줄지어 이어진다. 과거 농장 지역이었던 오차드 로드는 1970년대 들어 도시계획에 따라 개발되었으며 현재는 쇼핑몰들이 집중된 싱가포르 최대 번화가가 됐다.

리버사이드 Riverside p.230

싱가포르 강 주변으로 발달한 키 Quay들은 싱가포르에서 운치 있는 강가 이상의 역할을 한다. 과거 싱가포르 건국의 아버지라 불리는 래플스경이 이 강을 통해 상륙하면서 동서무역과 산업발전에 일조했다. 현재는 관광객들에게 사랑받는 명소다. 리버사이드는 크게 클락 키, 보트 키, 로버슨 키로 나뉘며 조금씩 분위기와 특성이 다르다.

올드 시티 Old City p.164

올드 시티 지역은 근대 싱가포르의 발상지로 유서 깊은 콜로니얼풍의 건축물과 박물관, 역사적인 관광지가 모여 있는 곳이다. MRT 시티 홀 역을 기점으로 싱가포르 강 주변까지 거리 곳곳에 과거 식민지 시대의 문화유산들과 박물관들이 남아 있어 콜로니얼 지구로 불리기도 한다.

부기스 Bugis p.272

과거 음주와 환락의 중심이었던 부기스는 정부의 대대적인 개발로 현재는 젊은 층이 즐겨 찾는 활기찬 거리로 거듭났다. 여행자들이 많이 찾는 장소로는 쇼핑몰인 부기스 정션과 부기스 스트리트를 들 수 있다.

마리나 베이 Marina Bay p.188

과거 강가에서 시작된 싱가포르의 근대화는 마리나 베이로 확장되며 화려한 변신을 했다. 멀라이언상을 시작으로 에스플러네이드, 싱가포르 플라이어, 마리나 베이 샌즈 등이 마리나 베이를 감싸 안으며 원을 그리듯이 모여 있다. 싱가포르의 현재를 가장 극명하게 보여주는 지역으로 낮보다 화려한 야경을 볼 수 있는 저녁에 진가를 발휘한다.

차이나타운 Chinatown p.250

싱가포르 인구의 70% 이상이 중국계인 만큼 차이나타운은 싱가포르에서 중요한 지역이다. 1822년 래플스경이 취임한 직후 중국인 거주 지역으로 지정되었으며 노점과 상가들이 모여 지금의 차이나타운을 형성하기 시작했다. 붉은 등과 노점, 오래된 숍 하우스, 맛있는 음식들이 거리에 가득해 생동감이 넘친다.

주롱 방면
홀랜드 빌리지
오차드 로드
리틀 인디아
카통
싱가포르 동부
부기스 &
클락 키
아랍 스트리트
차이나 타운
마리나 베이
싱가포르 남서부
싱가포르 해협
센토사 섬

아랍 스트리트 Arab Street p.278

캄퐁 글램 Kampong Glam이라고도 불리는 이 지역은 과거 말레이인과 이슬람교도들을 위한 거주지였고 현재도 이슬람의 문화가 가장 잘 녹아 있는 지역이다. 싱가포르 최고의 모스크로 꼽히는 술탄 모스크를 중심으로 여행자 거리로 통하는 부소라 스트리트가 형성되어 있으며 독특한 감성의 패션 스트리트 하지 레인도 유명하다.

리틀 인디아 Little India p.288

다민족 국가 싱가포르에 살고 있는 인도계 이민자들이 모여 형성된 타운으로 이름처럼 싱가포르가 아닌 인도에 온 듯한 착각을 불러일으킨다. 전통 복장인 사리를 입은 여인들과 힌두 사원, 인도풍 장식 등 이국적인 향기를 느낄 수 있으며 본토의 맛 부럽지 않은 인도 요리들도 맛볼 수 있다.

싱가포르 동부 Singapore East p.302

싱가포르 동부 지역은 해변을 따라 드넓게 조성된 이스트 코스트 파크와 시푸드로 유명하다. 주말이면 이스트 코스트 파크에서 피크닉을 즐기고 저녁 식사로 해산물을 즐기려는 이들이 모여든다. 또한 겔랑 Geylang 지역은 싱가포르의 원주민인 말레이인들이 모여 형성된 곳이며 카통 Katong 지역은 싱가포르의 페라나칸 문화가 잘 녹아있는 곳이다.

싱가포르 주롱 Jurong Area p.318

싱가포르의 서부 지역에 형성된 주롱 지구는 공업단지와 주거단지가 모여 있는 곳이다. 여행자들에게는 주롱 새공원으로 유명하며 싱가포르 디스커버리 센터, 싱가포르 사이언스 센터가 위치하고 있어 가족 단위 여행자들이 많이 방문하는 지역이다.

북부 지역 North Area p.321

싱가포르 북부는 말레이시아 국경과 이어지는 지역으로 울창한 열대의 자연을 만날 수 있다. 이곳에는 싱가포르 최고의 관광지로 꼽히는 싱가포르 동물원과 나이트 사파리가 있어 여행자들에게도 중요한 지역이다.

센토사 Sentosa p.328

센토사 섬은 도시적인 시티와는 180도 다른 열대의 섬으로 여행자들이 즐길 만한 액티비티와 어트랙션이 풍성하다. 즐길 거리가 많은 덕분에 가족 단위 여행자와 액티비티한 여행자들에게 필수코스로 인기를 끌고 있다.

실전 싱가포르

오차드 로드
Orchard Road

뉴욕에 피프스 애비뉴 Fifth Avenue가 있다면 싱가포르에는 오차드 로드가 있다. 싱가포르를 대표하는 최대 번화가로 3km에 달하는 거리에 거대한 쇼핑몰과 특급 호텔들이 경쟁하듯 줄줄이 이어진다. 19세기까지 농장이었던 오차드 로드는 과거에 영국인과 중국인들의 주택단지로 개발되었던 곳으로 오차드 로드 뒤로는 콜로니얼풍의 멋진 주택들이 아직까지 남아있다. 1970년대 들어 도시계획에 따라 지금과 같은, 전 세계가 주목하는 쇼핑 스트리트로 거듭났다. 오차드 역에서부터 서머셋 역을 지나 도비 갓 역까지 럭셔리 명품 쇼핑몰 파라곤, 대형 쇼핑몰 니안 시티, 오차드의 새로운 랜드 마크가 된 아이온 쇼핑몰, 영피플들이 열광하는 313@서머셋 쇼핑몰 등 싱가포르를 대표하는 거물급 쇼핑몰들이 빈틈없이 이어진다. 쇼퍼홀릭이라면 쇼핑몰 순례만으로도 하루가 모자랄지도 모른다. 쇼핑몰 안팎으로 멋진 레스토랑과 바, 스파들도 가득해 쇼핑뿐만 아니라 식도락과 엔터테인먼트를 즐기기에도 충분하다.

오차드 로드
효율적으로 둘러보기

오차드 로드는 MRT 오차드 Orchard 역에서 서머셋 Somerset 역, 더 멀리는 도비 갓 Dhoby Ghaut 역까지 직선으로 길게 뻗은 메인 도로다. 이곳에는 대형 쇼핑몰들이 밀집되어 있으므로 모두 볼 생각보다는 자신의 취향과 잘 맞는 쇼핑몰 2~3곳을 골라서 동선을 짜는 것이 좋다. 오차드 역에서 시작해 서머셋 역 방향으로 걸으면서 쇼핑몰을 둘러보거나 반대로 서머셋 역에서 나와 오차드 역 방향으로 가도 좋다. 특히 오차드 역에서는 아이온 ION, 위스마 아트리아 Wisma Atria, 탕스 Tangs 등 쇼핑몰들이 지하로 연결되어 편리하다. 오차드 로드에서 여행을 끝낸 후 버스나 택시를 이용해 보타닉 가든 Botanic Gardens으로 넘어가 공원에서 산책을 즐기고 뎀시 힐 Dempsey Hill이나 홀랜드 빌리지 Holland Village에서 여유롭게 식사를 하는 일정을 추천한다.

오차드 로드 Access

MRT 오차드 Orchard 역

오차드 로드의 가장 중요한 역으로 아이온, 파라곤 등 주요 쇼핑몰로 연결된다. 오차드 로드 대로변을 걷고 싶다면 E번 출구로 나와서 아이온에서부터 서머셋 역 방향으로 내려가면 된다.

A번 출구 파 이스트 플라자, 그랜드 하얏트 호텔, 메리어트 호텔, 스코츠 스퀘어

C번, D번 출구 위스마 아트리아, 다카시마야 쇼핑 센터

E번 출구 아이온 쇼핑몰, 월록 플레이스, 힐튼 호텔

MRT 서머셋 Somerset 역

오차드 역에서부터 서머셋 역까지 길게 이어진다. 서머셋 역에서 나와 오차드 역 방향으로 올라가면서 쇼핑몰을 둘러봐도 좋다.

B번 출구 313@Somerset, 오차드 센트럴, 콩코드 호텔, 센터 포인트, 페라나칸 플레이스

6,7

나심 로드 Nassim Road

탕글린 로드 Tanglin Road

오차

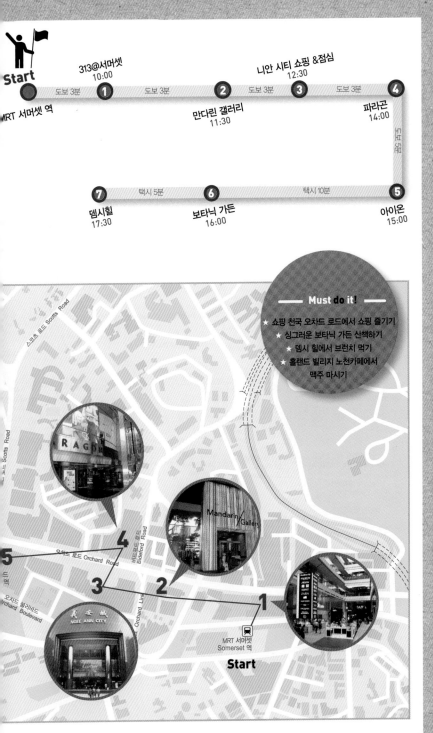

Start

313@서머셋
10:00

MRT 서머셋 역

도보 3분 **1** 도보 3분

만다린 갤러리
11:30

2 도보 3분

니안 시티 쇼핑 &점심
12:30

3 도보 3분

파라곤
14:00

4

도보 6분

7 택시 5분 **6** 택시 10분 **5**

뎀시힐
17:30

보타닉 가든
16:00

아이온
15:00

── Must do it! ──

★ 쇼핑 천국 오차드 로드에서 쇼핑 즐기기
★ 싱그러운 보타닉 가든 산책하기
★ 뎀시 힐에서 브런치 먹기
★ 홀랜드 빌리지 노천카페에서
　맥주 마시기

스코츠 로드 Scotts Road

Scotts Road

RAGD

Mandarin Gallery

오차드 로드 Orchard Road

버포드 로드
Bideford Road

5

오차드 불러바드
Orchard Boulevard

오차드 링크 Orchard Link

4

3

2

1

NGEE ANN CITY

MRT 서머셋
Somerset 역

Start

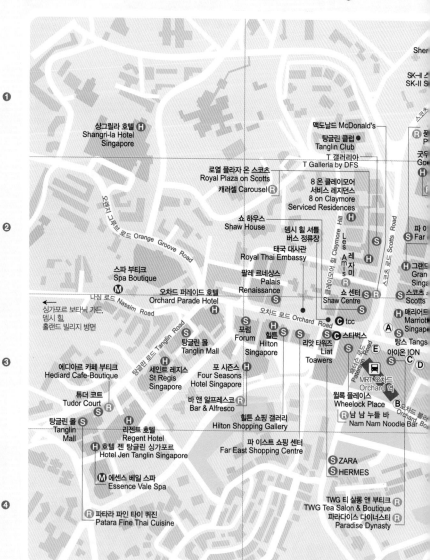

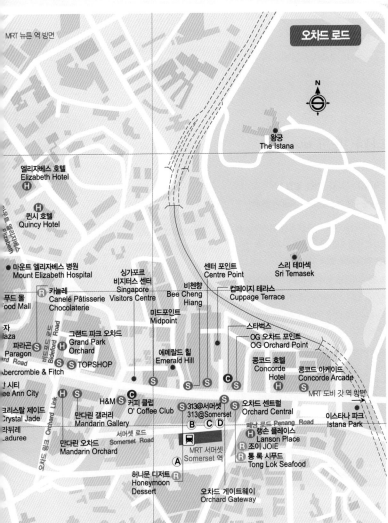

오차드 로드

MRT 뉴튼 역 방면

N

왕궁
The Istana

엘리자베스 호텔
Elizabeth Hotel Ⓗ

퀸시 호텔 Ⓗ
Quincy Hotel

마운트 엘리자베스 병원
Mount Elizabeth Hospital

싱가포르
비지터스 센터
Singapore
Visitors Centre

센터 포인트
Centre Point

스리 테마섹
Sri Temasek

카늘레
Canelé Pâtisserie
Chocolaterie

푸드 몰 Ⓡ
Food Mall

비첸향
Bee Cheng
Hiang

컵페이지 테라스
Cuppage Terrace

자
laza

미드포인트
Midpoint

그랜드 파크 오차드
Grand Park
Orchard Ⓢ

스타벅스
OG 오차드 포인트
OG Orchard Point

파라곤 Ⓢ
Paragon

Ⓢ TOPSHOP

에메랄드 힐
Emerald Hill

콩코드 호텔
Concorde
Hotel

콩코드 아케이드
Concorde Arcade

rd Road
bercrombie & Fitch

Ⓢ Ⓢ Ⓢ ⓒⓈ

MRT 도비 갓 역 방면

시티
ee Ann City Ⓗ Ⓢ

H&M Ⓢ ⓒ 커피 클럽
O' Coffee Club

313@서머셋
313@Somerset

오차드 센트럴
Orchard Central

이스타나 파크
Istana Park

크리스탈 제이드
Crystal Jade

만다린 갤러리
Mandarin Gallery

Ⓑ ⓒⓓ

페낭 로드 Penang Road

라뒤레
Laduree

만다린 오차드
Mandarin Orchard

서머셋 로드
Somerset Road

MRT 서머셋
Somerset 역

Ⓐ

랭손 플레이스
Lanson Place Ⓗ

조이 JOIE Ⓡ

통 록 시푸드
Tong Lok Seafood Ⓡ

허니문 디저트 Ⓡ
Honeymoon
Dessert

오차드 게이트웨이
Orchard Gateway

Best
Attractions
오차드 로드의
볼거리

오차드 로드는 역사적인 관광지나 즐길 거리가 별로 없지만 보타닉 가든 같은 아름다운 공원이 있어 여유로움을 즐길 수 있다. 쇼핑 전후로 공원에 들러 산책을 하며 싱그러운 녹음 속에서 잠깐 휴식을 취해보자.

이스타나 파크 Istana Park

운영 매일 07:00~19:00 **가는 방법** MRT Dhoby Ghaut 역 B번 출구에서 도보 1분 **Map.P123-D3**

MRT 도비 갓 역 바로 옆으로 이어지는 이스타나 파크는 오차드 로드를 따라 쇼핑몰을 구경한 후 잠시 들러 휴식을 취하기에 좋은 공원이다. '이스타나'는 말레이어로 왕궁이라는 뜻이며 바로 건너편에 대통령 관저 부지가 있다. 저녁에는 조명이 켜지면서 더 근사한 모습으로 변신한다. 매월 첫째 일요일에는 공연이 열리기도 한다.

이스타나 파크

분수대

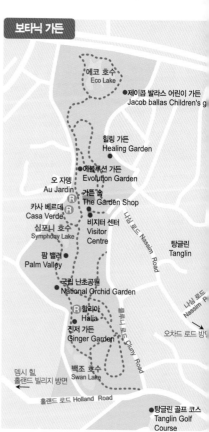

보타닉 가든

에코 호수
Eco Lake

제이콥 발라스 어린이 가든
Jacob ballas Children's g

힐링 가든
Healing Garden

에볼루션 가든
Evolution Garden

오 자뎅
Au Jardin

가든 숍
The Garden Shop

카사 베르데
Casa Verde

비지터 센터
Visitor Centre

나심 로드 Nassim Road

탱글린
Tanglin

심포니 호수
Symphony Lake

팜 밸리
Palm Valley

국립 난초공원
National Orchid Garden

나심 로드 Nassim R

할리아
Halia

진저 가든
Ginger Garden

클뤼니 로드 Cluny Road

오차드 로드 방면

뎀시 힐
홀랜드 빌리지 방면

백조 호수
Swan Lake

홀랜드 로드 Holland Road

탱글린 골프 코스
Tanglin Golf Course

싱가포르 보타닉 가든 Singapore Botanic Gardens

주소 1 Cluny Road, Singapore **홈페이지** www.sbg.org.sg
운영 매일 05:00~24:00(국립 난초공원 08:30~19:00) **입장료** 무료(국립 난
초 공원 일반 S$5, 어린이 무료) **가는 방법** ①오차드 불러바드 Orchard
Boulevard에서 버스 77·106·123·174번 이용(택시로 약 5분) ②MRT Botanic
Gardens 역에서 도보 2분 `Map.P122-A3, Map.P124`

싱가포르의 가장 큰 매력 중 하나는 복잡한 빌딩
숲을 등지고 5분 남짓만 걸으면 근사한 공원
을 만날 수 있다는 점이다. 보타닉 가든은
싱가포르를 대표하는 도심 속 공원으로
여행자들은 물론 싱가포르 시민들에게
도 휴식처로 사랑받고 있다. 독도 면적
의 약 3배인 57만㎡의 부지에 수목이 울
창하다. 공원에는 싱그러운 자연 속에서

할리아

피크닉을 즐기는 가족들, 벤치에 앉아 데이트
를 즐기는 연인들, 그리고 강아지와 산책을 즐기는
사람들이 여유로운 풍경을 자아낸다. 공원 안에는 세계에서 가장 큰
규모의 국립 난초공원이 있는데 2000종이 넘는 난을 보유하고 있다.

보타닉 가든에서는 특별한 볼거리를 찾기보다는
녹음 속에서 산책하고 쉬면서 그들의 여유를
함께 누려보자.

할리아 Halia, 카사 베르데 Casa Verde와 같
은 공원 내 인기 레스토랑에서 브런치를 즐
기며 한 박자 느리게 시간을 보내보자.

아름다운 산책로

평화로운 풍경

travel plus →

보타닉 가든에서 여유롭게 즐기는 브런치

오전 중에 싱그러운 보타닉 가든을 여유롭게 산책한 후 숲
속에서 근사한 식사로 재충전을 하는 것은 어떨까요? 보
타닉 가든 안에는 일부러 찾아갈 가치가 있는 근사한 레
스토랑들이 숨어 있습니다. 먼저 **할리아**는 진저 가든 안
에 있는 레스토랑으로 주말의 브런치와 런치 코스, 오후
의 애프터눈 티로 인기가 높으며 건강한 재료로 만든 요리
로 오감을 만족시킵니다. **카사 베르데**는 방문자 센터 옆에 있
는 이탈리안 레스토랑이며 싱그러운 정원에서 맛있는 피자와
파스타를 맛볼 수 있는 곳입니다. 싱가포르에서도 톱 레스토랑
으로 손꼽히는 **코너 하우스**에서는 한층 더 고급스러운 분위기
에서 런치와 디너 코스를 즐길 수 있습니다.

할리아

카사 베르데

코너 하우스

오차드 로드

Best
Shopping
오차드 로드의 쇼핑

오차드 로드는 싱가포르 최대 번화가로 쇼핑의 메카다. 오차드 로드에서부터 서머셋까지 길게 이어진 거리 위에 대형 쇼핑몰들이 경쟁하듯 이어진다. 워낙 쇼핑몰이 많아서 다 둘러보기에는 벅차니 자신의 쇼핑 스타일과 취향에 맞는 쇼핑몰 2~3곳을 선택해 집중적으로 돌아보는 것이 현명하다.

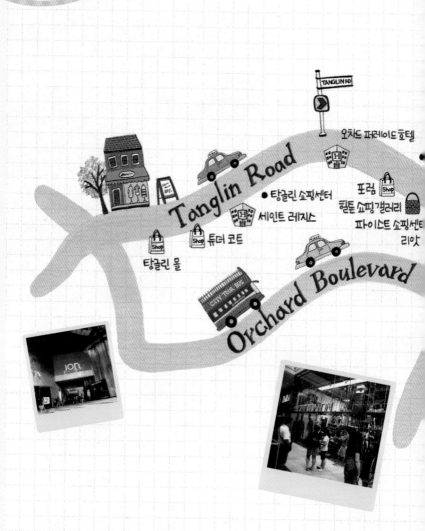

TANGLIN RD

오차드 퍼레이드 호텔

Tanglin Road

탱글린 쇼핑센터

세인트 레지스

포럼
힐튼 쇼핑갤러리
파이스트 쇼핑센터
리앗

튜더 코트

탱글린 몰

CITY TOUR BUS

Orchard Boulevard

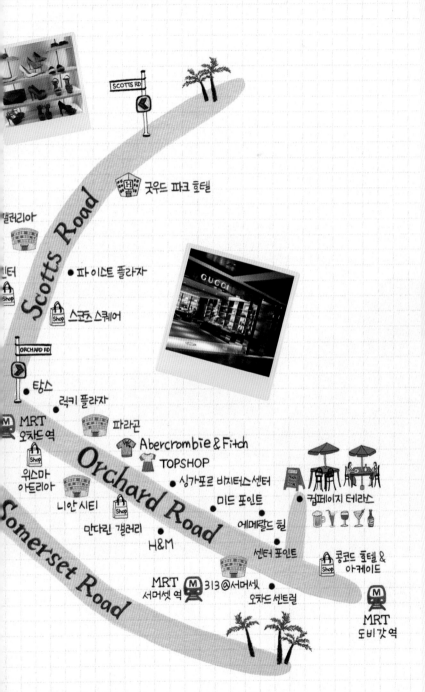

SCOTTS RD

굿우드 파크 호텔

갤러리아

●파이스트 플라자

Scotts Road

스코츠 스퀘어

GUCCI

ORCHARD RD

●탕스

럭키 플라자

MRT
오차드 역

파라곤

Orchard Road

Abercrombie & Fitch

TOPSHOP

위스마
아트리아

●싱가포르 비지터스 센터

미드 포인트

니안 시티

에머랄드 힐

Somerset Road

만다린 갤러리

H&M

센터 포인트

럼페이지 테라스

콩코드 호텔 &
아케이드

MRT
서머셋 역

313@서머셋

오차드 센트럴

MRT
도비갓 역

아이온 ION 추천

주소 ION Orchard, 2 Orchard Turn, Singapore **전화** 6238-8228 **홈페이지** www.ionorchard.com **영업** 매일 10:00~22:00
가는 방법 MRT Orchard 역에서 지하로 연결된다. **Map.P122-B3**

쟁쟁한 쇼핑몰들의 격전지인 오차드 로드에 2008년 등장하면서 바로 이곳을 대표하는 랜드마크가 된 쇼핑몰이다. 독특한 디자인의 외관이 시선을 압도한다. 지하 4층부터 지상 4층까지 400여 개가 넘는 숍과 레스토랑이 입점해 있으며 브랜드도 중저가부터 럭셔리 명품까지 폭넓게 갖추고 있다. 또한 지하 4층에 있는 푸드 코트를 시작으로 각종 체인 레스토랑과 카페들이 곳곳에 포진해 있으며 55층에는 스카이 바까지 있어 식도락을 논스톱으로 해결할 수 있다. 지하층에는 주로 중저가 브랜드와 레스토랑이 있고 지상층에는 고급 명품 브랜드와 수입 브랜드들이 많다. 워낙 규모가 방대해서 헤맬 수 있으니 쇼핑몰 지도를 챙겨 둘러보고 싶은 브랜드를 체크한 뒤 효율적으로 움직이자.

층수	대표 인기 브랜드 *레스토랑 & 카페
지하 4층	MUJI, DAISO *Food Opera(푸드 코트), Ginza Bairin, Lim Chee Guan, Mei Heong Yuen
지하 3층	Fred Perry, TOPMAN, Charles & Keith, Pedro, Nixon *Starbucks Coffee, Burger King, WATAMI Japanese Dining
지하 2층	MANGO, Pull & Bear, TOPSHOP, UNIQLO, ZARA, ALDO, Steve Madden *tcc
지하 1층	bebe, Calvin Klein, G-Star, Warehouse, True Religion, Swarovski, THANN *Swensen's
1층	Bottega Veneta, DSquared2, Louis Vuitton, Valentino, Prada, Miu Miu
2층	Burberry, Christian Dior, Marc Jacobs, Dolce&Gabbana *TWG Tea Salon & Boutique
3층	alldressedup, Kate Spade *The Marmalade Pantry
4층	Prints, The Planet Traveller, ALESSI *Paradise Dynasty, Imperial Treasure

아이온

 아이온 스카이 ION SKY에서 드라마틱한 시티 뷰 감상하기

아이온에서는 쇼핑과 다이닝은 물론이고 218m 상공에서 스펙터클한 전망을 감상할 수 있습니다. 낮 2시부터 하루 7번의 뷰 타임이 있는데요. 아이온 쇼핑몰에서 1인당 S\$20 이상 쇼핑한 영수증이 있으면 무료 이용이 가능하며, 4층 매표소에 쇼핑 영수증을 제시하면 티켓을 받을 수 있습니다. 엘리베이터를 타고 55층까지 올라가면 파노라마로 펼쳐지는 시내 전망을 관람할 수 있으니 놓치지 마세요!

홈페이지 www.ionorchard.com

Shop & Dine

알도 ALDO 🎁 지하 2층 2호

전화 6509-1198 **영업** 매일 11:00~22:00

셀러브리티들이 사랑하는 캐나다 슈즈 브랜드. 구두를 좋아하는 슈어홀릭이라면 반드시 들러야 할 성지다. 아찔한 높이의 하이힐들이 주를 이루는데, 두툼한 앞굽 덕분에 비교적 안정감이 있는 신발들이 많다. 심플하게 잘 빠진 디자인에 과감한 컬러와 패턴을 입혀 포인트를 준 킬힐들이 매혹적이다. 그 밖에 플랫과 액세서리도 함께 판매한다. 가격은 S$150 안팎이다.

아찔한 킬 힐

탄 THANN 🧴 지하 1층 10호

전화 6509-8138 **영업** 매일 10:30~21:30

탄은 세계적으로 인정받고 있는 스파 및 보디, 스킨케어 코스메틱 브랜드이며, 고급 호텔의 상위 등급 객실에서 발견할 수 있다. 천연 재료와 아로마 테라피를 복합해 만든 제품들이 주를 이루는데, 산뜻한 허브향에다 효과가 좋아 한 번 써 본 이들이라면 다시 찾게 되는 아이템들이다. 보디로션, 보디 워시, 샴푸 (S$25~ 40) 등은 가격대가 무난해 구입할 만하다.

탄 아이템

풀 앤 베어 Pull & Bear 🎁 지하 2층 8호

전화 6238-7683 **영업** 매일 10:30~21:30

감각적인 캐주얼 의류를 선보이는 이곳은 남녀 의류를 함께 판매하는 숍이다. 여성 의류도 예쁘지만 남성 의류가 특히 인기가 있다. 핏이 예쁜 티셔츠·셔츠·청바지 등 캐주얼하면서도 댄디한 스타일로 남성들 사이에서 인기 만점이다. 티셔츠가 S$25~40, 셔츠가 S$60~80 수준으로 가격도 괜찮으니 쇼핑을 원하는 남성 여행자나 혹은 남자친구 선물을 구입하려는 여성은 들러보자.

댄디한 남성 의류

푸드 오페라 Food Opera 🍜 지하 4층

전화 6509-9118 **영업** 매일 10:00~22:00 **예산** 1인당 S$7~10

지하 4층에 위치한 푸드 코트로 아이온의 명성만큼이나 이곳의 인기도 뜨겁다.

대박 육포집, 림치관

Indonesian BBQ

로컬 푸드와 해산물·인도네시아식·일식 등 풍성한 먹거리가 가득하다. 추천 맛집은 Indonesian BBQ로 그릴에 구운 큼직한 닭다리와 생선살에 진한 바비큐 소스가 어우러져 맛이 일품이다. 푸드 오페라 앞으로는 백화점 식품관처럼 작은 규모의 카페·레스토랑이 옹기종기 모여 있다. 한국의 길거리 음식인 꼬치·떡볶이·김치볶음밥을 파는 동대문, 야키 도리가 맛있는 Tori Q, 중국식 빙수로 차이나타운에서 인기가 높은 Mei Heong Yuen Dessert, 인기 절정의 육포집 Lim Chee Guan, 일본 긴자의 명물 돈가스 Ginza Bairin 등 내공 있는 맛집들이 모여 있으니 취향대로 즐겨보자.

4 핑거스 크리스피 치킨 4 Fingers Crispy Chicken 🍗 지하 4층 6A호

영업 10:00~22:00

바삭하고 짭조름한 한국 스타일 치킨으로 싱가포르 사람들을 매혹시킨 마성의 치킨. 짭조름한 간장 치킨, 간장 마늘 치킨 등 한국식 치킨은 간식으로도 좋고 포장을 해가서 숙소에서 치맥을 즐기기에도 좋다. 치킨 버거와 샐러드, 라이스 박스 등 꽤 다양한 메뉴를 갖추고 있다.

니안 시티/다카시마야 Ngee Ann City/Takashimaya

주소 391 Orchard Road, Singapore **전화** 6738-1111 **홈페이지** www.ngeeanncity.com.sg
영업 매일 10:00~21:30(매장에 따라 다름) **가는 방법** MRT Orchard 역 C번 출구에서 도보 3분 | Map.P123-C3

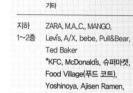

오차드 로드에 아이온이 오픈하기 전까지는 이곳을 대표하는 독보적인 쇼핑몰이었으며 지금도 여전히 최고의 쇼핑몰로 손꼽히고 있다. 지하 3층, 지상 7층 규모로 1993년 오픈 당시에는 동남아시아에서 가장 큰 규모로 화제가 되기도 했다. 럭셔리한 명품 브랜드부터 중저가 브랜드까지 폭넓게 갖추고 있으며 매장이 크고 아이템이 다양하게 입점되어 있어 쇼핑하기에 최적의 환경을 갖추고 있다. 레스토랑과 서점 등도 두루 입점해 있어 여러 곳을 다닐 필요 없이 이곳에서 논스톱으로 쇼핑과 다이닝을 즐길 수 있어 편리하다. 다카시마야 백화점이 입점해있으며 싱가포르 최대 규모의 서점 기노쿠니야 Kinokuniya도 있다. 2층에는 GST 환급을 받을 수 있는 고객센터가 있으며 4~5층에는 다양한 요리를 맛볼 수 있는 전문 레스토랑들이 포진해 있다.

층	대표 인기 브랜드 *레스토랑·카페 & 기타
지하 1~2층	ZARA, M.A.C., MANGO, Levi's, A/X, bebe, Pull&Bear, Ted Baker *KFC, McDonald's, 슈퍼마켓, Food Village(푸드 코트), Yoshinoya, Ajisen Ramen, Cedele, 환전소
1~2층	Louis Vuitton, CHANEL, Dior, GUCCI, FENDI, Chloe, Cartier, Jimmy Choo, Celine *Sushi Tei, 카페, TWG Tea Salon
3~4층	다카시마야(아동복, 속), Juicy Couture * 전문 식당가(4층), Paul(카페), Books Kinokuniya(서점), Art Friend (디자인, 화방)

쇼핑몰 내부

니안 시티

명품 매장

Shop Dine
니안 시티의 추천 매장

기노쿠니야 서점 Books Kinokuniya 🎁 3층

3층에 위치한 기노쿠니야는 싱가포르 최대 규모의 서점이다. 웬만한 책은 모두 갖추고 있을 만큼 규모가 방대하다. 수입 서적도 다양해서 국내에서 구매가 어려웠던 책들도 발견할 수 있다.

기노쿠니야 서점

커피 클럽 Coffee Club 🍽 3층 9호

싱가포르 인기 카페 체인점으로 기노쿠니야 서점 내에 위치해 책을 읽으며 쉬어가기에 좋다. 다양한 커피는 물론 디저트와 식사까지 아우르는 멀티 카페. 일반 카페에 비해 식사 메뉴가 다채로운데 샐러드·샌드위치·파스타는 물론 메인 요리들도 충실하니 쇼핑 전후로 본격적인 식사를 하기에도 괜찮다.

커피 클럽의 샌드위치

파라곤 **Paragon**

주소 290 Orchard Road, Singapore **전화** 6738-5535 **홈페이지** www.paragon.sg **영업** 매일 10:00~21:00(매장에 따라 다름)
가는 방법 MRT Orchard 역 A번 출구에서 도보 3분, 니안 시티 쇼핑몰 건너편에 있다. `Map.P123-C3`

니안 시티와 함께 오차드 로드에 있는 쇼핑몰 중 양대 산맥으로 꼽히는
곳이다. 쇼핑몰 정면 입구에서부터 Miu Miu, TOD's, Prada가 화려하게
장식하고 있으며 건물 내부는 럭셔리한 명품 브랜드를 중심으로 캐주얼
한 브랜드까지 아우르고 있다. 층별로 브랜드 레벨이 나뉘어 있는데 1층
에는 고급 명품 브랜드가 집중적으로 포진해 있으며, 2층에는 준명품, 3
층에는 캐주얼 브랜드가 입점해 있다. 쇼핑몰 구조가 복잡하지 않아서 쇼
핑을 즐기기에 편하다. 쇼핑몰 안에는 딘타이펑 Din Tai Fung, 크리스탈
제이드 Crystal Jade, 임페리얼 트레저 Imperial Treasure 같은 유명 레스
토랑도 있고 특히 지하 1층에는 현지에서 인기 있는 다이닝 브랜드와 체
인들이 알차게 모여 있으니 쇼핑을 마치고 반드시 들러보자.

층	대표 인기 브랜드 * 레스토랑 & 기타
지하 1층	* Din Tai Fung, Shimbashi Soba, Honeymoon Dessert, Starbucks, Ya Kun Kaya Toast, Toast Box, Da Paolo Gastronomia
1층	GUCCI, Prada, Marni, Miu Miu, Moschino, Burberry, Hermés, Etro, Givenchy, Salvatore Ferragamo, TOD's
2층	alldressedup, A/X, Armani Exchange, Banana Republic, BCBGMAXAZRIA, Calvin Klein, Diesel, DKNY, G-Star
3층	ESPRIT, promod, Marks & Spencer
4층	MUJI
5층	Armani Junior, GUESS Kids
6층	ToysRus

Leely Say

미식가를 위한 파라다이스 파라곤 지하 1층

파라곤 지하에는 인기 카페와 체인점들이 많이 들
어서 있어서 굳이 다른 곳에 갈 필요가 없습니다.
파라곤만 한 바퀴 돌아도 맛있는 음식들을 얼마든
지 즐길 수 있답니다. 신선한 식재료와 과일 등을
파는 슈퍼마켓, 딤섬 종결자 딘타이펑, 달콤한 홍콩
식 디저트 카페 허니문 디저트, 인기절정 육포집 비

허니문 디저트
딘타이펑
파라곤 마켓 플레이스

첸향, 싱가포르 로컬 카야 토스트를 맛볼 수 있는 야쿤 카야 토스트, 건강보조식품으로 유명한 유안상 등 종합선물세
트가 따로 없지요. 쇼핑 전후로 출출하다면 이곳에서 식도락에 빠져보세요.

만다린 갤러리 **Mandarin Gallery**

주소 333 Orchard Road, Singapore **전화** 6831-6363 **홈페이지** www.mandaringallery.com.sg **영업** 매일 11:00~21:30
가는 방법 MRT Somerset 역과 Orchard 역 사이에 있다. 니안 시티에서 MRT Somerset 역 방향으로 도보 2분 **Map.P123-C3**

어느 쇼핑몰에나 있는 비슷비슷한 명품 브랜드들에 식상한 쇼퍼홀릭이라면 만다린 갤러리를 주목하자. 신진 디자이너의 브랜드, 명품 브랜드의 세컨드 브랜드 등 유니크한 브랜드들이 모여 있는 쇼핑 아케이드다. 흔히 볼 수 없는 브랜드가 많고 남다른 센스와 브랜드 셀렉트 능력을 갖춰 발 빠른 트렌드세터들에게는 쇼핑 성지로 통한다.
총 4층으로 되어 있는데, 1층에는 로베르토 카발리의 세컨드 라인인 Just Cavalli가 있고, 일본의 유명 디자이너 요지 야마모토와 아디다스가 함께 론칭한 브랜드 Y-3, Marc by Marc Jacobs, Bread&Butter, Montblanc D&G 등이 있다. 2층에는 일본 스트리트 패션 브랜드 A BATHING APE를 비롯한 유니크한 브랜드와 셀렉트 숍이 있으며 3층에 4층에는 소품 숍과 뷰티, 헤어 숍, 레스토랑이 입점해 있다. 브랜드와 마찬가지로 레스토랑과 카페도 대중적인 체인보다는 마니아층이 두터운 맛집들이 주를 이룬다.

Shop
Dine — 만다린 갤러리의 추천 매장

와이 스리 Y-3 🎁 1층 5호

전화 6838-0292 **영업** 매일 10:30~22:00

일본의 3대 디자이너 중 한 명인 요지 야마모토와 아디다스가 함께 론칭한 브랜드. 스포츠 브랜드와 전위적인 디자이너의 만남으로 화제를 모았다. 동양적인 디자인 감각과 실용성 있는 스포츠 웨어가 만나 독특한 스타일을 창조했으며 한번 만든 제품은 다시 생산하지 않기 때문에 희소가치가 있어 마니아층을 형성하고 있다.

와이 스리

아토미 Atomi 🎁 4층 27호

전화 6887-4138 **영업** 매일 11:00~21:30

일본의 디자인 소품 숍으로 미니멀하면서도 감각적인 디자인이 돋보이는 아이템들을 선보인다. 그릇, 가방, 인테리어 소품 등을 판매하는데 가격대는 다소 높은 편이지만 디자인과 퀄리티가 뛰어나 소장 욕구를 불러일으킨다.

아토미

이푸도 Ippudo 🍜 4층 2호

전화 6235-2797 **영업** 매일 11:00~21:30
예산 1인당 S$15~20

싱가포르 최고의 일본식 라멘집으로 통하는 곳. 제법 큰 규모에도 불구하고 식사 시간이면 몰려드는 손님들로 웨이팅은 필수. 정통 일본식 라멘을 선보이며 추천 메뉴는 미소 돈코쓰 라멘. 일본식 된장인 미소를 베이스로 한 진한 육수와 면발의 조화가 가히 일품이다.

이푸도

존스 더 그로서 Jones the Grocer 🎁🍜 4층 21호

전화 6836-6372 **영업** 매일 11:00~21:30
예산 1인당 S$7~10

뎀시 힐에 있는 유명한 델리 숍 겸 카페인 존스 더 그로서를 오차드 로드에서도 만날 수 있다. 예쁘게 포장된 식료품들과 디저트 등을 판매하며 간단한 식사나 커피를 즐길 수 있는 공간이다.

존스 더 그로서

오차드 로드

Leely Say 🏷 국내 미입점 브랜드 공략하기 Abercrombie&Fitch+TOPSHOP

오차드 로드에는 또다른 쇼핑의 즐거움을 찾을 수 있는 곳이 있습니다. 바로 아베크롬비 앤 피치 Abercrombie & Fitch 매장입니다. 2011년 싱가포르 오차드 로드에 처음으로 플래그십 스토어를 열었습니다. 파라곤 쇼핑몰 옆 그랜드 파크 오차드 Grand Park Orchard의 1층에 있어 찾기 쉽습니다. 매장 안으로 들어가면 블랙 컬러에 어두운 조명, 클럽을 연상시키는 음악과 강렬한 향기, 그리고 훈남 훈녀 스태프가 눈길을 사로잡습니다. 아베크롬비 앤 피치는 독특한 섹시 마케팅으로도 유명한데 식스 팩의 몸짱 스태프는 웃통을 벗고 음악에 맞춰 춤을 추기도 합니다. 캐주얼하면서도 '핫'한 분위기가 색다른 쇼핑의 즐거움을 주지요. 바로 옆에 이어지는 탑샵 TOPSHOP은 영국 스트리트 패션을 주도하는 브랜드로 케이트 모스 같은 패셔니스타들이 사랑하는 브랜드이기도 합니다. 오차드 로드에 있는 탑샵 매장 중에서도 큰 규모에 속하고 층이 나뉘어 있어 더 여유롭게 쇼핑을 즐길 수 있답니다. 두 브랜드 모두 우리나라에 정식 매장이 없으니 기회를 놓치지 마세요~!

T 갤러리아 **T Galleria by DFS**

주소 25 Scotts Road, Singapore **전화** 6229−8121 **홈페이지** www.dfsgalleria.com **영업** 매일 11:00~22:00

가는 방법 MRT Orchard 역 A번 출구에서 도보 3~5분, 쇼 하우스를 지나 로열 플라자 온 스코츠 호텔 옆에 있다. | Map.P122-B2 |

DFS 갤러리아 스코츠워크는 오차드 로드 한복판에 위치한 면세점으로 하와이 · 괌 · 발리 · 홍콩 등에도 체인을 두고 있다. 총 4층이며 최근 리노베이션을 거쳐 한층 더 고급스러워졌다. 대표적인 브랜드가 빠지지 않고 모여 있어 논스톱으로 명품 쇼핑을 즐기기에는 최상이다. 싱가포르는 면세국이라서 면세점과 다른 쇼핑몰의 가격 차이는 거의 없는 편이지만 한곳에서 브랜드를 다양하게 비교하고 여유롭게 둘러볼 수 있어 편리하다. 또 한국인 직원이 상주하고 있고 고객들을 위한 DFS 갤러리아 스코츠워크만의 차별화된 서비스가 있어 만족도 높은 쇼핑을 할 수 있다.

층	대표 인기 브랜드 *기타
1층	M.A.C, LA MER, LANC□ME, L'OCCITANE, JURLIQUE, Benefit Cosmetics, BOBBI BROWN, ORIGINS
2층	Bvlgari, GUCCI, PIAGET, Tiffany & Co., Burberry, OMEGA *와인, 담배
3층	FENDI, PRADA, Louis Vuitton, Salvatore Ferragamo, Cartier
4층	BALLY, Burberry, Chlo□, BOTTEGA VENETA, Marc by Marc Jacobs, COACH *선글라스

여행자를 위한 T 갤러리아만의 서비스

:: T 갤러리아까지 택시를 타고 왔다면 택시 영수증을 챙기세요. 영수증을 4층 고객센터에 내면 S$10 상품권을 받을 수 있습니다.

:: 소비자 부가세 환불(GST)은 S$100 이상 구입 시 가능하며 1층의 GST 카운터 혹은 구입한 매장(루이뷔통, 펜디 등)에서 받을 수 있습니다. 간단한 양식을 작성하면 창이 국제공항에서 환급받을 수 있으니 잊지 말고 챙겨두세요.

GST 환급

313@서머셋 313@Somerset 추천

주소 313 Orchard Road, Singapore **전화** 6496-9313 **홈페이지** www.313somerset.com.sg
영업 매일 10:00~22:00 **가는 방법** MRT Somerset 역에서 바로 연결된다. **Map.P123-D3**

MRT 서머셋 역과 바로 연결되는 최상의 접근성을 자랑하는 쇼핑몰로 영캐주얼 의류 브랜드가 주를 이룬다. 브랜드 종류가 많은 편은 아니지만 몇몇 인기 브랜드의 매장이 무척 크니 좋아하는 브랜드가 있다면 가볼 만하다. 트렌디한 SPA브랜드 Forever 21이 1층부터 4층까지를 통째로 사용하고 있다. 층별로 다채로운 스타일을 갖추고 있어 선택의 폭이 크다. 그 외에도 ZARA, UNICLO, Cotton On 등이 입점해있다. 국내와 비교해 가격은 비슷하거나 조금 더 저렴한 편인데, 아이템이 더 다양하고 특히 가을·겨울 의류 같은 경우 세일 시 더 좋은 가격에 구입할 수도 있다.

지하에는 소규모 보세 숍들과 카페, 레스토랑 등이 있다. 1층에는 피자가 맛있는 트라토리아, 카야 토스트 맛집인 야쿤 카야 토스트가 있으며 1층의 뒤로 나가면 야외의 찰리 브라운 카페, 맥주가 맛있는 독일식 펍 브로자이트 Brotzeit가 연결된다. 지하 2층에는 딘타이펑, 4층에는 인기 푸드 코트인 푸드 리퍼블릭이 입점해있어 저렴하게 식사를 해결할 수 있다.

Shop & Dine

 313@서머셋의 추천 매장

포에버 21 Forever 21 🎁 1~4층

전화 6834-4423 **영업** 매일 11:00~22:00

20대 초중반의 젊은 층에게 폭발적인 사랑을 받고 있는 포에버 21이 입점해 있다. 4개 층으로 이루어져 있는데 층별로 의류와 소품이 잘 나누어 있다. 캐주얼한 의류부터 트로피컬 원피스, 클러빙에 어울릴 핫한 아이템까지 두루 갖추고 있으며 가격도 저렴하다.

포에버 21

자라 ZARA 🎁 1층

전화 6834-4815 **영업** 매일 10:00~23:00

전 세계적으로 인기를 끌고 있는 스페인 브랜드로 트렌드에 맞는 스타일을 합리적인 가격으로 살 수 있어 마니아층이 두껍다. 캐주얼에서 포멀한 라인까지 모두 갖추고 있고 다른 SPA브랜드에 비해 더 세련되고 퀄리티도 좋은 편이다. 여성과 남성 의류 라인이 모두 있으며 신상품이 빠르게 입고되고 주기적으로 세일을 해서 알뜰쇼핑을 즐길 수 있다.

오차드 로드

빅토리아 시크릿 Victoria's Secret 🎁 1층

전화 6723-7997 **영업** 매일 11:00~22:00

한국에도 팬층이 두터운 빅토리아 시크릿을 313@서머셋에서 만날 수 있다. 보디 용품과 화장품, 향수, 여행 가방 등 다양한 아이템을 한자리에서 구입할 수 있다. 보디 로션과 향수 등이 담긴 패키지 세트는 선물용으로 제격이다.

빅토리아 시크릿

오차드 센트럴 Orchard Central

주소 181 Orchard Road, Singapore **전화** 6238-1051 **홈페이지** www.orchardcentral.com.sg **영업** 매일 10:00~22:00
가는 방법 MRT Somerset 역에서 도보 2~3분, 313@서머셋 쇼핑몰 옆에 있다. Map.P123-D3

오차드 센트럴

오차드 로드에서 가장 높은 빌딩으로 유명한 오차드 센트럴은
이제 막 뜨고 있는 신생 쇼핑몰이다. 신개념 건축과 모던한 디
자인, 신선하고 빠른 트렌드를 반영한 숍들이 눈에 띈다. '아트
몰'이라는 컨셉트에 맞게 실내 정원과 옥상 전망대가 있고 세계
에서 가장 높은 실내 비아 페라타 암벽도 있어 오차드 센트럴
을 더욱 돋보이게 만든다. 아름다운 컬러를 경험할 수 있는 웹
라이트 Web Light, 4층에 자리한 조형물 톨 걸 Tall Girl, 11층 옥
상에 설치된 다양한 예술 작품과 가든, 900만 달러 이상의 가
치가 있는 것으로 평가받고 있는 아티스트 작품 컬렉션도 오차
드 센트럴만의 자랑거리다.

고층에 자리한 레스토랑들을 연결해주는 에스컬레이터는 아찔
한 스릴을 느낄 수 있다. 대중적인 브랜드보다는 멀티숍과 싱가
포르 신진 디자이너 숍이 많아 특별한 아이템을 찾는 쇼퍼홀릭
들에게 추천하고 싶은 곳이다. 캐주얼하고 스포티한 Nautica,
Quick Silver, VANS, Dr.Martin 등의 스트리트 패션 브랜드들
은 유행에 민감한 남성들에게도 호응이 좋다. 쇼핑보다도 오히
려 레스토랑이 더 풍성하게 구성돼 있는데, 특히 7층부터 11층
까지는 굵직한 레스토랑들이 포진해 있다. 해산물 요리로 유명
한 퉁 록 시푸드 등 쟁쟁한 레스토랑들이 식도락을 책임지고
있다.

Shop
Dine 오차드 센트럴의 추천 매장

에디터스 마켓 The Editor's Market 🎁 4층 8호

전화 66884-6648 **영업** 매일 11:00~22:00

20~30대 여성 의류, 잡화를 판매하는 컨셉트 스토어. 심
플하면서도 유니크한 디자인이 돋보이는 원피스, 블라우
스, 티셔츠 등 종류가 다양하며 가격도 S$35~50 안팎으로
비싸지 않은 편. 재미있는
것은 아이템을 하나가 아니
라 3개, 6개 사면 가격이
S$10 정도씩 저렴해져 여러
벌을 살수록 이득이다.

감각적인 여성의류

도큐 핸즈 TOKYU HANDS Orchard 지하 1층 7호

전화 6834-3755 **영업** 매일 11:00~22:00

일본의 유명 라이프스타일
숍 도큐 핸즈의 싱가포르 2
호점을 만날 수 있다. 일상
생활에 필요한 인테리어 소
품부터 아이디어 상품, 잡
화, 화장품, 여행용품 등 그 종류도 다양하다. 톡톡 튀는 아
이디어 제품이 가득해 구경하는 것만으로 즐겁다.

화장품들

위스마 아트리아 **Wisma Atria**

주소 435 Orchard Road, Singapore **전화** 6235-8177 **영업** 매일 10:00~22:00

가는 방법 MRT Orchard 역 D번 출구에서 지하로 연결된다. 니안 시티 옆에 있다. **Map.P122-B3**

젊은 취향의 실용적인 브랜드들이 가득한 쇼핑몰. 커다란 간판이 오차드 로드에서도 단박에 눈에 띄며 MRT 오차드 역에서 지하로 바로 연결되어 접근성도 좋다. 베이식한 의류로 인기가 높은 Gap 매장이 크게 들어서 있으며 Cotton On, Dorothy Perkins, Charles & Keith, ESPRIT 등 중급 브랜드들이 입점해 있다. 2층에 인기 딤섬 집인 딘타이펑이 있고 4층에는 깔끔한 호커 센터 푸드 리퍼블릭이 있어 쇼핑과 식도락을 모두 충족시켜준다.

위스마 아트리아

Shop
& Dine 위스마 아트리아의 추천 매장

도로시 퍼킨스 **Dorothy Perkins** 1층 27호

전화 6733-9893 **영업** 매일 10:30~22:00

싱가포르의 20~30대 여성이 사랑하는 영국 브랜드로 심플한 디자인에 과감한 패턴과 컬러를 사용한 여성 의류들을 만날 수 있다. 단정하지만 지루하지 않은 패턴의 세련된 원피스와 블라우스류가 많은 편이다.

도로시 퍼킨스

찰스 앤 키스 **Charles & Keith** 지하 1층 18호

전화 6238-3312 **영업** 매일 11:00~22:00

싱가포르 필수 쇼핑 아이템으로 통하는 찰스 앤 키스를 위스마 아트리아에서도 만날 수 있다. 편안한 샌들부터 아찔한 힐까지  찰스 앤 키스 종류가 다양하며 핸드백, 선글라스와 같은 아이템도 만날 수 있다. 가방은 S$60~90, 신발은 S$ 40~70 정도 수준이다. 신상품의 업데이트가 빠르고 지난 시즌 상품은 상시 할인을 하고 있으니 눈여겨보자.

에이치 앤 엠 H&M

주소 Orchard Building, 1 Grange Road, Singapore **전화** 6235-1459 **홈페이지** www.hm.com **영업** 매일 10:00~22:00
가는 방법 MRT Somerset 역에서 도보 5분, 313@서머셋과 만다린 갤러리 사이에 있다. **Map.P123-C3**

스웨덴 중저가 브랜드로 트렌디한 스타일의 옷을 저렴한 가격에 구입할 수 있어 ZARA와 함께 가
장 인기가 높은 SPA브랜드 중 하나다. 3층으로 구성된 단독매장으로 1층은 포멀한 여성 의류,
2층은 여성 캐주얼과 이지웨어, 3층은 남성 의류와 아동복을 판매한다. 스타일이 다양하고 가
격 대비 디자인이 예뻐서 20~30대 여성들에게 폭발적인 사랑을 받고 있다.

특히 시즌마다 카를 라거펠트, 랑방, 스텔라 매카트니와 같은 유명 디자이너의 하이엔드 브랜

드와 컬래버레이션한 라인
을 선보이는데, 이때는 아
침부터 줄을 서서 기다리는
진풍경이 펼쳐지기도 한다.
의류는 물론 함께 매치하기
좋은 액세서리 · 구두 · 가방
등도 함께 판매한다. 가격
대는 티셔츠 S$15~, 원피
스 S$ 25~, 셔츠 S$20~
수준이다.

힐튼 쇼핑 갤러리 Hilton Shopping Gallery

주소 581 Orchard Road, Singapore **전화** 6238-1051 **홈페이지** www.hiltonshoppinggallery.com
영업 매일 10:00~19:00(매장에 따라 다름) **가는 방법** MRT Orchard 역에서 나와 도보 3~5분, 윌록 플레이스를 지나 힐튼 호텔 2층
에 있다. **Map.P122-B3**

힐튼 호텔 2층에 위치한 쇼핑 아케이드로 규모는 작아도 메리트 있는
브랜드로 구성되어 있다. 최고급의 럭셔리 브랜드가 입점해 있어 쇼퍼
들을 유혹한다. 대표적으로 Mulberry, Balenciaga, Marni와 같은 마니
아층이 두터운 브랜드가 입점해 있으며 COMME des GARÇONS,
Alexander Wang, Phillip Lim, Dries Van Noten 같은 흔히 볼 수 없
는 핫한 브랜드도 만날 수 있다. 다른 쇼핑몰에 비해 인파가 적어 여유
롭고 차분하게 쇼핑을 즐길 수 있는 것도 장점이다.

층	대표 인기 브랜드
1층	Balenciaga, BULGARI, Donna Karan, Mulberry, Rolex
2층	Marni, Alexander Wang, COMME des GARÇONS, V Ave Shoe Repair, 3.1 Phillip Lim, Dries Van Noten, Issey Miyake, Jil Sander, Lanvin, Paul Smith

Mulberry

힐튼 쇼핑 갤러리

COMME des GARÇONS

쇼 하우스 Shaw House

주소 1 Scott Road, Singapore **전화** 6733-1111 **홈페이지** www.shaw.sg **영업** 매일 10:00~22:00(매장에 따라 다름)
가는 방법 MRT Orchard 역 A번 출구로 나오면 탕스 건너편에 있다. **Map.P122-B3**

아이온에서 보면 대각선 쪽에 있는 이 쇼핑몰은 여행자들보다는 싱가포리언들에게 사랑받는 곳이다. 일본계 백화점 이세탄이 입점해 있어 우리나라의 백화점 형태와 가장 비슷하다. COACH, LeSportsack, agnes b., longchamp 등 다양한 브랜드가 들어와 있으며 지하에

있는 슈퍼마켓은 신선한 식료품을 살 수 있어 특히 인기가 있다. 한국 반찬을 파는 Korea Bowl, 이 밖에 페퍼런치, 모스 버거 등의 체인도 입점해있다. 5층에는 영화관 Lido가 있으며 그 옆에는 디저트로 유명한 까눌레 Canelé가 있다. 5층의 통유리창 너머로 분주한 오차드 사거리의 풍경을 한눈에 내려다볼 수 있다.

스코츠 스퀘어 Scotts Square

주소 6 Scott Road, Singapore **홈페이지** www.scottssquareretail.com **영업** 매일 10:00~21:00(매장에 따라 다름)
가는 방법 MRT Orchard 역 A번 출구에서 도보 2분, 탕스와 그랜드 하얏트 호텔 사이에 있다. **Map.P122-B2**

탕스 쇼핑몰 옆에 있으며 입점한 브랜드 수는 다른 쇼핑몰에 비해 적은 편이지만 대신 브랜드별로 매장이 큼직하고 아이템이 다양해 선호하는 브랜드가 입점해 있다면 들러볼 만하다. Hermes, MICHAEL KORS, TILA MARCH, PAUL & JOE 등이 입점해있으며 지하에는 프랑스 유명 베이커리 메종 카이저 MAISON KAYSER, 3층에는 크리스탈 제이드 Crystal Jade, 와일드 허니 Wild Honey 등의 레스토랑도 입점해 있다.

탕스 Tangs

주소 310 Orchard Road, Singapore **전화** 6738-2393 **홈페이지** www.tangs.com.sg
영업 매일 10:30~20:30(매장에 따라 다름) **가는 방법** MRT Orchard 역에 A번 출구에서 바로 연결된다. **Map.P122-B3**

1932년부터 오차드에서 한 자리를 지켜온 터줏대감으로 오차드 역과 메리어트 호텔을 연결하는 허브 역할을 한다. 우리의 백화점과 가장 비슷한 형태로 의류보다는 일상생활에 필요한 아이템들이 인기다. 지하에서는 식품과 식기·주방 용품들을 판매하며 쌍둥이 칼로 유명한 Zwilling J.A. Henckels, 독일 주방용품 브랜드 WMF 등 주부들이 사랑하는 유명 키친 브랜드가 총집합해 있다. 1층에서는 코스메틱 브랜드, 2층은 여성 의류, 3층은 남성 의류, 4층은 어린이 용품과 레고·디즈니·토마스 등의 장난감을 판매한다.

파 이스트 플라자 Far East Plaza

주소 14 Scotts Road, Singapore **전화** 6732-6266 **홈페이지** www.fareast-plaza.com **영업** 매일 10:30~22:00(매장에 따라 다름) **가는 방법** MRT Orchard 역에서 도보 5분, 그랜드 하얏트 호텔 옆에 있다. Map.P122-B2

브랜드보다는 저렴하면서 현재 유행하는 보세 의류를 찾고 싶다면 이곳으로 가보자. 우리나라 동대문과 비슷한 형태로 지하부터 3층까지 개성 넘치는 작은 숍들이 모여 있다. 10대 후반에서 20대 초반 사이에 유행하는 아이템들 위주로 세련되거나 고급스럽진 않지만 그만큼 가격이 저렴하다. 부담 없이 S$20~30 가격대에 원피스나 샌들 등을 쇼핑할 수 있어 매력적이다. 잘만 찾아보면 싼 가격에 이곳에서만 살 수 있는 보물 같은 아이템을 건질 수 있어 쏠쏠한 쇼핑의 재미를 느낄 수 있다. 1층에는 카페·식당들과 한국 식품 슈퍼마켓 Shine이 입점해 있다. 4층에는 로컬 음식을 저렴하게 먹을 수 있는 식당들이 모여 있다.

저렴한 보세 의류 잡화

리앗 타워즈 Liat Toawers

주소 541 Orchard Road, Singapore **전화** 6737-5227 **영업** 매일 10:30~21:30(매장에 따라 다름) **가는 방법** MRT Orchard 역 E번 출구에서 도보 3분, 윌록 플레이스 옆에 있다. Map.P122-B3

몇 개의 매장이 복합된 콤플렉스로 Hermes, ZARA, ESPIRIT 등이 함께 있다. 매장이 무척 크고 거리에서 바로 매장으로 들어갈 수 있어서 오차드를 지나가다보면 한번쯤은 방문하게 된다. 24시간 문을 여는 스타벅스가 있고 홈 메이드 스타일의 패스트푸드 웬디스 WENDY'S는 간단하게 식사를 해결하기에도 좋다.

리앗 타워즈

럭키 플라자 Lucky Plaza

주소 304 Orchard Road, Singapore **전화** 6235-3294 **영업** 매일 10:00~21:30(매장에 따라 다름) **가는 방법** MRT Orchard 역 C번 출구로 나오면 파라곤 쇼핑몰 옆에 있다. Map.P123-C3

럭셔리한 쇼핑몰들이 밀집한 오차드에서 다소 레벨이 낮은 아케이드로 주로 기념품과 전자 제품, 보세 의류와 잡화 등을 판매한다. 상품들은 다소 퀄리티가 떨어지지만 가격은 오차드 근방에서 저렴한 편이라 열쇠고리나 멀라이언 초콜릿 등의 기념품을 사기에는 나쁘지 않다. 환전소가 많아 돈을 바꾸려는 여행자들이 자주 들른다.

럭키 플라자

윌록 플레이스 Wheelock Place

주소 501 Orchard Road, Singapore **전화** 6733-1111 **영업** 매일 10:00~22:00(매장에 따라 다름) **가는 방법** MRT Orchard 역 A번 출구로 나오면 탕스 건너편에 있다. Map.P122-B3

하늘에 우뚝 솟은 뿔 모양의 건물이 눈에 띄는 쇼핑몰로 아이온과 지하로 연결된다. 막스 앤 스펜서 Marks&Spencer 매장이 볼만한데 넓은 매장에 의류와 속옷, 이지 웨어 등 다양한 아이템을 갖추고 있다.

윌록 플레이스
막스 앤

포럼 Forum

주소 583 Orchard Road, Singapore **전화** 6732-2469 **홈페이지** www.forumtheshoppingmall.com.sg **영업** 매일 10:00~20:00(매장에 따라 다름) **가는 방법** MRT Orchard 역 E번 출구에서 도보 5분, 윌록 플레이스를 지나 힐튼 호텔 옆에 있다. **Map.P122-A3**

아이가 있는 엄마라면 눈여겨봐야 할 쇼핑몰. 여성 브랜드, 키즈 브랜드가 많고 장난감 천국 토이저러스가 있기 때문이다. 쇼핑몰 안에서는 유모차를 끌고 다니며 아이들과 자신의 옷을 함께 고르는 젊은 엄마들을 쉽게 볼 수 있다. Armani Junior, Dior Baby, DKNY Kids 등 키즈 브랜드가 다양하며 유명 디자이너들의 키즈 라인 편집 숍인 Kid 21도 있다.

탕글린 몰 Tanglin Mall

주소 163 Tanglin Road, Singapore **전화** 6736-4922 **홈페이지** www.tanglinmall.com.sg **영업** 매일 10:00~ 21:00(매장에 따라 다름) **가는 방법** MRT Orchard 역에서 도보 15~20분. 탕글린 로드를 따라 세인트 레지스 호텔을 지나면 바로다. **Map.P122-A4**

현지에 거주하는 외국인들이 즐겨 찾는 쇼핑몰. 지하 1층부터 3층까지 약 70여 개의 숍이 입점해 있으며 인테리어 용품과 가구, 부티크 숍들이 주를 이룬다. 추천 숍으로는 2층의 Iwannagohome. 인테리어 소품과 식기, 패브릭 제품 등 탐나는 아이템들이 가득하다. 전체적으로 퀄리티가 높고 고급스러운 인테리어 숍들이 많아 평소 홈스타일링에 관심 많은 여행자라면 반드시 들러봐야 할 곳이다.

팔레 르네상스 Palais Renaissance

주소 390 Orchard Road, Singapore **전화** 6738-2393 **홈페이지** www.palais.sg **영업** 매일 10:30~20:30(매장에 따라 다름) **가는 방법** MRT Orchard 역에서 도보 5분, 힐튼 호텔 건너편에 있다. **Map.P122-B3**

붐비지 않고 여유롭게 쇼핑을 하고 싶다면 가볼 만한 쇼핑몰. 대중적인 브랜드보다는 셀렉트 편집매장과 고급 부티크 숍, 리빙 인테리어 숍, 헤어 뷰티 살롱들이 주를 이루어 여행자들보다는 현지에 거주하는 이들이 많이 찾는다. 2층에는 여자들이 사랑하는 P.S 카페도 있으니 쇼핑 후 여유롭게 티타임을 즐겨보는 것도 좋다.

팔레 르네상스

센터 포인트 Centre Point

주소 176 Orchard Road, Singapore **전화** 6737-9000 **홈페이지** www.centrepoint.com.sg **영업** 매일 10:00~ 22:00(매장에 따라 다름) **가는 방법** MRT Somerset 역에서 도보 3분, 313@서머셋 맞은편이다. **Map.P123-D3**

서머셋 역에서 랜드마크 역할을 하는 쇼핑몰로 영국계 백화점 로빈슨스 Robinson's가 복합된 구조다. 주요 입점 브랜드는 Gap, MANGO, Marks&Spencer, Swarovski, Timberland 등이 있다. 맥도날드, 싱가포르 카페 TCC, Bread Talk 등의 먹거리 매장도 알차다.

Best 101
Restaurants
오차드 로드의 레스토랑

오차드 로드는 쇼핑몰이 밀집되어 있는 지역인 만큼 인기 레스토랑들은 보통 쇼핑몰 안에 입점해 있는 경우가 많다. 또한 대부분의 쇼핑몰에는 푸드 코트가 있으며 대중적인 체인 레스토랑, 호텔 뷔페, 럭셔리한 파인 다이닝까지 다채로운 식도락을 즐길 수 있다.

오픈 키친

스트레이트 키친 **Straits Kitchen** 추천

주소 10 Scotts Road, Singapore **전화** 6738-1234 **영업** 런치 월~금요일 12:00~14:30, 토~일요일 12:30~15:00, 디너 일~수요일 18:30~22:30, 목~토요일 1회 17:30~19:30 2회 20:00~22:00 **예산** 런치 일반 S$58, 어린이 S$29, 디너 일반 S$69~, 어린이 S$37~ (+TAX&SC 17%) **가는 방법** MRT Orchard 역에서 도보 3분, 그랜드 하얏트 호텔 1층에 있다. **Map.P122-B2**

싱가포르는 여러 민족이 함께 어우러져 살아가는 다민족 국가답게 음식문화 또한 다채로워 식도락의 천국으로 불린다. 이곳저곳 찾아다닐 필요 없이 한번에 다양한 음식문화를 몽땅 체험하고 싶다면 이곳을 주목하자. 호커 센터에서나 볼 수 있는 로컬 음식을 비롯해 각국의 요리를 한자리에 모아둔 뷔페로 호커 센터의 파인 다이닝 버전이라 할 수 있다. 그랜드 하얏트 호텔의 뷔페인 만큼 분위기도 모던하고 고급스럽다. 오픈된 구조의 각 코너에서 열심히 탄두리 치킨을 굽고 국수를 끓여주는 모습을 볼 수 있어 더욱 식욕을 자극한다. 무엇보다 음식의 종류가 다양하고 퀄리티도 좋아서 손님들의 만족도가 높은 편. 칠리 크랩, 치킨라이스, 사테 Satay, 락사 Laksa, 로컬 디저트 등 싱가포르 · 말레이시아 · 중국 · 인도에 이르는 다국적 음식들을 선보인다. 인기가 높은 만큼 사전에 예약하고 갈 것을 추첸

탄두리 코

다채로운 먹거리

딘타이펑

딤섬과 누들

딘타이펑 **Din Tai Fung**

전화 6732-1383 **홈페이지** www.dintaifung.com.tw **영업** 매일 11:00~22:00
예산 샤오롱바오 S$7.30, 누들 S$10.80~ (+TAX&SC 17%) **가는 방법** MRT Orchard 역에서 지하로 연결되는 위스마 아트리아 쇼핑몰 2층에 있다. **Map.P122-B3**

샤오롱바오

타이완 최고의 딤섬 레스토랑으로 세계적으로 많은 분점을 거느리고 있으며 우리나라에도 진출해서 화제를 모은 곳이다. 딤섬을 좋아하는 싱가포리언들에게 오랫동안 사랑받고 있는 레스토랑으로 식사 시간이면 어김없이 긴 줄을 서야 한다. 한국인 여행자들에게도 인기 만점! 최고의 인기 메뉴는 역시 상하이식 딤섬인 샤오롱바오. 고소하고 진한 육즙과 부드러운 만두피가 조화를 이뤄 맛이 일품이다. 2~3명이서 딤섬 몇 가지와 누들 · 볶음밥 등을 함께 주문해 먹으면 든든하게 한 끼 식사가 완성된다. 메뉴가 사진으로 되어 있어 편리하며 파라곤, 313@서머셋, 래플스 시티 쇼핑센터, 마리나 베이 샌즈 등에도 분점이 있다.

퉁 록 시푸드 Tung Lok Seafood

주소 Orchard Central, #11-05, 1 Orchard Road, Singapore　**전화** 6834-4888　**홈페이지** www.tunglokseafood.com
영업 매일 런치 11:30~15:00, 디너 18:00~22:30　**예산** 크랩 S$6.80~8.80/100g, 1인당 S$30~50 (+TAX&SC 17%)
가는 방법 MRT Somerset 역에서 도보 3분, 오차드 센트럴 쇼핑몰에 있다.　Map.P123-D3

칠리크랩

와사비 새우

더 이상 칠리 크랩을 먹기 위해 이스트 코스트나 클락 키까지 갈 필요가 없다. 싱가포르 외식업계의 거물인 퉁 록 그룹에서 운영하는 이곳은 본격적인 해산물 요리를 선보인다. 한국인들이 좋아하는 칠리 크랩은 물론 새우·랍스터·조개 등을 사용한 다채로운 해산물 요리와 사시미 등을 맛볼 수 있다. 신선한 재료를 사용해 맛이 뛰어나고 고급스러운 분위기 속에서 여유롭게 식사를 즐길 수 있다. 이곳의 칠리 크랩은 매콤한 맛보다는 새콤한 맛이 더 강하며 갓 튀긴 번과 함께 즐기면 금상첨화!

크랩의 가격은 시즌에 따라 차이가 있는데 보통 100g당 S$6.80~8.80 정도로 게의 크기에 따라 요금이 매겨진다. 통통한 새우 살과 알싸한 와사비 크림소스의 조화가 기가 막힌 와사비 새우 Fried Prawn Wasabi Mayo는 이곳이 원조다. 4인 이상이라면 Ala Carte Buffet 메뉴를 강력 추천한다. 40가지가 넘는 단품 중국 요리를 무한대로 즐길 수 있으며, 차려진 뷔페가 아니라 주문하면 바로 조리해 내오기 때문에 퀄리티가 무척 만족스럽다. 주중과 주말, 런치와 디너에 따라 가격이 다른데 평일 런치 기준 S$26.80 정도이며 4명 이상부터 주문이 가능하다. 오차드 로드에서 여유롭게 칠리 크랩과 시푸드를 즐기고 싶다면 망설이지 말고 이곳으로 가자.

레 자미 Les Amis

주소 Shaw Centre, #02-15, 1 Scotts Road, Singapore　**전화** 6733-2225　**홈페이지** www.lesamis.com.sg
영업 월~일요일 런치 12:00~13:45, 월~목요일 디너 19:00~20:45, 금~일요일 디너 18:30~20:45
예산 런치 코스 S$90~, 디너 코스 S$215 (+TAX&SC 17%)　**가는 방법** MRT Orchard 역에서 도보 3분　Map.P122-B2

복잡한 오차드 로드 한쪽에 세계적인 수준의 파인 다이닝을 즐길 수 있는 곳이 숨어있다. 싱가포르 파인 다이닝을 주도하는 레 자미 그룹의 대표 레스토랑으로 1994년 문을 연 이래 싱가포르에서 다섯 손가락 안에 드는 파인 다이닝으로 명성이 자자하다. 미슐랭 스타 셰프인 호주 출신의 Armin Leitged가 프렌치 모던 퀴진을 선보인다. 기존의 프렌치 정통 요리에서 벗어난 창작 요리를 만들면서 재료 고유의 맛과 향을 살려 예술의 경지에 가까운 요리를 내놓는다.

1층과 2층으로 나뉘어 있으며, 유리창 너머로 직접 셰프들이 요리하는 모습을 보면서 식사를 즐길 수 있는 프라이빗 룸도 있다. 2000개 이상의 고급 와인 리스트를 보유하고 있으며 런치 코스는 S$65부터 디너 코스는 S$160부터 시작된다. 분위기와 서비스, 요리의 수준 모두 최고이며 음식 가격도 비싸다. 만만한 가격대는 아니지만 식도락에 관심이 큰 미식가라면 반드시 가봐야 할 레스토랑이다.

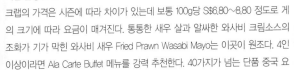
레 자미

TWG 티 살롱 앤 부티크 **TWG Tea Salon & Boutique**

우아한 티 살롱

주소 ION Orchard, #02-21, Orchard Turn, Singapore **전화** 6735-1837 **홈페이지** www.twgtea.com
영업 매일 10:00~22:00 **예산** 세트 메뉴 S$29~, 브런치 S$42~, 티 S$11 (+TAX&SC 17%)
가는 방법 MRT Orchard 역에서 지하로 연결되는 아이온 쇼핑몰 2층에 있다. **Map.P122-B3**

마카롱

오후의 티 한잔을 우아하게 즐기고 싶다면 고민할 것 없이 이곳으로 가자. 단숨에 싱가포르에 5개의 분점을 내고 홍콩·일본·런던 등에도 문을 연 TWG의 성공 비결은 세계 각지에서 재배한 최상급의 차를 맛볼 수 있다는 것이다. 화려하고 우아한 살롱을 연상시키는 TWG는 800여 가지가 넘는 차를 보유하고 있으며 다양한 블렌딩을 통해 새로운 맛의 차를 창조했다. 세계 각국에서 정성껏 기른 최상의 잎으로 우려낸 차를 마실 수 있으며 우리나라의 제주 녹차도 있다.

티타임 세트

티 패키지

같은 TWG라도 그 매장에서만 선보이는 아이템들이 있는데 이곳에서는 티를 넣은 마카롱(S$2)을 맛볼 수 있다. 고운 색깔의 마카롱을 차에 곁들이면 티타임을 즐기기에 완벽하다. 단순히 차만이 아니라 나라 이름을 붙인 아침 메뉴, 티타임 세트 메뉴(오후 2~6시), 브런치, 올데이 다이닝도 즐길 수 있는데, 이 모든 요리는 티를 첨가한 TWG만의 레시피로 만들어졌다. 이곳이 뜨거운 인기를 끄는 데는 아름다운 티 패키지도 한몫하고 있다. 다른 곳의 티 패키지에서는 볼 수 없는 우아함과 다양한 스타일이 여심을 사로잡는다. 건강에 좋고 예뻐서 선물용으로도 그만이다. 마리나 베이 샌즈, 다카시마야 백화점 등에도 분점이 있다.

144

캐러셀 Carousel

주소 25 Scotts Road, Singapore **전화** 6589-7799
홈페이지 www.carouselbuffet.com.sg **영업** 매일 런치
12:00~14:30, 하이 티 뷔페 15:30~17:30, 디너 18:30~ 22:30
예산 런치 뷔페 S$56~, 하이티 뷔페 S$42~, 디너 뷔페 S$76
(+TAX&SC 17%) **가는 방법** MRT Orchard 역에서 도보 3분,
DFS 갤러리아 옆 건물인 로열 플라자 온 스코츠 호텔 1층에
있다. Map.P122-B2

대부분의 호텔이 뷔페 레스토랑을 선보이지만 캐러셀
의 뷔페는 조금 더 특별하다. 아시아 베스트 뷔페 수상
경력을 자랑하는 이곳은 점심과 저녁 뷔페, 오후의 하
이 티 뷔페를 선보인다. 신선한 샐러드 바를 시작으로
일식 · 해산물 · 웨스턴식 · 아시아식 요리와 그릴, 파스
타, 딤섬, 베이커리, 디저트까지 끝없는 맛의 퍼레이드
가 이어진다. 하이 티 뷔페도 디저트뿐만 아니라 한 끼
식사로도 든든한 나시 르막, 일식 롤, 누들, 딤섬 등이
풍성하게 준비되어 있어 메리트가 있다. 금~일요일은
평일 가격보다 S$4~13 정도 올라간다.

캐러셀

파라다이스 다이너스티
Paradise Dynasty

전화 6509-9118 **영업** 매일 11:00~22:00 **예산** 누들 S$7.80~,
딤섬 S$2.80(+TAX&SC 17%) **가는 방법** MRT Orchard 역에서
지하로 연결되는 아이온 쇼핑몰에 있다. Map.P122-B3

파라다이스 다이너스티 내부

아이온 4층에 위치한 중식당으로 럭셔리한 분위기에 비
해 가격도 합리적이고 맛도 좋은 곳이다. 이곳을 유명하
게 만든 일등 공신은 바로 팔색조 딤섬 Signature
Dynasty Dumpling(S$13.80)이다. 어디에서도 볼 수 없
는 독특한 8가지 색의 딤섬이 한 통에 담겨 나온다. 그 밖
에 La Mian in Szechuan(S$7.80)은 진하게 고아 낸 구
수한 국물 맛이 면과 잘 어울리는 누들이다. 본격적인 중
국 요리보다는 딤섬 · 누들 등이 중심이라서 중국 음식이
먹기 힘든 초보자들도 부담 없이 먹을 수 있다.

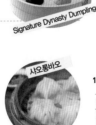
Signature Dynasty Dumpling

크리스탈 제이드 라미엔 샤오롱바오
Crystal Jade La Mian Xiao Long Bao

전화 6238-1661 **영업** 매일 11:30~21:45 **예산** 샤오롱바오 S$5.30, 누들 S$8.50~(+TAX&SC 17%)
가는 방법 MRT Somerset 역에서 도보 5분, 니안 시티 쇼핑몰 4층에 있다. Map.P123-C3

샤오롱바오

오차드 로드

레스토랑 내부

크리스탈 제이드는 싱가포르에서 자주 마주치게 되는 체인점
중 하나로 '크리스탈 제이드'라는 브랜드 아래 각 메뉴별로 레스
토랑을 운영하고 있다. 이곳은 이름처럼 샤오롱바오와 누들이 주종
목. 대중적인 딤섬을 즐기기 좋은 곳이며, 어려운 한자투성이 메뉴가 아니라 사진과 영
어로 알기 쉽게 돼있어 초보자들도 문제없다. 추천 메뉴는 역시 샤오롱바오 Xiao Long
Bao(S$5.30). 고기만두로 생각하면 되는데 얇은 만두피 안에 고소한 속과 육즙이 가득
하다. 만두피가 워낙 얇으므로 육수가 새지 않게 숟가락으로 받치고, 약간 찢어서 국물
을 마신 다음 한입에 넣어 먹는 것이 팁. 입안 가득 촉촉이 퍼지는 고소한 육수는 한번 맛보면 절로 행복해진다.

팀호완 **Tim Ho Wan**

주소 #01-29A/52, Plaza Singapura, 68 Orchard Road, Singapore   **전화** 6251-2000
홈페이지 www.timhowan.com   **영업** 월~금요일 10:00~22:00, 토~일요일 09:00~22:00   **예산** 딤섬 S$3.80~ (+TAX&SC 17%)
가는 방법 MRT Dhoby Ghaut 역에서 연결되는 플라자 싱가푸라(Plaza Singapura) 1층에 위치   싱가포르 중심도-B2

홍콩의 인기 절정 딤섬 레스토랑 팀호완이 싱가
포르에 진출했다. 가장 저렴하게 미슐랭 1스
타의 딤섬 맛을 볼 수 있어 몰려드는 인파
들로 문전성시를 이루고 있다. 반드시 맛봐
야 하는 메뉴는 Baked Bun with BBQ
Pork로 소보루 빵처럼 부드러운 번 안에 진한
고기소가 들어 있다. 탱글탱글한 새우가 들어 있는
Prawn Dumpling은 누구나 좋아할 맛이다. Steam Egg
Cake는 촉촉하고 부드러운 맛이 좋아 마무리 디저트로
좋다. 음료는 차이니스 티를 시키면 무한 리필을 해준다.

인기가 높아 식사시간 때 기다림은 필수. 싱가포르에 4개 지점이 있는데 여행자들이 가장 찾아가기 쉬운 곳은 도비 갓
역과 연결되는 이곳이다.

솔트 그릴 앤 스카이 바 **Salt Grill & Sky Bar by Luke Mangan**

주소 #55-01, ION Orchard, 2 Orchard Turn, Singapore   **전화** 6592-5118   **홈페이지** www.saltgrill.com
영업 런치 11:30~14:30, 디너 18:00~22:30
예산 런치 세트 S$49~, 메인 메뉴 S$53~ (+TAX&SC 17%)
가는 방법 MRT Orchard 역에서 지하로 연결되는 아이온(ION) 55층에 위치   Map.P122-B

여행자들이 한 번쯤은 방문하는 오차드 로드의 대표 쇼핑몰 아이온에 숨겨진 명소가 있었으니 바로 이곳. 4층에서 초
고속 엘리베이터를 타고 55층으로 올라가면 멋진 전망을 품은 레스토랑의 모습이 드러난다. 호주를 대표하는 스타 셰
프 루크 망간이 진두지휘하는 레스토랑으로 근사한 전망을 감상하며 최상의 요리를 즐길 수 있다. 호주에서 직접 공수
한 재료들과 싱가포르 로컬 재료들을 사용하여 컨템퍼러리 요리들을 선보인다. 2개 층으로 나뉘어 있으며 스카이 바
는 칵테일을 마시며 야경을 즐기기에도 좋다. 런치 세트 메뉴부터 브런치, 애프터눈 티, 키즈 메뉴 등 다양하다.

조이 | JOIE

주소 #12-01 Orchard Central, 181 Orchard Road, Singapore **전화** 6838-6966 **홈페이지** www.joierestaurant.com.sg **영업** 런치 12:00~15:00, 디너 18:00~22:00 **예산** 런치 코스가 S$38.80, 디너 코스 S$68.80 (+TAX&SC 17%) **가는 방법** RT Somerset 역에서 도보 3분, 오차드 센트럴 쇼핑몰 12층 (11층에서 에스컬레이터로 이동)

Map.P123-D3

채식을 이용하여 수준 높은 요리를 선보이는 건강한 레스토랑이다. 오차드 센트럴의 루프 탑 가든에 위치하고 있으며 통유리창 너머로의 풍경이 근사하며 내부 인테리어도 럭셔리하게 꾸며져 있다. 채식을 주제로 파인다이닝 수준의 요리를 선보이며 먹기가 아까울 정도로 플레이팅이 예쁘게 나온다. 코스로 즐길 수 있으며 런치는 6가지 코스가 S$38.80, 디너는 7가지 코스를 S$68.800에 즐길 수 있다. 채식주의자가 아니라도 맛있게 즐길 수 있는 요리들이 나오기 때문에 여행 중에 색다른 미식 또는 건강한 맛을 경험하고 싶다면 찾아가보자.

와일드 허니 **Wild Honey**

주소 3 #03-02 Mandarin Gallery, 33A Orchard Road, Singapore **전화** 6235-3900 **홈페이지** www.wildhoney.com.sg **영업** 월~목 · 일요일 09:00~20:30, 금~토요일 09:00~21:30 **예산** 샌드위치 S$12~, 잉글리시 브렉퍼스트 S$22 (+TAX&SC 17%) **가는 방법** MRT Somerset 역에서 도보 5분. 만다린 갤러리 쇼핑몰 3층 **Map.P123-C3**

하루 종일 세계 각국의 맛있는 아침 식사를 즐길 수 있는 브런치 카페. 소시지, 베이컨, 달걀, 빵이 담겨져 나오는 친근한 잉글리시 브렉퍼스트부터 유럽, 멕시칸, 프랑스, 호주, 벨기에 등 이국적인 아침 식사 메뉴를 경험할 수 있다. 튀니지 스타일의 메뉴인 튀니지안 브렉퍼스트 Tunisian breakfast는 토마토 베이스에 달걀과 소시지가 들어간 걸쭉한 스튜에다 함께 나오는 빵을 찍어 먹으면 풍미가 살아난다. 코코넛 크림과 구운 망고를 곁들인 벨기에 와플 메뉴도 추천 메뉴. 인기에 힘입어 오차드 스코츠 스퀘어에 2호점을 열었다.

오차드 로드

라뒤레 Laduree

주소 #2-09, Takashimaya S.C., Ngee Ann City, Orchard Road, Singapore **전화** 6884-7361 **홈페이지** www.laduree.com **영업** 10:00~21:30 **예산** 마카롱 S$3.80~ **가는 방법** MRT Orchard 역 C번 출구에서 도보 3분. 니안 시티, 다카시마야 백화점 2층 Map.P123-C3

150년 전통을 자랑하는 프랑스 정통 마카롱 라뒤레가 싱가포르에도 문을 열었다. 다카시마야 백화점 안 2곳에서 만날 수 있는데 제대로 된 매장은 2층에 있다. 화사한 민트 컬러의 매장은 마카롱 만큼이나 달콤하고 예쁘게 꾸며져 있다. 초콜릿, 로즈 페탈, 바닐라, 피스타치오, 그린애플 등 맛만큼이나 다양한 파스텔톤 컬러의 마카롱이 설레게 한다. 그중에서도 라즈베리, 로즈페탈, 피스타치오 맛이 인기. 마카롱 외에 양초, 잼, 홍차 등의 아이템도 만날 수 있으며 라뒤레 아이템이 듬뿍 담긴 선물세트도 있다.

마카롱

라뒤레

에디아르 카페 부티크
Hediard Cafe-Boutique

주소 123-125 Tanglin Road, Singapore **전화** 6333-6683 **홈페이지** www.hediard.com.sg **영업** 매일 09:00~20:00 **예산** 샐러드 S$12~, 타르트 S$8~(+TAX&SC 17%) **가는 방법** MRT Orchard 역에서 도보 15분. 오차드 로드에서 탕글린 로드로 도보 8~10분. 탕글린 몰 옆 건물인 튜더 코트 Tudor Court 내에 있다. Map.P122-A3

1854년 파리에 처음 문을 열었으며 세계적으로 많은 분점을 거느리고 있는 이곳은 여성들에게 절대적인 지지를 받고 있다. 고가구점·갤러리들이 모여 있는 고급스러운 부티크 거리인 튜더 코트에 자리 잡고 있다. 블랙 & 레드 컬러의 내부 인테리어가 매혹적이다. 한쪽에서 요리를 즐길 수 있는 카페로, 다른 한쪽은 다양한 델리 아이템이 가득한 부티크로 이루어져 있다. 간단한 디저트부터 올 데이 다이닝을 즐길 수 있는 식사와 세트 메뉴까지 알찬 구성을 선보이기 때문에 데이트를 즐기는 커플이나 여자 친구들끼리 많이 찾는다. 부티크에는 와인·소스·콜릿·홍차·커피 등 아이템이 다양해 선물을 고르기에도 좋다.

에디아르 카페 부티크

티 패키지

허니문 디저트 Honeymoon Dessert

주소 #B1-09, Paragon, 290 Orchard Road, Singapore **전화** 6735-9267 **영업** 10:00~22:00 **예산** 디저트 S$4~ (+TAX&SC 17%) **가는 방법** MRT Orchard 역 A번 출구에서 도보 3분. 니안 시티 쇼핑몰 건너편 파라곤 B1층에 위치 Map.P123-D3

홍콩에서 시작해 현재는 중국·싱가포르 등의 많은 도시에 체인을 거느리고 있는 디저트 카페. 홍콩식 디저트를 선보이는데 달콤한 디저트를 좋아하는 싱가포리언들 사이에서 인기 절정이다. 두리안·망고 등의 열대과일과 팥·녹차·코코넛·연유 등으로 달콤한 디저트를 만들어 낸다. 죽처럼 걸쭉한데 네모난 그릇에 담고 위에 토핑을 얹어준다. 망고 푸딩, 망고 팬케이크 등 종류도 꽤 다양하다. 식사 후 디저트로 먹기에 좋고, 더운 날씨에 달콤한 디저트로 기운을 충전하기에도 그만이다. 이곳 외에 부기스 정션, 비보 시티, 아이온 등에도 분점이 있다.

Mango Icecream

풍골 나시 파당 Punggol Nasi Padang

주소 14 Scotts Road, Singapore **영업** 매일 07:30~21:00 **예산** 1인당 S$5~10 (+TAX&SC 17%) **가는**
방법 MRT Orchard 역에서 도보 5분, 파 이스트 플라자 쇼핑몰 지하 1층 입구에 있다. **Map.P122-B2**

파당 푸드

현지식 백반이라 할 수 있는 파당 푸드를 경험하고 싶은 이들에게 이곳을 추천한
다. 찬장에 있는 반찬 중 원하는 것을 고르면 밥이 담긴 그릇에 같이 담아준다. 큼
직한 닭다리·고기 조림·볶은 가지·호박·모닝 글로리 등의 반찬이 있는데, 우리
입맛에도 잘 맞으며 고추장과 비슷한 매콤한 삼발 소스까지 곁들이면 더욱 맛있다.
반찬 2~3가지를 골라도 S$5~7 정도이니 저렴하게 식사를 해결할 수 있다. 파당

풍골 나시 파당

푸드와 더불어 치킨라이스, 나시 르막도 맛이 탁월하니 로컬 푸드를 저렴하고 깔끔하게 즐기고 싶다면 주저 말고 이
곳을 찾아가자. 바로 앞에 인디언 레스토랑이 있는데 이곳도 음식 맛이 좋다. 식사 후 그 옆의 카페에서 테 타릭을 한
잔 마셔도 좋다.

남 남 누들 바 Nam Nam Noodle Bar

누들 바

주소 #B2-02, Wheelock Place, 501 Orchard Road, Singapore **전화** 6735-1488 **홈페**
이지 www.namnamnoodlebar.com.sg **영업** 08:00~21:30 **예산** 반미 S$7.50~, 누들
S$9~ **가는 방법** MRT Orchard 역에서 연결되는 윌록 플레이스(WHEELOCK PLACE) 지하 2
층에 위치 **Map.P122-B3**

깔끔한 베트남 요리로 인기몰이 중인 베트남 레스토랑. 베트남 요리를 부담 없는 가
격으로 즐길 수 있는 곳으로 베트남 하면 떠오르는 쌀국수를 비롯해 바게트를 이용
한 반미 BANH MI, 각종 디저트와 음료까지 한 번에 맛볼 수 있다. 하노이 포 HANOI PHO라 불리는 쌀국수는 고수향
이 다소 강한 편이고 입맛에 따라 닭고기, 소고기, 돼지고기 등을 선택할 수 있다. 한국에서 먹는 베트남 쌀국수보다는
현지의 맛에 가깝다. 간단한 반미, 베트남 커피, 디저트 등을 먹기도 한다. 아침 8시부터 10시까지는 모닝 세트가 있어
알뜰하게 든든한 아침을 해결하기에 좋다. 리조트 월드 센토사, 플라자 싱가푸라 등에도 분점이 있다.

아시아 푸드 몰 Asia Food Mall

주소 304 Orchard Road, Singapore **전화** 6735-0354 **영업** 매일 11:00~22:00 **예산** 1인당 S$4~8
가는 방법 MRT Orchard 역에서 도보 3분, 럭키 플라자 지하에 있는 맥도날드를 지나 안쪽에 있다. **Map.P123-C3**

오차드 로드 한복판의 럭키 플라자 지하에 위치한 이곳은 숨겨진 푸드 코트로 여행자들보다는 현지인들이 많이 찾는
다. 싱가포르 로컬 푸드부터 인도식·웨스턴식·일식·인도네시아식 등 다양한 음식이 가득하다. 특히 주목할 것은
한식집이 있다는 것. Korean BBQ 코너에서는 어설프게 흉내낸 한국 음식이 아니라 진짜 한국에서 먹는 밥, 그 이상으
로 맛있는 한식을 먹을 수 있다. 얼큰한 육개장

김치찌개와 제육볶음

아시아 푸드 몰

과 맛있는 불고기, 매콤한 제육볶음 등 메뉴도
다양한 편! 가격도 S$4~6 정도로 저렴해 한국
음식이 그리운 이들에게는 더없이 고마운 밥집
이다.

푸드 리퍼블릭 추천
Food Republic

전화 6737-9881 **영업** 매일 0800~2200 **예산** 1인당 S$5~10 **가는 방법** MRT Orchard 역에서 지하로 연결
되는 위스마 아트리아 쇼핑몰 4층에 있다. Map.P122-B3

푸드 리퍼블릭은 싱가포르를 대표하는 푸드 코트 중 하나다.
노점마다 테마를 잡아 마치 과거의 호커 센터처럼 아기자기
한 소품들로 꾸며 놓았기 때문에 여행자들에게는 더욱 흥미
롭다. 다채로운 음식을 한자리에서 골라 먹을 수 있으며 가
격도 저렴해서 행복한 한 끼 식사를 즐길 수 있다. 로컬 푸드
부터 중식·일식·인도식·한식까지 두루 갖추고 있다.
313@서머셋 쇼핑몰과 선텍시티, 비보 시티 3층에도 분점이
있으니 부담 없이 찾아가자.

푸드 리퍼블릭

뉴튼 서커스 호커 센터 Newton Circus Hawker Centre

주소 500 Clemenceau Avenue North, Singapore **영업** 매일 17:00~02:00 **예산** 1인당 S$8~15 **가는 방법** MRT Newton 역 B
번 출구로 나와 도로를 건너서 도보 2분

뉴튼 서커스 호커 센터

이곳은 여행자들이 찾는 관광지와는 약간 동떨
어져 있지만 현지인들에게는 최고의 호커 센터
로 손꼽히는 곳이다. 모든 자리가 야외석이라 저
녁에 가야 좋고 노천 호커 센터의 정취는 보는
것만으로도 즐겁다. 다양한 로컬 푸드는 물론이
고 신선한 해산물 요리와 바비큐 등 종류가 많은
편이다. 다채로운 현지 음식으로 맛있는 한 끼
식사를 즐겨보자.

최근 한국인 여행자들 중에는 칠리 크랩를 비롯
한 해산물을 레스토랑보다 저렴하게 먹기 위해
이곳을 찾는 이들이 부쩍 늘고 있다. 31번 가게
와 27번 가게가 특히 인기 있으며 매콤한 칠리
크랩, 시리얼로 버무린 새우 요리인 시리얼 프라
운 Cereal Prawn(S$25~)에 현지 볶음 나물인
깡꿍 Kang Kong(S$6S~)이 가장 인기 메뉴다.
여기에 밥이나 볶음밥까지 곁들이면 진수성찬.
한국 손님에게는 칠리 크랩 주문 시 미니 번을
서비스로 주는 등 경쟁이 치열하니 가게들을 둘러본 후 결정하자.

이국적인 분위기에서 시원한 맥주 한잔의 짜릿함!

Nightlife

오차드 로드에서의 나이트라이프는 본격적인 클럽보다는 호텔 내에 있는 바나 테라스가 있는 펍에 앉아 시원한 맥주와 맛있는 음식을 먹으며 즐기는 분위기다. 대표적인 핫플레이스인 에메랄드 힐과 컵페이지 테라스에 펍과 바들이 모여 있다. 시원한 맥주 한잔을 마시며 자유로운 분위기에 취해보자.

에메랄드 힐 Emerald Hill

영업 매일 17:00~02:00(업소에 따라 다름) **예산** 1인당 S$15~25(+TAX&SC 17%)
가는 방법 313@서머셋 쇼핑몰 건너편의 센터 포인트 옆 골목에 있다. **Map.P123-D3**

'페라나칸 플레이스'라고 불리는 이곳은 1910년대의 페라나칸 건축 양식으로 지은 오래된 숍 하우스에 현대적인 컬러풀한 색감과 감각을 더해 변신시켰다. 현재 오차드 로드에서 최고의 핫 플레이스로 통하고 있다. 가장 앞에 위치한 Outdoor를 시작으로 Alley Bar, The Acid Bar, Que Pasa, Ice Cold Beer 등 안쪽으로도 서너 개의 펍들이 모여 있다. 퇴근 후 시원한 맥주 한잔을 마시며 스트레스를 날리려는 싱가포리언들과 외국인들이 뒤섞여 흥겨운 분위기를 연출한다. 보통 오후 5시부터 8시 정도까지 해피 아워 타임이 있으며 저녁식사 후 맥주 한잔이 생각날 때 들르면 좋다.

에메랄드 힐

Ice Cold Beer

컵페이지 테라스 Cuppage Terrace

영업 매일 17:00~02:00(업소에 따라 다름) **예산** 1인당 S$15~25(+TAX&SC 17%)
가는 방법 313@서머셋 쇼핑몰 건너편의 센터 포인트 쇼핑몰 옆의 스타벅스를 지나면 있다. **Map.P123-D3**

에메랄드 힐에서 한 블록 건너에 있는 이곳은 조금 더 본격적으로 식사와 술을 즐길 수 있는 공간이다. 멕시코식 · 인디언식 · 웨스턴식 · 일본식 등 세계 각지의 요리들을 맛볼 수 있으며 13개 이상의 레스토랑과 바가 줄줄이 이어진다. 내부와 야외 테이블이 마주 보고 있는 구조로 저녁에는 조명까지 더해져 한층 로맨틱한 분위기를 연출한다. 이국적인 맛집이 옹기종기 모여 있으니 입맛대로 골라 근사한 디너를 즐겨보자.

컵페이지 테라스

야외 테이블

뎀시 힐의 존스 더 그로

특별한 매력의 히든 플레이스,

뎀시 힐 Dempsey Hill

분주한 오차드 로드를 뒤로하고 여유롭게 맛있는 브런치나 디너를 즐기고 싶다면 뎀시 힐로 가보자. 보타닉 가든 너머 작은 언덕 위에 형성된 빌리지로 1980년대 후반까지 영국군 부대의 막사가 있었던 곳이다. 2007년부터 대대적인 개발을 해 지금은 멋진 다이닝 스폿들과 근사한 바·갤러리·스파·앤티크숍 등이 모여 있는 특별한 동네로 거듭났다. 시내의 번잡한 레스토랑이나 쇼핑몰 내의 매장에서는 느낄 수 없는 여유로움을 이곳에서는 찾을 수 있다.

시내에서 약간 떨어져 있어 일부러 찾아가야 하지만 독립된 공간에서 트렌디한 스타일과 수준 높은 맛을 경험할 수 있으므로 기꺼이 수고로움을 감수할 가치가 있다. 보타닉 가든에서 여유롭게 공원을 산책한 후 이곳으로 넘어가 브런치를 즐기거나 해가 진 후 선선한 저녁에 근사한 디너를 즐기기 위해 찾아가는 것이 좋다.

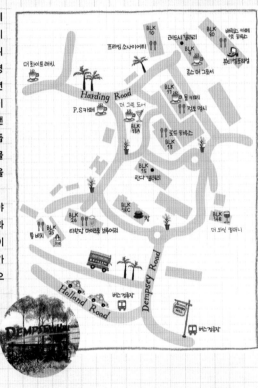

Access

오차드 로드

뎀시 힐은 오차드 로드, 보타닉 가든과 가까운 위치에 있다. 오차드 로드에서 쇼핑을 즐긴 후 보타닉 가든을 산책하고 점심이나 저녁을 먹으러 가는 동선이 좋다. 보타닉 가든에서는 택시로 3∼5분 남짓이면 도착한다. 셔틀버스도 있으니 미리 시간과 위치를 확인 후 이동해도 좋겠다.

① 오차드 불러바드 Orchard Boulevard에서 택시로 약 10분

② 보타닉 가든에서 택시로 약 3∼5분

③ 오차드 로드에서 뎀시 힐까지 스케줄에 맞춰 셔틀버스를 운행한다. 홈페이지에서 운행 시간과 위치를 확인하자. 홈페이지 www.dempseyhill.com(정류장 위치: 윌록 플레이스 Wheelock Place 옆 주차장, 보타닉 가든 탕글린 게이트, MRT 홀랜드 빌리지) Map.P122-B3

여자들이 사랑하는 카페&델리 숍, 존스 더 그로서 Jones The Grocer

전화 6476-1512 **영업** 월요일 09:30~18:00, 화~일요일 09:30~23:00 **예산** 커피 S$5~, 샌드위치 S$13.5(+TAX&SC 17%) **위치** 뎀시 로드 Dempsey Road Blk 9 1층 12호

뎀시 힐에서 여자들에게 가장 사랑받고 있는 카페 겸 델리 숍. 각종 수입 식자재와 소스·파스타·치즈 등을 판매하며 주로 싱가포르에 거주하는 외국인들이 단골 고객이다. 앙증맞은 컵케이크와 디저트·샐러드·샌드위치 등과 함께 시원한 커피 한잔을 마시며 쉬어 가기에 좋다.

존스 더 그로서

트렌디한 스타일과 맛을 겸비한, 배럭스 카페 앳 하우스 Barracks Cafe @ House

전화 6479-0070 **홈페이지** www.dempseyhouse.com **영업** 매일 런치 11:00~15:00, 티 15:00~18:00, 디너 18:00~22:30, 브런치(단, 토·일요일만) 11:00~16:00 **예산** 커피 S$5~, 스키니 피자 S$20~, 리조토 S$25(+TAX 17%) **위치** 뎀시 로드 Blk 8D

스파 에스프리에서 문을 연 레스토랑으로 유니크하면서도 감각적인 스타일이 돋보인다. 마치 신문과도 같은 유쾌한 메뉴판을 열면 다양한 메뉴들이 있으며 대표 메뉴는 스키니 피자다. 아주 얇은 도우에 토핑이 풍성하게 올라가 바삭하고 맛있다. 아지트처럼 편안해서 티나 커피를 마시며 쉬어가기에도 좋다. 목요일과 금요일 오후에는 빈티지 하이 티도 선보이니 눈여겨보자.

감각적인 레스토랑 내부

스키니 피자

숨어있는 히든 플레이스, 더 화이트 래빗 The White Rabbit

주소 39C Harding Road **전화** 6473-9965 **영업** 화~일요일 12:00~13:40, 18:30~22:30 **휴무** 월요일 **예산** 커피 S$5, 샐러드 S$18, 리조토 S$34(+TAX&SC 17%) **위치** P.S 카페에서 도보 5분

숲 속에 숨어있는 레스토랑. 클래식한 유러피언 스타일로 분위기가 우아하고 여유롭다. 파스타와 로시니 같은 메뉴가 인기며 디저트와 커피를 마시며 쉬어가기에도 좋다. 토요일과 일요일은 오전 10시 30분부터 오후 2시 30분까지 브런치를 선보이니 싱그러운 숲 속에서 느긋하게 브런치를 즐기는 것도 행복할 것이다.

더 화이트 래빗

싱그러운 정원에서 쉬어가기, P.S 카페 P.S Cafe

주소 28B Harding Road **전화** 6479-3343 **홈페이지** www.pscafe.sg **영업** 매일 런치 11:30~17:00, 디너 18:30~24:00 **예산** 1인당 S$15(+TAX&SC 17%) **위치** 뎀시 힐의 하딩 로드에 있다. 프라임 소사이어티에서 도보 3분

뎀시 힐에서 가장 여유를 느낄 수 있는 곳으로 평화로운 숲에서 쉬어가는 기분을 만끽할 수 있다. 간단한 티와 홈 메이드 디저트로 티타임을 즐기기도 좋고 샌드위치와 파스타로 식사를 할 수도 있다. 디너에는 본격적인 식사 메뉴가 더 다양하며 주말에는 브런치 메뉴도 선보인다. 아늑한 분위기에 감각적인 가구와 소품들로 특히 여성 팬들이 많은 편. 싱그러운 정원 같은 야외 자리는 경쟁이 치열하다.

싱그러운 P.S 카페

살살 녹는 스테이크 맛집, 프라임 소사이어티 The Prime Society

전화 6474-7427 **홈페이지** www.theprimesociety.com **영업** 매일 12:00~15:00, 18:00~22:30
예산 립아이 스테이크 S$44, 와규 비프 버거 S$34, 립 S$32 (+TAX&SC 17%) **위치** 뎀시 로드 Blk10 1층 20호

스테이크가 맛있기로 소문난 맛집. 내부는 높은 천장과 강렬한 샹들리에, 소품 등이 중세시대를 연상케 한다. 부위별로 다양한 커팅 기법을 사용하며 소스도 취향대로 골라서 먹을 수 있다. 스테이크의 맛은 두말할 것 없이 입에서 살살 녹는다. 실속 있게 즐기고 싶다면 2~3코스 (S$28~)로 구성된 런치 세트를 노려보는 것도 좋겠다.

프라임 소사이어티

뎀시에서 만난 한국의 맛, 창 Chang Korean Charcoal Bbq Restaurant

전화 6473-9005 **영업** 매일 12:00~15:00, 18:00~22:00 **예산** 1인당 S$20~30 (+TAX&SC 17%) **위치** 뎀시 로드 Blk 71

핫한 레스토랑들이 모여 있는 뎀시에 반갑게도 한식당이 있다. 2006년에 문을 연 이곳은 모던함 속에 한국적인 미가 녹아있으며 정갈한 한식을 맛볼 수 있다. 숯불구이 전문으로 갈비와 같은 고기 메뉴가 맛있으며 함께 곁들이면 좋은 냉면도 별미. 점심에는 죽·잡채와 같은 애피타이저와 갈비찜이 나오는 런치 세트(S$29~)도 즐길 수 있다.

창

유니크한 컨셉트 스파&뷰티 케어, 뷰티 엠포리엄 Beauty Emporium

전화 6479-0070 **홈페이지** www.dempseyhouse.com **영업** 매일 10:00~21:00 **예산** 백 마사지 S$55(30분), 핫 스톤 마사지 S$120(60분) (+TAX 7%) **위치** 뎀시 로드 Blk 8D 2층

네일·왁싱·스파 등 각각의 컨셉트에 맞게 감각적으로 꾸며진 공간에서 복합적으로 케어를 받을 수 있는 곳. 스파를 받을 수 있는 스파 에스프리를 비롯해 왁싱 전문 Strip, 뷰티 케어 전문 Browhaus 등이 모여 있다. 유니크하면서도 트렌디한 인테리어가 마치 힙한 카페에 온 듯한 착각을 불러일으킨다. 스파와 케어도 남다른 스타일을 원하는 트렌드세터라면 반드시 들러보자.

뷰티 엠포리엄

수제 버거가 맛있는, 로드하우스 Roadhouse

전화 6476-2922 **홈페이지** www.roadhouse.com.sg **영업** 월~금요일 10:30~22:00 토~일요일 09:00~22:00 **예산** 1인당 S$20~30 (+TAX&SC 17%) **위치** 뎀시 로드 Blk 13호

맛있는 아메리칸 스타일의 버거로 인기를 끌고 있는 다이너 펍. 두툼한 패티의 버거, 달콤한 소스가 맛있는 BBQ 립, 달콤한 디저트까지 다양한 메뉴를 갖고 있다. 특히 버거 맛으로 유명한데 와규 비프 패티, 탱글탱글한 새우를 넣은 버거, 푸아그라를 넣은 버거 등 개성 넘치는 버거

로드 하우스

메뉴가 많고 입맛대로 토핑을 골라 버거를 조립할 수 있는 B.Y.O.B도 있어 버거 마니아들에게는 천국과도 같은 곳. 에그 베네딕트, 팬케이크, 크레페 등 브런치 메뉴도 다양해서 뎀시 힐에서 브런치를 즐기고 싶은 이들에게도 제격이다.

여유를 느낄 수 있는 이국적인 마을,

홀랜드 빌리지 **Holland Village**

홀랜드 빌리지는 서양인들이 많이 거주하여 외국인 커뮤니티가 형성된 지역이다. 거리에는 테라스 카페와 세계 각국의 음식을 맛볼 수 있는 레스토랑이 모여 있으며 여유로운 분위기여서 마치 싱가포르 속 작은 유럽처럼 느껴진다. 외국인들이 많다보니 자연스레 레스토랑의 수준도 그들의 입맛에 맞췄다. 수준급 레스토랑도 곳곳에 숨어 있어 미식가들에게 즐거움을 준다. 특별한 볼거리나 관광지가 있는 것은 아니지만 이곳만의 이국적이고 자유로운 분위기가 사람들을 끌어모으고 있다. 늦은 오후 브런치를 먹으며 게으름을 피워도 좋고 햇살 좋은 테라스에 앉아 대낮부터 맥주 한잔을 마셔도 좋다. 저녁이라면 북적북적한 펍에서 낯선 이들과 섞여 스트레스를 풀며 칵테일 한잔에 취해도 좋다. 한 시간 남짓이면 둘러보고도 남을 작은 동네지만 여행 중에 여유와 자유로움을 느끼며 잠시 쉬어가고 싶다면 홀랜드 빌리지로 가보자.

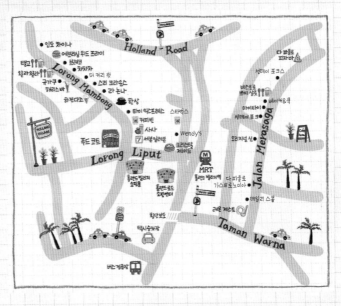

Access

예전에는 직접 연결되는 MRT 역이 없어 오차드 로드 Orchard Road나 부오나 비스타 Buona Vista에서 버스나 택시를 타야 했지만 MRT 홀랜드 빌리지 Holland Village 역이 개통되면서 이동이 훨씬 수월해졌다. 역에서 나오면 바로 홀랜드 로드 쇼핑센터가 나오고 메인 로드인 로롱 맘봉 Lorong Mambong 거리와도 쉽게 이어진다.

홀랜드 빌리지 역

① MRT 홀랜드 빌리지 역 C번 출구(홀랜드 로드 쇼핑센터 앞)

② 오차드 로드(니안 시티, 위스마 아트리아 택시 승강장)에서 택시로 약 10분

홀랜드 빌리지의 쇼핑

Shopping

홀랜드 빌리지는 쇼핑몰이라고 하기엔 다소 작은 상가들만 있어 브랜드 쇼핑과는 거리가 멀다.
대신 몇 개의 주목할 만한 숍들이 있는데 홀랜드 로드 쇼핑센터의 림스는 소품과 기념품 등을 사
기에 적당하며 레몬 제스트는 귀여운 주방용품을 판다. 기념품이나 선물이 필요하다면 들러보자.

홀랜드 로드 쇼핑센터 Holland Road Shopping Centre

영업 매일 10:30~19:00(매장에 따라 다름) **가는 방법** MRT Holland
Village 역 C번 출구로 나오면 바로 앞에 보인다.

홀랜드 로드 쇼핑센터

홀랜드 빌리지 역에서 나오면 바로 보이는 쇼핑센터로 홀랜드
빌리지의 대표 쇼핑몰 역할을 하고 있다. 1층에는 제법 큰 슈퍼
마켓이 있는데 외국인들이 많이 거주하는 만큼 다채로운 수입
식료품과 치즈·와인 등을 판매하고 있다. 2층과 3층에는 작은
보세숍, 기념품 가게, 양장점, 네일숍, 마사지숍 등이 빼곡하게
들어서 있다.

전체적인 분위기는 다소 촌스러운 수입상가와 같은 이미지를 풍기지만
독특한 아이템을 파는 숍들이 숨어 있으니 보물찾기를 해보자. 특히 2층
의 림스 Lims는 여행자라면 호기심이 생길 만한 숍으로 각종 소품부터
기념품까지 다양한 아이템들이 있으니 꼭 구경해보
자. 3층에는 비교적 저렴하게 마사지와 네일 케어
를 받을 수 있는 숍들이 있으니 피로를 풀 겸
받아도 좋겠다. 4층에는 근사한 루프 테라스
카페가 숨어 있는데 마치 정원의 테라스에서
식사를 하는 듯 싱그러운 기분이 든다. 피자·
파스타·샌드위치 등을 판매하며 달콤한 디저트
도 다양하니 쇼핑을 즐긴 뒤 쉬어가도 좋겠다.

★ 쇼핑센터 내 추천 마사지 숍

르나자 네일 스파 renaza nail spa(3층 25호)

네일 케어와 핸드 스파, 풋 스파를 받을 수 있는
아담한 네일숍이다. 매니큐어
가 S$24, 페디큐어는 S$35
수준이며 릴랙싱 풋 마사지
는 S$11부터 시작되니 시원한
발 마사지를 받으며 잠시 쉬
어가 보자.

퀵 마사지 Quick Massage(3층 29호)

탄종 파가, 노베나 등에 지점이 있는 마사지숍이
이곳에도 문을 열었다. 이름처럼 짧고 굵게 시원
한 태국식 마사지를 받을 수 있으며 요금은
S$10부터 시작되니 부담 없이 받아보자.

Best shop

기념품과 소품들이 가득한 보물섬, 림스 아트 Lims Arts & Living | 2층

홀랜드 로드 쇼핑센터에서 가장 흥미로운 소품 숍으로 아시아 각국에서 수입해온 아이템들을 판매한다. 중국풍 인형부터 인
도네시아에서 온 목각 제품, 페라나칸풍의 그릇과 컵, 싱가포르를 상징하는 기념품, 아기자기한 인테리어 소품까지 다양한 소
품들이 총집합되어 있어 마치 만물상 같다. 여행자들의 흥미를 끄
는 싱가포르 심벌 열쇠고리, 자석, 병따개, 멀라이언 조각
상 등 기념품을 다양하게 팔고 있고 가격도 정직하
게 책정해 친구들을 위한 선물을 해결하기 좋은 곳
이다.

아기자기한 소품들

홀랜드 빌리지 쇼핑몰 Holland Village Shopping Mall

영업 매일 11:00~21:30(매장에 따라 다름) **가는 방법** 로롱 맘봉 거리 중간 지점에 있다.

브레드 토크

리틀 해피 숍

홀랜드 빌리지 한가운데에 위치하고 있으며 쇼핑몰이라기보다는 작은 상가에 가깝다. 2층 건물인데 1층에는 베이커리 브레드 토크 Bread Talk와 아이스크림을 파는 카페가 있어 요기를 하며 쉬어가는 이들이 많다. 2층에는 보세숍과 소품을 파는 가게들이 입점해 있다. 그중 리틀 해피 숍 The Little Happy Shop은 가게 이름처럼 보기만 해도 엔도르핀이 상승하게 만드는 아이템들을 모아둔 잡화점이다. 따뜻한 분위기에 동화 느낌이 나는 가토 신지의 일러스트 소품이 많고 그 외에도 다이어리·수첩 등 문구류부터 머그·티팟·홍차 등 여자들의 마음을 설레게 하는 아기자기한 소품들이 가득하다.

레몬 제스트 Lemon Zest 추천

주소 Chip Bee Gardens, #01-80, 3 Jalan Merah Saga, Holland Village, Singapore **전화** 6471-0566
홈페이지 www.lemonzestlife.com **영업** 매일 10:00~21:00 **가는 방법** 잘란 메라 사가 거리 초입의 칩 비 가든에 있다.

레몬 제스트

홀랜드 빌리지의 사랑스러운 키친 숍 '팬트리 매직'이 레몬 제스트라는 새로운 이름으로 바뀌었다. 외국에서 수입된 다양한 조리 기구, 제과용품, 그릇, 요리 서적 등을 판매하는 곳이다. 여자들이라면 가슴이 설렐 수밖에 없는 사랑스러운 요리 도구들이 수북이 쌓여 있어 저절로 미소가 지어진다. 귀여운 앞치마와 장바구니, 베이킹 도구 등 요리에 관심이 없는 이들이라도 즐겁게 구경할 수 있는 아이템들이 많으니 들러보자.

홀랜드 빌리지의 레스토랑

홀랜드 빌리지는 외국인들이 많이 거주하는 지역이라 레스토랑도 본토의 맛이 부럽지 않을 정도로 수준이 높다. 특히 잘란 메라 사가 거리에는 유명한 레스토랑들이 모여 있다. 요리의 장르도 싱가포르 로컬 푸드는 물론 이탈리안식 · 멕시칸식 · 태국식 · 일식 등 다양하며 노천 테라스 카페가 많아서 여유로운 분위기에서 식사를 즐길 수 있는 것도 특징이다.

선데이 포크 Sunday Folks

주소 #01-52 Chip Bee Gardens, 44 Jalan Merah Saga, Singapore **전화** 6479-9166
홈페이지 www.sundayfolks.com **영업** 화~금요일 01:00~22:00, 토~일요일 12:00~22:00 **휴무** 월요일
예산 와플 S$9.90~ (+TAX 7%) **가는 방법** 잘란 메라 사가 거리, 베이커 & 쿡 옆에 있다.

잘란 메라 사가 거리에 위치한 긴 줄이 이어지는 인기
절정의 디저트 카페이다. 달콤한 케이크를 비롯해 커피
메뉴를 갖추고 있으며 그 중에서도 아이스크림이 특히
맛있기로 유명하다. 아이스크림은 콘, 컵 또는 벨기안
스타일의 와플 위에 올려서 먹을 수 있으며 원하는 토핑
을 추가할 수 있는데 달콤한 팝콘, 쫀득한 모찌 등을 넣
어서 먹으면 더 맛있다. 홀랜드 빌리지 산책 후 달콤한
디저트와 함께 쉬어가기 좋은 곳이다.

선데이 포크

다 파올로 피자 바 Da Paolo Pizza Bar

주소 #01-46, 44 Jalan Merah Saga, Singapore **전화** 6476-1332 **홈페이지** www.dapaolo.com.sg
영업 월~금요일 런치 12:00~14:30, 디너 17:30~22:30, 토 · 일요일 09:00~22:30 **예산** 1인당 S$20~30 (+TAX&SC 17%)
가는 방법 잘란 메라 사가 거리, 베이커 & 쿡 지나서 끝자락에 있다.

싱가포르에 12개의 분점을 내며 승승장구하고 있는 이탈리안 레스토랑
그룹 다 파올로에서 운영하는 캐주얼한 피자 바. Rucola e Crudo는 바
삭하게 구워진 피자 맛과 쌉싸름한 루꼴라의 맛이 어우러져 감동을 선
사한다. 신선한 샐러드와 함께 먹으면 완벽한 콤비를 이룬다. 고급 레스
토랑이 모여 있는 잘란 메라 사가에서 비교적 합리적인 가격에 맛
있는 식사를 즐길 수 있다는 것도 장점. 바로 아래 있는 Da
Paolo Gastronomia에서는 간단하게 포장된 피자 · 샐러드 · 컵
케이크 · 디저트를 살 수 있으며 Da Paolo Ristorante에서는 한
층 더 포멀한 이탈리안 퀴진을 즐길 수 있다.

다 파올로 피자 바

Da Paolo Gastronomia

에브리싱 위드 프라이 Everything With Fries

전화 6463-3741 **홈페이지** www.nydc.com.sg **영업** 화~일요일 12:00~23:00 **휴무** 월요일 **예산** 치즈 버거 S$9.90~, 스파게티 S$10.90(+TAX&SC 17%) **가는 방법** 로롱 맘봉 Lorong Membong 거리의 펍 탱고 건너편에 있다.

에브리싱 위드 프라이

요즘 뜨고 있는 이곳은 웨스턴 스타일의 햄버거와 바삭한 감자튀김이 맛있기로 소문난 집. 일반 햄버거와는 비교할 수 없는 수제 햄버거의 맛을 느낄 수 있다. 햄버거 외에 그릴 게 · 샌드위치 등도 다양하며 녹아내릴 만큼 달콤한 누텔라 타르트, 바닐라 크레페와 같은 디저트도 훌륭하다. 해피 아워에는 오후 9시까지 맥주 2개를 S$9.90에 즐길 수 있다. 오차드 센트럴 쇼핑몰, 부기스 정션에도 지점이 있다.

차차차 Cha Cha Cha

전화 6462-1650 **영업** 월~목 · 일요일 11:30~23:00, 금 · 토요일 11:00~24:00 **예산** 부리토 S$16~, 케사디야 S$ 11.50~, 맥주 S$9~(+TAX& SC 17%) **가는 방법** 로롱 맘봉 거리의 카페 n.y.d.c 옆에 있다.

차차차

본격적인 멕시코 요리를 맛볼 수 있는 멕시칸 레스토랑으로 오랫동안 홀랜드 빌리지에서 사랑받고 있다. 선인장과 컬러풀한 인테리어가 이국적인 분위기를 풍긴다. 케사디야 · 부리토 · 엔칠라다 등 다양한 메뉴가 재료별로 나뉘어 있어 입맛대로 골라먹을 수 있다. 멕시칸 요리에 입문하는 초보자나 한번에 다양한 맛을 즐기고 싶은 사람이라면 Cha Cha Cha Combinados (S$15~)를 추천한다. 엔칠라다 · 타코 · 밥이 한 그릇에 담겨 나와 세 가지를 한꺼번에 즐길 수 있다. 식사 대신 가볍게 즐기고 싶다면 나초와 달콤 쌉싸름한 마가리타 한잔을 곁들이며 기분을 내보자.

베이커 & 쿡 Baker & Cook

주소 30 Lorong Mambong, Singapore **전화** 6469-2998 **홈페이지** www.nydc.com.sg **영업** 월~목 · 일요일 11:30~24:00, 금 · 토요일 11:30~02:00 **예산** 샐러드 S$7.50~, 머드 파이 S$11.80(+TAX&SC 17%) **가는 방법** 로롱 맘봉 거리의 레스토랑 Cha Cha Cha 옆에 있다.

베이커 & 쿡

소문난 맛집들이 밀집해 있는 이 거리에서도 유난히 손님이 많은 곳. 베이커 앤 쿡은 베이킹 요리책의 베스트셀러 저자이자 25년 경력의 국제적인 베이커 딘 브렛스 체닐더의 베이커리 푸드 스토어 체인으로 상하이의 성공에 힙 입어 싱가포르에 상륙했다. 그만의 열정과 창의력이 겸비된 특별한 맛을 느낄 수 있다. 맛있는 빵과 달콤한 디저트, 브런치를 즐기기에 좋은 곳으로 터키시 브레드와 레몬 타르트는 놓치지 말고 꼭 맛봐야 하는 베스트셀러.

한상 Han Sang

전화 6397-6752 **영업** 월~금요일 런치 11:30~15:00, 디너 17:30~22:00, 토 · 일요일 11:30~22:00 **예산** 부대찌개 S$18, 김치돌솥밥 S$15, 런치 뷔페 S$29.80(+TAX&SC 17%) **가는 방법** 로롱 맘봉 거리의 홀랜드 빌리지 푸드 센터 앞에 있다.

한상

홀랜드 빌리지에 반가운 한식당이 생겼다. 불고기 · 삼계탕 · 비빔밥 · 냉면 등 일반적인 한식을 시작으로 김밥 · 쫄면 같은 분식과 각종 전에 잡채까지 아우르는 다채로운 메뉴를 자랑한다. 런치와 디너에 무제한으로 고기를 즐길 수 있는 바비큐 뷔페는 대식가들까지 만족시키니 고기를 좋아하는 여행자라면 기억해두자.

홀랜드 빌리지의 나이트라이프

홀랜드 빌리지의 나이트라이프는 특별한 것은 없고 주로 펍에서 맥주나 와인을 마시면서 즐긴다. 레스토랑과 펍의 경계가 모호해 대부분의 레스토랑에서 낮부터 테라스에 앉아 자유롭게 맥주나 와인을 마실 수 있다.

탱고 Tango 추천

전화 6463-7364 **영업** 매일 15:00~01:00 **예산** 파스타 S\$20~, 피자 S\$22~, 맥주 S\$12.50(+TAX&SC 17%) **가는 방법** 로롱 맘봉 Lorong Mambong 거리의 왈라 왈라 옆에 있다.

로롱 맘봉 거리 끄트머리에 위치한 이곳은 레스토랑 겸 펍으로 왈라 왈라와 함께 홀랜드 빌리지에서 가장 맥주 마시기 좋은 곳으로 손꼽힌다. 이 근방에서는 제법 규모가 큰 편인데, 새하얀 벽을 배경으로 놓인 야외 테이블이 여유롭고 한가로운 분위기를 풍긴다. 맥주와 칵테일 · 와인 등 다양한 주종을 제공하며 안주 삼아 먹기 좋은 애피타이저부터 식사로 충분한 메인 메뉴들까지 충실히 갖추고 있다. 오후 3시부터 9시까지는 해피 아워로 맥주를 비롯한 술을 1+1로 즐길 수 있다.

탱고

왈라 왈라 Wala Wala

전화 6462-4288 **영업** 월~목 · 일요일 15:00~01:00, 금 · 토요일 15:00~02:00 **예산** 1인당 S\$10~20(+TAX&SC 17%) **가는 방법** 로롱 맘봉 거리의 하겐다즈에서 도보 2분

왈라 왈라는 시원한 맥주와 함께 맛있는 식사를 즐길 수 있어 홀랜드 빌리지의 아지트 같은 역할을 하며 사람들을 불러모으고 있다. 해질 무렵이면 맥주 한잔을 하려는 이들이 삼삼오오 모여들어 금세 시끌벅적한 분위기가 된다. 또 하나, 이곳만의 보너스는 오후 9시 30분 이후에 시작되는 라이브 공연! 신나는 음악과 함께 맛있는 음식을 먹으며 기분 좋은 취기를 즐길 수 있다.

162

travel plus 홀랜드 빌리지의 이국적인 거리, 로롱 맘봉 거리와 잘란 메라 사가 거리

홀랜드 빌리지는 이국적인 분위기의 작은 동네로 유명한 관광거리나 큰 볼거리는 없습니다. 그러나 한가롭고 자유로운 분위기의 테라스 카페에서 느긋하게 식도락을 즐기거나 야외 테이블에 앉아 맥주를 마시며 수다를 떨기에 좋은 곳입니다. 크게 두 개의 거리로 나뉘는데 **로롱 맘봉 Lorong Mambong 거리**는 메인 로드로 레스토랑과 펍 · 숍이 집중적으로 모여 있어 세계 각국의 이국적인 음식들을 즐길 수 있습니다. **잘란 메라 사가 Jalan Merah Saga 거리**에서는 한층 수준 높은 식도락을 즐길 수 있는데, 싱가포르에서도 손꼽히는 고급 레스토랑들이 줄지어 모여 있습니다. 산책하듯 거리를 걸으면서 마음에 드는 숍이 있으면 구경도 하고 야외의 테라스에서 맛있는 식사도 즐기면서 홀랜드 빌리지를 느껴보세요.

잘란 메라 사가 거리

로롱 맘봉 거리

숲 속의 시크릿 가든,
로체스터 파크 **Rochester Park**

place3

Min Jiang@One North

로체스터 파크

숲 속에 조용히 숨어 있는 로체스터 파크. 과거 영국 관리들의 집으로 사용되던 단독 건물을 개조해 만든 레스토랑과 바가 하나, 둘 들어서면서 현재의 빌리지를 형성했다. 여행자들이 가기에는 교통도 애매하고 큰 볼거리도 없지만 조금 더 특별한 시간을 보내고픈 이들은 일부러 찾아가는 히든 플레이스다. 번화한 도심에서는 절대로 맛볼 수 없는 평화로움과 여유를 느낄 수 있다. 마치 숲 속의 저택에 초대된 기분으로 식사를 즐길 수 있다는 점이 사람들의 발걸음을 이곳으로 향하게 한다.

추천하는 레스토랑은 다 파올로 그룹에서 운영하는 Da Paolo Bistro Bar. 맛은 이미 검증됐으며 피자·파스타와 저녁에 칵테일과 와인을 즐기기에 더없이 근사한 바다. 주말 오전에는 맛있고 푸짐한 브런치를 선보이는 Graze로 향할 것. 에그 베네딕트와 팬케이크가 맛있기로 소문난 곳이다. 굿우드 파크 호텔의 민장에서 운영하는 Min Jiang@One North도 로체스터 파크의 대표 맛집 중 하나로 베이징 출신 셰프가 선보이는 딤섬과 베이징 덕이 수준급이다.

가는 방법 MRT Buona Vista 역에서 택시로 3~5분(요금은 약 S$10~), 또는 홀랜드 빌리지에서 택시로 5~8분(요금은 S$15~)

오차드 로드

올드 시티
Old City

올드 시티는 근대 싱가포르의 발상지로 역사 깊은 콜로니얼풍의 건축물과 하늘을 찌를 듯한 마천루들이 공존하는 곳이다. 과거 식민지 시대 건축물들이 고스란히 남아있어 콜로니얼 지구라고 불리기도 한다. 싱가포르의 역사·문화가 녹아 있는 심장부로 곳곳에 문화유산들과 박물관들이 산재해 있어 여행자들의 마음을 설레게 한다. 급속한 개발과 눈부신 발전에도 불구하고 여전히 올드 시티에서는 과거의 역사가 녹아있는 건축물들을 쉽게 만날 수 있다. 싱가포르의 살아있는 전설이 된 래플스 호텔, 과거의 성당을 새로운 핫 플레이스로 재탄생시킨 차임스, 고풍스러운 성당과 박물관들이 바로 그런 사례다. 과거와 현재가 섞여서 만들어내는 콜라주는 여행자들에게 놀랄 만큼 아름다운 양면성을 보여준다. 발길 닿는 곳마다 보물 같은 역사적 건축물들이 눈에 띄는 올드 시티에서 과거로 시간 여행을 떠나보자.

올드 시티
효율적으로
둘러보기

올드 시티에는 박물관, 미술관, 콜로니얼 건축물 등 역사적인 관광지가 집중돼 있다. MRT 시티 홀 City Hall 역을 기점으로 싱가포르 강 주변까지이며 거리가 멀지 않은 편이니 도보로 이동할 수 있도록 동선을 잘 짜서 움직이자. MRT 시티 홀 역에서 출발해 주변을 둘러보는 루트가 일반적이며, MRT 브라스 바사 Bras Basah 역에서부터 싱가포르 강 주변으로 내려오는 방법도 좋다. 박물관은 내용이 겹칠 수 있으니 너무 욕심 내지 말고 1~2곳만 골라서 관람하도록 하고 차임스 Chijmes와 래플스 호텔 Raffles Hotel에서는 애프터눈 티나 식사를 하며 관광과 식도락을 함께 즐겨보자. 올드 시티 동쪽으로는 마리나 베이 Marina Bay, 남쪽으로는 보트 키 Boat Quay, 클락 키 Clarke Quay가 가까이 있으므로 올드 시티를 둘러본 후 자연스럽게 넘어가는 일정으로 짜자.

올드 시티 Access

MRT 시티 홀 City Hall 역

올드 시티에서 가장 중심이 되는 역이라고 할 수 있다. 올드 시티의 주요 관광지를 연결시켜주는 역으로 래플스 시티 쇼핑센터와 바로 연결된다.

A번 출구 래플스 시티 쇼핑센터, 스위소텔 더 스탬퍼드 싱가포르, 페어몬트 싱가포르, 래플스 호텔
B번 출구 세인트 앤드루스 성당, 차임스, 굿 셰퍼드 성당

MRT 브라스 바사 Bras Basah 역

싱가포르 아트 뮤지엄이나 싱가포르 국립 박물관이 목적지라면 브라스 바사 역을 이용하자.

A번 출구 싱가포르 아트 뮤지엄, 국립 도서관
C번 출구 싱가포르 경영 대학교, 싱가포르 국립 박물관 방향, 포트 캐닝 파크 방향

MRT 에스플러네이드 Esplanade 역

올드 시티에서도 마리나 베이 주변의 관광지나 호텔로 이동할 경우 에스플러네이드 역을 이용하면 된다.

A번 출구 선텍 시티, 콘래드 호텔, 밀레니아 워크, 팬 퍼시픽 호텔
B번 · C번 출구 만다린 오리엔탈 호텔, 마리나 스퀘어
D번 출구 에스플러네이드, 마칸수트라 글루턴스 베이 호커 센터
F번 출구 래플스 호텔, 차임스, 칼튼 호텔
G번 출구 래플스 시티 쇼핑몰, 페어몬트 싱가포르

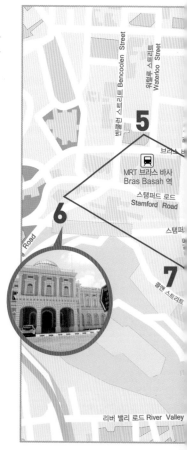

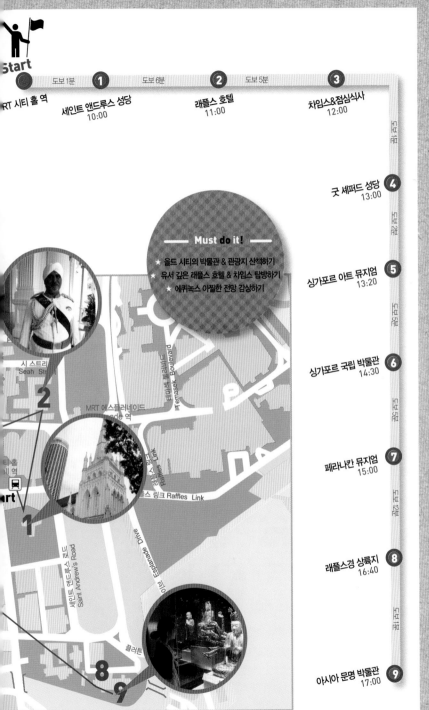

Start

도보 1분 ① 세인트 앤드루스 성당
10:00

도보 6분 ② 래플스 호텔
11:00

도보 5분 ③ 차임스&점심식사
12:00

RT 시티 홀 역

④ 굿 셰퍼드 성당
13:00

Must do it !

★ 올드 시티의 박물관 & 관광지 산책하기
★ 유서 깊은 래플스 호텔 & 차임스 탐방하기
★ 에퀴녹스 아찔한 전망 감상하기

⑤ 싱가포르 아트 뮤지엄
13:20

⑥ 싱가포르 국립 박물관
14:30

⑦ 페라나칸 뮤지엄
15:00

⑧ 래플스경 상륙지
16:40

⑨ 아시아 문명 박물관
17:00

시 스트리
Seah Stre

MRT 에스플러네이드 역
Esplanade 역

래플스 링크 Raffles Link

세인트 앤드류스 로드
Saint Andrew's Road

Esplanade Drive

플러튼

도보 1분
도보 2분
도보 5분
도보 5분
도보 12분
도보 1분

① ②

로쳐 로드 Rochor Road

MRT 프롬네이드 역
Promenade 역

선텍타워 3

선텍타워 4

밀레니아 워크 Ⓢ
Millenia Walk

텔레미드
비치 로드

Ⓗ 판 퍼시픽
Pan Pacific
Singapore

선텍타워 2

선텍타워 1

선텍타워 5

선텍시티 몰
Suntec City Mall

마리나 만다린 Ⓗ
Marina Mandarin

만다린 오리엔탈 호텔 Ⓗ

마칸수트라
글루통스 베이 호커 센터
Makansutra Gluttons Bay

에스플레네이드
Esplanade Theaters
On the Bay

에스플레네이드 피아로드

팜 비치 시푸드
Merlion Park

멀라이언 파크

팜 비치 시푸드 Ⓡ
Palm Beach Seafood

버터 팩토리 Ⓝ
BUTTER FACTORY

챈 이잉 하우스
Mint Museum of Toy

민트 전세계 박물관

로쳐 로드

싱가포르

판 퍼시픽

텐산 로드

테마섹 블러바드
Temasek Boulevard

테마섹 링크

마리나 스퀘어 Ⓢ
Marina Square

전망가렴관

Ⓡ 자이 타이 Jai Thai
Ⓡ 나우미 Naumi

파크스 Fynn's Ⓐ

MRT 에스플레네이드 역 Ⓒ
Esplanade 역

Ⓕ

Ⓑ
Ⓓ
Ⓔ

래플스 링크 Raffles Link

시티 링크 몰
City Link Mall

래플스 시티 쇼핑센터
Raffles City Mall

Saveor Restaurant
쉐이버 레스토랑 Ⓡ

푸비스 스트리트 Purvis Street
Gunther's

시 스트리트 Seah Street

Ⓡ

Ⓡ

래플스 호텔
Raffles Hotel Ⓗ

시티라운드 스탬포드 Ⓗ
Swissotel The Stamford

패드
Padang

파당

비치 로드 Beach Road

세인트 앤드루스 성당 Ⓗ
Saint Andrew's Cathedral

내셔널 갤러리 싱가포르
National Gallery Singapore

래플스풍 상륙지

Ⓗ 인터컨티넨탈 호텔
간다우

노스 브릿지 로드
North Bridge Road

빅토리아 스트리트
Victoria Street

스탬포드 로드

스탬포드 로드 Stamford Road

아르메니안 처치
Armenian Church

Ⓗ 그랜드 파크 시티 홀
Grand Park City Hall

Ⓗ
페닌술라 엑셀시어
Peninsula Excelsior Hotel

풀러턴 로드 Fullerton Road

아시안 문명 박물관
Asian Civilisations Museum

보트하우스 Ⓝ
앤 포웰로드

풀러턴 호텔 Ⓗ

이도치니
MRT
Museum

래플스 플레이스

더 아츠 하우스
The Arts House

싱가포르강 상류지

팀버 앳 더 Ⓝ
Timbre @ The
Arts House

챠임스
Chijmes

칼톤 호텔
Carlton
Hotel Ⓗ

래플스 시티

바사 로드 Bras Basah Road

MRT 시티홀 역 Ⓒ
City Hall 역

Ⓐ

Ⓗ 시티 홀

Ⓑ

퍼맨트 호텔 Ⓗ
Fairmont Hotel

퍼난 디지털 몰
Funan DigitaLife Mall

The Arts House

미들 로드 Middle Road

Ⓗ 그랜드 퍼시픽 호텔
Grand Pacific Hotel

앨버트 호텔 Ⓗ
카펜즈 Ⓗ
암즈 호텔

브라스 바사 스트리트

성 요셉 성당
St. Joseph's Church

국립 도서관

Ⓢ 일루마
Illuma

퀸 스트리트 Queen Street

Ⓗ

Ⓐ

Ⓡ

Ⓗ 성 셰퍼드 성당
Cathedral of the
Good Shepherd

Ⓑ

아르메니안 스트리트
Armenian Street

페라나칸 뮤지엄
Peranakan
Museum

Ⓗ 호텔 아이비스 Singapore on Bencoolen
Hotel Ibis Singapore
on Bencoolen

포츈 센터
Fortune Centre

동 카페 Ⓡ
Dome Cafes

왈란드 스트리트 Waterloo Street

싱가포르
아트 뮤지엄

Ⓓ

Ⓔ

MRT 브라스 바사 역
Bras Basah

Ⓒ

스탬포드 로드

콜맨 스트리트 Coleman Street

미카 빌딩
MIKA Building

중앙 소방서

싱가포르 우표 박물관
Singapore Philatelic
Museum

벤쿨렌 스트리트 Bencoolen Street

선샤인 플라자
Sunshine Plaza

MRT 벤쿨렌 역
Bencoolen 역

싱가포르 국립 박물관
National Museum
of Singapore

포트 캐닝 터널
Fort Canning Tunnel

포트 캐닝 파크
Fort Canning Park

Ⓗ 호텔 포트 캐닝
Hotel Fort Canning

더 글라스 하우스 Ⓡ
The Glass House

포트 캐닝 로드 Fort Canning Road

리버 밸리 로드 River Valley Road

파크 몰
Park Mall

리버사이드 포인트 방면

오차드 로드 방면

뉴브리지 로드 스트리트 방면

N

페라나칸 뮤지엄
Peranakan Museum

래플스 시티 쇼핑센터
Raffles City Shopping Center

페어몬트 호텔
Fairmont Hotel

F

아르메니안 처치
Armenian Church

스위소텔 스탬퍼드 호텔
Swissotel
The Stamford
A
H

G

MRT 에스플러네이드
Esplanade 역

A

그랜드 파크 시티 호텔
Grand Park City Hotel
H

B
C

C

페닌슐라 플라자
Peninsula Plaza

MRT 시티 홀 역
City Hall 역

스탬퍼드 로드 Stamford Road

E
D

B

페닌슐라 쇼핑 센터
Peninsula
Shopping Center **S**

세인트
앤드루스 성당
St. Andrew's
Cathedral

싱가포르
레크리에이션 클럽
Singapore
Recreation Club

시티링크 몰
City Link Mall

원 래플스 링크
One Raffles Link
S

페닌슐라 엑셀시어 호텔
H Peninsula Excelsior Hotel

푸난 디지털라이프 몰
Funan DigitaLife Mall **S**

아델피
The Adelphi **S**

파당
Padang

에스플러네이드 몰
Esplanade Mall

하이 스트리트 센터
High Street Centre

대법원
Supreme Court

에스플러네이드
Esplanade
Theaters on The Bay

S

더 리버워크
The Riverwalk

내셔널 갤러리 싱가포르
National Gallery Singapore

마칸 수트라
글러턴스 베이 호커센터
Makansutra Gluttons Bay **R**

국회의사당
Parliament House

싱가포르 크리켓 클럽
Singapore Cricket Club

에스플러네이드
야외 공연장

클락 키
방향

더 아트 하우스
The Art House

팀버
N Timbre
@The Arts House

빅토리아 극장
Victoria Theatre

1919 워터보트 하우스
1919 Waterboat House

마리나 베이
Marina Bay

5 풋웨이 인
5 footway inn
Project Boat
Quay

래플스경
상륙지

리버 크루즈 선착장
River Cruise Taxi

N

멀라이언 파크
Merlion Park

싱가포르 리버
Singapore River

아시아 문명 박물관
Asian Civilisations
Museum

인도차이나 **N**
Indochine

플러튼 호텔
H The Fullerton Hotel

팜 비치 시푸드
R Palm Beach Seafood

댈러스 레스토랑 & 바
Dallas Restaurant & Bar

N

메이뱅크
타워스
Maybank
Towers

제이드 **R**
Jade

원 플러튼
One Fullerton

오버 이지
R Over Easy

더 코트야드
The Courtyard

UOB 빌딩
UOB Building

뱅크 오브 차이나
Bank of China

스타벅스
R Starbucks

N

169

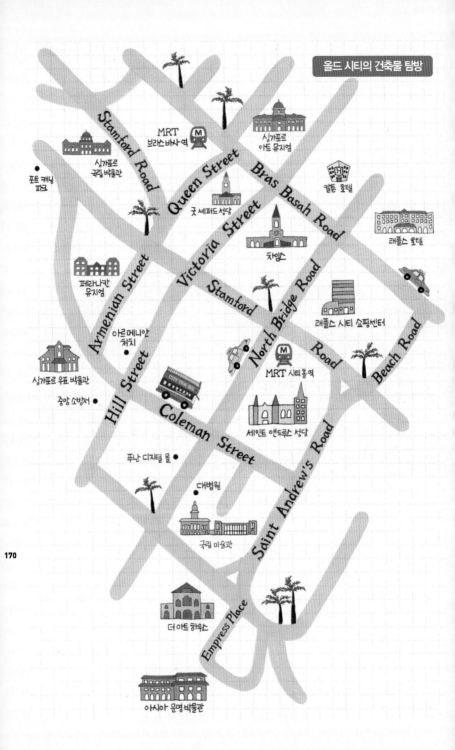

올드 시티의 건축물 탐방

올드 시티는 그 어느 지역보다 많은 박물관과 건축물, 성당 등의 관광거리가 집중적으로 모여 있는 곳이다. MRT 시티 홀 역 부근에서부터 싱가포르 강 주변으로 분포되어 있으며 자연스럽게 루트가 이어지니 편한 신발을 신고 도보로 이동하며 둘러보자.

차임스 Chijmes

주소 30 Victoria Street, Singapore **전화** 6337-7810 **홈페이지** www.chijmes.com.sg **운영** 매일 11:00~23:00(매장에 따라 다름)
가는 방법 MRT City Hall 역 B번 출구에서 래플스 시티 쇼핑센터를 지나 도보 3~5분 Map.P168-B1

스 야외 바 & 레스토랑

차임스

차임스의 밤

1850년대에 세워진 고딕 양식의 아름다운 건축물로, 130여 년 동안 가톨릭 수도원과 고아원으로 사용됐다. 지금도 아름다운 예배당은 웨딩 홀로 사랑받고 있다. 과거의 역사가 배어 있는 건축물을 잘 보존하면서도 현대적으로 끌어올리는 데 천부적인 소질이 있는 싱가포르는 오래된 이 수도원을 근사한 핫 플레이스로 변신시켰다. 현재는 유명 레스토랑과 펍, 바가 모여 있어 식도락과 나이트라이프를 즐길 수 있는 싱가포르의 명소가 됐다. 특히 해가 지고 저녁이 되면 한층 드라마틱하게 변신한다. 중앙광장에 모여 있는 노천 바는 맥주나 와인을 즐기는 사람들로 활기를 띠며 은은한 조명을 받은 차임스는 더욱 멋지게 빛난다.

Leely Say

차임스, 식도락과 나이트라이프를 한 방에!

맛과 멋을 모두 누릴 수 있는 차임스는 훌륭한 레스토랑과 근사한 바가 많기로 유명합니다. 최고의 광둥 요리점으로 손꼽히는 레이 가든 Lei Garden, 일본식 BBQ 전문점 규카쿠 牛角 외에 맛있는 한식당 서울도 있답니다. 분위기 좋은 와인 바와 왁자지껄한 펍들도 많아서 밤이면 더 로맨틱하게 변신하는데요. 꽤 넓은데도 저녁에는 빈자리가 없을 만큼 꽉 들어찹니다. 나이트라이프 스폿 중에는 와인을 격식 없이 즐길 수 있는 와인 바 라 케이브 LA Cave, 시원한 맥주를 즐기기 좋은 해리스 바 Harry's Bar, 분위기 좋은 인솜니아 Insomnia 등이 있으니 차임스에서의 밤을 놓치지 마세요!

라 케이브

레이 가든

싱가포르 국립 박물관 National Museum of Singapore

주소 93 Stamford Road, Singapore **전화** 6332-3659
홈페이지 www.nationalmuseum.sg **운영** 10:00~19:00
입장료 일반 S$15, 18세 이하 학생·어린이 S$10, 6세 미만 무료 **가는 방법** MRT Bras Basah
역 또는 MRT Bencoolen 역에서 도보 4분 Map.P168-A1

싱가포르 국립박물관

싱가포르에서 가장 오래된 국립박물관으로 1949년 개관했다. 래플스경 상륙, 영
국·일본 식민지 시대, 독립, 발전 과정 등 싱가포르의 근현대사를 이해하기 쉽게
정리해 놓은 곳이다. 역사관 및 생활관에서는 3차원으로 재구성한 20개의 축소 모
형과 최신식 멀티미디어를 이용해 싱가포르의 개발에서부터 비약적인 발전을 이
룬 현재까지의 역사와 사건들을 보여주고 있다. 또한 50여 년에 걸쳐 수집한 아름
다운 보석, 페라나칸의 생활과 전통 문화에 관련된 자료도 감
상할 수 있다. 2층의 싱가포르 리빙 갤러리는 오후 6시와
8시에는 무료로 개방된다.

콜로니얼풍의 내부

전시관

아시아 문명 박물관 Asian Civilizations Museum

주소 1 Empress Place, Singapore **전화** 6332-7798 **홈페이지** www.acm.org.sg
운영 토~목요일 10:00~19:00, 금요일 10:00~21:00 **입장료** 일반 S$20, 학생·어린이 S$15(금요일 19:00~21:00
입장 시 일반 S$10, 학생·어린이 S$7.50) **가는 방법** MRT Raffles Place 역에서 도보 5분. 플러튼 호텔 건너편에
있다. Map.P168-C2

중국 문화 체험

싱가포르의 3대 국립박물관 중 한 곳으로 싱가포르는 물론 동남아시아·서아시아·중국에 이
르는 전반적인 아시아 역사와 문화에 대해서 소개하고 있다. 1층부터 3층까지 총 11개의 전시관으로
구성돼 있으며, 1300개가 넘는 전시품을 감상할 수 있다. 작은 어촌마을이었던 과거의 사진과 자료들을 보면 싱가포
르가 강가를 중심으로 발전한 역사를 쉽게 이해할 수 있다.

아시아 문명 박물관

전시실

래플스 호텔 Raffles Hotel

주소 1 Beach Road, Singapore **전화** 6337-1886 **홈페이지** www.raffles.com
가는 방법 MRT City Hall역 B번 출구에서 래플스 시티 쇼핑센터를 지나 도보 3~5분
Map.P168-B1

호텔 내부

래플스 호텔은 단순한 호텔이 아니라 싱가포르의 상징 중 하나며 싱
가포르 정부가 인정한 문화유산이기도 하다. 1887년 영국 식민지 시
대, 부호인 사키즈 형제가 세운 건축물로 콜로니얼 시대의 분위기가
고스란히 녹아 있다. 현재는 싱가포르를 대표하는 최고급 호텔로 엘
리자베스 테일러, 찰리 채플린, 마이클 잭슨, 〈달과 6펜스〉로 유명한
서머싯 몸 등 수많은 유명 인사가 이곳에서 묵었다. 꼭 호텔에 투숙
하지 않더라도 롱 바에서 원조 싱가포르 슬링을 한 잔 마시거나, 애
프터눈 티를 즐기며 호텔을 경험해보자(자세한 정보는 p.185 참고).

래플스 호텔

래플스경 상륙지 Sir Stamford Raffles Landing Site

가는 방법 MRT Raffles Place 역에서 도보 5분, 플러튼 호텔 건너편의 아시아 문명 박물관 옆에
있다. Map.P168-C2

이곳에는 싱가포르 건국의 아버지로 불리는 영국의 래플스경 동상이 서있다. 1819년 1
월 29일 래플스경이 처음 싱가포르에 상륙해서 발을 디딘 장소에 건립됐다. 당당한 모
습으로 팔짱을 끼고 서있는 동상 너머로 싱가포르의 근대화가 시작된 강이 흐르고, 마
천루들이 멋진 배경을 이룬다. 래플스경과 함께 기념사진 찍는 일도 잊지 말자.

래플스경 동상

민트 장난감 박물관 Mint Museum of Toy

주소 26 Seah Street, Singapore **전화** 6339-0660 **홈페이지** www.emint.com
운영 매일 09:30~18:30 **입장료** 일반 S$15, 어린이 S$7.50
가는 방법 MRT City Hall 역 B번 출구에서 노스 브리지 로드 North Bridge Road를 따라 직진, 래
플스 호텔을 지나서 시 스트리트에 있다. Map.P168-B1

이 모든 것을 어떻게 수집했을까 궁금해지는 장난감 박물관. 'Moment of
Imagination and Nostalgia with Toys'의 머리글자를 따서 MINT라는 이름을
갖게 된 이곳은 5층에 걸쳐 셀 수 없을 만큼 많은 장난감들을 진열해 놓았다. 수
집가 창 양 파가 40여 개국에서 모은 5만 개 이상의 장난감들이 전시되어 있다.
그중에는 희귀한 19세기의 장난감도 있고, 놀랄 만큼 비싼 아이템들도 많다. 수
집품들의 가치를 계산하면 약 500만 싱가포르달러에 달한다고 한다. 1층에서는
간단한 장난감을 기념품 삼아 구입할 수 있으며 루프탑 바, 레스토랑, 와인 바도
함께 운영 중이다.

전 세계에서 수집한 장난감 컬렉션

싱가포르 아트 뮤지엄 Singapore Art Museum (내부 수리로 인해 휴관 중)

주소 71 Bras Basah Road, Singapore **전화** 6332-3222 **홈페이지** www.singaporeartmuseum.sg
운영 매일 10:00~19:00(금요일은 21:00까지) **입장료** 일반 S$10, 어린이 S$5 **가는 방법** ①MRT Bras Basah 역에서 도보 2분 ②차임
스에서 굿 셰퍼드 성당을 지나 브라스 바사 로드를 따라 도보 2분 **Map.P168-A1**

돔 지붕 위에 십자가가 서있는 아름다운 건축물. 원래는 프랑스 사제 건
축가에 의해 지어진 싱가포르 최초의 가톨릭 학교였는데 재건축을 통해
아트 뮤지엄으로 변신했다. 3층 구조이며 13개의 갤러리에는 20세기 예
술사에서 두드러진 활약을 보였던 프랭크 스텔라, 로이 리히텐슈타인 등
의 작품을 포함해 6500개 이상의 미술 작품이 전시돼 있다. 아트 필름,
퍼포먼스, 사진전 등 다양한 전시회와 프로그램도 있어서 볼거리가 풍성
하다.

싱가포르 아트 뮤지

페라나칸 뮤지엄 Peranakan Museum (내부 수리로 인해 휴관 중)

주소 39 Armenian Street, Singapore **전화** 6332-7591 **홈페이지** www.peranakanmuseum.sg
운영 매일 09:00~19:00(월요일은 13:00부터, 금요일은 21:00까지) **입장료** 일반 S$13, 어린이 S$9
가는 방법 MRT City Hall 역 B번 출구에서 스탬퍼드 로드 Stamford Road를 따라 직진하다가 연결되는
아르메니안 스트리트에 있다. 총 도보 15분 **Map.P168-B2**

페라나칸 여성의 생활양식 소개

'페라나칸'이란 싱가포르로 이주해 온 중국인 남성이 말레이 여성과 결혼하면서
혼합된 문화를 일컫는다. 이곳은 싱가포르만의 독특한 문화인 페라나칸을 배우
고 이해할 수 있는 박물관으로 오래된 타오 난 학교 건물을 개조해 2005년 문을
열었다. 10개의 전시관에는 페라나칸의 유래와 혼례·여성·종교·음식 등과 관
련된 다양한 전시품이 있으며 이해하기 쉽게 구성되어 있다. 관람객을 위한 무료
전시 해설도 진행하고 있으며 페라나칸 소품들을 파는 기념품 숍도 있다. 페라
나칸 음식을 경험할 수 있는 레스토랑 트루 블루 True Blue도 운영한다.

페라나칸 뮤지엄 앞 동상

포트 캐닝 파크 Fort Canning Park

주소 51 Canning Rise, Singapore **전화** 6332-1302 **가는 방법** MRT Doby Ghaut 역에서 도보 5~8분 **Map.P168-A2**

1926년 영국군 막사로 건립됐는데 1820년대에는 래플스경이 주거지로 삼으면서 행정의 중
심지가 되었고, 제2차 세계대전 때는 요새로 사용하기도 했다. 아직도 언덕 곳곳에서 오래
된 성문, 대포 같은 유적과 유럽인들의 무덤을 발견할 수 있다. 현재는 아름다운 경치를 뽐
내는 공원으로 거듭나 시민들의 휴식처로 사랑받고 있다.
야외극장에서는 청소년들의 워크숍·공연이 열리기도 하며
공원 주변으로 더 글라스 하우스 The Glass House, 플루츠
앳 더 포트 Flutes at the Fort와 같은 레스토랑이 있어 싱
그러운 녹음 속에서 여유로운 식사를 즐길 수 있다.

휴식하기 좋은 공원

포트 캐닝 파크

싱가포르 우표 박물관
Singapore Philatelic Museum
(내부 수리로 인해 휴관 중)

주소 23-B Coleman Street, Singapore **전화** 6337-3888
홈페이지 www.spm.org.sg **운영** 10:00~19:00 **입장료** 일반
S$8, 학생·어린이 S$6 **가는 방법** ①MRT City Hall 역 B번
출구에서 콜맨 스트리트를 따라 도보 10분 ②페라나칸 뮤지엄
에서 콜맨 스트리트를 따라 도보 2분 **Map.P168-B2**

1995년에 문을 연 동남아시아 최초의 우표 박물관.
1830년대부터 수집한 각국의 다양한 우표와 자료들을
전시하고 있어 청소년, 어린이 단체들이 많이 찾아온다.
식민지 시대의 건축 양식을 그대로 사용하고 있어 이국
적이다.

르 우표 박물관

굿 셰퍼드 성당
Cathedral of the Good Shepherd

주소 31 Victoria Street, Singapore **전화** 6337-2036 **운영**
매일 07:00~18:00 **가는 방법** 빅토리아 스트리트 Victoria
Street의 차임스 맞은편에 있다. **Map.P168-B1**

1846년 신고전주의 양식으로 지어진 성당으로 아르메
니안 교회를 설계한 조지 콜맨의 제자 데니스 맥스위니
가 설계했다. 기품 있고 성스러운 분위기로 싱가포르에
서 유일하게 한국어로
미사를 드리는 곳이라
한국인들에게 더 특별
한 성당이다.

굿 셰퍼드 성당

내셔널 갤러리 싱가포르
National Gallery Singapore

주소 1 St Andrew's Road, Singapore **전화** 6271-7000
홈페이지 www.nationalgallery.sg
운영 토~목요일 10:00~19:00, 금요일 10:00~21:00
입장료 일반 S$20, 어린이 S$15
가는 방법 MRT City Hall 역에서 도보 10분 **Map.P168-B2**

싱가포르 최대 규모의 모던 아트 갤러리로 과거 대법원
과 시청사로 사용되던 건물을 멋진 미술관으로 꾸몄다.
동남아 현대미술을 중심으로 각 대륙의 시대별 작품들
을 다양하게 전시하고 있다. 내부에는 기념품숍과 레스
토랑도 다양한데 특히 6층에 위치한 스모크 & 미러스
Smoke&Mirrors는 멋진 전망을 볼 수 있는 명소이다.

내셔널 갤러리 싱가포르

세인트 앤드루스 성당
St. Andrew's Cathedral

주소 11 Saint Andrew's Road, Singapore **전화** 6337-6104
운영 매일 07:00~18:00 **가는 방법** MRT City Hall 역 B번 출구
에서 도보 2분 **Map.P168-B2**

1856년부터 7년 동안 인도인 죄수들을 동원해 세운 영
국 성공회 소속의 성당이다. 푸른 잔디 너머로 솟아있
는 하얀 건물이 고풍스럽고 아름답다. 성당 너머로는
고층 빌딩들이 서있어
더욱 상반된 풍경을 만
들어낸다.

고풍스러운 세인트 앤드루스 성당의 자태

올드 시티에는 대표적인 쇼핑몰 래플스 시티 쇼핑센터가 있다. MRT 시티 홀과 바로 연결되어 접근성이 좋으며 쇼핑은 물론 레스토랑도 알차게 입점해 있어 올드 시티에서 단순한 쇼핑몰 이상의 중요한 역할을 하고 있다.

래플스 시티 쇼핑센터 **Raffles City Shopping Center**

주소 252 North Bridge Road, Singapore **전화** 6338-7766 **홈페이지** www.rafflescity.com.sg **영업** 매일 10:00~22:00(매장에 따라 다름) **가는 방법** MRT City Hall 역에서 지하로 연결된다. **Map.P168-B1**

MRT 시티 홀 역에서 바로 연결되며 주변에서 가장 대표적인 쇼핑몰이다. 스위소텔 스탬퍼드 호텔, 페어몬트 호텔과도 이어져 탁월한 위치다. 지하 2층부터 지상 3층까지 폭 넓은 브랜드를 갖추고 있으며 영국계 백화점 로빈슨스가 입점해 함께 운영되는 복합적인 구조다. 럭셔리한 명품 브랜드보다는 한국인들에게 인기 있는 대중적인 브랜드가 주를 이루고 있어서 실속 있게 쇼핑을 즐길 수 있다. 인기 레스토랑, 카페, 푸드 코트도 있어 식도락에도 부족함이 없다. 특히 지하의 래플스 마켓 플레이스는 맛있기로 소문난 카페·레스토랑과 슈퍼마켓 등이 집중적으로 모여 있어 꼭 들러볼 만하다.

층	대표 인기 브랜드 *레스토랑·카페 & 기타
지하 1층	* 래플스 마켓 플레이스 Din Tai Fung, Bread Talk, Toast Box, Bibigo, MOS Burger, Out of the Pan, Skinny Pizza, Cedele, Canelé, Jasons Market Place(슈퍼마켓), 환전소
1층	agnés b., Levi's, COACH, Tommy Hilfiger, Aigner, BritishIndia, NineWest, FURLA, Steve Madden, Rolex *Brotzeit, Starbucks Coffee, McDonald's, Tokyo Deli Cafe, Godiva
2층	TOPSHOP / TOPMAN, MANGO, Marks & Spencer, ESPRIT, Warehouse, Nautica *Old Hong Kong Legend, SKII Boutique Spa(스파)
3층	Charles & Keith, Dressy *Food Junction(푸드 코트)

MANGO

래플스 시티 쇼핑센터

쇼핑몰 내부

TOPSHOP

올드 시티는 차임스나 래플스 호텔과 같이 역사적인 건축물 안에 레스토랑·카페들이 있어 관광과 식도락을 함께 즐길 수 있다. 미슐랭이 인정한 수준 높은 고급 레스토랑과 오랜 세월 동안 사랑받는 로컬 맛집들도 구석구석 숨어 있어 파인 다이닝과 로컬 푸드에 대한 욕구를 동시에 만족시켜준다.

잔 JAAN

주소 2 Stamford Road, Singapore **전화** 837-3322 **홈페이지** www.jaan.com.sg **영업** 런치 12:00~14:30, 디너 19:00~22:00 **휴무** 일요일 **예산** 런치 S$98~, 디너 S$268~ (+TAX&SC 10%) **가는 방법** MRT City Hall 역에서 연결되는 래플스 시티 쇼핑센터 옆, 스위소텔 더 스탬포드 호텔 70층 `Map.P168-B1`

잔의 코스 요리

아찔한 전망을 감상하면서 최상의 요리까지 즐길 수 있는 파인 다이닝 레스토랑. 미슐랭 1스타를 획득했으며, 싱가포르 요식업계에서 가장 영향력 높은 인물 중 한 명인 영국 출신의 Kirk Westaway가 수석 셰프로 있어 창조적인 요리를 선보인다.
런치의 경우 평일과 주말의 가격 차이가 있다. 평일 런치 4코스 세트 메뉴가 S$98부터 시작하고, 디너 8코스 세트 메뉴가 S$268이다. 제법 비싼 편이지만 수준 높은 요리를 맛볼 수 있어 미식가들에게 인기다. 70층 높이의 창 너머로 내려다보이는 마리나 베이의 전망이 압권이고, 1200여 조각의 유리로 만든 천장 오브제는 예술 작품처럼 아름답다. 방문 시 예약은 필수. 어느 정도 드레스 코드에 맞게 갖춰 입고 가는 매너도 필요하다.

레이 가든 ^{Lei Garden}

주소 Chijmes, #01-24, 30 Victoria Street, Singapore **전화** 6339-3822 **영업** 매일 런치 11:30~15:00, 디너 18:00~23:00 **예산** 딤섬 S$3.8~, 로스트 덕 S$22~, 로스트 포크 S$14.80, 샥스핀 수프 S$38(+TAX&SC 17%) **가는 방법** MRT City Hall 역 B번 출구에서 래플스 시티 쇼핑센터를 지나 도보 3~5분. 차임스 내에 있다. **Map.P168-B1**

레이 가든의 대표

유명한 중식당이 많은 싱가포르에서도 최고의 광둥 요리점을 논할 때 빠지지 않고 이름이 등장하는 곳이 레이 가든이다. 레이 가든은 50여 년 전 홍콩에서 시작됐고 싱가포르에 진출한 지는 15년째다. 현재 오차드 로드와 차임스에 2개의 레스토랑이 있으며 홍콩과 타이완, 중국에도 많은 분점이 있다. 아름다운 차임스 건물 내에 자리하고 있으며 우아한 분위기와 서비스, 그리고 무엇보다 탁월한 맛으로 호평을 받고 있다. 2개 층으로 되어 있는데 1층은 우아한 원탁 테이블이 고급스럽고 2층은 모두 프라이빗 룸이어서 모임을 하기에 안성맞춤. 다양한 광둥 요리를 선보이며 샥스핀 수프와 로스트 덕은 싱가포르 최고라는 평을 듣고 있다. 가볍게 즐기고 싶다면 딤섬을 먹자. 매일 오전 11시30분에서 오후 3시30분 사이에만 맛볼 수 있으며 비교적 저렴하게 즐길 수 있다.

우아한 내부

건더스 ^{Gunther's}

주소 #01-03, 36 Purvis Street, Singapore **전화** 6338-8955 **홈페이지** www.gunthers.com.sg
영업 월~토요일 런치 12:00~14:30, 디너 18:30~22:30 **휴무** 일요일
예산 런치 코스 S$38, 메인 메뉴 S$45~ (+TAX&SC 17%) **가는 방법** 래플스 호텔을 지나 퍼비스 스트리트에 위치한 얀타이 팰리스 옆에 있다. **Map.P168-B1**

Cold Angel Hair Pasta

2007년 개점과 동시에 각종 매거진에서 톱 레스토랑으로 수차례 선정되며 싱가포르 파인 다이닝 업계에서 단박에 상위 자리를 꿰찼다. 메인 셰프 Gunther Hubrechsen's가 지휘하는 모던 프렌치 레스토랑으로 프랑스 미슐랭 가이드 아시아 리스트에서 추천한 레스토랑인 만큼 맛에 대해서는 신뢰해도 좋다. 싱가포르 내에서도 최고의 프렌치 레스토랑으로 손꼽히는 곳이지만 고맙게도 가격이 비현실적으로 부담스러운 수준은 아니다. 특히 평일 런치 세트를 이용하면 S$38에 3코스 요리를 즐길 수 있다. 규모에 비해 인기가 너무 높으니 예약(온라인 예약 가능)은 필수!

메인 셰프 Gunther Hubrechsen's

건더스의 모던한 분위기

핀스 Fynn's

주소 26 Beach Road, #b1-21 South Beach Avenue, Singapore **전화** 6384-1878 **홈페이지** www.fynnsrestaurant.com **영업** 화~토요일 런치 11:00~15:00, 디너 18:00~22:00, 일요일 10:30~16:30 **휴무** 월요일 **예산** 샐러드 S$19~, 버거 S$22(+SC 10%) **가는 방법** MRT Esplanade 역에서 도보 1분, 사우스 비치 애비뉴 내에 위치 **Map.P168-B1**

화사한 인테리어, 트렌디한 분위기로 젊은이들 사이에서 인기를 얻고 있는 호주식 레스토랑. '호주식'을 내세운 만큼 건강한 식재료로 다양한 메뉴를 선보인다. 특히 홈메이드 파스타, 이베리코 포크, 램 찹 등이 인기다. 주말 (토 11:00~15:00, 일 10:30~16:30)에는 달콤한 팬케이크, 프렌치 토스트, 샐러드 같은 브런치를 맛볼 수 있다.

사브어 레스토랑 Saveur Restaurant

주소 #01-04, 5 Purvis Street, Singapore **전화** 6333-3121 **홈페이지** www.saveur.sg **영업** 런치 12:00~14:30, 디너 18:00~21:30 **예산** 덕 콩핏 S$14.90, 3코스 세트 런치 S$22.90, 3코스 세트 디너 S$29.90 **가는 방법** MRT City Hall 역에서 도보 10분. 퍼비스 스트리트에 위치 **Map.P168-B1**

거품이 쏙 빠진 가격에 수준 높은 요리를 즐길 수 있어 미식가들 사이에서 호평을 받고 있는 레스토랑. 맛집 많은 퍼비스 스트리트에 위치하고 있으며 식사 시간이면 빈자리를 찾아보기 힘들 만큼 인기 있다. 베스트셀러 메뉴 덕 콩핏 (Duck confit)은 겉은 바삭하고, 안은 야들야들한 오리 요리로 부드러운 매시 포테이토와 함께 나온다. 사브어 파스타 (Saveur Pasta)는 이곳을 찾는 손님들 열에 아홉은 주문하는 대표 메뉴로 S$5가 안 되는 착한 가격에 맛있게 먹을 수 있다. 얇고 탱글탱글한 파스타 면발과 오일리한 소스 맛의 조화가 일품이다. 양이 다소 적은 편이라 애피타이저 개념으로 시켜먹어도 좋다. 가격이 부담 없어서 넉넉하게 시켜서 미식을 즐겨보자.

덕 콩핏

래플스 시티 쇼핑센터 마켓 플레이스
Raffles City Shopping Centre Market Place

주소 252 North Bridge Road, Singapore **전화** 6338-7766 **홈페이지** www.rafflescity.com.sg **영업** 매일 10:00~22:00(매장에 따라 다름) **가는 방법** MRT City Hall 역에서 연결되는 래플스 시티 쇼핑센터 지하 1층에 있다. Map.P168-B1

지하 1층의 마켓 플레이스

세인트 마르크 카페

인기 딤섬 레스토랑 딘타이펑

어느 쇼핑몰이나 레스토랑과 카페들이 입점해 있지만 래플스 시티 쇼핑센터는 조금 더 특별하고 알차다. 패스트푸드부터 달콤한 디저트 카페, 알짜배기 맛집과 슈퍼마켓까지 다양한 나라의 먹거리들이 한바구니에 듬뿍 담긴 종합선물세트와도 같은 곳이다.

대표적인 맛집들을 추천하자면 먼저 딘타이펑 Din Tai Fung. 최고의 샤오롱바오로 유명하며 맛있는 딤섬과 누들도 한 끼 식사로 든든하다. 다양한 일식 요리를 선보이는 와타미 WATAMI는 덮밥·롤·소바 등 식사로 먹기 좋은 메뉴가 많다. 한국에서도 인기를 끈 비빔밥 전문점 비비고 Bibigo도 있으니 한식이 그립다면 찾아가보자. 쫄깃한 식감과 달콤함으로 유명한 생 초콜릿 브랜드 로이스 Royce, 달콤한 초콜릿이 들어간 크루아상과 일본식 디저트로 인기를 끌고 있는 세인트 마르크 카페 St. Marc Cafe에서 커피와 디저트를 먹으며 쉬어가기도 좋다. 그 외에도 야쿤 카야 토스트, 브레드 토크, 모스 버거 등 인기 체인점들이 알차게 입점해 있으니, 입맛대로 골라보자.

세인트 마르크 카페의 초코 크

자이 타이 Jai Thai

주소 An Chuan Building, #01-01, 27 Purvis Street, Singapore **전화** 6336-6908 **홈페이지** www.jai-thai.com **영업** 매일 07:00~22:30 **예산** 똠얌꿍 S$6~, 팟타이 S$5~, 그린 커리 세트 S$6.80~(+TAX&SC 17%) **가는 방법** 래플스 호텔을 지나 퍼비스 스트리트 중간 지점에 있다. Map.P168-B1

맛있는 태국 음식을 합리적인 가격에 맛보고 싶다면 이곳을 추천한다. 자이 타이는 1960년대에 방콕에서 시작된 레스토랑이며 주인의 딸이 1999년 싱가포르에 처음으로 개점했다. 현재는 싱가포르에 총 3개의 분점이 있는데, 규모는 작지만 내공 있는 맛으로 태국 음식 마니아들에게 열렬한 지지를 받고 있다. 태국 사람들이 사랑하는 똠얌꿍 Tomyum Prawn은 시큼하면서도 얼큰한 오묘한 맛인데, 한번 맛을 들이면 빠져드는 중독성이 있다. 이곳의 똠얌꿍은 진한 맛이 일품이다. 태국의 국민 국수요리인 팟타이는 달콤하면서도 라임의 새콤한 맛이 우리 입맛에도 잘 맞는다.

아담한 내부

팟타이

올드 시티의 나이트라이프

Nightlife

올드 시티는 본격적인 나이트라이프를 즐기는 지역이 아니라서 나이트 스폿의 수는 적지만 퀄리티는 떨어지지 않는다. 바 루즈 싱가포르와 같이 싱가포르에서도 최고의 나이트 스폿으로 손꼽히는 멋진 바가 있고 싱가포르 슬링이 탄생한 롱 바도 있다. 차임스는 펍과 바가 모여 있어 로맨틱한 저녁을 보낼 수 있으며, 싱가포르 강가에서 라이브 음악을 들으며 야경을 감상할 수 있는 팀버 앳 더 아트 하우스도 핫 플레이스다.

바 루즈 싱가포르 Bar Rouge Singapore

주소 71F Swissôtel The Stamford, 2 Stamford Road, Singapore **전화** 9177-7307 **홈페이지** www.equinoxrestaurant.com.sg **영업** 17:00~03:00 **예산** 1인당 S$25~30(+TAX&SC 17%) **가는 방법** MRT City Hall 역에서 바로 연결되는 래플스 시티 쇼핑센터 옆 건물인 스위소텔 스탬퍼드 호텔 71층에 있다. 호텔 로비 왼쪽에 있는 에퀴녹스 레스토랑 엘리베이터를 이용해 입장한다. Map.P168-B1

바 루즈 싱가포르

싱가포르에서 가장 높은 위치에서 멋진 전망을 감상하며 나이트라이프를 즐길 수 있는 곳이다. 아찔할 만큼 높은 71층에 위치하고 있어 유리 너머로 화려한 싱가포르 야경을 볼 수 있다. 쿨한 음악과 함께 칵테일 한잔을 즐기기에 더없이 좋다.

요일마다 조금씩 다른 이벤트가 열리는데, 목요일 밤 10시부터 1시까지는 여성 손님에게 무료 음료가 제공된다. 목~토요일은 입장료(22:30 이후 입장료 S$25, 음료 한잔 포함)가 별도로 있으나 22:30 전에 방문하면 입장이 무료다. 호텔 내에 있는 바인 데다 분위기도 세련된 곳이니 너무 간편한 옷 차림보다는 어느 정도 제대로 차려입고 가는 센스가 필요하다. 마리나 베이 샌즈부터 에스플러네이드, 싱가포르 강변까지 대표 명소가 파노라마처럼 펼쳐지는 이곳에서 칵테일 한 잔과 함께 싱가포르의 밤을 만끽해보자.

롱 바 Long Bar

주소 2F Raffles Hotel, 1 Beach Road, Singapore **전화** 6337-1886 **홈페이지** www.raffles.com **영업** 월~목 · 일요일 11:00~00:30, 금 · 토요일 11:00~01:30 **예산** 싱가포르 슬링 S$31, 칵테일 S$25 (+TAX&SC 17%) **가는 방법** MRT City Hall 역 B번 출구에서 래플스 시티 쇼핑센터를 지나 도보 3~5분. 191 래플스 호텔 2~3층에 있다. Map.P168-B1

오리지널 싱가포르 슬링

롱 바 내부

싱가포르의 심벌이 된 싱가포르 슬링이 바로 이곳 롱 바에서 탄생했다. 래플스 호텔만큼이나 유명한 롱 바에는 원조 싱가포르 슬링을 맛보기 위해 전 세계에서 여행자들이 찾아온다. 문을 열고 바 안으로 들어가면 먼저 클래식한 기품이 느껴진다. 다음으로 눈길을 끄는 것은 바닥에 아무렇게나 버려져 있는 땅콩 껍질들. 테이블에 놓여 있는 땅콩을 먹으면서 바닥에 그냥 버리는 것이 이곳만의 재미있는 룰이다. 싱가포르 슬링은 진을 기본으로 체리 브랜디와 레몬 주스 등을 혼합한 칵테일인데, 고운 핑크빛만큼 맛도 달콤하다.

팀버 앳 더 아트 하우스 Timbre@The Arts House

팀버의 야외 좌석

야경이 근사한 팀버

주소 #01-04, 1 Old Parliament Lane, Singapore **전화** 6336-3386 **홈페이지** www.timbre.com.sg **영업** 월~목요일 18:00~01:00, 금·토요일 18:00~02:00 **휴무** 일요일 **예산** 샐러드 S$12~, 피자 S$16~, 맥주 S$11~(+TAX&SC 17%) **가는 방법** 아시아 문명 박물관에서 도보 2분. 래플스경 상륙지 동상 뒤편에 있다. **Map.P168-B2**

춤을 추는 클럽보다는 흥거운 음악을 감상하며 싱가포르의 밤을 만끽할 만한 곳을 찾는다면 팀버로 가자. 팀버는 싱가포르에서 알아주는 라이브 뮤직 바로 요일별로 정해진 밴드가 나와서 신나는 음악을 연주한다. 3곳에 분점이 있는데 특히 이곳은 싱가포르 강을 바로 마주하고 있어 강바람을 맞으며 화려한 야경을 배경으로 음악을 감상할 수 있다. 오후 6시부터 9시까지는 해피 아워로 조금 더 저렴하게 술을 즐길 수 있으며 요일별로 다양한 프로모션도 진행한다. 평일에는 오후 8시15분쯤부터, 주말에는 오후 9시30분부터 약 3시간에 걸쳐 라이브 공연이 펼쳐진다. 당일 연주하는 밴드와 스케줄은 홈페이지를 통해 확인할 수 있다.

브로자이트 Brotzeit

주소 Raffles City Shopping Centre, #01-17, 252 North Bridge Road, Singapore **전화** 6883-1534 **홈페이지** www.brotzeit.co **영업** 월~목·일요일 12:00~24:00, 금·토요일 12:00~01:00 **예산** 소시지 S$9.50, 샐러드 S$9.50~, 맥주 S$6.10~(+TAX&SC 17%) **가는 방법** MRT City Hall 역에서 바로 연결되는 래플스 시티 쇼핑센터 바깥에 있다. **Map.P168-B1**

정통 독일식 맥주와 소시지를 맛볼 수 있는 곳으로 맥주 애호가라면 필수 코스. 주로 싱가포르에 거주하는 유럽인들이 단골인데, 평일 낮에도 진한 독일 맥주와 함께 식사를 즐기려는 사람들로 북적인다. 메뉴판에는 10가지가 넘는 맥주의 특징과 도수 등이 자세히 나와 있다. 맥주 한잔에 가볍게 곁들일 안주부터 든든한 식사까지 음식 메뉴도 다양하다. 탱탱한 소시지, 독일식 족발 요리인 슈바인스학세 Schweinshaxe도 제대로 맛볼 수 있다. 맥주 가격은 시간대별로 세 가지로 나뉘는데 오후 5시까지가 가장 저렴하게 마실 수 있는 해피 아워다. 비보 시티, 313@서머셋 쇼핑몰에도 지점이 있다.

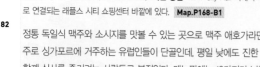
독일 정통 족발 요리인 슈바인스학세 Schwein

브로자이트

맛있는 거리
퍼비스 스트리트

Walking on the Streets of Purvis

직진해서 걸으면 5분 남짓이면 통과할 수 있는 이 작은 골목은 얼핏 보면 평범한 거리에 지나지 않지만 독특한 매력을 지니고 있다. 싱가포르의 최고 파인 다이닝으로 손꼽히는 레스토랑과 싱가포르 S$5 남짓이면 한 끼 식사를 해결할 수 있는 로컬 레스토랑이 섞여 어깨를 마주하고 이어지는 것이다. 특히 로컬 식당들은 하나같이 치킨라이스를 내세워서 마치 치킨라이스 스트리트 같은 기분도 든다. 가격을 떠나 일단 음식들이 맛있으니 식도락을 추구하는 미식가라면 이곳을 꼭 방문해보자. Map.P168-B1

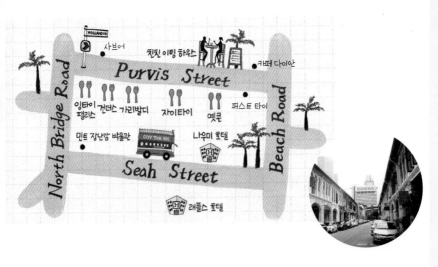

가리발디 Garibaldi

주소 Talib Centre, #01-02, 36 Purvis Street, Singapore **전화** 6337-6819 **홈페이지** www.garibaldi.com.sg
영업 매일 런치 12:00~15:00, 디너 18:30~23:00 **예산** 파스타 S$28~, 런치 코스 S$39(TAX&SC 17%)
가는 방법 퍼비스 스트리트의 레스토랑 건더스 옆에 있다.

권위 있는 각종 상을 수상한 경력을 자랑하는 로베르토 갈레티 셰프가 지휘하는 이탈리안 레스토랑. 이웃하고 있는 프렌치 레스토랑 건더스와 함께 가리발디그룹의 대표 레스토랑이기도 하다. 품격 있는 분위기와 음식 맛, 서비스가 명성에 걸맞게 수준급이어서 만족도가 높으며 파스타와 리조토의 맛이 일품. 코스 요리를 원한다면 런치 세트를 추천, 3코스를 S$39에 즐길 수 있다.

가리발디

잉타이 팰리스 Yhingthai Palace

주소 Talib Centre, #01-04, 36 Purvis Street, Singapore **전화** 6337-1161 **홈페이지** www.yhingthai.com **영업** 매일 런치 12:00~14:30, 디너 18:00~21:00 **예산** 똠양꿍 S$6~, 타이 커리 S$15~(TAX&SC 17%) **가는 방법** 퍼비스 스트리트의 레스토랑 건더스 옆에 있다.

태국 음식 마니아라면 놓쳐서는 안 될 태국 요리의 천국이다. 파인애플에 볶음밥이 담겨 나오는 Khao Ob Supparot, 맛있는 볶음 국수 Kuay Teow Phad See Eu는 태국 음식 초보자가 먹어도 맛있는 추천 메뉴. 달콤한 망고와 찰밥이 함께 나오는 Khao Neow Ma Muang도 별미다.

옛콘 Yet Con

주소 25 Purvis Street, Singapore **전화** 6337-6819 **영업** 매일 10:00~22:00 **예산** 1인당 S$7~10
가는 방법 퍼비스 스트리트의 레스토랑 자이 타이 옆에 있다.

퍼비스 스트리트에는 쟁쟁한 치킨라이스 맛집들이 모여 있는데 그중에서도 옛콘은 가히 레전드라 할 만하다. 1970년대부터 치킨라이스 외길을 걸어온 곳으로 겉모습은 허름하지만 언제 가도 빈 테이블 찾기가 힘들 정도로 인기가 높아 웨이팅은 필수. 연신 치킨라이스를 자르는 달인 아저씨의 모습이 인상적이다. 스팀 치킨라이스는 보드랍고 고소한 맛이 기가 막힌다.

옛콘

친친 이팅 하우스 Chin Chin Eating House

주소 19 Purvis Street, Singapore **전화** 6337-4640 **영업** 매일 07:00~21:00 **예산** 1인당 S$8~15(+TAX&SC 17%) **가는 방법** 퍼비스 스트리트의 레스토랑 옛콘 건너편에 있다.

간판 메뉴인 치킨라이스를 비롯해 하이난 스타일의 로컬 푸드를 부담 없이 먹을 수 있는 소박한 식당이다. 특히 로스트 치킨라이스가 맛있기로 유명하며 시푸드·미트·누들 등 종류별로 메뉴가 다양한 편이라 여럿이 함께 푸짐하게 식사를 하면 더 좋다.

친친 이팅 하우스

건더스 Gunther's

주소 #01-03, 36 Purvis Street, Singapore **전화** 6338-8955 **홈페이지** www.gunthers.com.sg
영업 월~토요일 런치 12:00~14:30, 디너 18:30~22:30 **휴무** 일요일
예산 1인당 S$40~100(+TAX&SC 17%) **가는 방법** 퍼비스 스트리트의 레스토랑 잉타이 팰리스 옆에 있다.

싱가포르 최고의 파인다이닝 레스토랑을 논할 때 빠지지 않고 등장하는 곳이 바로 건더스. 벨기에 태생 셰프 Gunther Hubrechsen's가 선보이는 모던 프렌치 퀴진으로 많은 인기를 끌고 있다. 미슐랭 가이드는 물론 월드 베스트 레스토랑 100선, 아시아 최고의 레스토랑 20 등 각종 어워드에 선정되기도 했다. 이쯤 되니 싱가포르 현지인들뿐만 아니라 퍼비스를 찾는 여행자들의 필수 코스가 되고 있다.

시크한 내부 인테리어

파인애플 타르트

Raffles Hotel

전통이 살아 숨 쉬는,
래플스 호텔로의 초대

주소 1 Beach Road, Singapore **전화** 6337-1886 **홈페이지** www.raffles.com

가는 방법 MRT City Hall 역 C번 출구에서 래플스 시티 쇼핑센터를 지나 도보 3~5분 **Map.P168-B1**

단순히 호텔이라는 말로는 설명이 부족한 곳. 래플스 호텔은 싱가포르 정부가 인정한 '문화유산'으로 싱가포르를 대표하는 관광지 역할을 톡톡히 하고 있다. 싱가포르 최초의 호텔로서 1887년 영국 식민지 시대 때 비치에 지은 10개의 방갈로에서 시작해 지금의 화려한 래플스 호텔로 발전했다. 120여 년의 역사를 간직한 래플스 호텔은 그동안 다녀간 유명 인사들이 수두룩하다. 마이클 잭슨, 리키 마틴, 정글북의 작가 키플링, 〈달과 6펜스〉로 유명한 서머싯 몸이 머물렀으며 우리나라의 전두환 전 대통령도 다녀갔다. 영화배우로는 찰리 채플린, 엘리자베스 테일러, 에바 가드너 등 이름만 대면 알 만한 특급 스타들이 머물렀으며 그들의 이름을 따서 만든 객실도 12개나 있다.

호텔에 머무는 투숙객보다는 이 유명한 호텔을 구경하려는 관광객들로 늘 북적인다. 호텔은 총 103개 객실이 모두 스위트 룸으로 이루어져 있으며 푸른 정원을 배경으로 고풍스러운 콜로니얼풍 건축물이 어우러져 우아함이 흘러넘친다. 객실료가 매우 비싸고 또 최근에 문을 연 특급 호텔들과 비교하면 부대시설이나 최신 설비는 부족하지만 역사가 녹아있는 클래식 호텔에서 특별한 하룻밤을 보내고 싶은 여행자라면 머무를 만한 가치가 있다.

래플스 둘러보기

호텔에 투숙하지 않더라도 래플스를 즐길 수 있다. 호텔 정문을 지키는 위풍당당한 도어맨 아저씨와 기념 촬영을 하고 엠파이어 카페에서 식사를 한 뒤 아케이드에서 윈도 쇼핑을 즐기고 티핀 룸에서 느긋하게 애프터눈 티를 먹으며 래플스를 누려보자.,

래플스 호텔 박물관 Raffles Hotel Museum

운영 매일 10:00~19:00

호텔이 처음 지어질 때부터 현재까지의 사진, 소소한 그림엽서, 각종 트로피와 상장들을 한곳에 모아 전시하고 있어 래플스 호텔의 역사와 전통을 한눈에 볼 수 있다. 래플스 호텔 3층에 있으며 오전 10시부터 오후 7시까지 무료로 관람이 가능하다.

아케이드 Arcade

래플스 호텔로 향하는 길에는 래플스와 어울리는 고급 부티크가 줄줄이 이어진다. 앤티크 가구와 소품을 파는 숍들과 Tiffany&Co., Louis Vuitton, Jim Thomson 등 고급 브랜드의 부티크들을 볼 수 있으며 래플스 호텔에 관련된 다양한 기념품을 파는 래플스 호텔 숍도 재미삼아 들러볼 만하다.

롱 바 스테이크하우스 Long Bar Steakhouse

영업 매일 런치 12:00~14:30, 디너 18:30~21:30 **예산** 1인당 S$60~

스테이크를 전문으로 하는 레스토랑. 래플스의 레스토랑답게 앤티크한 가구와 소품들로 꾸며 분위기가 고상하고 클래식하다. 런치에는 타파스 세미 뷔페가 차려지는데 간단한 애피타이저·샐러드·디저트가 준비되어 있으며 메인을 따로 주문하여 뷔페와 함께 즐길 수 있다. 가격대가 높은 편이지만 뛰어난 맛과 명성으로 골수 팬들이 많다.

시 스트리트 델리 Seah Street Deli

영업 매일 11:00~22:00 **예산** 1인당 S$20~

우아한 래플스 호텔의 이미지와는 180도 다른 뉴욕 스타일의 캐주얼한 레스토랑이다. 내부는 미국 어느 동네에나 있을 법한 친근한 햄버거 가게 같은 모습으로 메뉴 또한 웨스턴 푸드를 다루고 있다. 두툼한 햄버거와 샌드위치, 초콜릿 케이크 등이 주력 메뉴!

티핀 룸 Tiffin Room

영업 매일 브렉퍼스트 07:00~10:30, 런치 12:00~14:00, 하이 티 15:30~17:30, 디너 19:00~22:00 **예산** 1인당 S$45~60

티핀 룸은 런치와 디너 뷔페도 운영하지만 무엇보다도 하이 티로 명성이 자자하다. 3단 트레이에 담긴 어여쁜 디저트들과 함께 영국식 티타임을 즐길 수 있는데 다른 호텔들의 애프터눈 티와 비교하면 화려함은 덜하지만 우아하고 고상한 분위기는 한 수 위다. 규모는 아담한데 달콤한 애프터눈 티를 맛보려는 여행자들의 발길이 끊이지 않으니 예약을 권장한다.

엠파이어 카페 Empire Cafe

영업 매일 11:30~22:00 **예산** 1인당 S$20~

1920년대 싱가포르 커피하우스의 분위기와 맛을 경험할 수 있는 곳으로 치킨라이스와 락사 같은 싱가포르 로컬 음식을 맛볼 수 있다. 처음 로컬 음식을 시도해보는 여행자들에게도 괜찮은 곳이다.

롱 바 Long Bar

영업 매일 11:00~00:30 **예산** 1인당 S$25~40

싱가포르 슬링이 최초로 만들어진 장소가 바로 이곳 롱 바다. 그래서 래플스 호텔만큼이나 유명한 명소다. 싱가포르 슬링은 싱가포르에 가면 꼭 맛봐야 하는 칵테일인데 이왕이면 원조인 이곳 롱 바에서 마셔보자. 특이한 것은 바닥에 깔려있는 땅콩 껍질들. 테이블에 놓여있는 땅콩을 먹으면서 껍질을 바닥에 버리는 것이 이곳만의 재미있는 관습이다. 매일 오후 9시부터는 라이브 공연도 열려 분위기와 열기가 한층 달아오른다.

극장 Jubilee Hall

빅토리아 양식의 옛 극장으로 고전적인 분위기가 한껏 풍기는 곳이다. 끊임없는 보수를 통해 현재도 다양한 문화 공연이 열리고 있다.

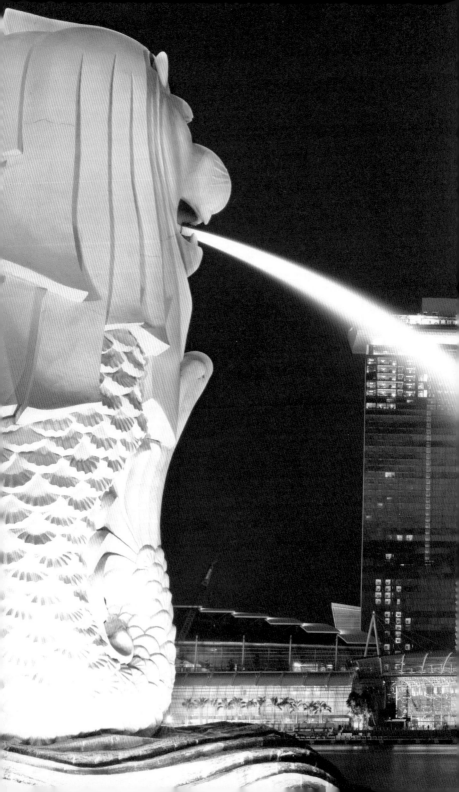

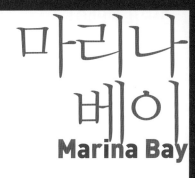

마리나 베이
Marina Bay

마리나 베이는 싱가포르의 아이덴티티를 가장 확실하게 보여주는 지역이다. 과거 강가에서 시작된 싱가포르는 현재 마리나 베이를 감싸 안으며 화려한 코스모폴리탄으로 재탄생했다. 싱가포르의 상징인 멀라이언상을 시작으로 두리안 빌딩으로 유명한 에스플러네이드, 런던 아이의 기록을 깬 거대한 전람차 싱가포르 플라이어, 전 세계적으로 화제를 몰고 온 거물급 호텔 마리나 베이 샌즈에 이르기까지 싱가포르를 대표하는 아이콘들을 모아둔 컬렉션이라고 해도 과언이 아니다. 이토록 멋진 스폿들은 물론 플러튼, 만다린 오리엔탈, 리츠 칼튼 등 싱가포르를 대표하는 최고급 호텔들이 있어 여행자들을 끌어모으고 있다. 마리나 베이는 낮보다 밤이 더 아름답게 빛난다. 싱가포르 플라이어에서든, 아찔한 루프탑에서든, 에스플러네이드의 계단에 앉아서든 이 멋진 야경 감상을 절대로 놓치지 말자.

마리나 베이
효율적으로 둘러보기

마리나 베이는 올드 시티 Old City, 리버사이드 Riverside와 접하고 있으므로 연계해서 일정을 짜는 것이 좋다. 마리나 베이는 낮보다 저녁이 화려하니 낮에는 올드 시티를 둘러보고 오후에 마리나 베이 지역으로 이동해 관광을 즐겨보자. 플러튼 Fullerton 호텔-멀라이언 파크 Merlion Park를 시작점으로 하고 싶다면 MRT 래플스 플레이스 Raffles Place 역에서 내려서 도보로 이동하면 된다. 마리나 베이 샌즈 Marina Bay Sands에서 시작하고 싶다면 MRT 베이프런트 Bayfront 역에서 바로 마리나 베이 샌즈로 연결이 된다. 시계 방향 혹은 시계 반대 방향으로 동선을 잡아서 이동하도록 하자. 리버 크루즈 River Cruise를 이용해서 마리나 베이를 가로질러 멀라이언 파크에서 에스플러네이드 Esplande, 싱가포르 플라이어 Singapore Flyer 등으로 이동할 수도 있다.

마리나 베이 Access

MRT 래플스 플레이스 Raffles Palce 역

싱가포르의 상징적인 아이콘인 멀라이언 파크를 비롯해 싱가포르 리버와 인접하고 있는 역으로 세계적인 금융 지구이기도 하다. 래플스 플레이스 역에서 나와서 멀라이언 파크, 에스플레네이드, 마리나 베이 샌즈까지 시계 방향으로 자연스럽게 이동하면 좋다.

A번 출구 원 래플스 플레이스, 원 앨티튜드
B번 출구 플러튼 베이 호텔, OUE 타워
G번 출구 보트 키, UOB 플라자

H번 출구 플러튼 호텔, 멀라이언 파크 방향
I번 출구 라우 파 삿, AIA 타워

MRT 베이프런트 Bayfront 역

싱가포르 대표 랜드 마크인 마리나 베이 샌즈, 가든스 바이 더 베이를 연결해주는 중요한 역이다.

B번 출구 가든스 바이 더 베이, 마리나 베이 샌즈 (호텔)
C · D번 출구 마리나 베이 샌즈(숍스, 스카이파크, 호텔)
E번 출구 샌즈 엑스포 & 컨벤션 센터, 마리나 베이 시티 갤러리

Start

MRT 래플스 플레이스 역

도보 10분 ① 멀라이언 파크에서 기념사진 촬영 16:30

도보 8분 ② 에스플러네이드 17:00

도보 1분 ③ 마리나 베이를 배경으로 사진 찍기 17:40

도보 1분 ④ 마킨수트라 글루턴스 베이 호커 센터 18:00

버스 or 택시 5분

⑤ 싱가포르 플라이어 19:00

도보 15분 or 택시 10분 ⑥ 가든스 바이 더 베이 20:00

도보 3분 ⑦ 마리나 베이 샌즈 21:00

도보 10분 ⑧ 레벨 33 22:30

MRT 에스플러네이드 Esplanade 역

올드 시티와 마리나 베이 지역을 폭 넓게 연결하는 역으로 마리나 베이 주요 호텔과 쇼핑몰들과 가깝다.

A번 출구 선텍 시티. 콘래드 호텔, 밀레니아 워크,
팬 퍼시픽 호텔
B·C번 출구 만다린 오리엔탈 호텔, 마리나 스퀘어
D번 출구 에스플러네이드, 마칸수트라 글루턴스
베이 호커 센터
F번 출구 래플스 호텔, 차임스, 칼튼 호텔

MRT 프롬네이드 Promenade 역

프롬네이드 역은 싱가포르 플라이어를 찾아갈 때 주로 이용되며 리츠 칼튼 호텔과 밀레니아 워크와도 가깝다.

A번 출구 밀레니아 워크, 리츠 칼튼 호텔. 싱가포르 플라이어 방향

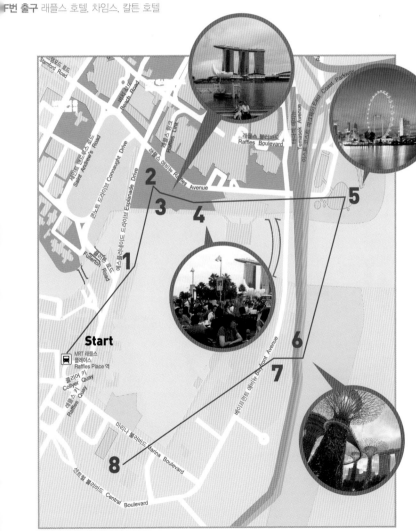

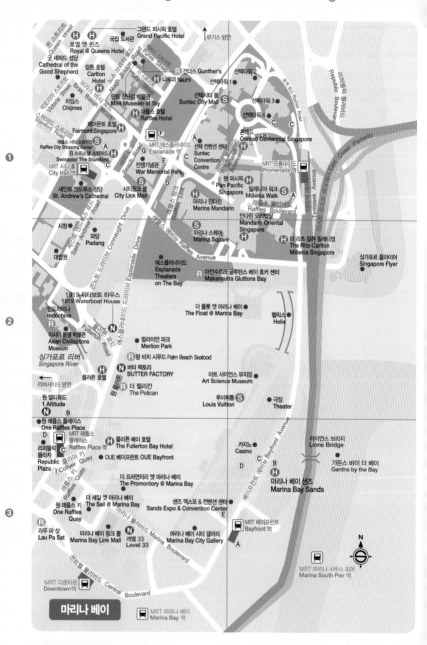

그랜드 퍼시픽 호텔 Grand Pacific Hotel
국립 도서관
로열 앳 퀸즈 Royal @ Queens Hotel
굿 셰퍼드 성당 Cathedral of the Good Shepherd
칼튼 호텔 Carlton Hotel
민트 장난감 박물관 Mint Museum of Toy
건더스 Gunther's
나오미 Naomi
선텍타워 1
선텍타워 2
선텍시티 몰 Suntec City Mall
선텍타워 3
선텍타워 4
치즈믹스 Chijmes
페어몬트 호텔 Fairmont Singapore
빅토리아 스트리트 Victoria Street Bras Basah
래플스 호텔 Raffles Hotel
래플스 시티 쇼핑센터 Raffles City Shopping Center
스위소텔 스탬퍼드 Swissotel The Stamford
MRT 시티홀 역 City Hall 역
에스플러네이드 Esplanade 역
선텍 컨벤션 센터 Suntec Convention Centre
콘래드 Conrad Centennial Singapore
전쟁기념관 War Memorial Park
MRT 프롬네이드 Promenade 역
셰인트 앤드루스 성당 St. Andrew's Cathedral
시티링크 몰 City Link Mall
팬 퍼시픽 Pan Pacific Singapore
밀레니아 워크 Millenia Walk
래플스 불러바드 Raffles Boulevard
시청
마리나 만다린 Marina Mandarin
만다린 오리엔탈 Mandarin Oriental Singapore
파당 Padang
마리나 스퀘어 Marina Square
대법원
더 리츠 칼튼 밀레니엄 The Ritz-Carlton Millenia Singapore
싱가포르 플라이어 Singapore Flyer
에스플러네이드 Esplanade Theaters on The Bay
마칸수트라 글루턴스 베이 호커 센터 Makansutra Gluttons Bay
1919 워터보트 하우스 1919 Waterboat House
더 플롯 앳 마리나 베이 The Float @ Marina Bay
헬릭스 Helix
인도차이나 Indochine
멀라이언 파크 Merlion Park
아시아 문명 박물관 Asian Civilisations Museum
싱가포르 리버 Singapore River
팜 비치 시푸드 Palm Beach Seafood
버터 팩토리 BUTTER FACTORY
아트 사이언스 뮤지엄 Art Science Museum
리버사이드 방면
더 펠리칸 The Pelican
풀러튼 호텔
루이뷔통 Louis Vuitton
극장 Theater
원 엘티튜드 1 Altitude
원 래플스 플레이스 One Raffles Place
MRT 래플스 플레이스 역 Raffles Place 역
리퍼블릭 플라자 Republic Plaza
콜리어 키 Collyer Quay
플러튼 베이 호텔 The Fullerton Bay Hotel
OUE 바이프런트 OUE Bayfront
카지노 Casino
라이언스 브리지 Lions Bridge
가든스 바이 더 베이 Gardns by the Bay
더 프러먼터리 앳 마리나 베이 The Promontory @ Marina Bay
마리나 베이 샌즈 Marina Bay Sands
더 세일 앳 마리나 베이 The Sail @ Marina Bay
원 래플스 키 One Raffles Quay
샌즈 엑스포 & 컨벤션 센터 Sands Expo & Convention Center
라우 파 삿 Lau Pa Sat
마리나 베이 링크 몰 Marina Bay Link Mall
레벨 33 Level 33
마리나 베이 시티 갤러리 Marina Bay City Gallery
MRT 베이프런트 Bayfront 역
MRT 다운타운 역 Downtown 역
MRT 마리나 사우스 피어 Marina South Pier 역
마리나 베이
MRT 마리나 베이 Marina Bay 역

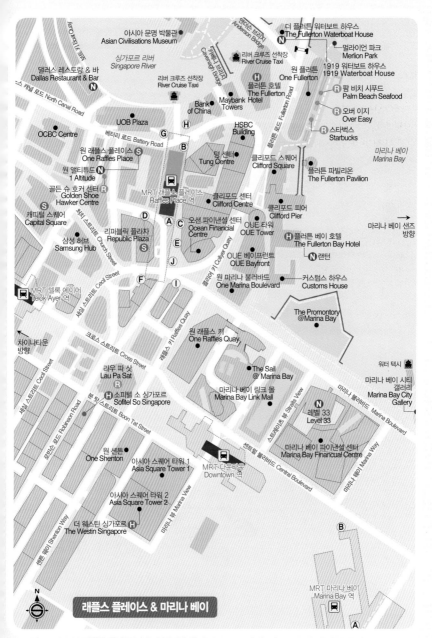

아시아 문명 박물관
Asian Civilisations Museum

더 플러튼 워터보트 하우스
The Fullerton Waterboat House

멀라이언 파크
Merlion Park

싱가포르 리버
Singapore River

리버 크루즈 선착장
River Cruise Taxi

원 플러튼
One Fullerton

1919 워터보트 하우스
1919 Waterboat House

댈러스 레스토랑 & 바
Dallas Restaurant & Bar

리버 크루즈 선착장
River Cruise Taxi

플러튼 호텔
The Fullerton Hotel

팜 비치 시푸드
Palm Beach Seafood

노스 캐널 로드 North Canal Road

Bank of China

Maybank Towers

오버 이지
Over Easy

UOB Plaza

HSBC Building

스타벅스
Starbucks

OCBC Centre

배터리 로드 Battery Road

마리나 베이
Marina Bay

원 래플스 플레이스
One Raffles Place

텅 센터
Tung Centre

클리포드 스퀘어
Clifford Square

원 앨티튜드
1 Altitude

플러튼 파빌리온
The Fullerton Pavilion

골든 슈 호커 센터
Golden Shoe Hawker Centre

클리포드 센터
Clifford Centre

클리포드 피어
Clifford Pier

캐피털 스퀘어
Capital Square

처치 스트리트 Church Street

리퍼블릭 플라자
Republic Plaza

오션 파이낸셜 센터
Ocean Financial Centre

OUE 타워
OUE Tower

마리나 베이 샌즈
방향

삼성 허브
Samsung Hub

OUE 베이프런트
OUE Bayfront

플러튼 베이 호텔
The Fullerton Bay Hotel

랜턴

MRT 텔록 에이어 역
Telok Ayer 역

원 마리나 불러바드
One Marina Boulevard

커스텀스 하우스
Customs House

The Promontory
@Marina Bay

차이나타운
방향

크로스 스트리트 Cross Street

래플스 키 Raffles Quay

원 래플스 키
One Raffles Quay

워터 택시

마리나 베이 시티 갤러리
Marina Bay City Gallery

라우 파 삿
Lau Pa Sat

The Sail
@ Marina Bay

세실 스트리트 Cecil Street

로빈슨 로드 Robinson Road

분 탓 스트리트 Boon Tat Street

소피텔 소 싱가포르
Sofitel So Singapore

마리나 베이 링크 몰
Marina Bay Link Mall

마리나 불러바드 Marina Boulevard

레벨 33
Level 33

원 셴튼
One Shenton

아시아 스퀘어 타워 1
Asia Square Tower 1

마리나 베이 뷰 Marina View

마리나 베이 파이낸셜 센터
Marina Bay Financial Centre

마리나 웨이 Marina Way

아시아 스퀘어 타워 2
Asia Square Tower 2

센트럴 불러바드 Central Boulevard

더 웨스틴 싱가포르
The Westin Singapore

MRT 다운타운 역
Downtown

셴튼 웨이 Shenton Way

MRT 마리나 베이 역
Marina Bay 역

N

래플스 플레이스 & 마리나 베이

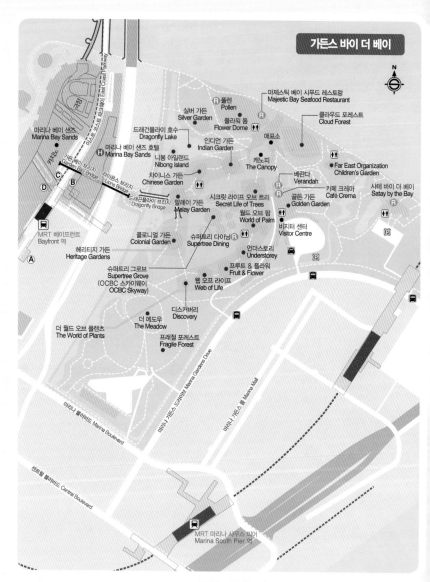

가든스 바이 더 베이

N

마제스틱 베이 시푸드 레스토랑
Majestic Bay Seafood Restaurant

폴렌
Pollen

실버 가든
Silver Garden

플라워 돔
Flower Dome

클라우드 포레스트
Cloud Forest

매표소

드래건플라이 호수
Dragonfly Lake

인디언 가든
Indian Garden

마리나 베이 샌즈
Marina Bay Sands

마리나 베이 샌즈 호텔
Marina Bay Sands

니봉 아일랜드
Nibong Island

캐노피
The Canopy

Far East Organization
Children's Garden

가든 베이 브리지
Garden Bay Bridge

라이온스 브리지
Lions Bridge

차이니스 가든
Chinese Garden

베란다
Verandah

카페 크레마
Café Crema

사테 바이 더 베이
Satay by the Bay

드래건플라이 브리지
Dragonfly Bridge

말레이 가든
Malay Garden

시크릿 라이프 오브 트리
Secret Life of Trees

골든 가든
Golden Garden

MRT 베이프런트
Bayfront 역

콜로니얼 가든
Colonial Garden

슈퍼트리 다이닝
Supertree Dining

월드 오브 팜
World of Palm

비지터 센터
Visitor Centre

헤리티지 가든
Heritage Gardens

언더스토리
Understorey

슈퍼트리 그로브
Supertree Grove
(OCBC 스카이웨이
OCBC Skyway)

프루트 & 플라워
Fruit & Flower

웹 오브 라이프
Web of Life

디스커버리
Discovery

더 메도우
The Meadow

더 월드 오브 플랜츠
The World of Plants

프래질 포레스트
Fragile Forest

마리나 불러바드 Marina Boulevard

마리나 가든스 드라이브 Marina Gardens Drive

마리나 가든스 몰 Marina Mall

센트럴 불러바드 Central Boulevard

MRT 마리나 사우스 피어
Marina South Pier 역

마리나 베이 지역에는 싱가포르의 아이콘들이 총집합해 있는
만큼 다양한 볼거리가 있다. 싱가포르 플라이어,
에스플러네이드, 멀라이언 파크, 마리나 베이 샌즈 등 굵직한
관광 거리가 많으니 시간을 여유롭게 배분해서 충분히
즐기도록 하자.

Best
Attractions
마리나 베이의 볼거리

싱가포르 플라이어 Singapore Flyer

주소 30 Raffles Avenue, Singapore **전화** 6734-8829 **홈페이지** www.singaporeflyer.com.sg **운영** 매일
09:30~22:30 **요금** 일반 S\$33, 어린이 S\$21 **가는 방법** MRT Promenade 역 A번 출구에서 도보 5~7분
Map.P192-B2

싱가포르 플라이어는 2008년 오픈한 세계 최대 규모의 관람차
다. 165m 상공에서 화려하게 빛나는 싱가포르의 스카이라인을
감상하면서 하늘에 떠 있는 듯한 스릴을 느낄 수 있다. 관람차
는 약 30분간 운행하며 마리나 베이부터 센토사, 이스트 코스트
너머의 풍경까지 360도 파노라마로 보여준다. 낮보다는 해가 진
후 찬란하게 빛나는 야경을 감상하는 것이 더 근사하다. 싱가포
르 대표 칵테일인 싱가포르 슬링을 마시면서 로맨틱한 시간을
보내기 좋은 싱가포르 슬링 플라이트(성인 1인 S\$69), 식사까지
즐길 수 있는 싱가포르 플라이어 스카이 다이닝 플라이트(2인
S\$351.92) 등 색다른 프로그램도 준비되어 있다.

싱가포르 플라이어

멀라이언 파크 Merlion Park

주소 One Fullerton, Singapore **가는 방법** ①MRT Raffles Place 역 B번 출구에서 플러튼 호텔 오른쪽
방향으로 도보 5분 ②에스플러네이드에서 멀라이언상을 따라 에스플러네이드 브리지 Esplanade
Bridge를 건넌다. 도보 10분 **Map.P192-A2**

멀라이언상은 싱가포르 하면 가장 먼저 떠오르는 싱가포르의 마스코트. 싱가
포르에 대해 잘 모르는 사람도 한번쯤은 보았을 멀라이언상이 입에서 물을
뿜고 있는 곳이 바로 멀라이언 파크다. 멀라이언은 머리는 사자, 몸은 물고기
형상을 하고 있는데 싱가포르라는 국명도 산스크리트어로 '사자(Singa) 도시
(Pura)'에서 유래했다. 싱가포르의 상징인 만큼 인기가 많아서 인증 샷을 찍으
려는 관광객들로 항상 붐빈다. 멀라이언상은 물론이고 왼쪽으로는 에스플러
네이드, 앞으로는 마리나 베이 샌즈가 펼쳐지는 최고의 포토 포인트이니 기념

멀라이언 파크

사진 한 장쯤은 꼭 남기자. 멀라이언 파크 옆으로 이어지는 원 플러튼에는 인기 레스토랑, 스타벅스과 같은 카페들도 있으니
탁 트인 전망을 감상하며 잠시 쉬어가는 것도 좋겠다.

에스플러네이드 **Esplanade Theaters on The Bay**

주소 1 Esplanade Drive, Singapore **전화** 6828-8377 **홈페이지** www.esplanade.com **운영** 매일 10:00~22:00
가는 방법 MRT City Hall 역에서 지하로 연결되는 시티링크 몰을 따라 도보 8~10분 **Map.P192-A2**

두리안을 닮은 독특한 모습으로 싱가포르 하면 떠오르는 대표 아이
콘이 된 곳이다. 오페라 하우스의 마이크를 본떠 만들었다는 가시
투성이의 돔은 어디에서 봐도 눈에 확 들어온다. 1만 508개의 유리
글라스가 표면을 덮고 있는 이 건물은 공사 기간이 6년 걸렸고
6000만 싱가포르 달러가 투입된 대형 프로젝트였다. 다양한 예술
전시와 문화 공연이 열리는 복합 문화 예술 공간으로 1800석 규모
의 대형 콘서트 홀, 극장을 갖추고 있다.

에스플러네이드

공연장이 주목적이긴 하지만 노 사인보드 No Signboard, 마칸수트
라 글루턴스 베이 Makansutra Gluttons Bay 등 싱가포르 내에서
도 알아주는 알짜배기 맛집이 모여 있어 식도락을 위해 찾는 이들
도 상당수다. 야외 공연장에서 왼쪽으로는 마리나 베이 샌즈, 오른
쪽으로는 멀라이언상과 우뚝 솟은 빌딩 숲이 펼쳐지는 장관을 감상
할 수 있으니 이곳에 들르면 꼭 사진을 찍자. 3층에서 에스컬레이터
를 타고 올라가면 나오는 루프 테라스도 빼놓을 수 없는 숨은 명소
다. 이곳에서는 마리나 베이 샌즈와 멀라이언상이 파노라마로 펼쳐
진다. 야경도 감상하고 멋지게 기념사진도 남겨보자.

야외 공연장

Leely Say

에스플러네이드에서 백만불짜리 야경 즐기기

에스플러네이드는 낮에도 멋지지만 해가 지면 몇 배 더 근사하게 변신한답니다. 야외 공연장에서는 종종 흥겨운 공
연이 열리기도 합니다. 야경을 보기에 이보다 더 좋은 장소도 없습니다. 바다를 앞에 두고 돌계단에 앉아서 왼편으로
는 싱가포르 플라이어와 마리나 베이 샌즈, 오른편으로는 플
러튼 호텔과 마천루들이 휘황찬란하게 빛나는 모습을 보노
라면 정말 황홀하지요. 계단에 앉아 바람을 맞으며 공짜로
백만불짜리 야경을 즐겨보세요. 출출하다면 바로 옆의 마칸
수트라 글루턴스 베이 호커 센터에 가서 맛있는 음식들로 가
득한 디너 코스를 즐기면 완벽합니다!

Shop & Dine

마칸수트라 글루턴스 베이 호커 센터
Makansutra Gluttons Bay

영업 월~목요일 17:00~02:00, 금·토요일 17:00~03:00, 일요일 16:00~01:00 **예산** 1인당 S$5~15 **가는 방법** 에스플러네이드 야외 공연장에서 타이 익스프레스 방향, 야외에 있다.

에스플러네이드 강변에 위치한 인기 호커 센터! 노천 분위기가 활기차며 마리나 베이와 마주하고 있어 강가 쪽에 자리를 잡으면 빛나는 마리나 베이 샌즈의 야경을 감상하면서 맛있는 식사를 즐길 수 있다(자세한 정보는 p.210 참고).

노 사인보드 No Signboard

영업 월~목·일요일 12:00~23:30, 금·토요일 12:00~24:00 **예산** 1인당 S$30~50 **가는 방법** 에스플러네이드 몰 1층 14호(야외 공연장 방향)

싱가포르에서 꼭 맛봐야 할 요리인 칠리 크랩을 맛있게 먹을 수 있는

인기 만점 해산물 레스토랑. 독특한 이름처럼 간판도 없이 작은 규모에서 시작했지만 맛 하나로 성공해 현재는 칠리 크랩의 명가가 됐다. 매콤달콤한 칠리 크랩의 맛이 일품! 야외석과 내부석으로 나뉘며 해질 녘에는 야외의 분위기도 근사하다.

장수 숯불갈비 Jangshou Restaurant

영업 월~토요일 11:30~14:30, 17:30~22:00, 일요일·공휴일 17:30~22:00 **가는 방법** 에스플러네이드 몰 1층 13호, 마칸수트라 글루턴스 베이 호커 센터 가기 전에 있다.

한국인은 물론 현지 외국인들에게도 오랫동안 사랑받고 있는 한식당. 숯불구이 전문으로 구이 시설이 완비되어 있으며 인기 메뉴는 갈비와 삼겹살(S$25). 깔끔하고 시원한 냉면(S$15)까지 곁들이면 금상첨화다.

맥스 브레너 초콜릿 바
Max Brenner Chocolate Bar

영업 월~목·일요일 12:00~23:30, 금·토요일 12:00~24:00 **예산** S$10~15 **가는 방법** 에스플러네이드 몰 1층 6호

초콜릿을 좋아하는 이들이라면 저절로 발길이 멈춰질 만한 초콜릿 카페. 음료·퐁듀·와플·칵테일까지 다채로운 초콜릿 퍼레이드를 맛볼 수 있는 곳이다. 한쪽에는 초콜릿이 담긴 예쁜 패키지도 준비해 놓았다.

토스트 박스 Toast Box

영업 일~목요일 07:30~22:30, 금~토요일 07:30~23:00 **가는 방법** 에스플러네이드 몰 1층 1호

싱가포르 스타일의 간단한 간식을 경험하기 좋은 체인으로 야쿤 카야 토스트만큼이나 인기가 높다. 카야 잼을 바른 '카야 토스트', 땅콩 크림을 듬뿍 바른 '피넛 버터 틱 토스트'가 대표적인 메뉴로 진한 커피와 수란을 곁들여 먹는다.

바로사 Barossa

영업 월~목요일 12:00~15:00, 17:00~24:00, 금요일 12:00~15:00, 18:00~02:00, 토요일 12:00~02:00, 일요일 12:00~24:00 **가는 방법** 에스플러네이드 몰 1층 11호, 야외극장 가기 전에 위치

에스플러네이드 야외극장 방향에 위치한 레스토랑 겸 펍으로 싱가포르의 밤에 취하고 싶을 때 제격이다. 버거 와 피자 같은 메뉴는 맥주를 마시기에도 좋고 호주산 스테이크와 와인을 즐기기에도 좋다.

켄코 Kenko

영업 매일 10:00~22:00 **가는 방법** 에스플러네이드 몰 2층 21호

싱가포르 최대의 스파 체인인 켄코의 에스플러네이드 몰 지점 건물 2층에 있어 에스플러네이드를 둘러본 뒤 가벼운 마사지를 받기에 딱 좋다.

마리나 베이 샌즈 **Marina Bay Sands**

주소 10 Bayfront Avenue, Singapore **전화** 6688-8868

홈페이지 www.marinabaysands.com **가는 방법** MRT Bayfront 역에서 바로 연결된다. `Map.P192-B3`

마리나 베이 샌즈

스카이 파크 수영장

등장과 동시에 전 세계에 화제를 몰고 온 마리나 베이 샌즈는 호텔과 쇼핑몰, 카지노, 컨벤션 센터, 레스토랑 등이 복합돼 있는 멀티 플레이스. 투숙을 하지 않더라도 즐길 거리가 넘치므로 꼭 가봐야 할 필수 코스다. 3개의 타워를 연결하는 거대한 배 모양의 스카이 파크가 꼭대기에 놓여 있는 독특한 디자인으로 싱가포르의 새로운 랜드 마크가 됐다. 마리나 베이 샌즈가 개장한 2010년, 싱가포르를 찾은 관광객 수는 전년 대비 20% 증가했으며 현재까지도 그 인기는 식을 줄 모른다. 하이라이트는 단면 57층 높이의 스카이 파크에 위치한 125m 길이의 수영장으로 싱가포르 도심을 내려다보며 신선놀음을 즐길 수 있다. 수영장은 투숙객만 이용 가능하지만 바로 옆의 바와 레스토랑은 누구나 이용할 수 있으니 아쉬워 말고 즐겨보자.(자세한 정보는 p.210 참고)

플러튼 호텔 **The Fullerton Hotel**

주소 1 Fullerton Square, Singapore **전화** 6733-8388 **홈페이지** www.fullertonhotel.com
가는 방법 MRT Raffles Place 역에서 도보 5분, 카베나 브리지 Cavenagh Bridge를 건너면 바로다.
`Map.P192-A2`

1928년 건국 100주년을 기념해 완공한 르네상스 양식의 건물로 싱가포르 총독이었던 로버트 플러튼의 이름을 따왔다. 식민지 시대에는 식민 정부의 청사로, 독립 후 얼마 동안은 중앙우체국으로 쓰이다가 2001년 리노베이션을 통해 호텔로 재탄생했다. 클래식한 위엄을 뽐내는 건축물이 무척 아름다우며 해가 진 후에는 더욱 낭만적이다. 단순한 호텔이 아닌 역사적인 건축물이므로 주변에 있는 래플스경 상륙지, 아시아 문명 박물관 같은 관광지와 묶어 둘러보면 좋다. 로비의 더 코트야드 The Courtyard는 싱가포르에서도 손꼽히는 애프터눈 티를 선보이니 오후의 달콤함을 즐겨도 좋겠다.

플러튼 호텔

래플스 플레이스 **Raffles Place**

주소 1 Fullerton Square, Singapore **전화** 6733-8388

홈페이지 www.fullertonhotel.com **가는 방법** MRT Raffles Place 역에서 바로다. **Map.P193**

마리나 베이를 둘러싸고 하늘을 찌를 듯한 고층빌딩들이 경쟁하듯 모여 있는 지역을 통틀어 래플스 플레이스라고 부른다. 뉴욕의 월 스트리트처럼 싱가포르를 대표하는 기업과 금융관계 기관이 밀집해 있는 싱가포르 금융의 중심지로 CBD(Central Business District)로 불리기도 한다. OUB Centre, UOB 플라자를 비롯해서 메이 뱅크 빌딩, 차이나뱅크, HSBC, OCBC 등 쟁쟁한 금융 빌딩들이 들어서 있다. 점심시간이면 넥타이 부대들이 쏟아져 나오며 해가 진 후에는 아찔한 마천루들이 환상적인 야경을 선사한다. 식사 시간에 파 이스트 스퀘어, 라우 파 삿으로 가면 래플스 플레이스의 에너지와 활기를 느낄 수 있으며 퇴근 후에는 보트 키 지역으로 비즈니스맨들이 쏟아져 나와 펍에서 맥주와 식사를 즐기곤 한다. 래플스 플레이스의 화려한 야경을 감상하기 가장 좋은 장소는 에스플러네이드 앞의 야외 계단. 마리나 베이 샌즈의 스카이 파크와 야외 계단이니 명당자리를 잡고 멋진 뷰를 감상해보자.

Central Business District

Marina Bay & Central Business District 클로즈업

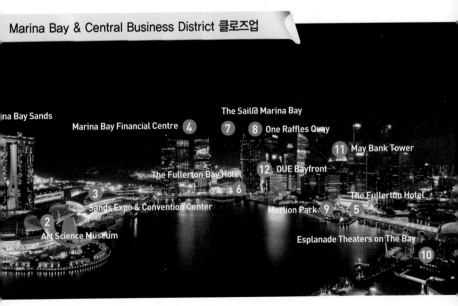

na Bay Sands

Marina Bay Financial Centre **4**

The Sail@ Marina Bay

7 **8** One Raffles Quay

11 May Bank Tower

The Fullerton Bay Hotel

12 OUE Bayfront

3

6

The Fullerton Hotel

Sands Expo & Convention Center

Merlion Park **9** **5**

2

Art Science Museum

Esplanade Theaters on The Bay

10

Singapore Super Garden

가든스 바이 더 베이 Gardens by the Bay

주소 18 Marina Gardens Drive, Singapore **전화** 6420-6848 **홈페이지** www.gardensbythebay.com.sg
운영 05:00~02:00(플라워 돔 & 클라우드 포레스트, OCBC 스카이웨이 09:00~21:00)
요금 야외 정원 무료, 플라워 돔 & 클라우드 포레스트 일반 S\$28 어린이 S\$15, OCBC 스카이웨이 OCBC SKYWAY 일반 S\$8 어린이 S\$5 **가는 방법** ① MRT Bayfront 역 B번 출구와 연결된 언더패스를 통해 이동 ② 마리나 베이 샌즈 호텔에서 연결되는 쇼핑몰 4층의 샤넬 CHANEL 매장 옆 통로로 들어가 에스컬레이터를 타고 이동. 라이언스 브리지 Lions Bridge를 건너면 가든스 바이 더 베이로 연결된다. **Map.P194**

마리나 베이 샌즈에 이어 불가능은 없다는 것을 보여준 싱가포르의 걸작품으로 꼽는다. 무한한 상상력을 실현시킨 가든스 바이 더 베이는 마치 영화 '아바타' 또는 미래의 정원을 보는 듯 환상적인 기분을 느끼게 해준다. 거대한 규모의 정원으로 1만 7000평에 25만 종류가 넘는 희귀식물들이 살고 있다. 1년 내내 더운 날씨인 싱가포르의 자연환경에서는 볼 수 없는 식물들을 위해 온도와 습도를 최적화해 세계 각국의 다채로운 식물들과 멸종위기의 희귀식물들도 볼 수 있다.

아이들이 좋아하는 칠드런스 가든 Children's Garden, 신비로운 식물의 탄생 과정을 엿볼 수 있는 월드 오브 플랜츠 World of Plants, 다인종 국가인 싱가포르를 구성하고 있는 중국, 말레이시아, 인도 등의 특색 있는 조경들을 볼 수 있는 헤리티지 가든 Heritage Garden 등 10개 테마로 나뉘어 있다. 그중에서도 하이라이트는 웅장한 폭포수를 볼 수 있는 실내 정원 클라우드 포레스트 Cloud Forest와 초대형 식물원 플라워 돔 Flower Dome, 야외 전망대 역할을 하고 있는 OCBC 스카이웨이 OCBC Skyway다. 이 3곳만 입장료가 있고 그 외의 정원들은 무료로 즐길 수 있다. 워낙 규모가 방대하니 미니버스를 타고 오디오 가이드와 함께 둘러보는 방법도 추천한다. 청명한 아침과 화려한 조명의 밤의 정취가 180도 다르니 시간 여유가 있다면 낮과 밤의 모습을 모두 경험해보자.

가든스 바이 더 베이 100% 즐기기

트램을 타고 편하게! 아웃도어 가든 오디오 투어 OUTDOOR GARDEN AUDIO TOUR
드넓은 부지를 걸어 다닐 자신이 없다면 'OUTDOOR GARDEN AUDIO TOUR'를 이용하자. 걸어 다닐 필요 없이 트램을 타고 이동하면서 설명을 들을 수 있다. 15분 간격으로 운행하며 이 밖에도 오토 라이더와 셔틀 버스도 있다.
위치 (티켓 부스) 비지터 센터 옆 골든 가든(Golden Garden) **운영** 월~금요일 09:00~17:30 (매달 첫 월요일은 12:30부터 시작), 토~일요일 09:00~17:00 **요금** 일반 S\$8 어린이 S\$3

판타스틱한 레이저 쇼 즐기기!
가든스 바이 더 베이에서는 매일 저녁 두 번, 7시 45분과 8시 45분에 환상적인 레이저 쇼를 선보인다. 슈퍼 트리에서 쏘는 레이저 쇼는 웅장한 음악과 어우러져 잊지 못할 추억을 만들어준다. 어디서 자리를 잡고 보느냐가 관건인데 마리나 베이 샌즈 호텔에서 연결되는 라이언스 브리지 Lions Bridge 앞 공간은 레이저 쇼를 정면으로 감상할 수 있는 최고의 명당자리. 가든 바이 더 베이 안 슈퍼트리 근처의 넓은 벤치에서 아예 누워서 보는 것도 좋은 방법이다. 공짜로 즐기는 환상적인 야경 쇼는 반드시 놓치지 말자.

Highlight
가든스 바이 더 베이의 하이라이트

가든스 바이 더 베이는 그 규모가 어마어마하게 크기 때문에 미리 어느 정도 계획을 세우고 어디를 볼 것인지 정하는 것이 좋다. 플라워 돔, 클라우드 포레스트, OCBC 스카이웨이를 제외하고는 모두 무료로 개방되니 여유롭게 시간을 갖고 구석구석 탐험해보자.

플라워 돔 Flower Dome

위치 매표소 바로 뒤 **운영** 09:00~21:00(마지막 티켓 구매 시간 20:00, 마지막 입장 시간 20:30)
요금 플라워 돔 & 클라우드 포레스트 일반 S$28 어린이 S$15 **Map.P194**

실내식물원

4800평 규모의 초대형 식물원으로, 내부는 지중해성 기후에서 서식하는 식물들을 모아두기 위해 시원하고 건조한 상태를 유지하고 있다. 지중해 가든, 남아프리카 가든, 호주 가든 등으로 구분되어 있으며 아프리칸 바오밥 나무, 1000년이 넘은 올리브 나무, 캘리포니아 라일락 등 세계 각국의 이국적인 식물들을 한곳에서 볼 수 있다. 내부의 데커레이션은 축제나 테마에 맞게 정기적으로 바꾸고 있어 갈 때마다 또 다른 테마로 꾸며진 새로운 모습을 볼 수 있다. 38m 높이의 웅장한 돔은 42종류 3332개의 패널을 퍼즐처럼 맞춰 건축했으며 투명한 유리 너머로 자연 채광이 밝게 들어온다. 항상 시원하고 쾌적한 온도를 유지하고 있기 때문에 무더운 낮에 열기를 피하기에도 제격이다.

클라우드 포레스트 Cloud Forest

위치 매표소 바로 뒤 **운영** 09:00~21:00(마지막 티켓 구매 시간 20:00, 마지막 입장 시간 20:30 **요금** 플라워 돔 & 클라우드 포레스트 일반 S$28 어린이 S$15 **Map.P194**

클라우드 포레스트는 안개에 가려진 신비로운 정글을 탐험하는 기분을 만끽할 수 있는 곳이다. 해발 2000m 높이의 고산지대에서 서식하는 식물들과 저온다습한 열대지역의 양치식물, 낭상엽 식물 등을 감상할 수 있다. 또한 입이 딱 벌어질 만한 세계에서 가장 높은 실내 인공 폭포가 있는데 시원한 물소리와 함께 떨어지는 폭포의 모습이 무척이나 멋지다. 높은 산을 재현하기 위해 58m 높이의 인공 산을 만들었다. 엘리베이터를 타고 정상의 로스트 월드 Lost World로 올라간 후 아찔한 구름다리 Cloud Walk를 따라 내려가면서 다양한 식물들을 바로 앞에서 관찰할 수 있다. 지구 온도가 환경에 미치는 영향에 대한 영상을 보여주는 '+5 Degrees'를 마지막으로 끝이 난다.

슈퍼트리 그로브 Supertree Grove

운영 05:00~02:00 **요금** 무료 Map.P194

슈퍼트리 그로브는 가든스 바이 더 베이를 볼 때 가장 먼저 시선을 압도하는 심벌과도 같은 존재다. 25~50m에 달하는 거대한 크기의 인공 나무로 총 11그루가 있다. 콘크리트, 철근으로 축을 세우고 패널을 얹은 인공 나무로 지속 가능한 태양전지가 탑재되어 있다. 특히 밤이 되면 조명과 음악이 더해져 환상적인 아우라를 내뿜는다. 매일 저녁 7시 45분, 8시 45분에 화려한 레이저 쇼 '가든 랩소디 Garden Rhapsody'를 볼 수 있다.

OCBC 스카이웨이 OCBC Skyway

운영 09:00~21:00(마지막 티켓 구매 시간 20:00, 마지막 입장 시간 20:30) **요금** 일반 S$8 어린이 S$5 Map.P194

슈퍼트리 그로브를 이어주는 구름다리로, 입장료를 내고 들어갈 수 있다. 스카이웨이는 22m 높이의 상공에 이어지기 때문에 하늘에 떠 있는 듯 몽환적이다. 약간씩 다리가 흔들리기 때문에 스릴까지 느낄 수 있다. 128m 길이의 스카이웨이를 따라 걸어가면 가든스 바이 더 베이를 한눈에 볼 수 있는 것은 물론 뒤쪽에 웅장한 병풍처럼 서있는 마리나 베이 샌즈 너머로 싱가포르의 시티 뷰를 장애물 없이 파노라마로 조망할 수 있다. 청명한 낮의 전망도 근사하지만 밤이 되면 거대한 슈퍼트리 그로브가 환상적인 불빛을 뿜어내어 더욱 멋지다. 저녁에 두 번 열리는 레이저 쇼 시간(19:45, 20:45)에 맞추면 그 감동은 배가 된다.

드래건플라이 & 킹피셔 레이크 Dragonfly & Kingfisher Lakes

위치 MRT 베이프런트 역 B번 출구 쪽 언더패스(Underpass) 이용 **운영** 05:00~02:00 **요금** 무료 Map.P194

가든스 바이 더 베이를 감싸고 있는 호수로 여유롭게 산책을 하며 가든스 바이 더 베이를 느낄 수 있다. 호수 너머로 싱그러운 나무들과 아름다운 정원, 우뚝 솟은 슈퍼 트리를 감상할 수 있어 산책하기 더없이 좋은 환경이며 현지인들에게는 운동 코스로 인기다. 440m에 달하는 보드워크가 드래건플라이 호수를 따라 이어지는데 곳곳에 재미있는 포토 스폿이 있어 사진 촬영하는 재미도 느낄 수 있다. 이른 아침부터 늦은 새벽까지 개방해서 시간에 구애 없이 산책을 하며 둘러보기 좋은 곳이다.

가든스 바이 더 베이 안의 맛집

가든스 바이 더 베이 안에는 다채로운 식도락을 즐길 수 있도록 레스토랑, 카페, 푸드 코트가 모여 있다. 환상적인 미식을 경험할 수 있는 파인 다이닝부터 저렴하게 한 끼를 해결할 수 있는 푸드 코트도 있으니 예산과 취향에 맞게 즐겨보자.

슈퍼트리 다이닝 Supertree Dining

위치 슈퍼트리 그로브 앞 **영업** 월~금요일 11:00~22:00, 토~일요일 08:30~22:00(가게마다 약간 다름) **예산** 1인당 S$10~15 **Map.P194**

푸드 코트처럼 중국 음식, 로컬 음식, 이탈리안 등 5개의 식당이 모여 있는 식당가로 비교적 합리적인 요금에 간단하게 식사를 해결하기 좋다. 힐 스트리트 커피숍 Hill Street Coffee Shop 에선 말레이식 꼬치구이 사테, 볶음 국수인 퀘 테우, 나시 르막, 가야 토스트 등 싱가포르의 로컬 음식을 맛볼 수 있다. 피치 가든 Peach Garden에서는 중국 스타일의 국수와 딤섬을, 텍사스 치킨 Texas Chicken은 바삭하게 튀긴 치킨을 맛 볼 수 있다.

폴렌 Pollen

위치 플라워 돔 가든 안에 위치 **영업** 런치 12:00~14:30, 애프터눈 티 15:00~17:00, 디너 18:00~22:00 **예산** 런치 세트 S$55, 애프터눈 티 S$38 (+TAX&SC 17%) **홈페이지** www.pollen.com.sg **Map.P194**

플라워 돔 가든 안에 위치한 파인 다이닝 레스토랑으로 셀러브리티 셰프 Jason Atherton이 선보이는 지중해풍의 요리를 맛볼 수 있다. 가든에 둘러싸여 있고 앞으로는 마리나 베이가 펼쳐져 분위기도 최상. 싱가포르 현지인들 사이에서는 특별한 이벤트나 로맨틱한 시간을 보내기 가장 좋은 레스토랑으로 손꼽히고 있다. 런치 세트, 애프터눈 티, 디너 코스 등이 있으며 디저트 바에서 달콤한 디저트나 칵테일을 마시며 즐기는 것도 좋다.

Best

Shopping
마리나 베이의 쇼핑

마리나 베이에서는 오차드 로드 부럽지 않은 쇼핑을 즐길 수 있다. 거대한 규모의 선텍시티 몰과 실속 있는 쇼핑을 즐길 수 있는 시티링크 몰, 마리나 스퀘어가 있으며 마리나 베이 샌즈의 숍스는 고급스러운 명품 브랜드를 총망라하고 있다.

선텍 시티

204

선텍시티 몰 Suntec City Mall

주소 Suntec City, 1 Raffles Boulevard, Singapore **전화** 6337-2888
홈페이지 www.sunteccity.com.sg **영업** 매일 11:00~21:00(매장에 따라 다름) **가는 방법** ①MRT Esplanade 역 A번 출구에서 도보 5분 ②MRT Promenade 역 C번 출구에서 도보 5분 **Map.P192-A1**

비즈니스 오피스 겸 쇼핑몰로 1984년 싱가포르의 리콴유 총리가 홍콩의 투자자들을 유치해 싱가포르 최고의 대형 비즈니스 지구로 개발했다. 현재 세계적인 다국적 기업들과 금융사, 컨벤션 센터, 쇼핑몰, 레스토랑 등이 모여서 싱가포르에서 가장 큰 복합 멀티 플레이스 역할을 하고 있다. 선텍시티 몰은 풍수지리설에 입각

존	대표 인기 브랜드 *기타
West Wing (타워 5)	Cotton on, Esprit, GAP, Giordano, H&M, Levi's, Uniqlo Din Tai Fung, Mad for Garlic, Starbucks, Royce, Godiva, 덕 투어 DuckTours
East Wing (타워3, 타워4)	Timberland, Toys 'R' Us, Burger King, McDonald's, The Coffee Bean, Bornga, Kopitiam(푸드 코트)
Fountain Terrace	부의 분수, Hyperfresh by Giant(슈퍼마켓), Food Republic (푸드 코트), Astons, Bibigo, Crystal Jade Kitchen, Muthu's Curry, NamNam Noodle Bar, The Manhattan Fish Market, Tony Roma's, BreadTalk Café, Popeye's, Toast Box, Wendy's, Food Republic (푸드 코트)

해서 건축했는데 5개의 빌딩들이 사람의 손가락 모양과 유사하며 중앙에는 하늘 높이 솟구치는 부의 분수 The Fountain of Wealth가 있어서 손바닥에서 분수가 솟는 형상이다. 크게는 웨스트 윙 West Wing, 이스트 윙 East Wing으로 나뉘며 중앙의 부의 분수를 중심으로 파운틴 코트 Fountain Court에 레스토랑들이 밀집해 있다.

대형 슈퍼마켓 카르푸가 입점해 있어 마트 쇼핑도 즐길 수 있으며 장난감의 천국 토이저러스 Toys Rus도 있다. 애스턴 Aston, 크리스탈 제이드 Cristal Jade, 무투스 커리 Muthu's Curry 등 100개가 넘는 레스토랑과 카페가 있어서 식도락을 위해 찾는 이들도 많다. 또한 300개 이상의 숍이 있는데 명품보다는 Gap, MANGO, ZARA, TOPSHOP 등의 중급 브랜드와 보세 숍들이 많다.

카르푸

Leely Say

선텍시티 몰의 하이라이트 히포·덕 투어와 부의 분수

여행자들에게 인기가 높은 히포 투어 버스와 덕 투어의 티켓 데스크가 선텍시티에 있답니다. 갤러리아 1층 컨벤션 센터 입구의 푸드 리퍼블릭 옆에 위치하고 있으며 이곳에서 티켓을 구입하고 출발도 합니다. 선텍시티의 또 하나의 심벌인 '부의 분수'도 반드시 봐야 할 필수 코스. 삶의 본질(Essence of Life)을 상징하는 부의 분수는 5개의 빌딩이 둘러싸고 있는 중앙에 자리하고 있으며 세계에서 가장 큰 분수입니다. 풍수지리 사상에 따라 지어진 부의 분수를 세 바퀴 돌면 소원이 이루어진다고 믿어 분수를 따라 빙글빙글 도는 사람들을 구경할 수 있답니다. 믿거나 말거나 한 속설이지만 그들처럼 부의 분수를 돌며 소원을 빌어보는 것도 재미있겠지요?

부의 분수

투어 데스크

마리나 스퀘어 **Marina Square**

주소 6 Raffles Boulevard, Singapore **전화** 6335-2613 **홈페이지** www.marinasquare.com.sg **영업** 매일 10:00~22:00(매장에 따라 다름) **가는 방법** MRT City Hall 역에서 지하로 연결되는 시티링크 몰을 따라 도보 8~10분 **Map.P192-A2**

만다린 오리엔탈, 팬 퍼시픽, 마리나 만다린 등의 대형 고급 호텔들에 둘러싸여 있는 쇼핑 몰이다. MRT 시티 홀 City Hall 역과는 조금 거리가 있지만 지하의 시티링크 몰을 통해 걸어가면 자연스럽게 이어지며 주요 고급 호텔들과도 연결되어 중요한 허브 역할을 하고 있다.

마리나 베이 부근 호텔에 투숙하고 있는 여행자들에게는 매우 편리한 곳으로 브랜드숍은 물론 레스토랑·카페들도 많아서 식사를 해결하기에도 안성맞춤이다. 이 쇼핑몰에는 고가의 명품 브랜드는 거의 없고 캐주얼한 브랜드와 한국인들이 좋아하는 중급 브랜드가 많아서 실속 있는 쇼핑을 즐기기에 좋다.

층	대표 인기 브랜드 *레스토랑·카페 & 기타
1층	Swensen's *7 Eleven
2층	Samsonite, Charles & Keith, Kenko, MUJI, TOPSHOP, ZARA, MANGO, Promod, Quik Silver, Marks Spencer, Warehouse, Bershka, Watsons *Starbucks, McDonald's, KFC, Thai Express, Lerk Thai, Billy Bomber's American Diner, Sakae Sushi, Yoshinoya, 환전소
3층	Rip Corl The Wallet Shop *Pariss International Seafood Buffet, Sperry ruside
4층	The Gallerie(푸드 코트)

Shop

&Dine 마리나 스퀘어의 추천 매장

퀵실버 QUIKSILVER 🎁 2층 155호

전화 6337-5425 **영업** 매일 11:00~22:00

스트리트 웨어와 비치웨어를 전문적으로 파는 브랜드. 수영복, 보드 숏, 래시가드 등 물놀이에 필요한 의류나 샌들, 가방 등이 필요하다면 이곳으로 가면 된다. 여성들을 위한 록시 Roxy, 스케이드 보드 브랜드 디시 슈즈 DC Shoes도 함께 있어 남녀노소 모두 쇼핑을 즐기기 좋다.

버시카 Bershka 🎁 2층 304호

전화 6339-0837 **영업** 매일 11:00~21:00

20~30대 여성을 타깃으로 한 트렌디한 브랜드로, 캐주얼하면서 과감한 디자인의 의류가 많다. 체크 셔츠, 핫 팬츠, 티셔츠, 스커트 등 편안하면서도 스타일을 낼 수 있는 의류가 많으니 들러보자. 보통 티셔츠나 스커트 등의 아이템이 S$20~40 정도 수준으로 가격도 합리적인 편이다.

피타 팬 Pita Pan 🍽 2층 183호

전화 6337-2587 **영업** 일~목요일 11:00~23:00
금~토요일 11:00~24:00

건강하고 산뜻한 채식 요리들을 만날 수 있는 곳. 대표적인 메뉴는 포켓처럼 생긴 피타 Pita 안에 속을 채운 메뉴로 재료별로 종류가 다양하고 샌드위치처럼 간편하면서도 맛있게 즐길 수 있다. 이집트 전통 요리인 샥슈카 Shakshuka와 피자, 수프 등의 메뉴도 있으니 기름진 현지 음식에 질리거나 가벼운 한 끼를 먹고 싶을 때 가보자.

요시노야 Yoshinoya 🍽 2층 278호

전화 6338-8875 **영업** 매일 10:00~22:00
예산 1인당 S$7~10

일본에서 국민 밥집으로 인기를 끌고 있는 대중적인 체인으로 고기 덮밥을 저렴한 가격으로 먹을 수 있다. 알뜰하게 한 끼 식사를 해결하고 싶은 이들에게 추천!

레이디 엠 LADY M® BOUTIQUES 🍰 2층 103호

전화 6822-2095 **영업** 매일 11:00~22:00

뉴요커들에게 뜨거운 인기를 끌고 있는 케이크 부티크로 싱가포르에도 상륙했다. 겹겹이 쌓여 있는 밀 크레이프 케이크 Lady M® Mille Crêpes가 이곳의 간판 메뉴. 그 외에도 바나나 밀푀유 Banana Mille Feuille, 망고 타르트 Tarte a la Mangue, 녹차 밀푀유 Green Tea Mille Crêpes 등이 베스트셀러 메뉴다. 가격대는 약간 높지만 한 차원 높은 수준의 케이크를 맛보고 싶은 이들이라면 놓치지 말자.

에피타디리나

시티링크 몰 City Link Mall

주소 City Link Mall, 1 Raffles Link, Singapore 전화 6339-9913

홈페이지 www.citylinkmall.com 영업 매일 10:00~22:00(매장에 따라 다름)

가는 방법 MRT City Hall 역에서 지하로 연결된다. **Map.P192-A1**

MRT 시티 홀 역에서 바로 이어지는 쇼핑 아케이드다. 마리나 스퀘어, 에스플러네이드, 선텍시티로 연결해주는 허브로 시티 홀 역 근방을 여행한다면 한 번쯤은 지나가게 된다. 쉽게 말하면 지하상가로 다양한 레스토랑과 카페, 숍들이 깔끔하게 이어진다. 여행자들에게 인기 있는 체인 브랜드가 많이 입점해 있어서 목적지로 이동하면서 쇼핑과 식도락을 한꺼번에 해결할 수 있다.

쇼핑

1. 스마글 smiggle®(#B1-48)
2. 뉴 룩 NEW LOOK(#B1 - 47A)
3. mds (#B1 - 36A)
4. 페드로 PEDRO(#B1 - 30)
5. 찰스 앤 키스 Charles & Keith(#B1 - 32)
6. 피퍼 Fipper(#B1-33)
7. 래어 비츠 Rare Bits(#B1-26A)
8. 가디언 GUARDIAN(#B1 - 65)
9. 더 보디 숍 THE BODY SHOP(#B1 - 45)
10. 리바이스 LEVI'S(#B1-28)
11. bYS1(#B1 - 18)
12. 뉴 룩 풋인 Footin(#B1-57)
13. 프린츠 PRINTS(#B1 - 12)
14. 지오다노 GIORDANO(#B1 - 35)

레스토랑

1. 브레드토크 Bread Talk(#B1 - 42)
2. 스위스 베이크 Swiss Bake(#B1-03)
3. 커피 앤 토스트 COFFEE & TOAST(#B1 - 40)
4. 퀴즈노스 서브 Quiznos Sub(#B1 - 17)
5. 스시 익스프레스 Sushi Express(#B1 - 23)
6. 콜드스톤 크레머리 Cold Stone Creamery(#B1 - 15)
7. 펀 토스트 Fun Toast(#B1-04)
8. 타이 익스프레스 THAI EXPRESS(#B1 - 19)
9. 닥터 커피 카페 dr. CAFÉ COFFEE(#B1-26)
10. 스타벅스 STARBUCKS COFFEE(#B1 - 01)
11. 사카에 스시 SAKAE SUSHI(#B1 - 63)
12. 가렛 팝콘 숍 Garrett Popcorn Shops(#B1-26C)

Shop
& Dine 시티링크 몰의 추천 매장

찰스 앤 키스 Charles & Keith 지하 1층 32호

전화 6338-0913 **영업** 매일 11:00~22:00

싱가포르 여성들에게 절대적인 지지를 받는 찰스 앤 키스는 트렌디한 디자인의 슈즈를 합리적인 가격에 살 수 있는 브랜드다. 캐주얼한 샌들부터 아찔한 킬 힐까지 다양한 상품이 있으며 가방과 선글라스도 디자인이 예쁘다. 유행에 맞춰 신상품이 자주 나오며 한쪽에는 상시 세일하는 아이템들이 있으니 눈여겨 보자.

브레드 토크 Bread Talk 지하 1층 42호

전화 6238-7444 **영업** 매일 11:00~22:00

싱가포르에서 가장 사랑받는 베이커리로 시티링크 몰에 들어서면 멀리서도 고소한 빵 굽는 냄새가 나 저절로

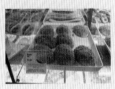

발길이 그리로 향한다. 갓 구운 빵이 진열되어 있으며 간식으로도, 아침 식사로도 좋다. 간판 메뉴인 플로스 Floss는 짭조름한 빵인데 중독성이 있다. 꼭 한번 먹어볼 것!

스시 익스프레스 Sushi Express 지하 1층 23호

전화 6238-9811 **영업** 매일 12:00~21:30 **예산** 1인당 S$15~

맛있는 초밥을 저렴한 비용으로 먹을 수 있는 회전초밥집. 식사 시간이면 사람들이 몰려들어 북적거린다. 초밥과 롤, 디저트 등 모든 메뉴를 S$1.50 정도면 맛볼 수 있어 인기가 좋다.

가렛 팝콘 숍 Garrett Popcorn Shops 지하 1층 26C호

전화 6238-9918 **영업** 매일 10:00~22:00

여행자들 사이에서 마성의 팝콘이라 불리는 팝콘 숍. 달콤한 팝콘의 향기가 멀리서부터 입맛을 자극한다. 미국 시카고에서 시작된 65년 전통의 수제 고급 팝콘으로 흔히 먹던 팝콘과는 차원이

다른 맛이다. 가장 대표적인 메뉴는 '시카고 믹스'로 치즈 콘 팝콘과 캐러멜 크리스피 팝콘이 믹스된 메뉴. 아몬드 캐러멜 크리스피, 마카다미아 캐러멜 크리스피 등도 잘 팔리는 메뉴.

스위스 베이크 Swiss Bake 지하 1층 3호

전화 6238-8042 **영업** 08:00~22:00

싱가포르 곳곳에 체인을 거느리고 있는 인기 베이커리 카페. 담백한 독일식 곡물 빵부터 신선한 샌드위치, 달콤한 디저트 등과 다양한 종류의 베이커리를 맛볼 수 있다. 커피 한 잔을 마시며 쉬어가거나 여유롭게 브런치를 즐기기 좋다.

Best 101

Restaurants
마리나 베이의
레스토랑

마리나 베이는 다양한 관광 거리만큼이나 식도락 또한 다채롭게 즐길 수 있다. 쇼핑몰의 대중적인 레스토랑에서부터 고급 호텔의 수준 높은 고급 레스토랑까지 다양하게 선택할 수 있다. 특히 마리나 베이 샌즈에는 세계적인 스타 셰프들의 레스토랑이 모여 있다.

마칸수트라 글루턴스 베이 호커 센터 Makansutra Gluttons Bay 추천

홈페이지 www.makansutra.com **영업** 월~목요일 17:00~02:00, 금·토요일 17:00~03:00, 일요일 16:00~01:00
예산 1인당 S$5~15 **가는 방법** 에스플러네이드 야외 공연장에서 타이 익스프레스 방향으로 야외에 있다. Map.P192-A2

호커 센터 중 1등 호칭을 주어도 아깝지 않은 곳이다. 싱가포르 현지 매거진 〈마칸수트라〉에서 보증하는 이곳은 가게가 10개 남짓으로 다른 호커 센터에 비해 가게 수가 현저히 적지만 맛은 최고다. 또한 탁트인 마리나 베이와 접하고 있어 북적북적한 분위기가 매력적이다. 덕분에 여행자는 물론이고 현지인들도 매일 저녁 모여들어 장사진을 이룬다. 한 상 가득 푸짐하게 차려놓고 외식을 즐기는 가족들을 쉽게 볼 수 있다. 식사 시간이면 좌석이 모자라 빈자리 쟁탈전이 일어나기도 하고 주문하기 위해 긴 줄을 서야 하지만 그러한 수고를 감수하고서라도 꼭 들러봐야 할 곳이다.

저렴한 가격에 양은 푸짐하고 맛 또한 기가 막히니 더 바랄 게 없다. 왁자지껄한 야외에서 식사하는 정취 또한 즐겁고 마리나 베이와 가까운 자리는 눈앞에 마리나 베이 샌즈의 황홀한 야경까지 덤으로 즐길 수 있으니 이보다 더 근사한 저녁도 없을 것이다. 야외 호커 센터이다 보니 낮에는 열지 않고 더위가 한풀 꺾인 저녁부터 문을 연다. 자리를 확보하고 주문할 때 줄을 서야하므로 혼자보다는 여럿이 가서 푸짐하게 즐겨보자.

다채로운 먹거리

팜 비치 시푸드 Palm Beach Seafood

칠리 크랩

주소 #01-09, 1 Fullerton Road, Singapore　**전화** 6336-8118　**홈페이지** www.palmbeachseafood.com
영업 매일 런치 12:00~14:30, 디너 17:30~23:00　**예산** 크랩 S$68/1kg, 새우 요리 S$20~, 라이스 S$10(+TAX&SC 17%)
가는 방법 MRT Raffles Place 역에서 도보 5~7분, 멀라이언상 옆 원 플러튼의 스타벅스 옆에 있다.　Map.P192-A2

싱가포르를 대표하는 심벌들을 한번에 누리고 싶다면 팜 비치 시푸드로 가자! 앞으로는 마리나 베이,
옆으로는 멀라이언상과 에스플러네이드를 바라보면서 최고의 칠리 크랩을 맛볼 수 있는 레스토랑이
다. 각종 상을 휩쓴 해산물 요리를 선보이는 이곳은 1956년에 문을 열어 벌써 50여 년의 역사를 자
랑한다. 위치도 탁월하지만 맛도 최고.
크랩의 경우 12가지 정도의 다양한 조리법을 선보이는데 한국인들이 특히 열광하는 칠리 크랩은 다
른 곳과는 또 다른 풍미로 미각을 사로잡는다. 진하고 강한 소스가 한국인 입맛에 딱이다. 번 Bun에 찍어
먹거나 볶음밥에 비벼 먹으면 한 그릇 뚝딱 해치울 수 있을 만큼 맛있다. 칠리 크랩뿐 아니라 다양한 해산물을 코스로 즐
기고 싶다면 세트메뉴도 알차다. 크랩을 포함한 새우, 뱀부 클램 등 6코스로 나온다. 우아한 원탁 테이블이 있는 실내도 좋
지만 이곳에서는 야외석을 노려 보자. 맛있는 칠리 크랩에 싱가포르 슬링까지 곁들이면서 싱가포르의 심벌들을 몽땅 감상
할 수 있기 때문이다. 특히 저녁이라면 황홀한 석양까지 더해져 한층 근사하다.

211

Leely Say

싱가포르의 심벌 멀라이언이 있는, 원 플러튼 One Fullerton

원 플러튼은 레스토랑과 카페가 모여 있는 지역으로 탁 트인 마리나 베이를 감싸 안고 있습니다. 멀
라이언 파크에서 물을 뿜는 멀라이언상과 기념사진도 찍고 리버 크루즈도 타기
위해 관광객들이 꼭 들르는 곳입니다. 유명 레스토랑은 물론 스타벅스 같은 체인
점도 있어서 커피 한잔 값으로 최고의 전망을 감상할 수 있답니다. 카페에서 시원
한 커피 한잔을 마시면서 멀라이언부터 에스플러네이드, 싱가포르 플라이어, 마
리나 베이 샌즈로 이어지는 파노라마를 즐겨 보세요.

원 플러튼

라우 파 삿 & 분 탓 스트리트 Lau Pa Sat Festival Market & Boon Tat Street

주소 18 Raffles Quay　Lau Pa Sat, Singapore　**홈페이지** www.laupasat.biz　**영업** 24시간(매장에 따라 다름)　**예산** 1인당 S$7~10　**가는 방법** ①MRT Raffles Place 역 1번 출구에서 도보 5분 ②차이나타운에서 파 이스트 스퀘어 방향으로 크로스 스트리트 Cross Street를 따라 도보 8~10분　**Map.P192-A3**

분 탓 스트리트

고층 빌딩들이 둘러싼 금융지구 한복판에 있는 호커 센터. 중국어로 '옛 시장'을 의미하는 라우 파 삿은 과거 생선시장이었으며 현재도 과거의 시 장 분위기가 물씬 풍기는 소품과 장식들로 꾸며놓았다. 1834년 지어진 팔 각형 모양을 현재까지 고수하고 있으며 수십 개의 노점이 들어서 있어 다 양한 음식을 즐길 수 있다. 로컬 음식에서 중국식 · 인도식 · 말레이시아 식 · 웨스턴식 · 일식 · 한식까지 다양해서 입맛대로 골라 먹을 수 있다. 주 변이 국제적인 금융지구라 금발의 샐러리맨들이 현지 음식을 먹는 풍경 들이 호기심을 자아낸다.

또 하나 이곳만의 특별한 점은 저녁에만 열리는 사테 잔치! 라우 파 삿 호커 센터 옆으로 이어지는 분 탓 스트리트 Boon Tat Street에서는 오후 7시쯤이면 사테를 파는 노점들이 하나 둘 모여들어 문을 열기 시작하고 금세 사테 굽는 연기가 자욱해진다. 숯불에 맛있게 구워진 치킨 · 새 우 · 돼지고기 사테와 시원한 맥주 한잔은 완벽한 궁합을 이루니 저녁 시 간에 들른다면 절대로 놓치지 말자.

212

travel plus

라우 파 삿 인기 맛집

더 비프 하우스 The Beef House (Stall No.17)
진한 육수의 소고기 국수를 맛볼 수 있는 곳이다. 부드 러운 소고기와 비프 볼을 넣은 국수 종류가 다양하며 든든한 한 끼 식사로 그만이다.

마마시타스 MAMACITAS (Stall No.6)
흔하지 않은 코스타리카 음식을 선보이는 곳. 인기 메

뉴는 바삭한 식감의 크리스피 타코(Krispy Taco)와 해 산물을 넣은 밥(Arroz Con Mariscos)이 대표적이다.

씬 크러스트 피자 Thin Crust Pizza (Stall No.32)
호커 센터 안에 위치한 모던한 감각의 피자리아. 신선 한 재료를 이용해 만든 피자와 트러플 프라이(Truffle Frie)가 인기 메뉴다.

해천루 Hai Tien Lo 海天樓

주소 37F Pan Pacific Hotel, 7 Raffles Boulevard, Singapore **전화** 6826-8240 **영업** 매일 런치 12:00~14:30, 디너 18:30~22:00 **예산** 런치 세트 S$48, 평일 딤섬 브런치 뷔페 S$48(+TAX&SC 17%) **가는 방법** MRT Promenade 역에서 도보 3~5분, 팬 퍼시픽 호텔 37층에 있다. **Map.P192-B1**

멋진 전망을 감상하며 최상의 중국 요리를 맛볼 수 있는 곳. 팬 퍼시픽 호텔 37층에 위치한 해천루는 분위기와 전망, 맛 모두 최고라는 평을 듣는 곳이다. 창 너머로 싱가포르의 시티가 파노라마로 내려다보인다. 단품 요리를 먹기에는 가격이 부담스럽다면 주중에는 런치, 딤섬 뷔페를, 주말에는 딤섬 브런치를 택하자. 특히 딤섬 브런치 뷔페(S$48)는 다양한 종류의 딤섬을 원하는 것으로 골라서 무제한 먹을 수 있다. 차려진 뷔페가 아닌 단품으로 마음껏 먹을 수 있어 퀄리티가 뛰어나고 양까지 만족시켜 준다. 최고의 전망과 맛을 모두 누리고 싶은 욕심 많은 미식가라면 반드시 시도해보자.

아스턴스 Astons

주소 Suntec City Mall, #B1-161 Temasek Boulevard, Singapore **전화** 6337-2468 **홈페이지** www.astons.com.sg **영업** 매일 11:30~22:00 **예산** 프라임 서로인 스테이크 S$16.90, 그릴 치킨 S$10.90 **가는 방법** 선텍시티 몰 지하 1층, 지하 푸드 코트 지나서 바로다. **Map.P192-A1**

아스턴스

아스턴스는 맛있는 스테이크를 반값에 먹을 수 있는 곳이다. 저렴한 가격에 맛도 양도 서운하지 않을 정도여서 인기가 날로 치솟고 있다. 식사 시간에는 줄이 길게 늘어서고 손님이 많아 분위기도 왁자지껄하지만 이 가격에 이런 스테이크를 먹을 수 있다는 것만으로도 감동이다. 스테이크에는 두 가지 사이드 디시도 포함되어 있다. 스테이크 외에 레몬 그릴 치킨, 버거, 파스타 등 캐주얼한 메뉴도 많다. 2005년에 처음 문을 열어 현재는 싱가포르 전역에 총 30여 개에 달하는 매장을 거느리고 있을 정도로 뜨거운 사랑을 받고 있다. 여행자들이 접근하기 가장 쉬운 곳은 이곳 선텍시티와 부기스의 일루마, 오차드 로드의 센터 포인트, 센토사의 리조트 월드 등이다.

프라임 스테이크

레몬 그릴 치킨

오버 이지 OVER EASY

주소 One Fullerton #01-06, 1 Fullerton Road, Singapore　**전화** 6423-0701　**홈페이지** www.overeasy.com.sg　**영업** 런치 11:00~14:30, 디너 17:00~01:00(금~토요일 03:00까지)　**휴무** 일요일　**예산** 버거 S$20~, 어니언 링 S$12, 맥주 S$13(+TAX&SC 17%)
가는 방법 MRT Raffles Place 역에서 도보 약 7분. 멀라이언 상 옆 원 플러튼의 스타벅스 옆에 위치　Map.P192-A2

마리나 베이와 정면으로 맞닿아 있는 원 플러튼에는 멋진 레스토랑들이 즐비하다. 그중에서도 오버 이지는 캐주얼하게 식사를 즐기기 좋은 아메리칸 레스토랑. 먹음직스러운 버거와 샌드위치, 샐러드 등 캐주얼한 메뉴가 주를 이루며 와인이나 맥주와 함께 먹기 좋은 한 입 사이즈의 가벼운 메뉴가 많다. 바로 앞에 시원스러운 마리나 베이를 비롯해 위풍당당한 마리나 베이 샌즈가 있어서 전망 하나는 기가 막히다. 특히 야외석은 매일 저녁 8시, 9시 30분에 시작하는 마리나 베이 샌즈의 레이저 쇼를 감상하기에 최적의 위치다. 이왕이면 시간을 맞춰 시원한 맥주를 마시며 환상적인 레이저 쇼를 감상해보자.

더 펠리칸 The Pelican

주소 1 Fullerton Road, #01-01, One Fullerton, Singapore　**전화** 6438-0400
홈페이지 www.thepelican.com.sg
영업 런치 월~금요일 12:00~15:00, 토요일 12:00~18:00, 디너 월~토요일 18:00~23:00
휴무 일요일　**예산** 세트 런치 S$38~, 파스타 S$23~ (+TAX&SC 17%)
가는 방법 MRT Raffles Place 역에서 도보 약 7분. 멀라이언 상 옆 원 플러튼 내에 위치　Map.P192-A2

신선한 해산물을 이용한 다채로운 요리를 선보이는 레스토랑이다. 신선한 굴부터 시작해서 해산물을 듬뿍 넣은 파스타, 그릴 메뉴까지 꽤 다양한 요리를 다루고 있다. 가볍게 와인이나 샴페인을 곁들이면서 기분을 내기도 좋은 분위기로 바로 옆으로는 싱가포르를 상징하는 멀라이언 파크가 있으며 레스토랑 앞으로는 마리나 베이와 마리나 베이 샌즈가 있어 전망 또한 압권이다.

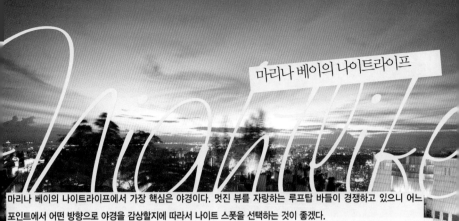

마리나 베이의 나이트라이프에서 가장 핵심은 야경이다. 멋진 뷰를 자랑하는 루프탑 바들이 경쟁하고 있으니 어느 포인트에서 어떤 방향으로 야경을 감상할지에 따라서 나이트 스폿을 선택하는 것이 좋겠다.

레벨 33 Level 33

주소 #33-01, Marina Bay Financial Centre Tower 1, 8 Marina Boulevard, Singapore **전화** 6834-3133 **홈페이지** www.level33.com. sg **영업** 월~수요일 11:30~24:00, 목~토요일 11:30~02:00, 일요일 12:00~24:00 **예산** 샐러드 S$16.50, 스테이크 S$43.50~ (+TAX&SC 17%) **가는 방법** MRT Raffles Place 역에서 지하로 연결되는 MBFC Tower 1(Marina Bay Financial Centre Tower 1)로 간다. 또는 MRT Downtown 역에서 도보 3분. 1층 로비로 들어가면 안쪽에 Level 33 전용 엘리베이터가 있다. **Map.P193**

지금 싱가포르에서 가장 핫한 곳은 바로 이곳. 33층, 156m 높이에 자리한 레벨 33은 싱가포르를 한눈에 조망할 수 있는 전망 좋고 분위기 좋은 핫 플레이스다. 브런치와 런치, 디너를 즐길 수 있으며 현지인들에게는 맥주가 맛있는 비어 라운지로 통한다. 독일에서 직접 제작하고 공수해 온 맥주 탱크에서 갓 뽑아낸 하우스 맥주가 간판 메뉴로, 5가지 대표 맥주를 맛볼 수 있는 플래터는 이곳의 대표 메뉴. 조금씩 맛을 보기 좋으며 맥주와 칵테일을 믹스한 독특한 메뉴들도 볼 수 있다. 곁들여 먹기 좋은 요리로는 바삭하게 구운 양갈비 Lamb Ribs, 한 입 사이즈로 나오는 피시 앤 칩스가 추천 메뉴다.

레스토랑 & 라운지 형태여서 쾌적한 실내와 탁 트인 야외 공간으로 나뉘는데, 특히 야외 바에서는 싱가포르 리버를 비롯해 멀라이언, 싱가포르 플라이어, 마리나 베이 샌즈까지 장애물 없이 파노라마로 펼쳐지는 스펙터클한 전망을 감상할 수 있다. 저녁 6시와 7시 사이에 해가 지고 조명이 하나둘 켜지면서 더 드라마틱한 전망을 감상할 수 있는 피크 타임. 하우스 맥주를 마시며 감상하는 전망은 황홀 그 자체. 주변이 금융업무 빌딩으로 둘러싸여 있어 퇴근 시간 무렵이면 정장 차림의 금융맨들이 특히나 많이 찾는다. 특별한 드레스 코드는 없지만 너무 편한 차림은 피하는 것이 매너. 요금은 선불로 계산하며 예약은 필수다. 마리나 베이 파이낸셜 센터 타워1 건물의 1층 로비에서 33층으로 바로 연결되는 전용 엘리베이터를 타면 된다.

레벨 33

원 앨티튜드 1 Altitude

주소 1 Raffles Place, Singapore **전화** 6438-0410 **홈페이지** www.1-altitude.com **영업** 월~목ㆍ일요일 18:00~02:00, 금ㆍ토요일 18:00~04:00 **입장료** 18:00~21:00 S$35(음료 2잔 포함), 21:00 이후 S$45(음료 2잔 포함) **가는 방법** MRT Raffles Place 역에서 나오면 1 Raffles Place 빌딩 내에 있다. **Map.P192-A2**

싱가포르의 유명한 루프탑 바 중에서 높이 면에서는 최고로 인정받는 곳. '고도(앨티튜드)'라는 뜻의 이름에 걸맞게 282m 높이에 자리하고 있다. 세계에서 가장 높은 층에 있는 루프탑 바로도 화제가 됐으며 360도로 탁 트인 완벽한 전망을 자랑한다. 마리나 베이 샌즈의 쿠데타에서는 마리나 베이 샌즈를 볼 수 없지만 이곳에서는 싱가포르 플라이어에서부터 멀라이언 파크, 에스플러네이드, 마리나 베이 샌즈까지 모두 내려다볼 수 있다. 에퀴녹스나 쿠데타에 비해 가격도 좀 더 저렴한 편이다. 기분 좋은 바람 속에 음악을 들으며 바라보는 환상적인 야경은 잊지 못할 추억이 될 것이다. 예약할 것을 권하며 1층에서 안내를 받고 61층으로 올라가 입장권(음료 포함)을 구입한 후 62층으로 가면 루프탑 바가 나타난다. 입장료는 입장 시간을 기준으로 요금 차이가 있으니, 예산을 아끼고 싶다면 저녁 9시 이전에 방문할 것을 추천한다. 드레스 코드는 스마트 캐주얼이니 슬리퍼나 반바지 등은 피하자.

세라비 CÉ LA VI

주소 Sands Sky Park, Tower 3, Marina Bay Sands Hotel, 10 Bayfront Avenue, Singapore **전화** 6688-7688 **홈페이지** sg.celavi.com **영업** 매일 12:00~24:00 **예산** 맥주 S$15~, 칵테일 S$20~ **가는 방법** MRT Bayfront 역 BㆍCㆍDㆍE번 출구에서 지하로 연결된다. 마리나 베이 샌즈의 57층 샌즈 스카이 파크에 있다. **Map.P192-B3**

마리나 베이 샌즈 정상에 위치한 화제의 루프탑 바. 싱가포르의 아찔한 야경을 감상하기에 완벽한 곳으로 싱가포르에서 요즘 가장 핫한 곳이다. 사방이 탁 트인 200m 상공에서 파노라마 뷰를 내려다보는 기분은 상상 이상이다. 거기에다 홍콩주마 Zuma 출신 수석 셰프 Dan Segall의 요리와 유명 소믈리에의 와인 셀렉션, 귓가를 간질이는 칠 아웃 뮤직까지 있어 근사한 밤을 보낼 수 있는 완벽한 하모니를 이룬다. 이곳에서만 맛볼 수 있는 칵테일을 마시거나 파인 다이닝을 즐기면서 백만불짜리 야경을 즐겨보자.

랜턴 Lantern

주소 The Fullerton Bay Hotel (Rooftop), 1 Fullerton Road, Singapore **전화** 6597-5299 **홈페이지** www.fullertonbayhotel.com **영업** 매일 08:00~01:00 **예산** 1인당 S$18~20 **가는 방법** MRT Raffles Place 역에서 도보 3분, 플러튼 베이 호텔에 있다. **Map.P192-A3**

랜턴은 싱가포르에서 새롭게 뜨고 있는 잇 플레이스로 플러튼 베이 호텔의 루프탑에 위치하고 있다. 근사한 플러튼 베이 호텔 수영장 옆에 있는 이곳에서는 탁 트인 야외 바에서 마리나 베이를 완벽히 조망할 수 있다. 하늘 높이 솟은 마리나 베이 샌즈부터 반짝반짝 빛나는 싱가포르 플라이어, 물을 뿜어내는 멀라이언상으로 이어지는 멋진 전망을 즐길 수 있다. 랜턴은 다른 곳과 비교해 편안한 분위기가 매력적이다. 포근한 소파에 앉아 에어 메일, 멀라이언 등 랜턴만의 시그너처 칵테일을 마셔보자. 라틴·쿠바 음악 밴드의 공연이 열리기도 해 더욱 로맨틱한 밤을 보낼 수 있는 분위기를 만들어준다.

1919 워터보트 하우스 1919 Waterboat House

주소 Fullerton Waterboat House Souvenirs, 3 Fullerton Road, Singapore **전화** 6538-9038 **홈페이지** www.1919.com.sg **영업** (루프탑 바)월~목요일 17:00~24:00, 금~토요일 17:00~02:00 **휴무** 일요일 **예산** 맥주 S$12~, 칵테일 S$16~(+TAX&SC 17%) **가는 방법** MRT Raffles Place 역에서 도보 5~7분, 멀라이언 파크에서 플러튼 로드를 따라 도보 3분 **Map.P192-A2**

싱가포르가 작은 어촌 마을에서 시작해 화려한 코스모폴리탄 시티로 거듭나는 동안 묵묵히 한자리를 지켜왔던 플러튼 워터보트 하우스 Waterboat House 내에 자리하고 있는 보트 하우스의 역사는 1919년으로 거슬러 올라간다. 이때 지어진 워터보트 하우스는 1960년대까지 페리 운항의 중요한 거점으로서 싱가포르 항구의 본부로 사용되었으나 URA 워터프런트 프로젝트에 의해 지금의 모습으로 다시 태어났다. 현재는 고급 프렌치 레스토랑과 아름다운 야경을 즐기기 좋은 루프탑 바로 나뉘어 운영된다. 특히 루프탑 바는 탁 트인 공간에서 화려한 싱가포르의 시티 뷰를 즐길 수 있어 인기다. 매일 저녁 7시 전까지는 맥주와 칵테일 등 그날 그날의 음료 메뉴를 1+1으로 즐길 수 있는 해피아워를 운영한다.

Singapore's New Super Star!

마리나 베이 샌즈 **Marina Bay Sands**

주소 10 Bayfront Avenue, Singapore **전화** 6688-8868 **홈페이지** www.marinabaysands.com
가는 방법 MRT Bayfront 역 B·C·D·E번 출구에서 바로 연결된다.

마리나 베이 샌즈는 싱가포르의 새로운 아이콘이자 아시아의 새로운 랜드마크다. 마리나 베이 샌즈가 탄생하면서 싱가포르의 스카이라인 자체가 바뀌었고 이 멋진 멀티 플레이스를 보기 위해 싱가포르를 찾는 사람들이 놀랄 만큼 늘어났다. 마리나 베이 샌즈의 심벌인 거대한 배 모양의 스카이 파크는 지상 200m 높이에서 3개의 타워 건물을 연결한다. 마리나 베이 샌즈는 2500개가 넘는 객실을 보유하고 있으며 세계적인 스타급 셰프들의 파인 다이닝 레스토랑과 수십 개의 카페, 레스토랑이 식도락을 책임지고 있다. 고급스러운 명품부터 중급 브랜드까지 다양한 숍들이 있고 싱가포르 최대 규모의 카지노, 컨벤션, 극장까지 갖춰 단순히 멀티 플레이스라고 하기엔 서운할 만큼 즐길 거리가 풍성하다. 아시아를 넘어 전 세계인의 이목을 끄는 아주 특별한 마리나 베이 샌즈의 세계로 들어가 보자.

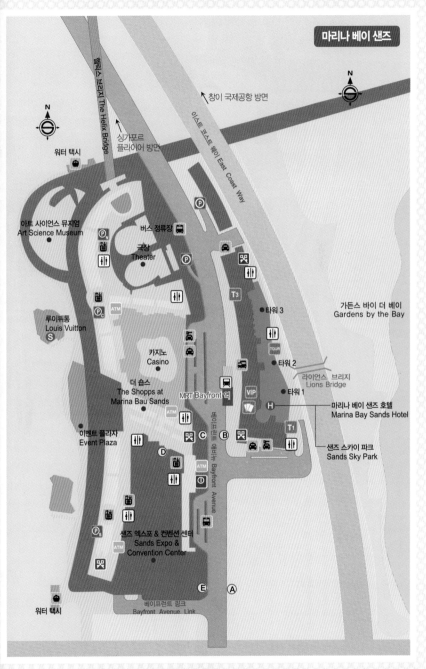

마리나 베이 샌즈

N

더 헬릭스 브리지 The Helix Bridge

창이 국제공항 방면

N

싱가포르 플라이어 방면

이스트 코스트 웨이 East Coast Way

워터 택시

아트 사이언스 뮤지엄
Art Science Museum

버스 정류장

극장
Theater

T3

타워 3

가든스 바이 더 베이
Gardens by the Bay

루이뷔통
Louis Vuitton
S

ATM

TOUR

카지노
Casino

타워 2

라이언스 브리지
Lions Bridge

더 숍스
The Shopps at
Marina Bau Sands

MRT Bayfront 역

VIP

타워 1

마리나 베이 샌즈 호텔
Marina Bay Sands Hotel

H

이벤트 플라자
Event Plaza

C

B

T1

샌즈 스카이 파크
Sands Sky Park

베이프론트 애비뉴 Bayfront Avenue

D

ATM

ATM

샌즈 엑스포 & 컨벤션 센터
Sands Expo &
Convention Center

E

A

베이프론트 링크
Bayfront Avenue Link

워터 택시

1 마리나 베이 샌즈 파크 Marina Bay Sands Hotel
2 아트 사이언스 뮤지엄 Art Science Museum
3 샌즈 스카이 파크 Sands Sky Park
4 카지노 Casino
5 극장 Theater
6 샌즈 엑스포 & 컨벤션 센터 Sands Expo & Convention Center
7 루이비통 Louis Vuitton

Highlight
마리나 베이 샌즈의 하이라이트

마리나 베이 샌즈는 규모가 워낙 크기 때문에 투어에 나서기 전 대략적으로 어디에서 무엇을 보고 즐길지 정해두는 것이 좋다. 호텔에 머무는 투숙객이 아니라도 수영장을 제외한 스카이 파크, 카지노, 극장 등을 이용할 수 있고 쇼핑과 식도락, 나이트라이프까지 즐길 수 있으니 하루 반나절을 온전히 보내도 지루하지 않을 것이다.

마리나 베이 샌즈 호텔 **Marina Bay Sands Hotel** `Map.P219`

로비

싱가포르에서 최대 핫 이슈는 역시 마리나 베이 샌즈 호텔이다. 오픈과 동시에 싱가포르를 대표하는 심벌이 된 이 호텔은 카드를 맞대 세워 놓은 것 같은 거대한 3개의 타워로 구성되어 있으며 객실이 무려 2561개에 달한다. 싱가포르 최대 규모의 거물급 호텔이다. 타워1과 타워3에 호텔 체크인 데스크가 있으며 객실은 비교적 넓은 편이고 탁 트인 전망이 시원하다. 하이라이트는 역시 57층의 스카이 파크와 아찔한 인피니티 풀. 싱가포르에서 가장 멋진 이 풀에서는 마리나 베이 너머로 싱가포르의 시티 뷰가 360도 파노라마로 펼쳐진다.

하이라이트인 만큼 오전 6시부터 오후 11시까지 풀을 오픈하고 자쿠지도 있으니 실컷 즐겨보자. 객실은 물론 호텔 내에서 무선 인터넷을 무료로 사용할 수 있다. 워낙 투숙객이 많다 보니 체크인, 체크아웃에 걸리는 시간도 만만치 않다. 객실 내에서 TV 리모컨으로 가능한 비디오 체크아웃. 서류 한 장만 기입하면 되는 익스프레스 체크아웃 등을 이용하면 시간을 절약할 수 있다.

층의 인피니티 풀

Horizon Room

─ 마리나베이 ─

travel plus

삼판 라이드에 몸을 싣고 둘러보기

마리나 베이 샌즈 안의 쇼핑몰인 더 숍스를 더 특별하게 만들어주는 비장의 무기는 바로 푸른 운하. 마치 베네치아를 연상시키는 운하가 마리나 베이 숍스 사이로 흐르고 있어 마리나 베이 샌즈를 한층 더 환상적으로 돋보이게 만들어준다. 이 운하에는 삼판 라이드 SAMPAN RIDES라는 이름에 배가 떠다니고 있어 방문객들은 직접 이 배를 타고 숍스 사이사이를 둘러볼 수 있다. 요금은 1인당 S$10으로 아이들이 특히 좋아해서 가족 여행자들이라면 추천!

운영 일~목요일 11:30~21:00, 금~토요일 11:00~22:00

샌즈 스카이 파크 **Sands Sky Park**

위치 마리나 베이 샌즈 타워 56~57층에 있다.　**Map.P219**

마리나 베이 샌즈의 꽃이라고 할 수 있는 스카이 파크는 3개의 타워 정상에 마치 거대한 크루즈선을 올려놓은 것 같다. 지상 200m 높이에 위치하고 있으며 넓이 1만2400㎡로 축구장 3개와 맞먹는 규모다. 스카이 파크의 어떤 곳에서도 싱가포르의 모든 것을 한눈에 담을 수 있다. 특히 해가 진 뒤의 야경은 숨이 탁 막힐 정도로 황홀하다. 길이 150m의 수영장은 투숙객만 이용할 수 있지만 쿠데타, 스카이온 57, 스카이 파크 전망대는 투숙객이 아니어도 입장이 가능하다.

아찔한 마리나 베이 샌즈, 스카이 파크의 Top을 즐기는 방법!

인피니티 풀

투숙객이라면 자유롭게 스카이 파크는 물론 마리나 베이 샌즈의 하이라이트인 150m의 길고 긴 인피니티 풀을 즐길 수 있습니다.

야외 전망대

입장료를 내고 사방이 탁 트인 야외 전망대에 올라 싱가포르의 야경을 파노라마로 즐겨보세요. 타워3의 1층에서 에스컬레이터를 타고 발권 카운터로 내려간 다음 승강기를 타고 스카이 파크로 바로 올라갈 수 있습니다.

입장료 1인 기준 일반 S$23, 어린이 S$17(투숙객 무료)
운영 월~목요일 09:30~22:00(금 · 일요일 09:30~23:00)

세라비

멋진 전망을 감상하면서 칵테일까지 곁들여서 제대로 즐기고 싶다면 스카이 파크에 있는 핫한 루프탑 바를 추천합니다.(자세한 정보는 p.227 참고)

스파고

야경도 감상하면서 수준 높은 미식을 즐기고 싶다면 이곳이 제격. 셀러브리티 셰프 볼프강 퍽이 진두지휘하고 있는 유명 레스토랑입니다.

아트 사이언스 뮤지엄 Art Science Museum

가는 방법 쇼핑센터와 극장을 지나 헬릭스 브리지 Helix Bridge 방향으로 가면 된다. **Map.P219**

마리나 베이 샌즈 앞에 위치한 아트 사이언스 뮤지엄은 유명 건축가 모세 샤프티가 설계한 3층 건물로 하얀 연꽃을 연상시킨다. 이곳에서는 1년 내내 상설 전시와 대규모 국제 전시회가 개최된다. 지상 60m 상공에 떠 있는 10개의 손가락 모양 구조물로 건축됐으며 전체 갤러리는 총 21개다. 손가락 모양의 구조물은 콘크리트가 아니라 요트나 보트 건조에 사용되는 하이테크 소재(특수 강화 유리)로 만들어졌다. 이 소재는 강도는 높고 무게는 가벼운 특징을 가지고 있다. 이벤트가 있을 때는 화려한 영상 퍼포먼스를 선보이기도 한다. 입장권은 하루 동안 자유롭게 사용할 수 있으며 전시회 관람 중 휴식·쇼핑·식사가 가능하다. 입장권 가격은 전시 내용에 따라 달라지며 S$8~28(2~12세와 65세 이상 무료)다.

카지노 Casino

영업 24시간 **가는 방법** 더 숍스에서 연결된다. **Map.P219**

마리나 베이 샌즈가 특별한 이유 중 하나는 카지노가 있다는 것. 카지노는 마리나 베이 샌즈 전체 면적의 3%를 차지하고 있으며 4층 규모에 룰렛·블랙잭·바카라 등 600개가 넘는 테이블 게임과 1500개 이상의 슬롯머신을 보유하고 있다. 싱가포리언이 아닌 외국인의 경우 별도의 입장료 없이 들어갈 수 있다. 싱가포르 현지인은 24시간 기준으로 싱가포르 달러 100을 내야만 입장이 가능한데도 게임을 즐기려는 이들로 언제나 북적인다. 카지노에 처음 가보는 여행자라면 슬롯머신 같이 쉽고 비교적 적은 돈으로 즐길 수 있는 갬블을 해보는 것도 좋겠다. 슬롯머신은 S$2부터 가능하다. 카지노 내에서는 물·커피·차 등은 무료로 제공되며 카메라 촬영은 불가하고 여권을 필수로 지참해야 한다.

극장 Theater

티켓 S$55~200 **가는 방법** 마리나 베이 샌즈 지하 1층, 타워2의 에스컬레이터로 이동하면 된다. Map.P219

국제적인 수준의 공연을 위해 마리나 베이 샌즈에서 야심 차게 만든 극장. 1680석 규모의 샌즈 극장 The Sands Theater과 2155석 규모의 그랜드 극장 Grand Theater이 있다. 거대한 극장 안에는 최신 장비가 갖추어져 있어 공연의 질을 한층 높인다. 브로드웨이를 석권한 뮤지컬 〈라이언 킹〉, 〈위키드〉 같은 작품들이 상시 공연 중이다. 입장료와 공연 시간은 작품마다 다르며 컨시어지 등에서 티켓을 구매할 수 있다.

샌즈 엑스포 & 컨벤션 센터 Sands Expo & Convention Center

가는 방법 마리나 베이 샌즈 타워2의 에스컬레이터로 이동하면 된다. Map.P219

동남아시아 최대의 볼룸을 구비한 샌즈 엑스포 및 컨벤션 센터는 12만㎡ 규모로 1만1000명을 수용할 수 있다. 국제회의·이벤트·공연·세미나를 진행할 수 있는 공간으로 각종 시상식과 엑스포가 이곳에서 열린다.

반얀 트리 스파 Banyan Tree Spa

전화 6688-8825 **영업** 매일 10:00~23:00 **예산** Royal Banyan(180분) S$480, Asian Blend(60분) S$200
가는 방법 마리나 베이 샌즈 타워1의 55층에 있다.

세계적인 럭셔리 스파의 대명사인 반얀 트리 스파가 싱가포르에서는 유일하게 마리나 베이 샌즈 안에 문을 열었다. 총 15개인 트리트먼트 룸은 벽면이 완전히 통유리창이어서 55층의 아찔한 높이에서 싱가포르의 웅장한 스카이라인을 바라보며 최상급의 스파를 받을 수 있다. 스파가 끝난 후 편안한 휴식을 취할 수 있는 티 라운지의 전망도 근사하다. 만만치 않은 고가이지만 시설로 보나 퀄리티로 보나 싱가포르 최고의 스파이니 한번쯤 호사스러운 스파를 경험해보고 싶은 이들이라면 투자할 만하다.

★ ★ ★ ★ ★

셀러브리티 셰프들의 파인 다이닝 레스토랑
Celebrity Chef Restaurants

마리나 베이 샌즈의 탄생에 맞춰 세계적으로 유명한 셀러브리티 셰프들이 이곳으로 모여들어 자신들의 이름을 건 레스토랑들을 열기 시작했다. 마리나 베이 샌즈에서는 북두칠성으로 불리는 7개의 파인 다이닝 레스토랑을 만날 수 있다.

브레드 스트리트 키친 Bread Street Kitchen

전화 6688-5665 **영업** 월~목요일 11:30~01:00, 금요일 11:30~02:00, 토요일 07:30~02:00, 일요일 07:30~01:00 **예산** 런치 세트 S$40~, 에그 베네딕트 S$19(+TAX&SC 17%) **가는 방법** 마리나 베이 샌즈 내 베이 층(Bay Level), L1-81호

세계적으로 유명한 셰프 고든 램지의 레스토랑으로 영국식 전통 요리를 캐주얼하게 재해석해 선보인다. 피시 앤칩스 Fish & Chips, 포크 파이 Pork Pie 등이 추천메뉴이며 함께 곁들일 칵테일 또한 다양하다. 잉글리시 브렉퍼스트를 비롯해 에그 베네딕트, 버터밀크 팬케이크, 스크램블 에그 등 브런치로 즐기기 좋은 메뉴가 준비되어 있고, 평일 런치 세트는 2코스가 S$40부터 시작해 비교적 합리적인 가격을 자랑한다. 일요일에는 특별히 앵거스 채끝살, 스프링 치킨과 같은 선데이 로스트 메뉴도 맛 볼 수 있다.

스파고 SPAGO

전화 6688-8857 **영업** 월~일요일 런치 12:00~14:30, 일~목요일 디너 18:00~20:00, 금~토요일 18:00~23:00 **예산** 익스프레스 런치 세트 S$45, 디너 메인 메뉴 S$45~(+TAX&SC 17%) **가는 방법** 57층 샌즈 스카이 파크에 있다.

마리나 베이 샌즈 꼭대기의 전망 좋은 곳에서 황홀한 식사를 즐기고 싶다면 이곳이 제격이다. 57층의 스카이 파크에 있어 시원스러운 전망이 일품이다. 세계적으로 유명한 셀러브리티 셰프 볼프강 퍽의 대표 레스토랑으로 미슐랭 가이드 2스타를 비롯해 다양한 상을 수상했다. 1982년 캘리포니아에서 문을 열었으며, 이곳은 아시아에 최초로 진출한 스파고 매장이다. 최상의 재료를 이용한 독창적이고 수준 높은 요리를 선보인다. 특히 매일 점심에 선보이는 익스프레스 런치 세트 메뉴(3코스 S$45)는 합리적인 가격에 미식을 즐길 수 있어 인기다.

컷 CUT

전화 6688-8517 **영업** 매일 18:00~22:00(라운지 17:30~24:00) **예산** 라운지 러프 컷 메뉴 S$18~, 와규 S$160~ **가는 방법** 쇼핑몰 지하 1층 Galleria Level, 극장 옆에 있다.

화려한 수상 경력을 자랑하는 미슐랭 스타 셰프 울프강 퍽이 지휘하는 미국 3대 스테이크하우스 중 하나로 미국 전역에 17개의 레스토랑을 보유하고 있다. 그의 첫 아시아 진출이 싱가포르의 마리나 베이 샌즈라는 것만으로도 화제를 모았으며 명성만큼이나 탁월한 맛으로 미식가들을 사로잡고 있다. 고전적인 스테이크 하우스의 메뉴를 모던하게 재해석해 선보인다. 최상의 재료와 숙련된 기술이 만들어낸 궁극의 스테이크를 맛볼 수 있다.

셰프 울프강 퍽 Wolfgang

저스틴 플레이버 오브 아시아 JUSTIN FLAVOURS OF ASIA

전화 6688-7722 **영업** 월~목요일 12:00~23:00, 금요일 12:00~24:00, 토요일 11:00~24:00, 일요일 11:00~23:00 **예산** 락사 S$20, 푸아그라 샤오룽바오 S$25(+TAX&SC 17%) **가는 방법** Bay 층, L1-83호

싱가포르의 스타 셰프 저스틴 퀵 Justin Quek이 로컬 요리를 선보이는 곳이다. 싱가포르의 전통적인 요리를 캐주얼하고 독특하게 재해석한게 특징이며, 추천 메뉴로는 랍스터 호키엔 누들 lobster Hokkien noodles, 캄폿 화이트 페퍼 크랩 Kampot white pepper crab, 푸아그라 샤오룽바오 Foie Gras Xiao Long Bao 등이 있다. 다양한 코스 요리 4종에 디저트까지 포함된 Master's Menu(S$55)도 인기가 높다.

와쿠 긴 Waku Ghin

전화 6688-8507 **영업** 매일 18:00~22:30 **예산** 10코스 S$400~ **가는 방법** 카지노 아트리움 2층에 있다.

호주 최고의 레스토랑 Tetsuya's의 오너 셰프인 데쓰야 와쿠다가 선보이는 퓨전 일식 요리를 맛볼 수 있는 곳. 와쿠 긴은 호주 외에는 싱가포르에 유일하게 레스토랑을 열었다. 함께 곁들이면 좋을 사케 컬렉션과 3000병의 와인 컬렉션이 아크 형상으로 진열된 칵테일 바가 따로 마련되어 있다. 창조적인 구성과 최상의 재료를 사용하는 '10-course degustation menu'로 메인은 주로 철판 요리. 수준 높은 요리만큼이나 가격대도 무척 높다. 단 25석으로 제한되어 있으므로 미리 예약을 하는 것이 안전하다.

★ ★ ★ ★ ★

화려한 마리나 베이 샌즈의 밤을 위한,
럭셔리 클럽 & 바
Luxury Club & Bar

마리나 베이 샌즈에서 보내는 밤은 낮보다 황홀하다. 싱가포르에서 현재 가장 핫 플레이스로 통하는 세라비의 루프탑 바에서 야경을 감상하거나 럭셔리한 클럽 아발론에서 본격적인 클러빙을 즐겨도 좋겠다.

세라비 CÉ LA VI

전화 6688-7688 **영업** 매일 12:00~24:00 **예산** 맥주 S\$15~, 칵테일 S\$20~, 샌드위치 S\$14~, 타파스 S\$16~10, 코스 S\$400~ **가는 방법** 57층 스카이 파크에 있다.

마리나 베이 샌즈의 정상에서 아찔한 야경을 감상하기에 더없이 좋은 나이트 스폿으로 최근에는 싱가포르에서 가장 핫한 라운지 바로 통한다. 마리나 베이 샌즈에 투숙하지 않더라도 이곳에서는 57층 정상에서 싱가포르를 한눈에 내려다보며 야경을 즐길 수 있기 때문에 인기가 하늘을 찌른다. 멋진 라운지와 세라비의 상징인 빨간 파라솔, 음악 감독 비니 퀘이 선곡한 칠 아웃 음악까지 더해져 기분을 들뜨게 하기에 충분하다. 레스토랑과 클럽 라운지로 나뉘는데 본격적인 식사보다는 칵테일이나 와인을 즐기며 백만불짜리 야경을 즐겨보자.

라보 LAVO

영업 17:00~02:00 **예산** 와인(1 글라스) S\$21~, 보드카 S\$24~, 피자 S\$32~(+TAX&SC 17%)

이탈리안 레스토랑 겸 루프탑 바로 전망을 보며 식사를 하거나 가볍게 칵테일을 즐기기에도 좋다. 57층 높이에 위치해 압도적인 전망을 즐길 수 있어 여행자들 사이에서도 인기가 높다. 매일 오후 5시부터 7시까지는 라보 아페리티보 LAVO Aperitivo 이벤트가 있어 시그니처 칵테일을 1+1으로 즐길 수 있고, 토요일 밤 10시부터는 새터데이 스와레 Saturday Soiree 파티가 열려 신나는 음악과 함께 나이트 라이프를 즐길 수 있다.

 Leely Say

마리나 베이 샌즈에서 공짜로 야경 즐기기

마리나 베이 샌즈를 가장 멋지게 감상할 수 있는 곳은 에스플러네이드 몰 앞의 강변입니다. 저녁이면 강변 계단에 앉아 야경을 즐기려는 이들이 모여듭니다. 시원한 밤바람을 맞으며 강변에서 바라보는 야경은 공짜지만 그 어떤 전망도 부럽지 않답니다. 역으로 마리나 베이 샌즈 앞의 거대한 야자수들 앞에 위치한 계단에서는 반대편의 에스플러네이드와 마천루들의 근사한 야경을 볼 수 있습니다. 시원한 커피 한잔을 들고 황홀한 야경을 실컷 즐겨보세요. 또 하나의 무료 이벤트는 마리나 베이 샌즈의 스펙트라 Spectra! 동남아 최대의 워터쇼로 오케스트라 사운드에 맞춰 조명과 레이저 효과를 이용해 아름다운 쇼를 보여줍니다. 매일 2~3회 15분여 동안 열리는데, 쇼 시작 시간은 일~목요일 20:00, 21:00, 금~토요일 20:00, 21:00, 22:00이니 때를 맞춰서 에스플러네이드, 멀라이언 파크 등 명당자리를 잡고 감상해보세요.

Spectra

★ ★ ★ ★ ★
중급 브랜드부터 럭셔리 명품까지, 더 숍스
The Shoppes at Marina Bay Sands

지하 2층부터 지상 1층까지 약 2만여 평에 300개가 넘는 숍들이 입점해 있어 웬만한 오차드 로드의 쇼핑몰과 비교해도 뒤지지 않는다. CHANEL · Prada · GUCCI · Dior 등 명품 브랜드부터 한국인들에게도 인기가 높은 Charles & Keith와 같은 대중적인 브랜드까지 다양하게 갖췄다. 사이사이 식도락을 즐길 수 있는 카페와 레스토랑도 있어 쇼핑과 식도락을 동시에 즐길 수 있다. 쇼핑몰 내부로 흐르는 운하는 베네치아를 연상시킨다. 운하에 떠다니는 배를 타고 한 바퀴 돌아보는 것도 색다른 즐거움이다. Bath & Body Works를 더 숍스에서 만날 수 있는데도 손 세정제와 보디 미스트, 로션 등이 인기 있다. 가격도 합리적인 편이며 향도 무척이나 다양해서 여성들에게 뜨거운 인기를 끌고 있다.

층	대표 인기 브랜드 *레스토랑 · 카페 & 기타
지하 2층	A/X , Banana Republic, French Connection, Prada, Ralph Lauren, RAOUL, Timberland, Tommy Hilfiger Denim, True Religion, VERSACE, BULGARI, Cartier, agnés b., Charles & Keith, Nine West, Eu Yan Sang, Sephora, Bath & Body Works *Din Tai Fung, Kraze Burgers, Toast Box, Todai, tcc, TWG Tea Salon & Boutique, Rasapura Masters(푸드 코트)
지하 1층	BALLY, Bottega Veneta, Burberry, CHANEL, Dior, FENDI, GUCCI, Hermès, Miu Miu, Tiffany & Co. *Caffe B, Punjab Grill by Jiggs Kalra, Cold Rock Ice Creamery
1층	Mulberry, Salvatore Ferragamo, Ferrari Store, Harley-Davidson *셀러브리티 셰프 레스토랑 CUT, db Bistro Moderne, Guy Savoy, Osteria Mozza, Pizzeria Mozza, Waku Ghin, Kenko Reflexology & Fish Spa(마사지)

다양한 식도락이 있는 푸드 & 다이닝
Food & Dining

마리나 베이 샌즈에는 세계적인 파인 다이닝은 물론 커피 빈, tcc, 토스트 박스 같은 체인 카페와 딘타이펑, 토다이, 크라제 버거와 같은 인기 맛집, 24시간 여는 푸드 코트 등이 다양하게 갖춰져 있어 식도락을 즐기기에 부족함이 없다.

라사푸라 마스터스 Rasapura Masters

영업 24시간 **예산** 1인당 S$5~ **가는 방법** 지하 2층, Canal Level 스케이트 링크 옆에 있다.

라사푸라 마스터스는 럭셔리한 마리나 베이 샌즈에서 만날 수 있는 반가운 푸드 코트. 싱가포르 로컬 푸드에서부터 중국식·태국식·일본식·베트남식·인도식·한식까지 아시아 요리들의 풍성한 만찬을 즐길 수 있고 가격도 저렴해 언제나 사람들로 북적인다. 오랫동안 호커 센터에서 잔뼈가 굵은 마스터들로 구성돼 호키엔 미, 바쿠테, 치킨라이스 등 로컬 푸드의 맛이 뛰어나다.

TWG 티 살롱 앤 부티크
TWG Tea Salon & Boutique

전화 6636-8663 **영업** 매일 10:00~22:00 **예산** 1인당 S$15~25 **가는 방법** 마리나 베이 샌즈 지하 2층, Canal Level의 안내 컨시어지 옆에 있다.

싱가포르에서 새로운 티 문화를 선도하고 있는 곳. 마리나 베이 샌즈에 2개의 살롱을 운영하고 있는데 특히 다리 위에 있는 살롱 TWG Tea on the Bridge은 우아하고 분위기가 근사하다. 간단한 티 타임은 물론 브런치, 애프터눈 티, 런치를 즐기기에도 좋다. 최상급의 티는 예쁘게 패키지가 되어 있어 선물용으로도 그만이다.

블랙 탭 BLACK TAP

전화 6688-9957 **영업** 11:00~23:30 **예산** 버거 S$21~, 샌드위치 S$22~(+TAX&SC 17%) **가는 방법** L1층, 80호

뉴욕의 버거 전문점 블랙 탭의 첫 아시아 매장이다. 전형적인 아메리칸 스타일로 꾸며진 내부가 캐주얼한 분위기를 풍긴다. 두툼한 패티의 햄버거를 전문적으로 선보이며, 인기 메뉴는 와규 패티에 블루치즈, 루콜라를 넣은 그레그 노먼 버거 Greg Norman Burger와 정통 미국 버거 스타일의 올 아메리칸 버거 All-American Burger가 있다. 버거와도 잘 어울리는 달콤한 밀크셰이크를 함께 곁들여보자.

딘타이펑 Din Tai Fung

전화 6634-9969 **영업** 매일 11:00~21:30 **예산** 1인당 S$15~20 **가는 방법** 지하 2층, Canal Level에 있다.

〈뉴욕 타임스〉가 선정한 딤섬 맛집으로 맛있는 샤오롱바오를 먹기 위해 오는 손님들로 문전성시를 이룬다. 유리창 너머로 딤섬을 만드는 모습을 구경할 수 있으며 맛있는 딤섬과 누들, 볶음밥이면 한 끼 식사로도 든든하다.

토스트 박스 Toast Box

전화 6636-7131 **영업** 매일 11:00~21:30 **예산** 1인당 S$7~10 **가는 방법** 지하 2층, Canal Level 딘타이펑 옆에 있다.

토스트로 사랑받는 카페 체인점. 카야 토스트와 인기 메뉴인 피넛 토스트를 맛볼 수 있다. 연유를 넣은 싱가포르식 커피를 곁들이면 찰떡궁합. 토스트 외에 미시암, 나시 르막, 락사 등의 식사 메뉴도 갖추고 있다.

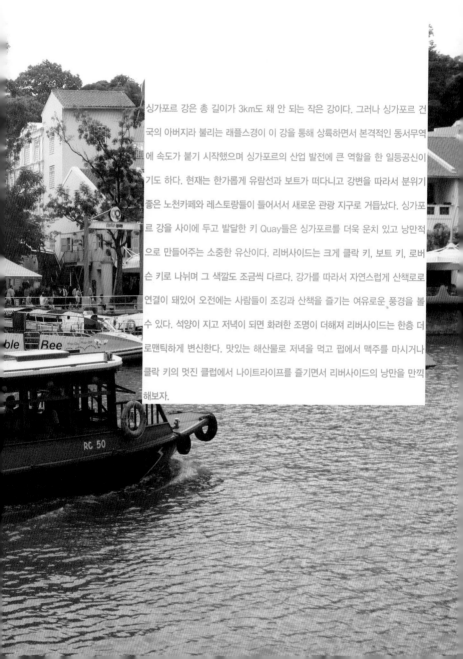

리버사이드
Riverside

싱가포르 강은 총 길이가 3km도 채 안 되는 작은 강이다. 그러나 싱가포르 건국의 아버지라 불리는 래플스경이 이 강을 통해 상륙하면서 본격적인 동서무역에 속도가 붙기 시작했으며 싱가포르의 산업 발전에 큰 역할을 한 일등공신이기도 하다. 현재는 한가롭게 유람선과 보트가 떠다니고 강변을 따라서 분위기 좋은 노천카페와 레스토랑들이 들어서서 새로운 관광 지구로 거듭났다. 싱가포르 강을 사이에 두고 발달한 키 Quay들은 싱가포르를 더욱 운치 있고 낭만적으로 만들어주는 소중한 유산이다. 리버사이드는 크게 클락 키, 보트 키, 로버슨 키로 나뉘며 그 색깔도 조금씩 다르다. 강가를 따라서 자연스럽게 산책로로 연결이 돼있어 오전에는 사람들이 조깅과 산책을 즐기는 여유로운 풍경을 볼 수 있다. 석양이 지고 저녁이 되면 화려한 조명이 더해져 리버사이드는 한층 더 로맨틱하게 변신한다. 맛있는 해산물로 저녁을 먹고 펍에서 맥주를 마시거나 클락 키의 멋진 클럽에서 나이트라이프를 즐기면서 리버사이드의 낭만을 만끽해보자.

리버사이드
효율적으로 둘러보기

리버사이드 지역은 위치상 남쪽으로는 차이나타운 Chinatown, 북쪽으로는 올드 시티 Old City, 동쪽으로는 마리나 베이 Marina Bay와 접해 있다. 이 지역은 낮에는 썰렁하고 저녁이 되어야 진가를 발휘하기 때문에 낮에는 차이나타운이나 올드 시티를 돌아본 후 저녁에 클락 키 Clarke Quay, 보트 키 Boat Quay로 넘어가는 일정이 알맞다. 특히 보트 키 맞은편이 바로 올드 시티 지역이라서 올드 시티를 먼저 둘러보고 보트 키로 이동하는 루트가 일반적이다. 강가를 따라서 서쪽으로 올라가면 보트 키-클락 키-로버슨 키 Robertson Quay로 자연스럽게 연결된다. 강가를 따라서 리버 크루즈가 운항하고 있어 에스플러네이드, 마리나 베이 샌즈, 싱가포르 플라이어 등의 주요 관광지 선착장에서 바로 리버사이드 지역으로 편리하게 이동할 수 있다.

리버사이드 Access

MRT 클락 키 Clarke Quay 역

리버사이드 지역에서 가장 핫 플레이스인 클락 키는 MRT 클락 키 역에서 바로 연결되는 센트럴 쇼핑몰로 나오면 바로 맞은편에 클락 키가 있다.

A번 출구 스위소텔 머천코트, 클락 키
E번 출구 센트럴, 버스 정류장, 송파 바쿠테, 보트 키 방향

래플스 플레이스 Raffles Place 역

보트 키부터 시작하고 싶다면 MRT 래플스 플레이스에서 나와 보트 키부터 강가를 따라서 서쪽으로 올라가면 보트 키-클락 키-로버슨 키로 자연스럽게 연결된다.

G번 출구 보트 키, UOB 플라자
H번 출구 플러튼 호텔, 멀라이언 파크 방향
I번 출구 라우 파 삿, AIA 타워

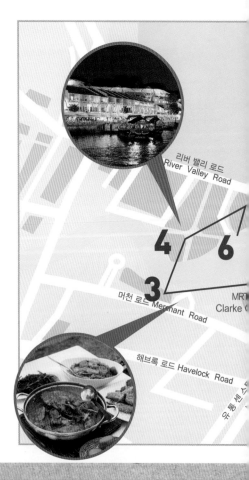

리버 밸리 로드
River Valley Road

4   6

3

머천 로드 Merchant Road

MRT
Clarke Q

해브록 로드 Havelock Road

Start

MRT 래플스
플레이스 역

도보 7분

1 보트 키
17:00

도보 5분

2 센트럴
17:50

도보 3분

3 점보 시푸드
18:30

6 리버 크루즈 타기
21:00

도보 1분

5 지 맥스
리버스 번지
20:20

도보 2분

4 클락 키
19:30

— **Must do it!** —

★ 리버 크루즈 타고 로맨틱 야경 감상하기
★ 로버슨 키에서 느긋하게 브런치 즐기기
★ 싱가포르 명물, 칠리 크랩 맛보기
★ 클락 키에서 화려한
나이트라이프 즐기기

스탬퍼드 로드 Stamford Road

힐 스트리트 Hill street

노스 브리지 로드 North Bridge Road

세인트 앤드류스 로드 Saint Andrew's Road

에스플러네이드 드라이브 Esplanade Drive

카베나 브리지
Cavenagh Bridge

MRT 래플스 플레이스
Raffles Place 역   **Start**

콜리어 키 Collyer Quay

싱가포르

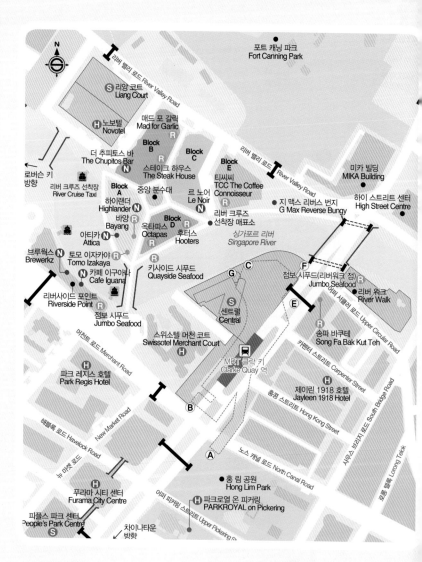

포트 캐닝 파크
Fort Canning Park

리양 코트 ⓢ
Liang Court

리버 밸리 로드 River Valley Road

노보텔 Ⓗ
Novotel

매드 포 갈릭
Mad for Garlic Ⓡ

Block
B

더 추피토스 바
The Chupitos Bar Ⓝ

Block
C

리버 밸리 로드 River Valley Road

미카 빌딩
MIKA Building

스테이크 하우스
The Steak House

Block
E

티씨씨
TCC The Coffee
Connoisseur

하이 스트리트 센터
High Street Centre

로버슨 키
방향

리버 크루즈 선착장
River Cruise Taxi

Block
A

하이랜더 Ⓝ
Highlander

중앙 분수대

르 노어
Le Noir Ⓝ

지 맥스 리버스 번지
G Max Reverse Bungy

바양 Ⓡ
Bayang

Block
D

리버 크루즈
선착장 매표소

싱가포르 리버
Singapore River

아티카 Ⓝ
Attica

옥타파스 Ⓡ
Octapas

후터스 Ⓡ
Hooters

브루웍스 Ⓝ
Brewerkz

토모 이자카야 Ⓡ
Tomo Izakaya

키사이드 시푸드 Ⓡ
Quayside Seafood

Ⓒ

Ⓕ

정보 시푸드(리버워크 점)
Jumbo Seafood

Ⓝ 카페 이구아나
Cafe Iguana

Ⓖ

리버 워크
River Walk

리버사이드 포인트
Riverside Point

Ⓔ

어퍼 서큘러 로드 Upper Circular Road

정보 시푸드
Jumbo Seafood

센트럴 ⓢ
Central

송파 바쿠테 Ⓡ
Song Fa Bak Kut Teh

머천트 로드 Merchant Road

스위소텔 머천 코트
Swissotel Merchant Court Ⓗ

카펜터 스트리트 Carpenter Street

파크 레지스 호텔 Ⓗ
Park Regis Hotel

MRT 클락 키
Clarke Quay 역

제이린 1918 호텔
Jayleen 1918 Hotel

New Market Road

홍콩 스트리트 Hong Kong Street

사우스 브리지 로드 South Bridge Road

Ⓑ

해블록 로드 Havelock Road

뉴 마켓 로드

Ⓐ

노스 캐널 로드 North Canal Road

로롱 텔록 Lorong Telok

홍 림 공원
Hong Lim Park

무라마 시티 센터 Ⓗ
Furama City Centre

파크로열 온 피커링 Ⓗ
PARKROYAL on Pickering

피플스 파크 센터
People's Park Centre ⓢ

차이나타운
방향

어퍼 피커링 스트리트 Upper Pickering St

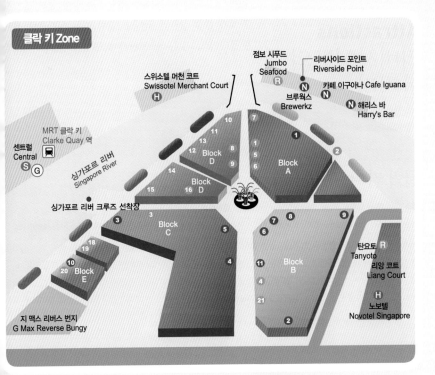

클락 키 Zone

점보 시푸드
Jumbo Seafood

리버사이드 포인트
Riverside Point

카페 이구아나 Cafe Iguana

스위소텔 머천 코트
Swissotel Merchant Court

브루웍스
Brewerkz

해리스 바
Harry's Bar

MRT 클락 키
Clarke Quay 역

센트럴
Central

싱가포르 리버
Singapore River

싱가포르 리버 크루즈 선착장

Block D
Block D
Block A
Block C
Block B
Block E

탄요토
Tanyoto

리앙 코트
Liang Court

노보텔
Novotel Singapore

지 맥스 리버스 번지
G Max Reverse Bungy

레스토랑

1 바양 Bayang
2 키사이드 시푸드 레스토랑 Quayside Seafood Restaurant
3 쿠로 Kuro
4 스테이크 하우스 The Steak House
5 시라즈 Shiraz
6 세노르 타코 Senor Taco
7 토모 이자카야 Tomo Izakaya
8 버브 피자 바 Verve Pizza Bar
9 디스트릭트 10 District 10
10 옥토퍼스 Octapas
11 핫 스톤 Hot Stone
12 렌 타이 Renn Thai
13 통 캉 Tong Kang
14 무초스 Muchos
15 후터스 Hooters
16 알레그로 추러스 바 Alegro Churros Bar
17 산수이 Sansui
18 티씨씨 tcc - The Connoisseur Concerto
19 리틀 사이공 Little Saigon
20 프리맨틀 시푸드 마켓 Fremantle Seafood Market
21 매드 포 갈릭 Mad for Garlic

나이트라이프

1 아티카 Attica + Attica Too
2 비어 마켓 Beer Market
3 르 노어 Le Noir
4 드림 Dream
5 아쿠아노바 Aquanova
6 하이랜더 Highlander
7 펌프 룸 The Pump Room
8 f. Club
9 더 추피토스 바 The Chupitos Bar
10 크레이지 엘리펀트 Crazy Elephant
11 쿠바 리브레 Cuba Libre

Best Attractions
리버사이드의 볼거리

리버사이드 지역은 박물관이나 건축 양식 등보다는 지
자체가 관광 상품인 곳이다. 클락 키는 싱가포르 최고
핫 플레이스로 멋진 레스토랑과 바, 클럽들이 밀집되어 있다

클락 키 Clarke Quay

주소 177A River Valley Road, Clarke Quay, Singapore **홈페이지** www.clarkequay.com.sg
가는 방법 MRT Clarke Quay 역에서 도보 3분, 역에서 연결되는 센트럴 쇼핑몰로 나오면 맞은편에 있다. **Map.P236~237-B~C1**

싱가포르 강을 따라서 형성된 키 Quay로는 클락 키, 로버슨 키, 보트 키 등이 있는데 그중에서도 클락 키는 싱가포
르 No.1 핫 플레이스로 통한다. 19세기에만 해도 화물 보관용 창고가 있던 지역이었으나 현재는 인기 레스토랑 · 바 ·
펍 · 클럽들이 모여서 하나의 빌리지를 형성하고 있다. 옆으로 이어진 싱가포르 강에는 리버 크루즈들이 오고가 더욱
운치 있는 분위기를 만들어준다. 싱가포르 여행에서 놓칠 수 없는 관광 코스이며 멋진 디너와 나이트라이프를 책임

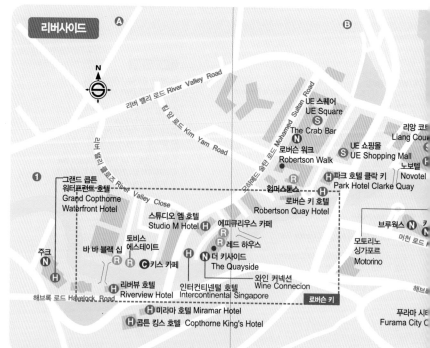

지고 있다. 스타일리시하고 핫한 레스토랑과 클럽들이 밀집해 있으므로 저녁부터 본격적으로 분위기가 달아오른다. 특히 주말 밤이면 나이트라이프를 즐기려는 이들로 더욱 붐빈다. 낮에는 올드 시티나 차이나타운에서 시간을 보낸 후 저녁때 클락 키로 넘어가서 멋진 밤을 보내면 완벽하다. (자세한 정보와 지도는 p.235, 236 참고)

클락 키

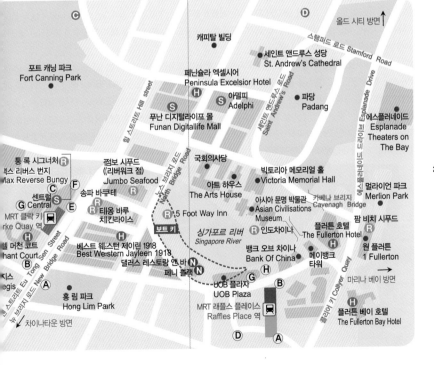

보트 키 | **Boat Quay**

가는 방법 MRT Raffles Place 역 B · G번 출구에서 도보 5분, 빌딩 숲(UOB Center) 옆으로 연결돼 있다. **Map.P237-C1**

보트 키는 MRT 클락 키 역과 래플스 플레이스 역 사이에 싱가포르 강가를 따라서 형성되어 있다. 클락 키 역에서 갈 경우 클락 키 역 E · F번 출구로 나와서 다리를 건너면 나오는 리버 워크 The Riverwalk가 나오고 그 길을 따라서 레스토랑들이 모여 있는데 그곳이 보트 키 지역이다. 래플스 플레이스 역에서 갈 경우 G번 출구로 나와서 UOB 플라자 타워를 지나면 바로 보트 키가 나온다. 낮에도 문을 여는 곳들도 있지만 대부분 해가 진 오후에 본격적인 영업이 시작되며 운치 있는 강가 쪽 자리가 명당자리다.

클락 키가 여행자들을 위한 관광 지구라면 보트 키는 현지인들과 래플스 플레이스 주변 빌딩에서 일하는 비즈니스맨들이 퇴근 후 시원한 맥주 한잔을 즐기는 펍과 해산물 레스토랑들이 모여 있는 곳이다. 클락 키의 반대 방향 강가에 형성된 보트 키는 클락 키에 비하면 세련된 스타일은 아니지만 소박하고 실속 있는 곳이어서 현지인들에게는 클락 키보다 더 사랑받는 공간이다. 강가를 따라서 빌딩 숲에 이르기까지 노천 레스토랑들이 줄줄이 이어진다. 해산물 레스토랑이 가장 많고 인도식 · 태국식 · 중국식 등 다양한 레스토랑들도 밀집되어 있다. 와이셔츠를 입은 금발의 비즈니스맨들이 아이리시 펍에서 시원한 맥주를 즐기는 풍경을 흔히 볼 수 있다.

로버슨 키 **Robertson Quay**

가는 방법 MRT Clarke Quay 역에서 나와 센트럴 쇼핑몰 맞은편의 리앙 코트에서 클락 키를 등지고 강가를 따라 도보 8~10분

Map.P236-A~B1

클락 키가 여행자들을 위한 관광 코스라면 로버슨 키는 현지에 거주하는 외국인들이 사랑하는 동네. 강가를 따라서 테라스 카페, 펍, 레스토랑들이 모여 있으며 강아지와 산책하는 사람, 조깅을 하는 사람들이 여유로운 풍경을 완성시킨다. 괜찮은 브런치 카페들이 많아서 주말 오전이면 금발의 외국인들이 여유롭게 식사를 즐기는 풍경을 볼 수 있으며 저녁이면 강가에서 맥주 한잔을 즐기며 시끌벅적한 분위기로 달아오른다. 클락 키에 비해 화려함은 덜하지만 여유롭고 이국적인 분위기를 좋아한다면 한 번쯤 들러 느긋하게 산책을 즐기고 브런치를 즐겨보는 것도 좋은 추억이 될 것이다.(자세한 정보는 p.248 참고)

로버슨 키

지 맥스 리버스 번지 **G Max Reverse Bungy**

주소 Clarke Quay 3E, River Valley Road, Singapore **전화** 6338-1766
홈페이지 www.gmaxgx5.sg **운영** 매일 14:00~24:00
입장료 지 맥스 리버스 번지 S$45, GX-5 익스트림 스윙 S$45
가는 방법 클락 키의 3E블록 tcc 카페를 지나서 있다. Map.P237-C1

지 맥스 리버스 번지

클락 키에는 아찔한 스릴을 느낄 수 있는 어트랙션이 있다. 바로 지 맥스 리버스 번지다. 번지 점프와는 반대로 지상에서 공중으로 튀어 오르는 역번지다. 시속 200km의 속도로 하늘을 향해 약 60m 정도 쏘아 올려진다. 새롭게 추가된 GX-5 익스트림 스윙은 상하가 아닌 좌우로 움직이는 어트랙션으로 반짝거리는 클락 키를 내려다보며 색다른 스릴을 느낄 수 있다. 대형 모니터를 통해 번지를 하는 사람들의 생생한 표정을 볼 수 있어 언제나 구경꾼들이 모여든다.

Leely Say

싱가포르 강을 따라 즐기는 크루즈

리버 크루즈는 리버사이드의 심벌입니다. 강 위를 두둥실 떠다니면서 풍경을 감상할 수 있는 즐길 거리이자 리버사이드와 싱가포르 플라이어, 마리나 베이 샌즈, 멀라이언 파크 등 주요 관광지들을 연결시켜 주는 중요한 교통수단입니다. 특히 해가 진 후 탑승하면 강가를 따라 반짝이는 야경을 감상할 수 있어 더욱 멋지답니다.(자세한 투어 정보는 p.39 참고)

히포 리버 크루즈

Best
Shopping
리버사이드의 쇼핑

리버사이드에서는 센트럴이 독보적인 존재다. MRT 클락 키 역과 바로 연결되어 클락 키로 이어주는 허브 역할을 하고 있으며 숍은 물론 유명 맛집들이 대거 입점해 있다. 리앙 코트는 현지인들이 애용하는 쇼핑몰로 푸드 코트와 서점, 인테리어 숍 등이 있다.

센트럴 Central

주소 The Central, 6 Eu Tong Sen Street, Singapore **전화** 6532-9922 **홈페이지** www.thecentral.com.sg
영업 매일 11:00~22:00(매장에 따라 다름) **가는 방법** MRT Clarke Quay 역 C · G번 출구에서 바로 연결. 클락 키 맞은편에 있다.
Map.P237-C1

클락 키 지역에서 가장 큰 규모를 자랑하는 곳으로 MRT 클락 키 역에서 바로 연결돼 접근성이 좋다. 싱가포르 대표 핫 플레이스로 통하는 클락 키와 마주보고 있어 중요한 랜드 마크 역할을 한다. 지하 1층부터 5층까지 브랜드 매장과 카페 · 레스토랑이 다양하게 들어서 있다. 쇼핑 브랜드는 다소 빈약한 편이지만 세계 각국의 요리를 선보이는 인기 레스토랑들이 집중돼 있어 식도락을 즐기기에 좋은 쇼핑몰이다. 1층에는 여자들이 사랑하는 구두 브랜드인 Charles & Keith, Mitju와 여성 의류 브랜드 bYSI가 있으며 야쿤 카야 토스트, BBQ치킨, 스타벅스, 버거킹 등이 있다. 2층에는 중국식 해산물 요리로 유명한 퉁 록 시그니처, 3층에는 한국 음식을 맛볼 수 있는 서울 야미, 커피 클럽이 있으며 4층에는 칠리 크랩으로 유명한 노 사인보드 시푸드 레스토랑이 있다. 그 외에도 30여 개의 레스토랑이 들어서 있다. 지하에 있는 센트럴 마켓에서는 가벼운 주머니로도 맛있는 식사를 즐길 수 있는 실속 있는 맛집들이 입점해 있다.

Mitju

central

bYSI

리버사이드는 식도락의 천국이라 해도 좋을 만큼 맛집들이 많이 모여 있다. 특히 칠리 크랩과 같은 해산물을 전문적으로 다루는 집들이 많다. 클락 키, 보트 키, 로버슨 키 등의 식당들은 저마다 색깔이 조금씩 다르니 리버사이드에 가면 둘러보면서 비교해보자.

Best of
Restaurants
리버사이드의
레스토랑

점보 시푸드 Jumbo Seafood 추천

주소 30 Merchant Road, #01-01/02 Riverside Point, Singapore **전화** 6532-3435 **홈페이지** www.jumboseafood.com.sg
영업 매일 런치 12:00〜15:00, 디너 18:00〜24:00 **예산** 1인당 S$40〜50(+TAX&SC 17%)
가는 방법 MRT Clarke Quay 역에서 도보 3분, 리버사이드 포인트에 있다. Map.P236-B1

인기 절정의 칠리 크랩 맛집! 싱가포르의 대표 음식 칠리 크랩을 먹기 위해서 여행자들이 필수 코스로 찾는 곳이다. 점보 시푸드는 7개의 지점이 있는데 핫 플레이스인 클락 키의 중심에 있는 이 지점이 가장 인기가 높다. 1987년 창업했으며 하루 평균 4000여 명의 관광객들이 찾고 있다. 특히 한국 여행자들에게 폭발적 인기를 끌고 있다.

가장 인기 있는 메뉴는 칠리 크랩으로 매콤한 칠리소스와 담백한 게살의 하모니가 환상적이다. 크랩으로만 배불리 먹으면 좋겠지만 가격이 만만치 않으니 볶음밥과 프라이드 번(튀긴 빵)을 시켜서 칠리 크랩 소스에 비벼 먹으면 넉넉하게 즐길 수 있다. 그 외에 새우·생선·오징어 등 해산물요리도 맛이 좋으니 원하는 소스와 조리 방식을 골라서 주문해 보자. 식사 시간에는 자리가 없을 정도로 사람들이 몰리므로 미리 예약을 해두는 것이 안전하다. 홈페이지를 통해 예약하면 컨펌 메일이 온다. 싱가포르항공의 티켓이 있으면 10% 할인되니 미리 챙겨두자.

점보 시푸드

241

| 리버사이드 |

레드 하우스 **Red House**

주소 #01-14 The Quayside, 60 Robertson Quay, Singapore
전화 6735-7666 **홈페이지** www.redhouseseafood.com **영업** 월~금
요일 17:00~23:30, 토·일요일 11:30~23:30 **예산** 칠리 크랩 S$65/1kg
(+TAX&SC 17%) **가는 방법** MRT Clarke Quay 역에서 도보 10~15분. 로버
슨 키의 갤러리 호텔 앞의 더 키사이드 내에 있다.

Map.P236-A1

레드 하우스

여행자들은 칠리 크랩 하면 점보를 가장 먼
저 떠올리지만 현지인들에게는 레드 하우
스 또한 칠리 크랩의 대표 맛집이다.
1976년에 이스트 코스트에 처음 오픈한
이후 꾸준히 인기를 모아 2007년에 로
버슨 키에 분점을 열었다. 맛집들이 모여
있는 더 키사이드에 위치하고 있으며 호젓한 강가
여서 운치가 넘친다. 대표 메뉴인 칠리 크랩은 싱싱한 게살에
매콤달콤한 소스가 더해져 맛있다. 다른 곳에 비해 소스가 조
금 더 매콤한 편이라 한국인 입맛에도 잘 맞는다. 블랙 페퍼
크랩도 담백한 맛이 좋고 새우요리 Creamy Custard Prawn
도 달콤한 소스와 새우가 어우러져 맛이 일품이다.

퉁 록 시그너처 **Tung Lok Signatures** 同乐经典

주소 #02-88 The Central, 6 Eu Tong Sen Street, Singapore **전화** 6336-6022 **홈페이지** www.tungloksignatures.com
영업 매일 런치 11:30~15:00, 디너 18:00~22:30 **예산** 런치 세트 S$58~(+TAX&SC 17%) **가는 방법** MRT Clarke Quay 역에서 연결되
는 센트럴 쇼핑몰 2층에 있다. **Map.P237-C1**

싱가포르 내에서 유명 레스토랑을 거느리고 있는 퉁 록 계열
의 고급 중식당이다. 퉁 록이 거느리고 있는 10개가 넘는 레
스토랑의 대표 시그너처 메뉴들을 골라 맛볼 수 있다. 클락
키가 한눈에 내려다보이는 센트럴에 위치하고 있으며 칸토니
스 스타일의 다양한 메뉴를 선보인다.

샥스핀 요리와 신선한 해산물을 이용한 요리가 주특기로 분
위기와 맛이 모두 평균 이상으로 만족스럽다. 세트 메뉴가 무
척 다양한데 S$50대부터 S$200가 훌쩍 넘는 코스까지 있고
런치 세트 메뉴나 프로모션을 이용하면 조금 더 알뜰하게 식
사할 수 있다. 비보 시티 Vivo City와 창이 시티 포인트에서도
만날 수 있다.

퉁 록 시그너처

댈러스 레스토랑 앤 바 Dallas Restaurant & Bar

주소 31 Boat Quay, Singapore **전화** 6532-2131 **홈페이지** www.dallas.sg **영업** 월~토요일 11:30~01:00 **휴무** 일요일 **예산** 소시지&포테이토 S$25, 로스트 치킨 S$25, 타이거 S$10(+TAX&SC 17%) **가는 방법** MRT Clarke Quay 역에서 도보 5~8분, 보트 키 거리의 빌딩 숲(UOB center)이 나오는 끝에 위치한다. **Map.P237-C1**

하늘 높이 솟은 빌딩 숲 옆 보트 키에 위치하고 있는 펍으로 단골은 주로 근처의 회사에서 일하는 서양인들이다. 스탠딩 테이블 앞에 서서 시원한 맥주를 마시는 샐러리맨들의 모습이 마치 영국의 펍에 와 있는 기분이 들게 한다. 맥주만 마시기에는 아까울 만큼 이 집의 음식 맛도 수준급이다. 베이비 백립(S$24)과 시원한 맥주가 환상의 궁합을 이루며 치킨 윙, 케사디야, 오징어 튀김이 함

댈러스 레스토랑 앤 바

께 나오는 댈러스 플래터 Dallas Platter(S$15~)도 술 안주로 그만이다. 강가의 야외석과 바에서는 반짝이는 야경을 보며 가볍게 맥주 한 잔을 즐기기 좋고 2층으로 올라가면 아늑하게 식사를 즐길 수 있다.

베이비 백립   댈러스 플래터

키사이드 시푸드 레스토랑 Quayside Seafood Restaurant

주소 3A River Valley Road, #01-Alfresco Clarke Quay, Singapore **전화** 6533-9060 **홈페이지** www.quaysidedining.com **영업** 매일 15:00~24:00 **예산** 1인당 S$30~(+TAX&SC 17%) **가는 방법** MRT Clarke Quay 역에서 도보 3분, 클락 키 Zone의 3A블록, 강변과 접하고 있다. **Map.P235**

싱가포르의 핫 스폿인 클락 키의 중심에 있는 시푸드 레스토랑! 바로 강가에 레스토랑이 있어 마치 물에 떠 있는 것 같은 기분을 느낄 수 있으며 해가 지면 로맨틱한 야경까지 곁들여져 더욱 멋지다. 수족관에는 랍스터·크랩·새우 등 싱싱한 해산물들이 가득한데 해산물을 골라서 조리법과 소스를 취향대로 선택해 주문할 수 있다. 한국인들에게 절대적인 인기를 끌고 있는 메뉴는 역시 칠리크랩과 블랙 페퍼 크랩이다. 전체적으로 음식 맛은 좋은데 명당 자리라 그런지 다른 시푸드 레스토랑과 비교해 조금 비싼 편이라는 것이 흠이라면 흠이다. 클락 키의 야경을 제대로 즐기며 해산물을 먹고 싶은 이들에게 권할 만하다.

칠리 크랩
키사이드 시푸드 레스토랑

송파 바쿠테 Song Fa Bak Kut Teh

주소 11 New Bridge Road, Singapore **전화** 6533-6128 **홈페이지** www.songfa.com.sg
영업 화~토요일 09:00~21:30, 일요일 08:30~21:30 **휴무** 월요일 **예산** 바쿠테 S$7(+TAX 7%)
가는 방법 MRT Clarke Quay 역 E번 출구에서 길을 건너 뉴 브리지 로드의 코너에 있다. Map.P237-C1

식사 시간이면 인파가 몰려 멀리서도 단박에 소문난 맛집임을 알 수 있는 곳이다. 가게 안에 붙어있는 각종 매체에 소개된 자료만 봐도 맛에 믿음이 간다. 대표 메뉴는 간판에서도 알 수 있듯 바쿠테. 돼지 갈비를 오랫동안 고아서 끓인 수프로 우리의 갈비탕을 상상하면 된다. 바쿠테를 밥과 함께 주문하면 오로지 국 한 그릇과 밥 한 공기가 나오는데 별다른 반찬 없이도 밥 한 공기를 뚝딱 비워낼 정도로 맛이 좋다. 오랫동안 끓여 부드럽게 갈비 살이 벗겨지는데 간장 소스에 찍어 먹으면 더욱 맛있다. 진하고 고소한 국물에 밥까지 말아 먹으면 든든하다. 워낙 손님이 많아서 바로 옆에 2호점을 냈으니 편한 곳으로 골라 가자.

모토리노 싱가포르 Motorino Singapore

주소 Merchant's Court #01-01A, 3A River Valley Rd, Singapore **전화** 6334-4968
홈페이지 www.motorinopizza.com **영업** 11:30~23:00 **예산** 피자 S$17~, 샐러드 S$13~ (+TAX&SC 17%)
가는 방법 MRT Clarke Quay역에서 도보 3분. 클락 키 Zone 내에 위치. 리앙 코트(Liang Court) 옆
Map.P236-B

뉴욕의 인기 피자 맛집 모토리노가 싱가포르에도 상륙했다. 나폴리 스타일의 피자를 선보이며 화덕에 구워 담백하면서도 재료 본연의 맛이 살아있는 피자 맛으로 인기가 높다. 기본에 충실한 피자 맛을 먹고 싶다면 MARGHERITA를 추천하며, 매콤한 맛이 매력적인 SOPPRESSATA PICCANTE도 인기다. 월요일부터 금요일(11:30~14:30)까지는 런치 메뉴를 이용하면 피자와 샐러드를 세트로 S$25에 즐길 수 있다. 맛있는 피자와 와인 또는 시원한 맥주와 함께 즐기기 좋으며 오후 4시부터 7시까지는 해피 아워로 조금 더 저렴하게 맥주를 마실 수 있다.

리버사이드의 나이트라이프

리버사이드 지역은 싱가포르의 나이트라이프를 책임지고 있다고 해도 과언이 아닐 정도로 나이트 스폿들이 많다. 특히 클락 키 지역에는 바와 클럽이 밀집되어 있어서 저녁 식사를 즐긴 후 나이트라이프까지 논스톱으로 즐길 수 있다.

주크 **추천**

주소 17 Jiak Kim Street, Singapore **전화** 6738-2988 **홈페이지** www.zoukclub.com **영업** 수요일 21:00~04:00, 금·토요일 22:00~05:00 **휴무** 일·월·화·목요일 **예산** 입장료 S$15~25 **가는 방법** MRT Clarke Quay 역, 티옹바루 Tiong Bahru에서 택시로 5분. 그랜드 콥튼 워터프런트 호텔 뒤편에 있다. **Map.P236-A1**

싱가포르에서 가장 물 좋고 잘나가는 클럽으로 싱가포르 나이트라이프를 책임지고 있는 No.1 클럽이다. 3000명이 동시에 들어가도 될 만큼 큰 규모인데도 워낙 인기가 좋아 피크 타임이면 발 디딜 틈이 없다. 클럽 안은 3개의 홀로 나뉘는데 하우스, 일렉, 힙합&팝 등 음악 스타일이 각각 다르니 취향대로 넘나들며 즐기면 된다. 입장료에는 음료 2잔이 포함되어 있으며 입장 시 손목에 찍어주는 야광 도장만 있으면 자유롭게 출입이 가능하다. 수요일은 레이디스 나이트로 여성 손님에 한해 입장료를 면제해 주니 여성이라면 이때를 공략하는 것도 좋겠다. 클럽 안에서는 금연이라 흡연구역에서만 담배를 피울 수 있는데 덕분에 공기는 비교적 덜 갑갑하다. 밤 12시 정도는 되어야 피크 타임으로 달아오르니 너무 일찍 가면 시간 낭비다. 20대 초반에서 중반 정도의 핫하고 스타일리시한 영 피플들이 많이 찾는 곳이니 한껏 멋을 부리고 가보자. 입장 시 여권은 필수니 꼭 챙길 것!

주크

245

리버사이드

아티카 Attica + Attica Too

주소 #01-03 Clarke Quay, 3A River Valley Road, Singapore **전화** 6333-9973 **홈페이지** www.attica.com.sg
영업 월 · 화 · 일요일 17:00~02:00, 목요일 17:00~03:00, 수 · 금 · 토요일 17:00~04:00 **예산** 입장료 S$12~28
가는 방법 MRT Clarke Quay 역에서 도보 3분, 클락 키 Zone에서 노보텔 호텔 방향으로 강가 1층에 있다. **Map.P235**

지르카와 함께 클락 키의 뜨거운 밤을 책임지는 아티카. 크렉 데이비드와 박재범 같은 셀럽들이 다녀가면서 더욱 유
명해졌다. 다른 곳에 비해 힙합 음악을 중심으로 사운드를 틀어주므로 힙합 러버들이라면 더욱 신나게 클러빙을 즐
길 수 있다. 유러피언과 웨스턴의 비율이 높은 편인데 항간에는 현지인들에게 인종차별적 대우를 한다는 소문이 돌
기도. 물 좋고 핫한 클럽인 만큼 한껏 차려입고 가서 빵빵한 비트에 몸을 맡기고 달려보자.

아티카 댄스플로어

아티카

Lilypad

와인 커넥션 타파스 바 & 비스트로 Wine Connection Tapas Bar & Bistro

주소 #01-19/20 Robertson Walk, 11 Unity Street, Singapore **전화** 6235-5466 **홈페이지** www.wineconnection.com.sg
영업 월~목요일 11:30~02:00 금~토요일 11:30~03:00 일요일 11:30~24:00 **예산** 와인 S$30~, 치즈 플래터 S$15~
가는 방법 MRT Clarke Quay 역에서 도보 약 10분, 로버슨 키의 파크 호텔 클락 키 옆, 로버슨 워크에 위치 **Map.P236-B1**

술값 비싸기로 유명한 싱가포
르에서 괜찮은 와인을 비교적
착한 가격에 즐길 수 있는 캐주
얼한 와인 바. 싱가포르에서 와
인 도매상과 같은 역할을 하는
곳으로 와인 리테일 숍에서 파
는 와인과 큰 차이가 없는 가격
에 와인을 즐길 수 있어 애호가
들 사이에서는 아지트와 같은
장소로 통한다. 글라스 와인의
종류만 해도 30여 가지에 달하
며 와인 한 병에 S$30~50 수
준이다. 친구 또는 연인과 편안
하게 맛있는 타파스를 곁들이

며 좋은 시간을 보내기 좋고 밤이 되면 DJ가 플레이하는 신나는 음악까지 더해져 분위기가 더 무르익는다. 싱가포르
에 총 5개 매장이 있으며 바로 옆에서는 유럽에서 공수한 40여 가지 치즈를 보유한 치즈 바도 운영 중이다.

브루웍스 Brewerkz 추천

주소 #01-05/06 Riverside Point, 30 Merchant Road, Clarke Quay, Singapore **전화** 6438-7438 **홈페이지** www.brewerkz.com **영업** 월~목 · 일요일 11:00~00:30, 금 · 토요일 12:00~01:30
예산 치킨윙 S$17~, 맥주 S$6~(+TAX&SC 17%) **가는 방법** MRT Clarke Quay 역에서 도보 3분, 리버사이드 포인트 1층 정보 시푸드 레스토랑이 있는 라인에 있다. Map.P236-B1

클락 키에서 단골이 많은 맥줏집. 마이크로 브루어리로 직접 만든 다양의 맛의 하우스 맥주가 이 집 인기의 비결이다. 메뉴에 있는 맥주 이름들이 어려워 고민이라면 14가지 맥주 가운데 4가지를 골라서 맛볼 수 있는 샘플러 메뉴(S$13)를 시켜보자. 재미있는 것은 해피 아워가 5가지로 나뉘어 있으며 시간대별로 맥주 가격이 달라진다는 점. 낮 12시부터 오후 3시까지가 가장 저렴하게 마실 수 있는 타이밍이다. 화려하게 빛나는 클락 키와 강을 바라보며 맛있는 맥주 한잔으로 하루를 마무리해보자.

샘플러 메뉴

브루웍스

하이랜더 Highlander

주소 #01-11 The Foundry, 3B River Valley Road, Clarke Quay, Singapore **전화** 6235-9528 **영업** 일~목요일 17:00~02:00, 금 · 토요일 17:00~03:00 **예산** 피시 앤 칩스 S$24, 맥주 S$16.15~(+TAX&SC 17%) **가는 방법** MRT Clarke Quay 역에서 도보 3분, 클락 키 Zone의 중앙 분수대 앞에 있다. Map.P235

핫 플레이스인 클락 키에서도 가장 노른자위인 분수대 앞에 위치한 노란색 레스토랑 겸 바. 스코틀랜드 레스토랑으로 사슴뿔 장식과 박제 등 전통적인 스코틀랜드 장식과 모던한 감각이 조화돼 있다. 스코틀랜드 하면 명물인 위스키를 빼놓을 수 없는데 무려 200가지에 달하는 위스키를 보유하고 있다. 식사로도 거뜬한 메인 메뉴와 안주로 좋은 가벼운 스낵까지 다양한 요리를 갖췄다. 주중에는 오후 10시30분, 주말에는 오후 10시부터 흥겨운 라이브 공연까지 더해져 한층 분위기가 무르익는다.

쿠바 리브레 Cuba Libre

주소 Blk B, #01-13 Clarke Quay, River Valley Road, Singapore **전화** 6338-8982 **홈페이지** www.cubalibre.com.sg **영업** 일~목요일 18:00~02:00, 금~토요일 18:00~03:00 **예산** 모히토 치킨 S$28, 시푸드 잠바라야 S$26, 칵테일 S$17~(+TAX&SC 17%) **가는 방법** MRT Clarke Quay 역에서 도보 약 3분, 클락 키 Zone의 B 블록 1층 13호 Map.P235

싱가포르 속 작은 쿠바를 만나고 싶다면 이곳으로. 내부에는 쿠바의 영웅 체 게바라의 사진이 걸려있고 쿠바 음악과 열정의 살사 공연을 선보이며 쿠바 스타일의 칵테일에 취할 수 있어 마치 쿠바 어느 골목의 바에 온 것 같은 기분이 든다. 쿠바의 음식과 함께 쿠바의 칵테일을 맛볼 수 있는데 세계적으로도 유명한 모히토와 간판과 같은 이름의 쿠바 리브레 칵테일이 이곳의 베스트셀러 칵테일이다. 매일 저녁 밴드의 공연이 있어 흥겨운 음악과 쿠바의 칵테일을 맛보며 기분 좋게 취하기 좋은 곳이다.

싱가포르

로버슨 키에서 여유롭게 즐기는 브런치

Robertson Quay

로버슨 키는 여행자들을 위한 관광특구 같은 분위기를 풍기는 클락 키에 비해 화려함은 덜하지만 대신 여유로움을 느낄 수 있는 지역이다. 로버슨 키 주변에 웨스턴들이 장기 거주하는 레지던스가 많다 보니 자연스럽게 그들의 라이프스타일에 맞는 카페 · 펍 · 레스토랑 · 살롱들이 모여 하나의 빌리지를 이루고 있다. 오전이면 로버슨 키 강가를 따라 잘 조성된 산책로에서 조깅을 하거나 강아지와 산책을 즐기는 이들을 볼 수 있다. 특히 주말 오전이면 이 근방 카페들은 브런치를 먹으러 온 사람들로 분주해진다. 여행자의 바쁜 일정을 잠시 뒤로하고 이곳 사람들처럼 산책과 브런치로 잠깐의 여유를 누려보는 건 어떨까.

토비스 에스테이트 Toby's Estate 추천

주소 8 Rodyk Street, Singapore **전화** 6636-7629 **영업** 매일 07:00~18:00 **예산** 토비스 브렉퍼스트 S$16, 에스프레소 S$3.50, 카푸치노 S$5(+TAX&SC 17%) **가는 방법** 로버슨 키의 레스토랑 바 바 블랙십 옆에 있다. **Map.P236-A1**

호주에서 온 커피 전문점으로 직접 로스팅한 커피 맛과 브런치(오후 3시까지)로 이 근방 카페들 중 가장 높은 인기를 구가하고 있다. 특히 주말 오전이면 브런치를 즐기려는 사람들로 안과 밖이 꽉 들어찬다. 로버슨 키 산책 후 맛있는 커피와 브런치를 즐기고 싶다면 주저 말고 토비스 에스테이트로 향하자.

토비스 에스테이트

키스 카페 Kith café

주소 7 Rodyk Street #01-28, Watermark at Robertson Quay, Singapore **전화** 6341-9407 **영업** 월~금요일 07:00~16:00, 토~일요일 07:00~18:00 **예산** 1인당 S$15~20 **가는 방법** 로버슨 키의 카페 토비스 에스테이트 옆에 있다.

Map.P236-A1

맛있는 커피와 홈 메이드 스타일의 빵과 샌드위치를 먹으며 쉬어가기 좋은 카페. 아담하지만 아기자기하고 친숙한 분위기가 매력이다. 주말 오전이면 웨스턴들과 아이를 동반한 가족들로 북적인다.

키스 카페

바 바 블랙십 **Bar Bar Black Sheep**

주소 86 Roberson Quay, Singapore **전화** 6836-9255 **영업** 월~목요일 12:00~24:00, 금~일요일 12:00~02:00
예산 버거 S$14~, 와플 S$8 **가는 방법** 로버슨 키의 리버 뷰 호텔 맞은편에 있다. Map.P236-A1

로버슨 키에서 저녁이면 가장 손님이 많은 곳. 시원한 맥주를 마시며 스트레스를 푸는 사람들로 와글와글한 분위기다. 주말에는 와플 · 버거 등 브런치 메뉴를 선보이며 강가에 있어 낭만적이다. 보트 키에도 분점이 있다.

마첼로
MARCELLO

주소 1 Nanson Road, Singapore **전화** 6826-5041 **영업** 06:30~18:00 **예산** 토스트 S$22, 샐러드 S$12, 팬케이크 S$20(+TAX&SC 17%) **가는 방법** 로버슨 키의 키 사이드의 레드 하우스 옆, 인터콘티넨털 호텔 1층

Map.P236-A1

인터콘티넨털 호텔에서 운영하는 카페 겸 레스토랑으로 올 데이 브런치를 즐길 수 있어 이 근방에 머무는 여행자와 현지인들에게 인기가 높다. 아침 일찍 문을 열며, 간단하게 먹기 좋은 팬케이크나 토스트 등 브런치 메뉴부터 든든한 한 끼 식사로 좋은 버거와 라자냐, 커피와 함께 곁들이기 좋은 디저트까지 메뉴가 꽤 다양하다. 또한 칵테일, 와인, 맥주까지 다양한 주류를 갖추고 있어 선택의 폭이 넓다.

부메랑 비스트로 & 바
Boomarang Bistro & Bar

주소 60 Robertson Quay, #01-15 The Quayside, Singapore **전화** 6738-1077 **홈페이지** www.boomarang.com.sg **영업** 07:00~03:00 **예산** 커피 S$5~, 팬케이크 S$12, 피자 S$16~ (+TAX&SC 17%) **가는 방법** 로버슨 키의 키 사이드, 레드하우스에서 도보 2분 Map.P236-B1

호주인이 운영하는 비스트로 바로 맛있는 브런치로 인기몰이 중. 토스트 위에 아보카도, 치즈, 치킨을 올린 OPEN FACE MELT, 신선한 연어를 올린 SMOKED SALMON BRIOCHE, 상큼한 과일을 곁들인 FRUIT FILLED FRENCH TOAST 등 간단하면서도 맛있는 아침 메뉴가 가득하다. 여유로운 휴일엔 아이들과 함께 가족 단위 단골이 많아서 아이들을 위한 키즈 메뉴도 준비되어 있다. 식사 메뉴로는 버거, 피자 등의 메뉴가 주 종목이며 그릴 메뉴도 다양하다. 인기에 힘입어 보트 키에 2호점을 열었다.

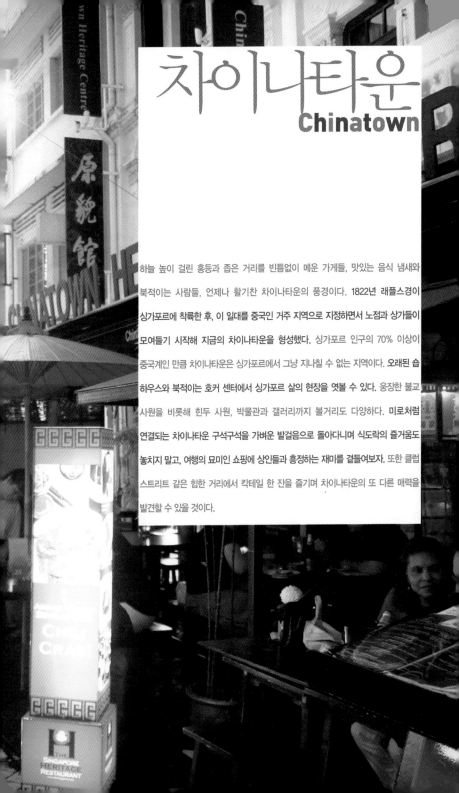

차이나타운
Chinatown

하늘 높이 걸린 홍등과 좁은 거리를 빈틈없이 메운 가게들, 맛있는 음식 냄새와 북적이는 사람들, 언제나 활기찬 차이나타운의 풍경이다. 1822년 래플스경이 싱가포르에 착륙한 후, 이 일대를 중국인 거주 지역으로 지정하면서 노점과 상가들이 모여들기 시작해 지금의 차이나타운을 형성했다. 싱가포르 인구의 70% 이상이 중국계인 만큼 차이나타운은 싱가포르에서 그냥 지나칠 수 없는 지역이다. 오래된 숍하우스와 북적이는 호커 센터에서 싱가포르 삶의 현장을 엿볼 수 있다. 웅장한 불교 사원을 비롯해 힌두 사원, 박물관과 갤러리까지 볼거리도 다양하다. 미로처럼 연결되는 차이나타운 구석구석을 가벼운 발걸음으로 돌아다니며 식도락의 즐거움도 놓치지 말고, 여행의 묘미인 쇼핑에 상인들과 흥정하는 재미를 곁들여보자. 또한 클럽 스트리트 같은 힙한 거리에서 칵테일 한 잔을 즐기며 차이나타운의 또 다른 매력을 발견할 수 있을 것이다.

차이나타운
효율적으로
둘러보기

차이나타운은 MRT 차이나타운 Chinatwon 역과 바로 연결되어 접근이 수월하다. 잘 구별되지 않는 거리들이 미로처럼 연결돼 있어 초행길이라면 헤맬지도 모른다. 하지만 지도를 따라 움직이면 의외로 단순한 구조다. 우선 역에서 나오면 바로 연결되는 파고다 스트리트 Pagoda Street에서부터 관광을 시작하자. 기념품 상점과 노점들이 오밀조밀 모여 있는 거리를 걷다 보면 자연스럽게 트렝가누 스트리트 Trengganu Street로 접어든다. 트렝가누 스트리트에서 각 골목들로 다시 이어지므로 골목골목 돌아보며 차이나타운의 북적거림을 느껴보자. 주요 사원들이 모여 있는 사우스 브리지 로드 South Bridge Road에서 사원들을 둘러보고, 불아사 Buddha Tooth Relic Temple & Museum 건너편의 맥스웰 푸드 센터 Maxwell Food Centre로 이동해 식사를 해도 좋다. 맥스웰 푸드 센터 너머로 MRT 탄종 파가 Tanjong Paga 역 방향으로 가면 비교적 한적한 골목들이 나오는데 오래된 숍 하우스들과 지역 맛집, 부티크 호텔들이 숨어 있다. 각기 다른 개성의 골목을 누비는 것이 차이나타운의 가장 큰 묘미이므로, 편한 신발을 신고 걸어 다니며 보고 먹고 느끼자.

차이나타운 Access

MRT 차이나타운 Chinatown 역

역에서 내리면 바로 차이나타운이 연결되기 때문에 무척 쉽게 이동할 수 있다. 차이나타운 관광이 목적이라면 A번 출구에서 내리면 바로 앞이 파고다 스트리트로 여기서부터 차이나타운 도보 여행을 시작하면 된다.

A번 출구 파고다 스트리트, 럭키 차이나타운, 차이나타운 헤리티지 센터
C번 출구 피플스 파크 콤플렉스, 피플스 파크 콤플렉스 푸드 센터
D번 출구 피플스 파크 센터, 푸라마 시티 센터 호텔
E번 출구 차이나타운 포인트

MRT 텔록 아이어 Telok Ayer 역

새롭게 문을 연 파란색 라인의 MRT 역으로 시안 혹켕 사원이나 파 이스트 스퀘어, 래플스 플레이스 방향으로 이동할 때 이용하면 좋다.

A번 출구 시안 혹켕 사원
B번 출구 파 이스트 스퀘어

Start

MRT 차이나타운 역 출발 — 도보 1분 — **1** 림치관 or 비첸향 육포 10:00 — 도보 2분 — **2** 파고다 스트리트 10:20 — 도보 3분 — **3** 불아사 11:00 — 도보 4분 — **4** 스리 마리암만 사원 11:30

Start

MRT 차이나타운
Chinatown 역

어퍼 크로스 스트리트 Upper Cross Street

모스크 스트리트 Mosque Street

파고다 스트리트 Pagoda Street

템플 스트리트 Temple Street

트렝가누 스트리트 Trengganu Street

스미스 스트리트 Smith Street

사우스 브리지 로드 South Bridge Road

사고 스트리트 Sago Street

클럽 스트리트 Club Street

차이나 스트리트 China Street

크레타 에이어 로드 Kreta Ayer Road

테오 림 로드 Teo Lim Road

앤 시앙 힐 Ann Siang Hill

앤 시앙 로드 Ann Siang Road

애모이 스트리트 Amoy Street

맥스웰 로드 Maxwell Road

크래그 로드 Craig Road

탄종 파가 로드 Tanjong Pagar

트라스 스트리트 Tras Street

1 2 4 5 8 3 6 7

— Must do it! —

★ 불교 사원 & 힌두 사원 관광하기
★ 저렴한 자석, 열쇠고리 등 기념품 사기
★ 맥스웰 푸드 센터에서 치킨라이스 먹기
★ 딤섬 · 육포 · 중국과자 등
　차이나타운의 식도락 즐기기
★ 클럽 스트리트에서 시원한 맥주
　한잔 마시며 쉬어 가기

도보 2분　**5** 유안상 12:00　도보 3분　**6** 맥스웰 푸드 센터 12:30　도보 1분　**7** 싱가포르 시티 갤러리 13:30　도보 3분　**8** 클럽 스트리트 14:50

Ⓐ
Ⓑ

차이나타운 상세도

피플스 파크 센터
People's Park Center

Ⓢ 차이나타운 포인트
Chinatown Point

Ⓓ

차이나타운 헤리티지 센터
Chinatown Heritage Centre
Ⓒ
Ⓔ

MRT 차이나타운 역
Chinatown 역   림치관
Ⓗ 포셀린 호텔   홍 림 콤플렉스
Hong Lim Complex

어퍼 크로스 스트리트 Upper Cross Street

MRT 아우트램 파크   비천향   모스크 스트리트 Mosque Street   (본점)야쿤 카야 토스트
Outram Park 역   5 풋웨이 인   필로우 앤   Yakun Kaya Toas
Ⓐ   Ⓗ   Ⓗ 토스트 호스텔   차이나 스퀘어 센트럴
메이 헝 유엔 디저트   윙크 호스텔   타임 오브 티   China Square Central
Ⓡ   파고다 스트리트 Pagoda Street   Ⓗ   The Time of Tea
산타   자마에 모스크
그랜드 호텔   Jamae Mosque
펄스 센터   탁포   차이나타운
Pearl's   Ⓡ   스리 마리암만 사원   파 이스트 스퀘어
Centre   차이나타운   Sri Mariamman   Far East Square
콤플렉스   Ⓑ 얌차 레스토랑   Temple   클럽 스트리트 Club Street
Ⓢ   미스터 테 타릭 카텔
스미스 스트리트 Smith Street   유안샹   Mr. Teh Tarik Cartel
Ⓡ
차이나타운 푸드 스트리트   Ⓡ 로프트
Chinatown Food Street   사고 스트리트 Sago Street
Ⓡ 통 헹

불아사   Ⓢ
Buddha Tooth Relic Temple & Museum   에그 스리

맥스웰 푸드 센터   더 클럽 호텔 Ⓗ
샤프 호텔   지 호텔   스칼렛 호텔   매치박스
The SAFF   G Hotel   컨셉트 호스텔
Ⓗ   Ⓗ   Ⓗ
포테이토 헤드 싱가포르   싱가포르 시티 갤러리   알 아바르 모스크
Potato Head Singapore   티 챕터   Singapore City Gallery   Al Abar Mosque
풍기 커피숍   Ⓡ   아모이 푸드 센터
Foong Kee   Tea Chapter   Ⓡ
Coffee Shop   시안 혹 켕 사원
Thian Hock Keng Temple

버자야 싱가포르 Ⓗ
Berjaya Singapore

레드 닷 디자인 뮤지엄
Red Dot Design Museum

텔록 에이어 공원
Telok Ayer Park

블루 진저 Blue Ginger Ⓡ   ↓ MRT 탄종 파가 역 방면

N

Ⓐ Ⓑ

피플스 파크 콤플렉스
People's Park Complex

🚇 MRT 차이나타운 역
Chinatown 역

유 통 센 스트리트 Eu Tong Sen Street

뉴 브리지 로드 New Bridge Road

Ⓢ 뉴 브리지 센터

림치관
Lim Chee Guan Ⓢ

Ⓢ 비첸향 Ⓢ

호텔 81 Ⓔ
Hotel 81 Ⓗ Ⓢ

메이 헝 유엔 디저트 Ⓡ
Mei Heong Yuen Dessert

비첸향 Ⓢ Ⓐ
Bee Cheng Hiang

포셀린 호텔
The Porcelain Hotel Ⓗ

차이나타운 포인트
Chinatown Point

Ⓢ 차이나타운 콤플렉스

Ⓑ

5 풋웨이 인
5 footway.inn

더 인 앳
템플 스트리트
The Inn At
Temple Street Ⓗ

윙크 호스텔 Ⓗ
WINK HOSTEL

산타 그랜드 호텔 차이나타운
Santa Grand Hotel Chinatown Ⓗ

토기 Ⓡ

탁 포 Ⓡ
Tak Po

얌차 레스토랑 Ⓡ
Yumcha Restaurant

차이나타운 헤리티지 센터
Chinatown Heritage Centre

장원 Ⓡ

트렝가누 스트리트
Tranganu Street

차이나타운 푸드 스트리트
Chinatown Food Street

싱가포르 동전
노트 박물관
Singapore Coins and
Notes Museum

필로우 앤 토스트 호스텔
Pillows & Toast Hostel Ⓗ

타임 오브 티 Ⓡ
The Time of Tea

차이나타운
비지터 센터
Chinatown
Visitor Centre

랑 자우 라 미앤 Ⓡ
Lan Zhau La Mian

백패커스 인 차이나타운
Backpackers Inn Chinatown Ⓗ

자마에 모스크
Jamae Mosque

켄코 Ⓜ

불아사
Buddha Tooth Relic
Temple & Museum

스리 마리암만 사원
Sri Mariamman Temple

맥스웰 푸드 센터
Maxwell Food Centre

7-Eleven
로프트 Ⓡ
Loft

사우스 브리지 로드 South Bridge Road

유안상 Ⓢ
Eu Yan Sang

모하메드 알리 레인
Mohamed Ali Lane

로모 그래피 Ⓢ
Lomo Graphy

통 헹 Ⓡ Tong Heng

다 파올로 리스토란데
Da Paolo Ristorante

보졸레 와인 바
Beaujolai Wine Bar Ⓝ

바티니
Bartini
Ⓝ

에그 스리 Ⓢ
EGG 3

트롤리 Ⓢ
Trolley Ⓡ

클럽 스트리트 Club Street

인도차이나 Ⓝ

스크리닝 룸 Ⓝ
Screening Room

스피자 Ⓡ
Spizza

더 파티세 Ⓡ
The
Patissier

스칼렛 호텔
The Scarlet a
Boutique Hotel Ⓗ

옥스웰 & 코
Oxwell & Co.

안 시앙 힐 공원
Ann Siang Hill Park

더 클럽 호텔 Ⓗ
The Club Hotel

매치 박스 컨셉트 호스텔
Matchbox The Concept Hoste Ⓗ

차이나타운 상세도

사고 스트리트 Sago Street

스미스 스트리트 Smith Street

템플 스트리트 Temple Street

파고다 스트리트 Pagoda Street

모스크 스트리트 Mosque Street

어퍼 크로스 스트리트 Upper Cross Street

어스킨 로드 Erskine Road

앤 시앙 로드 Ann Siang Road

앤 시앙 힐 Ann Siang Hill

Ⓐ

Ⓑ

Ⓔ

❶

❷

❸

Best
Attractions
차이나타운의
볼거리

차이나타운 곳곳에는 오랜 역사를 지닌 사원들과 눈여겨볼
만한 박물관·갤러리들이 있다. 또한 구석구석의 골목들
모두가 흥미로운 관광지이므로 마음껏 누벼보자.

스리 마리암만 사원 Sri Mariamman Temple

주소 244 South Bridge Road, Singapore **전화** 6223-4064 **운영** 매일 07:30~11:30, 17:30~20:30 **가는 방법** MRT Chinatown
역에서 도보 3~5분. 템플 스트리트 Temple Street에서 사우스 브리지 로드 방향으로 좌회전한다. **Map.P254-B1**

1827년에 건립된 싱가포르에서 가장 오래된 힌두교 사원이다. 말레이시아 페낭 출신의
무역상이 마리암만 신을 위해 세운 것으로 공사 기간만 15년이 넘게 걸렸다고 한다. 정
문에 들어서면 15m나 되는 고푸람에 화려한 힌두교 신들이 조각된 사방 벽과 프레스코
화 천장이 위용을 드러내고 있다. 아이러니하게도 힌두 사원이 차이나타운에 있게 된
데는 나름의 사연이 있다. 19세기 중엽까지만 해도 이 근방에는 인도인들이 많이 살았
다. 그러나 중국인들에게 밀려 대부분 리틀 인디아 지역으로 주거를 옮겼는데, 이 사원
만은 옮길 수 없어 남게 된 것이다. 내부는 일반인도 자유롭게 관람할 수 있다. 하지만
사원에 입장하기 전에는 신발을 벗고 여러 가지 의식을 치러야 한다.

불아사 佛牙寺
Buddha Tooth Relic Temple & Museum

주소 288 South Bridge Road, Singapore **전화** 6220-0220
홈페이지 www.btrts.org.sg **운영** 매일 09:00~11:00, 14:00~
15:30, 18:30~20:00 **가는 방법** MRT Chinatown 역에서 도
보 5분. 사우스 브리지 로드의 맥스웰 푸드 센터 건너편에 있
다. **Map.P254-B2**

420kg의 순금 사리탑에 부처의 '치아'
가 봉인되어 있다는 사원이다. 다양한
종파의 특징을 받아들여 독특한 형식
으로 건축되었다. 4층까지 있는 비교
적 큰 규모로 멀리서도 한눈에 보일
정도다. 지하에는 극장과 식당이 있으며 2~4층은 불
교문화박물관도 함께 운영된다. 새벽부터 저녁까지
관련 프로그램이 있으며 홈페이지를 통해 확인할 수
있다.

자마에 모스크
Jamae Mosque

주소 218 South Bridge Road, Singapore **운영** 매일 06:30~
17:00 **가는 방법** MRT Chinatown 역에서 도보 5분. 모스크 스
트리트 Mosque Street 끝에서 우회전한다. **Map.P254-B1**

남인도의 이슬람교도들에
의해 1827년에 세워진 모스
크다. 싱가포르에서 가장 오
래된 이슬람 사원이기도 하
다. 타밀어로 '작은 모스크'
라는 뜻의 쿠추 랄리 Koo
choo Ralli라고도 불린다.

화려하지 않고 수수한 이 모스크는 여행자들보다는
기도를 드리는 이슬람교도들이 주로 찾는다.

차이나타운 헤리티지 센터 Chinatown Heritage Centre

주소 48 Pagoda Street, Singapore **전화** 6325-2878 **홈페이지** www.chinatownheritagecentre.sg **운영** 매일 09:00~20:00(마지막 입장은 19:00까지) **입장료** 일반 S$15, 어린이 S$11 **가는 방법** MRT Chinatown 역 A번 출구에서 도보 3분. 파고다 스트리트 중간에 있다. Map.P254-A1

차이나타운 헤리티지 센터

파고다 스트리트에 위치한 차이나타운 헤리티지 센터는 1950년대 차이나타운 초기 이민자들의 문화와 생활 풍습을 그대로 재현해 놓은 박물관이다. 안으로 들어가는 순간 마치 옛날 차이나타운의 어느 집으로 시간여행을 떠나온 것 같은 기분이 든다. 3층으로 되어있으며 양장점이 많았던 과거의 숍과 거리, 음식 문화, 호커 센터 등이 재현되어 있다. 지금과는 현저히 다른 차이나타운의 과거 모습들을 담은 흑백 사진들도 전시되어 있다. 1층에는 싱가포르 로컬 푸드를 다루는 싱가포르 헤리티지 레스토랑 Singapore Heritage Restaurant도 함께 운영 중이다. 인디안 커리, 차이니스 누들, 칠리 크랩 등 싱가포르의 대표 음식들을 맛볼 수 있으며 북적이는 차이나타운을 구경하는 재미도 느낄 수 있다.

파 이스트 스퀘어 Far East Square

주소 Far East Square, Amoy Street, Singapore **전화** 6532-2868 **홈페이지** www.fareastsquare.com.sg **가는 방법** MRT Chinatown 역에서 어퍼 크로스 스트리트 Upper Cross Street를 따라 직진. 크로스 스트리트 Cross Street에 있다. Map.P254-B1

파 이스트 스퀘어

| 차이나타운 |

파 이스트 스퀘어는 동서양의 맛과 멋이 만나는 곳이면서 싱가포르의 과거와 현재가 만나 완벽한 조화를 이루는 곳이다. 동서고금이 믹스된 독특한 아케이드로 아모이 스트리트, 크로스 스트리트 거리의 교차점에 위치하고 있다. 개발 당시부터 음식오행설을 테마로 하고 이동 동선을 고려했다. 그 덕분에 래플스 플레이스 Raffles Place와 차이나타운이 모두 가깝다. 웅장한 대문 안으로 들어서면 30여 개의 레스토랑과 펍, 카페가 입점해 있어 식도락을 즐기기에도 그만이다. 중국·일본·인도·태국·한국 등 아시아 여러 나라의 다양한 음식을 맛볼 수 있다. 펍과 바의 노천 테이블도 즐비해 비즈니스맨들의 단골 아지트로 사랑받는다. 싱가포르의 명물이 된 야쿤 카야 토스트 Yakun Kaya Toast 본점도 이곳에 있다. 오래된 사원인 푹탁 치 Fuk Tak Chi 박물관도 놓치지 말자. 입장료는 무료다! 1층에는 싱가포르 로컬 푸드를 파는 레스토랑도 함께 운영한다. 이곳에서 지나가는 사람들을 구경하며 싱가포르 대표 음식들을 맛볼 수 있다.

시안 혹 켕 사원
Thian Hock Keng Temple

주소 158 Telok Ayer Street, Singapore **전화** 6423-4616
홈페이지 www.thianhockkeng.com.sg **운영** 매일 06:30
~17:30 **가는 방법** MRT Tanjong Pagar 역에서 도보 10분. 파
이스트 스퀘어가 있는 크로스 스트리트 Cross Street에서 직진
하다가 텔록 아예르 스트리트에 있다. **Map.P254-B2**

시안 혹 켕 사원

1821년 싱가포르로
이주한 중국 출신 어
부들이 안전한 항해
와 만선을 기원하며
건립한 도교 사원이
다. 1840년 화교들이 모든 건축 자재들을 중국에서
조달해 재건했다고 한다. 사원이 있는 거리 앞은 간척
사업이 이뤄지기 전에는 바다였기 때문에 선원들은
여기서 안전한 항해를 기원하고 배를 탔다고 한다. 입
구 처마 끝을 장식한 용의 조각이 눈길을 끌며, 사원
에서 퍼지는 진한 향 냄새가 엄숙하고 경건한 느낌을
준다. 가장 아름다운 중국 사원으로 손꼽히며 국가
기념물로 지정돼 있
다. 2001년에는 유네
스코 아시아 태평양
문화유산 보존상을
수상하기도 했다.

싱가포르 시티 갤러리
Singapore City Gallery

주소 The URA Centre, 45 Maxwell Road, Singapore
전화 6321-8321 **홈페이지** www.singaporecitygallery.sg
운영 월~토요일 09:00~17:00 **휴무** 일요일 **가는 방법** MRT
Chinatown 역에서 도보 5분. 맥스웰 푸드 센터 뒤쪽 건물이
다. **Map.P254-B2**

싱가포르의 철저한 도시계획을 엿볼 수 있는 갤러리
다. 고유의 전통을 보존하면서 녹색의 첨단 도시로
탈바꿈하는 과정이 경탄을 자아낸다. 총 3층인데 가
장 흥미로운 곳은 센트럴 지역 모델 Central Area
Model이다. 싱가포르 시티 중심부의 모형을 전시해
한눈에 도시의 전모를 파악할 수 있다. 정교하게 만
들어져 싱가포르 지리에 익숙하지 않은 이들도 쉽게
이해할 수 있다. 마리나 베이와 브라스 바사-부기스
에 대한 설계도뿐 아니라 싱가포르 강과 오차드 로
드 등의 주요 관광 루트도 상세하게 볼 수 있다.

싱가포르 시티 갤러리

레드 닷 디자인 뮤지엄 Red Dot Design Museum

주소 Red Dot Traffic, 28 Maxwell Road, Singapore **전화** 6327-8027 **홈페이지** www.museum.red-dot.sg **운영** 월~목요일
10:00~20:00, 금~일요일 10:00~23:00 **입장료** 일반 S\$6.40, 학생·어린이 S\$4 **가는 방법** MRT Tanjong Pagar 역 G번 출구에서
맥스웰 로드를 따라 도보 10분 **Map.P254-B2**

세계 3대 디자인 공모전으로 꼽히는 '레드 닷 디자인 어워드'의 수상작을 전시하는 디
자인 전문 박물관이다. 디자인에 관심 있는 여행자라면 놓치지 말고 들러야 할 곳이다.
패션·가구·전자제품 등 다양한 디자인 작품들이 전시되어 있다. 상상력을 자극하는
기발한 아이템들이 기존의 경직된 뮤지엄과는 한 차원 다른 세계를 보여
준다. 또한 유리벽 너머로 구경만 하는 것이 아니라 직접 만지고 피
부로 느낄 수 있는 작품도 많아 더욱 흥미롭다. 다양한 아티스트와
디자이너들이 만든 재기발랄한 상품들을 판매하는 뮤지엄 숍도 함
께 둘러보자.

레드 닷 디자인 뮤지엄

차이나타운은 세련된 쇼핑몰보다는 중국의 정취가 물씬 풍기는 거리에서 기념품 · 육포 · 건강식품 등을 쇼핑하는 것이 주를 이룬다. 그러나 클럽 스트리트와 같은 합한 거리에는 트렌디한 편집 숍들도 숨어 있어 보물찾기 하는 기분을 느낄 수 있다.

차이나타운 포인트 Chinatown Point

주소 133 New Bridge Road, Singapore **전화** 6702-0114 **홈페이지** www.chinatownpoint.com.sg **영업** 11:00~22:00
가는 방법 MRT Chinatown 역 E번 출구에서 연결 `Map.P254-B1, 255-B1`

차이나타운 포인트

차이나타운에서 가장 번듯한 쇼핑몰로 차이나타운의 랜드마크 역할을 하고 있다. 다양한 카페, 레스토랑, 브랜드가 입점되어 있으며 차이나타운 역에서 바로 연결되어 접근성도 좋다. 세련된 쇼핑보다는 실용적인 쇼핑이 가능한 몰로 UNIQLO 매장과 지하에 Fair Price 슈퍼마켓이 있다. 슈퍼마켓에는 여행자들의 필수 쇼핑 아이템인 부엉이 커피를 비롯해 두리안 초콜릿, 망고 쿠키 등 기념품으로 살 만한 간식들도 다양하다. 인기 레스토랑 딘타이펑과 차이나타운의 인기 빙수가게 미향원도 만날 수 있다.

---

travel plus →

어트랙션 티켓 알뜰하게 구입하기! 시 윌 여행사 Sea Wheel Travel

주소 People's Park Centre, #03-61, 101 Upper Cross Street, Singapore **전화** 6538-5557 **홈페이지** www.seawheel.com.sg **영업** 월~금요일 09:00~20:00, 토~일요일 09:00~18:00 **가는 방법** MRT Chinatown역 D번 출구에서 연결, 피플스 파크 센터 3층 61호

유난히 볼거리, 즐길 거리가 많은 싱가포르에서 조금이라도 입장권 요금을 절약하고 싶다면 현지 여행사를 통해서 구입하자. 많은 사람들이 추천하는 대표적인 여행사는 피플스 파크 센터 안에 있는 '시 윌 여행사(Sea Wheel Travel)'. 유니버설 스튜디오, 윙스 오브 타임, S.E.A 아쿠아리움, 리버 크루즈, 가든스 바이 더 베이, 나이트 사파리, 싱가포르 플라이어, 레고 랜드 등

원만한 인기 관광지의 입장료는 거의 다 다루고 있다. 차이는 있지만 티켓에 따라 많게는 한 장에 S$10 이상 정가보다 싸게 살 수 있으니 인원이 많은 가족 여행이거나 여러 곳의 입장권을 사야 한다면 강력 추천. 차이나타운 역과 연결되니 티켓을 사고 차이나타운 관광을 즐기면 딱이다.

비첸향 **Bee Cheng Hiang** 美珍香

주소 69 Pagoda Street, Singapore **전화** 6323-0049 **홈페이지** www.bch.com.sg **영업** 매일 10:00~22:00 **예산** S$30/600g **가는 방법** MRT Chinatown 역 A번 출구에서 파고다 스트리트의 바로 오른편에 있다. Map.P254-A1

육포는 칠리 크랩, 카야 토스트와 함께 싱가포르의 별미 삼총사로 꼽힌다. 싱가포르 육포가 유명해지기까지 일등공신은 역시 비첸향이다. 불맛이 감도는 육포는 한번 맛보면 빠져드는 중독성이 있다. 1933년 시작돼 현재는 싱가포르에만 30개가 넘는 매장이 있다. 세계적으로도 홍콩·인도네시아·말레이시아를 비롯해 우리나라까지 130개가 넘는 매장을 거느리며 승승장구하고 있다. 여러 종류의 바비큐 육포 중에서 원하는 맛을 고를 수 있으며, 매장에서 직접 구워 준다. 호텔에서 즐길 간식으로 사 가지고 가서 맥주와 곁들이면 더 기막힌 맛이다.

림치관 **Lim Chee Guan** 林志源

주소 203 New Bridge Road, Singapore **전화** 6227-8302
홈페이지 www.limcheeguan.com.sg **영업** 매일 09:00~22:00 **예산** S$15~
가는 방법 MRT Chinatown 역 A번 출구에서 도보 1분. 뉴 브리지 로드에 있다. Map.P254-A1

우리나라 여행자들에게는 비첸향이 더 알려져 있다. 하지만 싱가포르 현지에서는 비첸향과 쌍벽을 이루는 이곳 또한 인기가 대단하다. 1938년부터 현재까지 정상의 자리를 지켜낸 비결은 역시 그 맛에 있다. 간식으로도 술안주로도 그만이어서 쉴 새 없이 팔려나가며 인기 있는 종류는 금세 매진되기도 한다. 쇠고기·닭고기·돼지고기 육포가 있으며 조금씩 다른 맛이지만 모두 맛있다. 300g 이상부터 구매할 수 있는데 두 가지 맛을 반씩 섞어 주기도 한다. 슈퍼에서 파는 마른 육포에 비하면 맛도 더 좋고 가격도 합리적이다. 건너편의 피플스 파크 콤플렉스 People's Park Complex와 오차드 로드의 아이온 ION 쇼핑몰 지하에도 분점이 있다.

차이나타운을 논할 때 빠질 수 없는 것이 바로 먹는 즐거움
이다. 골목마다 크고 작은 식당과 노점이 모여 먹자골목을
형성하고 있다. 푸드 코트에서부터 파인다이닝에 이르기까지
스타일도 다양하다. 김이 모락모락 나는 딤섬과 고소한 육포,
중독성 있는 두리안 등을 맛보며 차이나타운의 식도락에
빠져보자.

맥스웰 푸드 센터 Maxwell Food Centre

주소 1 Kadayanallur Street, Singapore **영업** 매일 07:00~22:00(매장에 따라 다름) **예산** 1인당 S$4~8 **가는 방법** MRT
Chinatown 역에서 사우스 브리지 스트리트 South Bridge Street 방향으로 도보 5분. 불아사 건너편에 있다. **Map.P254-B2**

싱가포르의 대표 호커 센터 중 하나로 차이나타운의 중심에 위치하
고 있다. 차이나타운을 찾는 여행자와 현지인들은 참새가 방앗간 들
르듯 이곳에 와서 식사를 즐긴다. 이곳의 인기 비결은 맛있는 음식과
부담 없는 가격이다. 다른 곳보다 저렴해서 $4~5면 든든하게 한 끼
를 먹을 수 있으며 차이나타운에 위치한 덕분에 중국 요리의 종류도
더 다양하다. 꼭 맛봐야 할 추천 메뉴는 티안 티안 하이난 치킨라
이스 Tian Tian Hainanese Chicken Rice. 싱가포르에서도 치
킨라이스의 최고봉으로 손꼽는 곳이니 들러서 먹어 보자.

맥스웰 푸드 센터

Shop
Dine
맥스웰 푸드 센터의 추천 맛집

티안 티안 하이난 치킨 라이스
Tian Tian Hainanese Chicken Rice 10호
전화 9691-4852 **영업** 화~일요일 10:00~
20:00 **휴무** 월요일

맥스웰 푸드 센터 안의 최고 인기 음
식점. 이곳의 벽면에는 각종 매체에 소
개된 자료와 상장, 페이스북 포스트들이
가득 붙어 있다. 워낙 줄이 길게 늘어서는 까닭에 수십개
의 가게들 중에서도 금방 눈에 띄는 이곳의 히트 상품은
치킨라이스다. 자자한 명성에 걸맞게 진한 닭 육수로 지
은 고소한 밥과 보드라운 닭고기가 한 그릇을 금세 뚝딱
비우게 만든다. 곁들여 내놓는 칠리소스를 밥에 비벼 먹
으면 입안이 얼얼할 정도로 매콤한 맛이 또 특별하다.

젠 젠 포리지 Zhen Zhen Porridge 54호
영업 월·수~일요일 05:30~14:30 **휴무** 화요일

포리지는 싱가포르 스타일로 끓여낸 죽을 말한다. 사람
들은 이 집의 포리지를 먹기 위해 매일 길게 줄을 선다.
오랜 시간 끓여 부드럽게 퍼진 죽 위에 토핑을 얹어서 먹
는데 맛도 좋고 속도 편안해 아침 식사로 애용된다. 소박
한 음식이지만 일단 한번 맛보면 왜 사람들이 줄을 서서
기다리는지 알 수 있을 것이다. 게다가 가격도 저렴해 $3
면 한 그릇을 배불리 먹을 수 있다. 오래 기다려야 하고
점심 무렵까지만 운영한다는 단점
이 있지만 싱가포르 최고의 포리
지로 인정받는 곳이니 도전해볼
가치가 있다.

차이나타운

얌차 레스토랑 Yumcha Restaurant 飮茶

주소 20 Trengganu Street, #02-01, Singapore **전화** 6372-1717 **홈페이지** www.yumcha.com.sg
영업 월~금요일 11:00~23:00, 토 · 일요일 · 공휴일 09:00~23:00 **예산** 딤섬 S$3~, 누들 S$12~
(+TAX&SC 17%) **가는 방법** MRT Chinatown 역에서 도보 3~5분, 트렝가누 스트리트와 템플 스트리트
Temple Street가 교차되는 초입의 산타 그랜드 호텔 2층에 있다. **Map.P255-A2**

차이나타운 하면 가장 먼저 떠오르는 풍경은 수레 가득 쌓인 딤섬 통과 오동통한 딤섬의 모습이 아닐까. 차이나
타운의 딤섬 레스토랑 중에서도 단연 독보적인 인기를 누리는 곳이 바로 얌차 레스토랑이다. 얌차 飮茶란 차를
마신다는 뜻인데 중국 사람들에게는 오후에 차와 함께 가볍게 즐기는 간식이나 식사를 마무리하는 입가심을 의
미하기도 한다. 메뉴판에는 음식 사진을 함께 실어 외국인 여행자들의 메뉴 고르기를 돕는다. 재료는 영어로 적혀
있으므로 중국어를 몰라도 이해하기 어렵지 않다. 딤섬 메뉴로는 고기의 육즙이 풍부한 샤오롱바오 Xiao Long
Bao(S$4.20)와 새우살이 맛있는 얌차 프론 덤플링 Yumcha Prawn Dumpling(S$4.50)을 추천한다. 딤섬뿐 아니라
샥스핀 수프, 페킹 덕과 같은 광둥 요리도 다루고 있다. 다채로운 맛을 경험하고 싶다면 세트 메뉴($99.80~)를
주문해 보자. 월요일부터 금요일 오후 3~6시는 무제한으로 딤섬을 즐길 수 있는 하이 티 뷔페가 열린다. 60가지
가 넘는 딤섬과 밥, 사이드 디시, 디저트를 원 없이 즐길 수 있으며 요금은 1인당 S$23.80.

메이 헝 유엔 디저트 Mei Heong Yuen Dessert 味香園

주소 63~67 Temple Street, Singapore **전화** 6221-1156 **홈페이지** www.meiheongyuendessert.com.sg
영업 매일 10:30~21:00 **예산** 스노 아이스 S$5~ **가는 방법** MRT Chinatown 역에서 도보 약 3~5분, 템
플 스트리트의 산타 그랜드 호텔에서 도보 2분 **Map.P255-A1**

허름해 보이는 이 집에는 아침부터 저녁까지 달콤
한 디저트를 맛보려는 사람들이 북적거린다. 우리
나라의 빙수와 비슷한 스노 아이스 Snow Ice가 간
판 메뉴다. 곱게 간 얼음에 망고 · 코코넛 · 두리
안 · 녹차 · 팥 등 각기 다른 토핑을 얹어 낸다. 메
뉴판에는 사진이 붙어 있어 고르기 쉬우며, 달콤한
망고 · 첸돌 · 녹차 등이 인기가 많다. 차이나타운을
돌아다니느라 지쳤다면 달콤하고 시원한 빙수와
함께 잠시 쉬어 가자. 오차드 로드의 아이온 지하
에도 분점이 있다.

Green Tea Snow Ice

차이나타운 푸드 스트리트 Chinatown Food Street

주소 335 Smith Street, Singapore **홈페이지** www.chinatownfoodstreet.sg **영업** 11:00~23:00 **예산** 1인당 S$8~10
가는 방법 MRT Chinatown 역에서 도보 5분, 스미스 스트리트 초입에 있다. **Map.P254-B1**

과거 노점식당들이 들어서던
스미스 스트리트 골목을 새롭
게 재단장해 멋진 호커 센터
로 변신시켰다. 과거의 향수
를 불러 일으키는 호커의 풍
경으로 재현해놓았으며 명물
요리들을 알뜰한 요금에 즐길

수 있어 차이나타운의 새로운 식도락 명소로 뜨고 있다. 뒤로는 숍하우스가 병풍처럼 이어지고 각 지역의 특색을
살린 좌판들이 줄줄이 이어진다. 맛깔난 해산물을 파는 분 탓 스트리트의 바비큐 시푸드 Boon Tat Street BBQ
Seafood, 부기스 스트리트의 하이난 치킨라이스 Bugis Street Hainanese Chicken Rice, 카통 지역의 굴 오믈렛
Katong Keah Kee Fried Oysters, 세랑군의 인도 요리 Serangoon Raju Indian Cuisine, 티옹 바루의 로스트 덕
Tiong Bahru Meng Kee Roast Duck 등 싱가포르의 각 지역의 명물 요리들을 한자리에 맛볼 수 있어 여행자들의
호기심을 자극한다.

야쿤 카야 토스트 Yakun Kaya Toast

주소 18 China Street, #01-01, Singapore **전화** 6438-3638 **홈페이지** www.yakun.com **영업** 월~금요일 07:30~18:30, 토·일
요일 08:30~17:00 **예산** 카야 토스트 S$2, 아이스커피 S$1.50, 세트 S$4.50~(+TAX&SC 17%) **가는 방법** MRT Chinatown 역 또는
Raffles Place 역에서 도보 5분. 파 이스트 스퀘어 내에 있다. **Map.P254-B1**

카야 토스트는 싱가포르의 국민 간식이자 아침 식사로 오랫동안 사랑받아 왔다. 카야 토스트의 원조 가게라 할
수 있는 야쿤 카야 토스트는 현지인은 물론 여행자들 사이에서도 꼭 한번 들러야 할 필수 맛집으로 통한다. 숯불
에 구운 토스트에 카야 잼을 바른 간단한 음식임에도 불구하고 한번 먹으면 은근히 다시 먹고 싶어지는 중독성이
있다. 달콤한 연유가 듬뿍 든 싱가포르 스타일 커피에 반숙 계란까지 곁들이면 아침 식사로도 충분하다. 선텍시
티, 부기스 정션, 래플스 시티 쇼핑센터 등 싱가포르 내에 30개가 넘는 분점이 있고 우리나라에도 이미 들어와 있
다. 60년이 넘는 역사를 지닌 원조 가게에서 남다른 정취를 즐겨보자.

야쿤 카야 토스트

통 헹 Tong Heng

주소 285 South Bridge Road, Singapore **전화** 6223-3649 **영업** 매일 09:00~22:00 **예산** 쿠키 S$1.10~, 에그 타르트 S$1.60 **가는 방법** MRT Chinatown 역에서 도보 3~5분, 사우스 브리지 로드의 유안상에서 도보 1분 **Map.P255-A3**

에크 타르트

차이나타운에 왔으면 전통적인 중국식 간식을 즐겨보자. 통 헹은 100년 가까운 역사를 자랑하는 전통 중국 과자점이다. 우리의 떡이나 한과처럼 싱가포르인들이 간식으로 즐겨 먹는 월병·쿠키·파이 등을 판매한다. 차이나타운에서도 소문난 집으로 오며 가며 간식으로 한 꾸러미씩 사가는 이들의 모습을 쉽게 볼 수 있다. 고기가 든 파이는 출출할 때 그만이고 단팥이 든 쿠키도 맛있다. 무엇보다 갓 구운 따끈따끈한 에그 타르트를 추천한다. 보들보들하고 달콤한 맛이 간식으로 최고다. 한 개씩도 판매하니 몇 가지를 사서 손에 들고 먹으면서 차이나타운을 구경해보자.

풍기 커피숍 Foong Kee Coffee Shop 豊記咖拜店

주소 6 Keong Siak Road, Singapore **전화** 9181-1451 **영업** 월~토요일 11:00~20:00 **휴무** 일요일 **예산** 치킨라이스 S$2, 치킨 누들 S$3 **가는 방법** MRT Chinatown 역에서 도보 10분, 케옹 색 로드의 동아 커피숍에서 도보 3분 **Map.P254-A2**

케옹 색 로드 Keong Siak Road에서 동아 커피숍과 더불어 가장 북적거리는 맛집이다. 식사 메뉴는 치킨라이스와 치킨 누들. 놀랄 만큼 저렴한 가격에 맛까지 좋아서 식사 시간이면 늘 테이블이 모자란다. 치킨라이스보다 더 인기가 좋은 누들 메뉴는 꼬들꼬들한 면발 위에 로스트 덕과 완탕을 얹어내는데 담백하면서도 맛있다. 가게는 다소 허름하지만 저렴한 비용으로 맛있는 식사를 하고 싶다면 도전해 보자.

Leely Say

과일의 왕, 두리안 도전!

굿우드 파크 호텔의 두리안 퍼프

두리안은 열대 과일 중에서도 가장 독특한 맛과 향을 지녀 '과일의 왕'으로 불립니다. 치즈처럼 강렬하고 진한 향기와 풍부한 식감 때문에 호불호가 크게 갈리죠. 그래도 우리나라에서는 드물고 귀한 과일이니 싱가포르에 온 김에 이 독특한 과일에 한번쯤 도전해 보는 것도 좋은 경험이 될 것입니다. 두리안은 차이나타운에서 특히 자주 볼 수 있는데 한 개를 통째로 사면 양도 많고 자르기도 힘드니 잘라서 포장해 놓은 것을 사서 시식해 보세요. 차이나타운의 피플스 파크 콤플렉스 1층의 과일 가게에서 두리안을 쉽게 만날 수 있습니다. 그 옆에 있는 두리안 히스토리 Durian History에서는 두리안 팬케이크를 맛볼 수도 있답니다. 조금 더 품격 있는 두리안 디저트를 경험해보고 싶다면 굿우드 파크 호텔의 두리안 퍼프를 추천합니다. 싱가포르 최고의 디저트라 불리는 두리안 퍼프는 진한 두리안 향과 달콤함의 하모니가 일품이랍니다.

블루 진저

블루 진저 **Blue Ginger**

주소 97 Tanjong Pagar Road, Singapore **전화** 6222-3928
홈페이지 www.theblueginger.com **영업** 매일 런치 12:00~14:30, 디너 18:30~22:30 **예산**
1인당 S$15~20(+TAX&SC 17%) **가는 방법** MRT Tanjong Pagar 역에서 도보
5~6분. 탄종 파가 로드에 있다. **Map.P254-A2**

3층으로 된 예스러운 숍 하우스 건물로 싱가포르의 독특한 문화인 페라나
칸을 음식으로 경험해볼 수 있는 곳이다. 블루 진저는 페라나칸 요리에 많
이 쓰이는 향신료 중 하나다. 매콤한 양념에 볶은 새우, 소스를 얹은 가지
반찬 등 페라나칸 음식은 양념 맛이 강한 편이고 밥과 잘 어울린다. 한국
음식과도 다소 비슷한 느낌이라 거부감 없이 맛있게 먹을 수 있다.

티 챕터 **Tea Chapter**

주소 9A/11 Neil Road, Singapore **전화** 6226-1175 **홈페이지** www.tea-chapter.com.sg **영업** 매일 11:00~23:00
예산 1인당 S$10~15(+TAX&SC 17%) **가는 방법** MRT Chinatown 역에서 도보 5분. 맥스웰 푸드 센터에서 건너편의 네일 로드에
있다. **Map.P254-A2**

차이나타운에서 중국식 차 한잔을 마시며 쉬어가고 싶다면 이곳을 기억해두자. 영국의 엘리자베스 여왕을 비롯한
세계 각국의 명사들이 다녀가면서 더욱 유명해졌다. 1층에서는 차 도구, 다기, 차를 판매한다. 2층에서는 입식이나

좌식 테이블에 앉아 간단한 티타임을 즐길
수 있다. 3층은 차 강의나 워크숍을 하는 데
쓰이는 공간이다. 차를 주문하면 다기에 차
를 따라 마시는 법을 친절하게 설명해주므로
차 문화가 낯선 초보자도 시도해볼 만하다.
50g, 100g(S$12) 등 소량 포장해 파는 차는
선물용으로 좋다.

travel plus

중국의 차 문화 배워보기 타임 오브 티 The Time of Tea

주소 No.38 Mosque Street **전화** 6220-5620 **홈페이지** www.thetimeoftea.com **Map.P255-B2**

차이나타운에서 제대로 된 중국식 다도를 배워보고 싶다면
이곳으로 찾아가 보세요. 수상 경력이 많은 차 전문가에게 직
접 중국식 전통 다도를 배울 수 있습니다. 보통 초급·중급
등 15회에 걸쳐 레슨을 진행합니다. 2시간 동안 이뤄지는 여
행자들을 위한 1회 코스에서는 차 따르는 법, 찻잔 잡는 법,
차를 우려내는 법 등 다도에 대해 깊이 있게 배울 수 있습니
다. 레슨 비용은 2시간에 S$500이며 이곳에서 직접 질 좋은
차를 구입할 수도 있습니다.

차이나타운

숨은 골목 찾기
차이나타운
Walking on the streets of chinatown

미로처럼 연결된 차이나타운의 골목은 발로 걸으면서 구경하고 먹고 즐겨야 그 진짜 매력을 알 수 있다. 예스러운 숍 하우스를 배경으로 홍등이 빛나는 좁은 골목 안으로 들어서면 기념품 가게와 식당들이 이어지고 멋진 사원과 모스크도 나타난다. 이곳에서 누릴 수 있는 가장 큰 즐거움은 풍성한 먹거리다. 뽀얗게 김이 오르는 딤섬과 갓 구워 낸 육포, 싱싱한 해산물과 시원한 맥주 한잔을 즐길 수 있는 맛집들이 즐비하니 골목골목을 열심히 누벼 보자.

차이나타운의 대표 먹자골목, 스미스 스트리트 Smith Street

가는 방법 MRT Chinatown 역 A번 출구에서 도보 3분. 템플 스트리트 Temple Street 옆 골목에 있다.

어딜 가나 먹을 것 천지인 차이나타운에서도 단연 먹자골목으로 통하는 거리다. 크고 작은 식당들은 물론 허름한 가판대와 노천 테이블이 길을 따라 줄줄이 이어진다. 낮에는 한산한 편이지만 저녁이 되면 본격적으로 테이블들이 가득찬다. 그리고 음식 냄새와 시끌벅적한 사람들로 분위기가 무르익는다. 최근 이 거리는 '차이나타운 푸드 스트리트'라는 컨셉으로 거리 전체가 식도락의 거리로 변신했다. 뛰어난 맛보다는 분위기를 즐기는 것이 좋다.

북적거리는 차이나타운 대표 거리, 파고다 & 트렝가누 스트리트 Pagoda & Trengganu Street

가는 방법 MRT Chinatown 역 A번 출구에서 바로 연결된다.

파고다 스트리트는 차이나타운 역에서 나오면 바로 이어지는 메인 거리로 차이나타운의 시작점이기도 하다. 서로 마주 보는 알록달록한 숍 하우스 사잇길로 파라솔을 펼친 기념품 숍, 게스트하우스, 식당이 줄줄이 이어진다. 365일 관광객들로 붐벼 활기가 넘치는 이 거리에는 기념품 가게가 무척 많으며 자석, 열쇠고리, 멀라이언상, 'I LOVE SINGAPORE'가 적힌 티셔츠 등을 판다. 다른 곳과 비교해도 월등히 저렴하므로 이곳에서 기념품을 사는 것도 좋다. 파고다 스트리트를 따라 걷다 보면 차이나타운 헤리티지 센터가 보이는데 그때 우회전하면 트렝가누 스트리트가 나온다. 각 골목을 가로지르는 트렝가누 스트리트는 템플 스트리트, 스미스 스트리트, 사고 스트리트 등으로 연결된다.

트렝가누 스트리트   파고다 스트리트

한적한 차이나타운을 만나다, 케옹 색 로드 Keong Saik Road

가는 방법 MRT Chinatown 역에서 도보 5~8분. 차이나타운 콤플렉스 지나서 바로 있다.

케옹 색 로드

여행자들이 뜸해 한적한 케옹 색 로드에서는 차
이나타운의 가장 진솔한 모습을 볼 수 있다. 오래
된 숍 하우스와 이색적인 부티크 호텔이 이웃하
고 있으며, 긴 역사를 자랑하는 지역 맛집들도 알
차다. 골목 초입에 서있는 동아 Tong Ah Eating
House는 야쿤 카야 토스트에 버금가는 역사를
지니고 있는 커피 하우스다. 이곳에서는 싱가포

동아 커피숍

르식 아침인 카야 토스트와 지역 음식을 맛볼 수 있다. 그 위쪽에 자리한 풍기 커피숍 Foong Kee Coffee Shop에서
는 맛있는 치킨라이스를 단돈 S$2에 먹을 수 있다. 특별한 관광 포인트를 찾기보다는 숍 하우스들이 이어지는 거리
를 산책하며 현지인들이 찾는 지역 맛집에서 그들과 어울려 식사를 즐겨보자.

독특한 바와 숍이 숨어 있는, 덕스턴 로드 Duxton Road

가는 방법 불아사에서 닐 로드 Neil Road를 따라서 직진한다.

덕스턴 로드

덕스턴 로드에는 작은 규모의 파인 다이닝 레스토랑과 바, 부
티크 호텔, 독특한 숍들이 숨어 있다. 유명한 볼거리나 특별한
관광지가 없기 때문에 일부러 찾아갈 만한 곳은 아니다. 하지
만 한적하고 낯선 거리를 좋아한다면 가보는 것도 괜찮다. 길
을 따라 타박타박 걷다 보면 리터드 위드 북스 Littered with
Books 같은 독특한 서점도 나타나고, 더 플레인 카페 THE
PLAIN cafe 같은 쉬어가기 좋은 곳들도 드문드문 보이니 목적
지 없이 가벼운 마음으로 산책해 보자.

오래된 숍 하우스가 아름다운, 탄종 파가 로드 Tanjong Pagar Road

가는 방법 MRT Tanjong Pagar 역에서 도보 5분. 덕스턴 로드 다음 거리다.

화려한 숍 하우스들이 이어지는 탄종 파가 로드에는 레스토랑과 숍, 웨딩숍들이 즐비하다. 페라나칸 음식점으로 유명
한 블루 진저를 비롯해 식도락을 즐길 만한 다양한 가게들을 만날 수 있다. 반갑게도 고기와 술을 파는 한식당들이
많아서 한국 요리를 즐기기도 좋다.

탄종 파가 로드

트렌드세터들의 아지트, 안 시앙 힐 & 클럽
스트리트 Ann Siang Hill & Club Street

가는 방법 사우스 브리지 로드 South Bridge Road에서 통 헹 레스토랑 옆 골목으로 올라가면 연결된다.

기념품 가게가 즐비하고 관광객들로 북적거리는 차이나타운의 다른 거리들과는 사뭇 다른 세련된 분위기를 지녔다. 트렌드세터와 외국인들이 즐겨 찾는 곳이며, 클럽 스트리트와 안 시앙 힐이 교차하며 거리가 이어진다. 겉보기에는 오래된 숍 하우스로 보이는 곳도 안쪽을 들여다보면 감각적인 카페와 바, 독특한 부티크 숍이 숨어 있다. 낮보다는 저녁이 더 근사한 이곳은 분위기 좋은 루프탑과 와인 바에서 칵테일 한잔을 즐기며 휴식을 취하기에 좋다.

클럽 스트리트

Shop & Dine
차이나타운 골목의 이색적인 핫플레이스

스크리닝 룸 Screening Room

주소 12 Ann Siang Road, Singapore **전화** 6221-1695 **홈페이지** www.screeningroom.com.sg **영업** 월~목요일 18:00~02:00, 금요일 17:00~03:00, 토요일 17:00~04:00 **휴무** 일요일 **예산** 샐러드 S$8~, 버거 S$19, 케밥 플래터 S$68 (+TAX&SC 17%)
가는 방법 안 시앙 로드의 옥스웰 & 코 건너편

각 층마다 다른 컨셉트로 운영되는 복합 문화공간과 흡사한 개념의 건물이다. 지하 1층에는 아늑한 느낌의 바가 있고 1층은 식사를 할 수 있는 비스트로다. 2층은 결혼식이나 파티 등의 행사를 위한 프라이빗한 공간이고 3층에서는 영화를 감상할 수 있다. 4층의 지붕 없이 개방된 공간인 루프탑 바가 건물의 하이라이트다. 건물 이름에서 짐작할 수 있듯 영화를 상영하는 점이 이색적이다. 목·금·토요일에 영화를 볼 수 있고 영화 스케줄은 홈페이지를 통해 확인할 수 있다. 이곳의 루프탑 바는 사방이 탁 트인 야외 옥상 라운지로 예스러운 차이나타운이 한눈에 들어오는 근사한 공간이다. 중앙의 바에서는 오색찬란한 칵테일이 만들어지고, 안락한 소파와 감각적인 인테리어에서 세련미가 흘러넘친다. 이곳을 즐겨 찾는 단골들도 유행에 민감한 멋쟁이들이 대부분이다. 그런 만큼 너무 편한 복장보다는 드레스 코드에 맞춰 멋을 낸 차림으로 가는 것을 추천한다. 해질 녘 시원한 바람을 맞으며 달콤한 모히토 한잔을 마시는 여유로움을 즐겨 보자.

스크리닝 룸

보졸레 와인 바 Beaujolai Wine Bar

주소 1 Ann Siang Hill, Singapore **전화** 6224-2227 **영업** 월~금요일 11:00~24:00, 토요일 18:00~24:00 **휴무** 일요일 **예산** 샐러드 S$12.90, 스테이크 S$38~(+TAX&SC 17%) **가는 방법** 안 시앙 힐 초입의 언덕에 있다.

안 시앙 힐을 내려다보며 여유롭게 와인 한 잔을 마시기 좋은 와인 바. 기존의 럭셔리한 와인 바와는 다르게 화려하지 않고 아늑한 분위기라 격식 없이 편안하게 와인을 즐길 수 있다. 나라별로 풍성한 와인 리스트를 보유하고 있으며 치즈 플래터도 훌륭하다. 메뉴판에는 없지만 호가든·타이거·코로나 등의 맥주도 주문할 수 있다.

옥스웰 & 코 Oxwell & Co.

주소 Ann Siang Road, Chinatown, Singapore **전화** 6438-3984 **홈페이지** www.oxwellandco.com **영업** 화~일요일 10:00~24:00 **휴무** 월요일 **예산** 1인당 S$35~50 **가는 방법** 안 시앙 힐, 스크리닝 룸 맞은편

고든 램지의 오른손이자 런던 최고급 호텔 클라리지의 헤드 셰프였던 Mark Sargeant의 레스토랑으로 오픈과 함께 화제를 모았다. 콜로니얼풍의 3층 건물을 개조해 이국적이고 멋스러운 분위기가 매력적이다. 영국식 푸딩 Yorkshire pudding, prawn cocktail 등을 맛볼 수 있다. 식사를 즐기기에도 좋고 2차로 가볍게 와인을 마시며 기분을 내기도 좋다. 익스프레스 런치 코스는 S$35이며 일요일에는 로스트 메뉴가 인기. 오후 5~7시는 해피 아워로 칵테일을 조금 더 알뜰하게 즐길 수 있다.

포테이토 헤드 싱가포르 Potato Head Singapore

주소 36 Keong Saik Road, Singapore **전화** 6327-1939 **홈페이지** potatohead.co **영업** 화~목요일·일요일 11:00~01:00, 금~토요일 11:00~02:00 **휴무** 월요일 **예산** 버거 S$17~, 칵테일 S$20~(+TAX&SC 17%) **가는 방법** MRT Chinatown 역에서 도보 5~8분. 차이나타운 콤플렉스 지나서 바로 있다.

싱가포르

발리에서 가장 핫한 비치 클럽인 포테이토 헤드의 싱가포르 매장이다. 오래된 건물 안에 숨어있지만 인기를 증명하듯 찾는 이들이 발길이 끊이지 않는다. 내부로 들어서면 루프탑 공간이 나오고 톡톡 튀는 감각으로 꾸며 놓은 인테리어가 시선을 사로잡는다. 비주얼만 핫한 것이 아니라 이곳의 메뉴는 기대 이상으로 맛있다. 특히 추천 메뉴는 버거로 두툼한 패티에 가득한 육즙은 감동 그 자체. 수제 버거 전문점과 비교해도 아쉽지 않은 맛을 자랑한다. 사진을 찍어도 예쁘게 나오는 덕분에 젊은 여행자들에게 특히 인기다. 저녁 시간부터는 핫한 칵테일 바와 같은 분위기로 변신한다.

평범한 싱가포르인들의 일상을 엿볼 수 있고 지역 맛집들이 모여 있는 동네인 티옹 바루에 최근 새로운 바람이 불고 있다. 차이나타운의 클럽 스트리트에 있던 숍이 이곳으로 이동하는 한편 작은 카페들이 모여들어 소박하지만 특별한 매력이 있는 동네로 거듭났다. 그중에서도 용색 거리 Yong Siak Street에는 작은 골목 안에 숍과 카페 등이 모여 있는데 수는 적지만 독특한 감각과 숨은 내공을 지니고 있어서 싱가포르 젊은이들에게 사랑받고 있다. 바쁜 여행자가 일부러 찾아갈 만큼 대단한 볼거리는 아니지만, 소박한 동네에 숨어 있는 작은 가게를 좋아하는 이들이라면 가볍게 산책하듯 가 봐도 좋다.

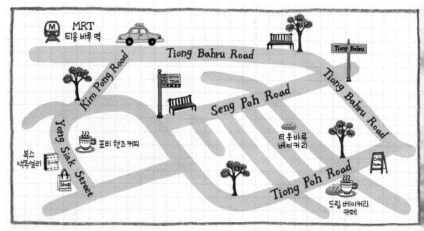

270

티옹바루 베이커리 Tiong Bahru Bakery

주소 6 Eng Hoon Street, #01-70, Singapore **전화** 6220-3430 **홈페이지** www.tiongbahrubakery.com **영업** 08:00
~20:00 **가는 방법** MRT Tiong Bharu 역에서 도보 8~10분

지금 싱가포르에서 가장 핫한 베이커리라고 할 수 있다. 평범해 보이는
베이커리지만 폭발적 인기의 비결은 맛있는 크루아상 덕분이다. 싱가포
르 크루아상 대회에서 1위를 차지한 감동의 맛을 느껴볼 수 있다. 가격
이 다소 높다는 점과 인파가 붐비는 것을 감안하더라도 후회 없는 맛집
이다. 오차드 로드, 시티 홀 역 근처에도 매장이 있다.

북스 액추얼리 Books Actually

주소 9 Yong Siak Street, Singapore **전화** 6222-9195 **홈페이지** www.booksactually.com **영업** 화~토요일
11:00~21:00, 일·월요일 11:00~18:00 **가는 방법** MRT Tiong Bharu 역에서 도보 8~10분. 스트랜지렛 매장 옆에 있다.

클럽 스트리트에서 사랑받던 작은 책방 북스 액추얼리가 티옹 바루로
이사했다. 이곳에는 책장 가득 책들이 꽂혀 있으며 문학·여행·요
리·음악 등 다양한 종류의 책을 만날 수 있다. 쉽게 볼 수 없는 독립출
판사들의 독특한 책, 잡지, 페이퍼 등도 접할 수 있다. 작은 공간에 사랑
스럽고 따슨 기운이 가득해 마치 다락방에 놀러온 듯 편안하다. 독서
광이 아니더라도 티옹 바루를 산책하며 한번쯤 들러볼 만한 곳이다.

포티 핸즈 커피 40 Hands Coffee

주소 Blk78 Yong Siak Street, #01-12, Singapore **전화** 6225-8545 **영업** 화·토요일 08:30~18:30, 수~금요일
08:30~22:00 **휴무** 월요일 **가는 방법** MRT Tiong Bharu 역에서 도보 8~10분. 스트랜지렛 매장 건너편에 있다.

싱가포르에서 가장 맛있는 커피를 마실 수 있다고 소문난 이곳은 티옹 바루에 숨어 있다. 아
담하고 작은 카페지만 이 집 커피를 맛보기 위해서 찾아오는 사람이 워낙 많아 빈 테이블을
찾기 힘들 정도다. 공정무역 커피 원두를 사용하며 커피에서 바리스타의 숙련된 손맛을 느낄
수 있다. 샌드위치, 에그 베네딕트 등 아침 식사나 브런치로 즐기기 좋은 메뉴들도 있다. 티옹
바루 산책을 마치고 이곳에서 커피 한잔의 행복을 누려 보자.

드립 베이커리 카페 Drips Bakery Café

주소 82 Tiong Poh Road, #01-05, Singapore **전화** 6222-0400 **영업** 일~목요일 11:00~21:30, 금~토요일 11:00~
23:00 **가는 방법** MRT Tiong Bharu 역에서 도보 8~10분, 티옹 포 로드에 있다.

정성껏 내린 드립 커피와 달콤한 디저트를 먹으며 쉬어가기 좋은 카페 겸
베이커리다. 안쪽에 숨어 있지만 커피와 디저트의 맛이 일품이라 단골들
이 많다. 과일을 듬뿍 얹은 타르트, 티라미수, 크림 브륄레 등 다양한 디저
트들이 있으며 직접 만드는 담백한 빵과 잼도 인기가 있다. 샌드위치·샐
러드 등 가볍게 식사를 해결할 수 있는 메뉴도 있으니 산책 후 들러보자.

부기스 & 아랍 스트리트

Bugis & Arab Street

아랍 스트리트에 가면 싱가포르가 다민족 국가임을 절실히 느낄 수 있을 것이다. 황금빛 술탄 모스크가 빛나고 히잡을 두른 여인들과 네모난 모자 송곳을 쓴 무슬림 남성들이 거리를 활보한다. 과거 말레이 왕실의 자리였던이 지역은 캄퐁 글램 Kampong Glam으로도 불리는데 1822년 말레이인과기타 이슬람교도들에게 할당된 거주지였고 현재까지도 이슬람 문화가 진하게 남아 있다. 현재는 술탄 모스크 부근으로 부소라 스트리트와 같은 여행자들을 위한 거리가 조성돼 있으며 개성 넘치는 독특한 숍들이 모여 있는하지 레인은 트렌드세터와 호기심 많은 여행자들을 끌어모으고 있다. 아랍스트리트와 가까운 부기스는 정부의 대대적인 개발에 힘입어 환락가였던 어두운 과거를 딛고 현재는 젊은 층이 즐겨 찾는 활기찬 거리로 거듭났다. 정겨움을 느낄 수 있는 마켓 부기스 스트리트에서 저렴한 쇼핑을 즐길 수 있으며 맞은편에는 젊은이들의 아지트로 통하는 쇼핑몰 부기스 정션이 있다.

부기스&
아랍 스트리트
효율적으로
둘러보기

먼저 부기스 지역에서 가봐야 할 곳은 부기스 정션 Bugis Junction과 부기스 스트리트 Bugis Street다. 부기스 정션은 MRT 부기스 Bugis 역에서 가까워 일정의 시작점으로 삼으면 좋다. 부기스 정션에서 쇼핑과 식도락을 즐긴 후 길 건너의 부기스 스트리트로 이동하면 북적거리는 시장에서 저렴한 기념품이나 아이템을 구입할 수 있다. 부기스에서 도보 10분 거리에 위치한 아랍 스트리트 Arab Street는 이슬람 문화가 녹아 있는 지역으로 황금빛 술탄 모스크를 중심으로 앞으로는 기념품 숍과 노천카페가 있는 여행자 거리 부소라 스트리트 Bussorah Street가 이어진다. 옆 골목의 하지 레인 Haji Lane은 개성 넘치는 숍들이 옹기종기 모여 있는 거리로 독특하고 키치한 분위기가 매력적이다. 부기스와 아랍 스트리트는 규모가 크지 않아 3~4시간 정도면 충분히 둘러볼 수 있으니 일정을 마친 후 가까운 리틀 인디아 Little India로 넘어가는 루트로 계획을 짜보자.

부기스 Access

MRT 부기스 Bugis 역

부기스 지역의 한가운데 있는 역으로 부기스 정션 쇼핑몰에서 바로 연결되기도 한다. 아랍 스트리트 지역에 갈 때도 부기스 역에서 내려서 도보로 이동해야 한다. 아랍 스트리트는 부기스 역에서 도보로 약 10분 정도 걸리므로 부기스 역 주변을 먼저 둘러본 후 자연스럽게 아랍 스트리트로 이동하자.

A번 출구 부기스 빌리지, 부기스 스트리트, 퀸 스트리트 (조호바루 행) 버스 터미널 방향
B번 출구 골든 랜드마크 호텔, 래플스 병원, 술탄 모스크, 아랍 스트리트 방향
C번 출구 빅토리아 스트리트, 부기스 정션, 인터컨티넨탈 호텔

Start
MRT 부기스 역

도보 1분
1 부기스 정션
12:00

도보 3분
부기스 스트리트
13:00
2

도보 10분
3 술탄 모스크
14:00

6 말레이 헤리티지 센터
16:00

도보 5분

5 하지 레인
15:00

도보 3분

4 부소라 스트리트
14:30

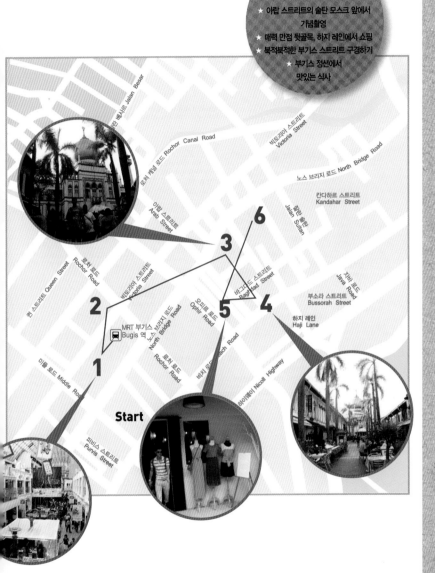

Must do it!

★ 아랍 스트리트의 술탄 모스크 앞에서
   기념촬영
★ 매력 만점 뒷골목, 하지 레인에서 쇼핑
★ 복적복적한 부기스 스트리트 구경하기
★ 부기스 정션에서
   맛있는 식사

잘란 베사르 Jalan Besar

로처 캐널 로드 Rochor Canal Road

빅토리아 스트리트
Victoria Street

노스 브리지 로드 North Bridge Road

칸다하르 스트리트
Kandahar Street

아랍 스트리트
Arab Street

잘란 술탄
Jalan Sultan

3

6

퀸 스트리트 Queen Street

로처 로드 Rochor Road

빅토리아 스트리트
Victoria Street

래글리드 스트리트
Ragged Street

자바 로드
Java Road

2

오피르 로드
Ophir Road

부소라 스트리트
Bussorah Street

5

4

MRT 부기스 역
Bugis 역

노스 브리지 로드
North Bridge Road

하지 레인
Haji Lane

로처 로드
Rochor Road

1

미들 로드 Middle Road

비치 로드 Beach Road

니콜 하이웨이 Nicoll Highway

Start

퍼비스 스트리트
Purvis Street

리틀 인디아 방면

Ⓐ Ⓑ

Ⓝ

MRT 라벤더 역
Lavender 역

론치 베시르 로드 Jalan Besar

론처 캐널 로드 Rochor Canal Road

빅토리아 스트리트 Victoria Street

Ⓗ 원더러스트
Wanderlust Hotel

골든 랜드마크 쇼핑 콤플렉스
Golden Landmark Shopping Complex

노스 브리지 로드 North Bridge Road

❶

퀸 스트리트 버스 터미널 🚌

아랍 스트리트 Arab Street

더 술탄 The Sultan

호텔 81 Hotel 81

말레이 헤리티지 센터
Malay Heritage Centre

Ⓗ

잘란 술탄 Jalan Sultan

빅토리아 스트리트 홀세일 센터 ●
Victoria Street Wholesale Centre

잠 잠
Zam Zam
Ⓡ

Ⓗ

골든 마일 콤플렉스
Golden Mile Complex

키포인트
Keypoint

퀸 스트리트 Queen Street

론처 로드 Rochor Road

Ⓐ

빅토리아 스트리트 Victoria Street

랜드마크
빌리지 호텔
Landmark
Village Hotel

무스캣 스트리트 Muscat Street

술탄 모스크
Sultan's Mosque

자바 로드 Java Road

바그다드 스트리트 Baghdad Street

부기스 스트리트 Ⓢ
Bugis Street

Ⓑ

래플스 병원

Ⓗ

오피르 로드 Ophir Road

Ⓡ

부소라 스트리트
Bussorah Street

노스 브리지 로드 North Bridge Road

MRT 부기스 역
Bugis 역

부기스 플러스 Ⓢ
Bugis Plus+

하지 레인
Haji Lane

블루 재즈 카페
Blu Jaz Cafe

미들 로드 Middle Road

Ⓒ

부기스 정션
Bugis Junction

론처 로드 Rochor Road

비치 로드 Beach Road

Ⓐ

MRT 니콜 하이웨이 역
Nicoll Highway 역

Ⓑ

Ⓗ

Ⓓ

Ⓡ 푸드 정션
Food Junction

Ⓡ 피시 앤 코 Fish & Co, 서울 가든 Seoul Garden

❷

국립 도서관 ●
National
Library Board

인터컨티넨탈 호텔
InterContinental Singapore

아랍 스트리트 상세도

니콜 하이웨이 Nicoll Highway

Ⓡ 올리브 트리 Olive Tree Restaurant,
Ⓡ 만복원 Man Fu Yuan

피비스 스트리트 Purvis Street

276

빅토리아 스트리트 Victoria Street

오피르 로드 Ophir Road

골든 랜드마크 쇼핑 콤플렉스
Golden Landmark
Shopping Complex

말레이 헤리티지 센터
Malay Heritage Centre

잠 잠
Zam Zam
Ⓡ

노스 브리지 로드 North Bridge Road

Ⓡ 아이엠 I am

순리 Soonlee
Ⓢ

Ⓢ 모노 Mono

칸다하르 스트리트 Kandahar Street

술탄 모스크
Sultan's Mosque

구쉐 Gushe Ⓢ

봉부 레스토랑
Bumbu Restaurant
Ⓡ

바일 레인 Bail Lane

하지 레인 Haji Lane

아랍 스트리트 Arab Street

부소라 스트리트 Bussorah Street

Ⓡ 데르비시 하랄 터키시 레스토랑
Derwish Halal Turkish
Restaurant

온라인 쇼퍼 Ⓢ
Online Shopper

Ⓢ 숩 Sup

블루 재즈 카페 Ⓡ
Blu Jaz Cafe

샐러드
Salad
Ⓢ

바그다드 스트리트 Baghdad Street

Ⓡ % 아라비카
% Arabica

Ⓡ 캄퐁 글램 카페
Kampong Glam Cafe

빅토리아 조모 Ⓢ
Victoria Jomo

하지 레인 Haji Lane

르 비스트로 파리지엠
Le Bistro Parisien

Ⓡ 일레븐 Eleven

피에드라 네그라
Piedra Negra
Ⓡ

비치 로드 Beach Road

부기스 & 아랍 스트리트의 볼거리

부기스 지역에서는 북적거리는 시장 분위기의 부기스 스트리트가 볼만하다. 아랍 스트리트는 아름다운 술탄 모스크 주변으로 이슬람 문화가 녹아 있으니 이국적인 거리를 걸으면서 아랍의 향기를 느껴보자.

부기스 스트리트 Bugis Street

주소 4 New Bugis Street, Singapore **전화** 6338-9513 **홈페이지** www.bugis-street.com
운영 매일 11:00~22:00 **가는 방법** MRT Bugis 역 B번 출구에서 대각선 방향으로 부기스 정선 맞은편에 있다. **Map.P276-A2**

부기스 스트리트

우리나라의 동대문시장 같은 곳으로 싱가포르에서 유일하게 북적거리는 야시장의 느낌을 주는 곳이다. 주로 보세 의류·신발·가방·기념품 등을 파는 가게들이 오밀조밀하게 모여 있으며 현지인들에게는 저렴한 가격에 쇼핑을 할 수 있어 인기가 있고 여행자들에게는 왁자지껄한 시장 분위기가 재미있어 인기다. 구경 전에 입구에서 파는 S$1짜리 생과일 주스를 한잔 마시면서 시작하면 더욱 즐겁다. 옷이나 가방·소품 등의 질이나 디자인은 다소 떨어지지만 S$10~20면 하나 건질 수 있는 가격이 매력적이다. 에스컬레이터를 타고 올라가면 보세 여성 의류와 샌들·구두 등을 파는 가게들이 이어진다. 이 가게 저 가게 둘러보며 기념품도 사고 흥정도 해보고 중간중간 현지식 간식 파는 곳에서 재미 삼아 맛도 보며 구경하자.

아랍 스트리트 Arab Street

가는 방법 MRT Bugis 역 B번 출구에서 래플스 병원을 끼고 우회전해 도보 5~8분 **Map.P277**

아랍 스트리트

술탄 모스크가 있는 거리로 아랍 스트리트 또는 캄퐁 글램이라고 부른다. 이곳은 19세기 향신료와 보석·사금 무역을 하던 아랍 상인들의 본거지였다. 현재는 아랍인의 모습은 찾아보기 힘들지만 이슬람 사원, 카펫과 기념품을 파는 가게들이 모여 이국적인 풍경을 이루고 있다. 빛나는 술탄 모스크를 중심으로 히잡을 두른 이슬람 여인들을 볼 수 있으며 이슬람풍의 레스토랑과 숍들도 만나볼 수 있다.

술탄 모스크 **Sultan's Mosque**

주소 3 Muscat Street, Singapore **전화** 6293-4405 **홈페이지** www.sultanmosque.org.sg **운영**
월~목, 토·일요일 09:30~12:00, 14:00~16:00, 금요일 14:30~16:00 **가는 방법** MRT Bugis 역 B번
출구에서 래플스 병원을 끼고 우회전해 도보 5~8분 **Map.P277-B2**

싱가포르에 있는 80여 개의 이슬람 사원 중 가장 크고 아름다운 자태를 뽐내는 사원으로
싱가포르 이슬람 문화의 중심이라고 할 수 있다. 래플스경이 이 지역의 술탄과 동인도회사
건립 조약을 맺은 것을 기념해 1825년 지어졌으며 1928년 기금을 조성해 지금의 모습으로
재탄생했다. 눈에 띄는 황금색의 웅장한 돔은 아랍 스트리트의 상징이 됐다. 1층에서는 한
번에 5000여 명이 예배를 볼 수 있는데 1층은 남자, 2층은 여자만 기도하도록 나누어져 있
다. 안으로 들어가려면 복장에 유의해야 한다. 남자는 최소한 긴 바지를 착용해야 하고 여
자는 신체가 노출되는 복장은 삼가야 한다. 그런 복장을 하고 왔다면 입구에서 옷을 빌려
서 가려야 한다. 또 세면장에서 손과 발을 깨끗이 씻어야 한다.

말레이 헤리티지 센터
Malay Heritage Centre(MHC)

주소 85 Sultan Gate, Singapore **전화** 6391-0450 **홈페
이지** www.malayheritage.org.sg **운영** 화~일요일 10:00
~18:00 **휴무** 월요일 **입장료** 일반 S$6, 학생·어린이 S$4
가는 방법 MRT Bugis 역에서 도보 15분, 술탄 모스크를 등
지고 왼쪽으로 도보 2분 **Map.P276-B1**

2005년 6월 싱가포르의 캄퐁 글램 지역에 문을 연
말레이 헤리티지 센터는 말레이의 찬란하고 아름다
운 문화와 전통을 이해하고
체험할 수 있는 다채로운 액
티비티 프로그램을 제공하고
전시회도 연다. 여행자들은 각
종 전시와 체험을 통해 말레
이 문화를 보다 쉽게 즐겁게
경험할 수 있다.

말레이 헤리티지 센터

하지 레인 **Haji Lane**

하지 레인

주소 85 Sultan Gate, Singapore **가는 방법** MRT Bugis
역에서 도보 10~15분, 부소라 스트리트 Bussorah Street
에서 내려가 아랍 스트리트를 지나면 보이는 골목 안쪽에
있다. **Map.P277-A2**

독특한 문화가 녹아 있는 아랍 스트리트에서도 가장
재미있는 거리가 바로 하지 레인이다. 200m가 채
안 되는 이 짧은 골목에는 오래된 숍 하우스들이 이
어지고 1층에는 개성 넘치는 신진 디자이너들의 부
티크 숍과 셀렉트 숍, 카페들이 수두룩하다. 벽에는
그래피티가 가득하고 숍들은 모두 컬러풀하고 감각
적이다. 홍대 거리를 연상시킬 만큼 개성 넘치는 거
리로 싱가포르의 트렌드세터들에게는 아지트와 같은
곳이다. 숍의 규모는 작지만 유니크한 디자인의 재미
있는 아이템들이 가득하니 천천히 구경하면서 보물
찾기에 나서보자.(자세한 정보는 p.286 참고)

| 부기스 & 아랍 스트리트 |

Leely Say

이스타나 캄퐁 글램 Istana Kampong Glam

아랍 스트리트를 걷다 보면 캄퐁 글램이라는 단어를 자주 접하게 될 거예요. 캄퐁 Kampong은 마을을 의미하며 글
램 Glam은 나무 이름입니다. 이 지역에서 자라던 글램 나무에서 지명이 유래한 것이죠. 1819년 래플스경이 싱가포르
를 식민지화하고자 싱가포르의 지배자인 술탄과 테멩공에게 막대한 연금을 지불하고 그의 아들인 술탄 후세인을 싱
가포르의 왕으로 추대했습니다. 왕이 된 술탄 후세인을 위해 지은 왕궁을 이스타나 캄퐁 글램이라 불렀는데 현재는
문화유산 박물관인 말레이 헤리티지 센터로 바뀌어서 싱가포르 말레이 민족의 문화와 역사를 소개하고 있습니다.

Shopping
부기스&아랍 스트리트의 쇼핑

부기스에서는 부기스 정션과 부기스 플러스가 대표적인 쇼핑몰이다. 영 캐주얼 브랜드와 보세 의류가 많다. 아랍 스트리트에는 이국적인 소품과 기념품을 사기에 좋은 작은 가게들이 모여 있다.

부기스 정션 Bugis Junction

주소 Bugis Junction, 200 Victoria Street, Singapore
전화 6557-6557 **홈페이지** www.bugisjunction-mall.com.sg
영업 매일 10:00~22:00 **가는 방법** MRT Bugis 역에서 바로 연결된다. Map.P276-A2

쇼핑몰이 다소 부족한 부기스 지역에서는 단연 독보적인 존재다. 고층 쇼핑몰 형태가 아니라 옆으로 넓게 이어지며 천장은 유리창으로 되어 있다. 중간 통로는 마치 마켓처럼 활기가 넘친다. 특히 10~20대들에게 인기가 좋아서 젊은 층에 맞는 브랜드와 트렌디한 스타일의 보세 브랜드가 주를 이룬다.

지하에서부터 4층까지 다양한 브랜드의 숍과 레스토랑·카페들이 입점해 있으며 다른 곳과 비교하면 보세 숍들이 많은 것이 특징이다. 20대가 좋아할 아기자기한 여성 의류와 디자인 티셔츠, 잡화 등을 파는 숍들이 많아 브랜드보다 개성 있는 아이템을 찾는 이들이라면 쇼핑의 묘미를 느낄 수 있을 것이다. 모스 버거, 허니문 디저트, 피시 앤 코, 토스트 박스, 스웬슨 등 실속 맛집들도 있다. 또한 인터컨티넨탈 호텔, MRT와 연결되는 허브 역할도 하고 있다.

층	대표 인기 브랜드 *레스토랑 · 카페&기타
지하	*Old Chang Kee, Eu Yan Sang, Crystal Jade La Mian Xiao Long Bao, KFC, Yoshinoya, Ya Kun Kaya Toast, Dong Dae Mun, Bread Talk, Cold Storage(슈퍼마켓)
1층	M.A.C, Charles&Keith, TOPMAN & TOPSHOP, The Body Shop, Bossini, Giordano, MANGO *Starbucks Coffee, 환전소, Ajisen Ramen, McDonald's, Toast Box, Swensen's, MOS Burger, Honey Moon Dessert, Fish & Co., Nando's
2층	Converse, Billabong, Levi's, THEFACESHOP, Watson's, Seoul Garden, Sakae Sushi Cotton On, NIKE, Rip Curl, Sakae Sushi, Bangkok Jam, 유가네 닭갈비
3층	로컬 보세 브랜드 *Food Junction(푸드 코트), Books Kinokuniya(서점)
4층	*Shaw Bugis – Cineplex(극장)

부기스 정션

구쉐 Gushe

주소 59 Bussorah Street, Singapore **전화** 6297-9587 **홈페이지** www.bugisjunction-mall.com.sg
영업 매일 10:00~21:00 **가는 방법** MRT Bugis 역에서 도보 약 10분. 부소라 스트리트의 데르비시 하랄 터키시 레스토랑 옆에
있다. Map.P277-B2

평소 에스닉한 소품과 의류, 액세서리를 좋아
한다면 꼭 들러봐야 할 숍이다. 부소라 스트
리트에 있으며 인도풍의 가방, 이국적인 액세
서리, 귀걸이, 의류 등을 판매한다. 인테리어
포인트 주기 좋은 패치워크 패브릭과 인도풍
의 블라우스·원피스가 눈에 띈다. 가볍게 매
치하기 좋은 고운 색깔의 스카프는 S$20 안
팎, 비즈와 자수가 예쁜 가방은 S$30 안팎이다. 물론 구매 전 애교 섞인 흥정은 필수!

부기스 플러스 Bugis Plus +

주소 201 Victoria Street, Singapore **전화** 6634-6810 **홈페이지** www.bugisplus.com.sg **영업** 10:00~22:00
가는 방법 MRT Bugis 역에서 도보 2분. 부기스 정션 맞은편에 위치 Map.P276-A2

부기스 정션과 더불어 부기스를 대표하는 쇼핑몰이 새롭게 문을 열었다.
버시카(Bershka), 유니클로(UNIQLO), 풀앤베어(Pull&Bear), 퀵실버 & 록
시(Quiksilver & Roxy) 등의 주요 브랜드를 만날 수 있다. 쇼핑 브랜드가
다양한 편은 아니지만 브랜드 매장의 크기가 넉넉해서 여유롭게 쇼핑하기
좋다. 쇼핑 못지않게 식도락을 즐기기 좋은 레스토랑이 알차서 식사를 위
해 찾는 이들도 상당수. 10개가 넘는 일본 라멘 대가들의 라멘을 먹을 수
있는 라멘 챔피언 Ramen Champion, 가격 대비 맛있는 스테이크를 먹을
수 있어 인기인 아스턴 Astons, 버블티로 인기몰이 중인 코이 카페 KOI
Cafe, 일본식 샤부샤부로 유명한 스키야 Sukiya 등이 있다. 부기스 정션
과 구름다리로 연결되고 바로 옆으로는 부기스 스트리트가 있으니 함께
둘러보면 좋다.

281

Best
Restaurants
부기스 & 아랍 스트리트의 레스토랑

부기스에는 부기스 정션에 다양한 레스토랑과 카페,
푸드 코트가 집중적으로 모여 있어 편리하다.
아랍 스트리트에는 말레이와 이슬람 · 터키 레스토랑 등이
있어 독특한 음식 문화를 느껴 볼 수 있다.

부기스

푸드 정션 Food Junction

전화 6334-0163 **영업** 매일 10:00~22:00 **예산** 1인당 S\$5~8 **가는 방법**
MRT Bugis 역에서 바로 연결된다. 부기스 정션 3층에 있다.

Map.P276-A2

부기스 정션 안에 있는 푸드 코트로 저렴하지만 맛있는 한 끼 식사
를 할 수 있는 곳. 싱가포르 로컬 푸드와 일본식 · 웨스턴식 · 인도
식 · 반가운 한식까지 한자리에서 맛볼 수 있어 행복한 고민에 빠지
게 될지도 모른다. 푸드 코트라 가격이 부담 없는 것은 물론이고 프
로모션 메뉴를 선택하면 더 싸게 먹을 수도 있다. 부기스 정션 지하
1층에도 야쿤 카야 토스트, 토리 Q, 올드 창 키와 같은 먹거리 가게
와 소규모 레스토랑들이 입점해 있다.

푸드 정션

피시 앤 코 Fish & Co

전화 6338-2836 **홈페이지** www.fish-co.com **영업** 매일 11:30~21:30 **예산** 1
인당 S\$15~20(+TAX&SC 17%) **가는 방법** MRT Bugis 역에서 바로 연결된다.
부기스 정션 야외 1층 90호 Map.P276-A2

이름에서 알 수 있듯 해산물을 테마로 하는 캐주얼한 레스토랑으로
싱가포르 내에 15개의 분점이 있다. 파란색 벽과 생선 모형, 낚싯대
등 바다 느낌의 인테리어가 시원스럽다. 메뉴는 샐러드 · 튀김 · 피
자 · 그릴 등이 있는데 맛도 좋고 양도 푸짐하다. 인기 메뉴는 피시
앤 칩스로 바삭한 생선튀김이 먹음직스럽다. 조금씩 다양하게 맛보
고 싶다면 오징어 · 새우 · 조개 등이 한 접시에 담겨 나오는 시푸드
플래터 Seafood Platter를 추천한다.

피시 앤 코

피시 앤 칩스

올리브 트리 레스토랑 Olive Tree Restaurant

전화 6825-1061 **홈페이지** www.singapore.intercontinental.com **영업** 런치 12:00~14:30, 디너 18:00~22:00(토·일요일은 19:00부터) **예산** 파스타 S$22~, 런치 뷔페 S$45, 디너 뷔페 S$55(+TAX&SC 17%) **가는 방법** MRT Bugis 역에서 도보 3분, 부기스 정선 옆 인터컨티넨탈 호텔 1층에 있다.

Map.P276-A2

올리브 트리 레스토랑

세계적인 고급 호텔 체인인 인터컨티넨탈 호텔의 메인 레스토랑으로 파스타·피자·샌드위치 같은 캐주얼한 메뉴부터 스테이크·양고기 등의 제대로 된 메인 요리들까지 두루 갖추고 있다. 무엇보다 주목할 것은 뷔페! 국제적인 뷔페 경연에서 수상한 경력을 자랑하는 런치와 디너 뷔페는 40여 가지의 수준 높은 요리들이 맛깔스럽게 펼쳐지며 맛의 수준이 뛰어나다. 주말에는 하이 티도 선보이며 입구에는 디저트와 빵을 진열해 놓은 델리 숍도 함께 운영한다.

서울 가든 Seoul Garden

전화 6334-3339 **홈페이지** www.seoulgarden.com.sg **영업** 매일 11:30~21:30 **예산** 런치 S$17.99~, 디너 S$28.99~ (+TAX&SC 17%) **가는 방법** MRT Bugis 역에서 바로 연결된다. 부기스 정선 2층에 있다. Map.P276-A2

서울 가든

한국식 고기 뷔페를 싱가포르에서도 만날 수 있다. 서울 가든은 싱가포르는 물론 말레이시아·인도네시아·필리핀 등에도 분점을 거느리고 있는 탄탄한 레스토랑이다. 고기·해산물·김치를 비롯한 각종 반찬과 샐러드 등 육·해·공을 넘나드는 다양한 음식들이 있다. 삼겹살·불고기·양념갈비 등을 무제한으로 먹을 수 있으며 한국식 반찬도 있으니 한국 음식이 그립거나 고기와 해산물을 마음껏 즐기고 싶다면 찾아가보자. 주중과 주말 요금이 다르며 학생은 할인이 된다. 마리나 스퀘어, 니안 시티 등에도 있다.

부기스 & 아랍 스트리트

만복원 Man Fu Yuan

전화 6825-1062 **홈페이지** www.singapore.intercontinental.com **영업** 매일 런치 11:45~15:30, 디너 18:30~22:30 **예산** 1인당 S$30~50(+TAX&SC 17%) **가는 방법** MRT Bugis 역에서 도보 3분, 부기스 정선 옆 인터컨티넨탈 호텔 2층에 있다. Map.P276-A2

만복원

인터컨티넨탈 호텔에 위치한 광둥 요리 전문점으로 미식가들 사이에서 싱가포르에서 가장 맛있는 중식당으로 손꼽히는 곳이다. 명성에 걸맞게 우아하고 고상한 분위기는 물론 맛에서도 뒤지지 않는다. 가격대가 다소 높지만 이번 기회에 제대로 된 중국 요리를 경험하고 싶다면 코스 세트를 추천한다. 세트 메뉴가 부담스럽다면 점심에만 나오는 딤섬을 먹어 보자. 30여 가지의 다양한 딤섬을 비교적 비싸지 않은 가격에 맛볼 수 있다.

피에드라 네그라 Piedra Negra

주소 241 Beach Road, Singapore **전화** 6291-1297
홈페이지 www.piedra-negra.com
영업 월~목요일 12:00~24:00 금~토요일 12:00~02:00 토요일 17:00~ 02:00 **휴무** 일요일
예산 샐러드 S$8.90~, 나초 S$10.90(+TAX&SC 17%)
가는 방법 MRT Bugis 역에서 도보 10분. 하지 레인 Haji Lane의 블루 재즈 카페 옆 **Map.P277-A2**

이국적인 아랍 스트리트에서 자유로운 분위기에 취하고 싶다면 이곳만 한 곳이 없다. 오래된 숍하우스를 개조한 멕시칸 레스토랑으로 벽면을 가득 채운 강렬한 그래피티가 시선을 사로잡는다. 맛있는 멕시칸 요리를 먹으러 온 이들로 항상 붐비며 특히 주말 저녁이면 좁은 하지 레인 골목이 빈자리가 없을 정도로 꽉 들어찬다. 치킨 케사디야, 부리토는 우리 입맛에도 잘 맞는 대표적인 메뉴로 상큼한 라임 마가리타 한 잔을 곁들이면 금상첨화!

잠 잠 Zam Zam 추천

주소 697 North Bridge Road, Singapore **전화** 6298-7011 **영업** 매일 08:00~23:00 **예산** 1인당 S$5~8
가는 방법 MRT Bugis 역에서 도보 약 10분. 술탄 모스크 뒤편의 노스 브리지 로드에 있다. **Map.P277-A1**

1908년부터 지금까지 술탄 모스크 앞에서 자리를 지키고 있는 터줏대감. 능숙한 솜씨로 로티를 만드는 주인의 모습이 지나가는 이들의 눈길을 사로잡는다. 외관은 다소 허름해 보이지만 저렴한 가격에 한 끼 식사를 해결하려는 현지인과 호기심에 도전해보는 여행자들의 발길이 잦은 곳이다. 무

잠 잠

타박 · 프라타 · 브리야니가 대표 메뉴이며 가게 앞에서 파는 카티라 Katira라는 음료도 추천! 카티라 열매로 만든 주스는 달콤하고 부드러운 맛이 나며 바나나 우유와 비슷해 더위에 지칠 때 마시면 좋다.

캄퐁 글램 카페 Kampong Glam Cafe

주소 17 Bussorah Street, Singapore **전화** 9385-9452 **영업** 매일 08:00~01:00
예산 나시 고렝 S$4~, 미고렝 S$4~, 소토 아얌 S$2~ **가는 방법** MRT Bugis 역에서 도보 10분. 술탄 모스크에서 직진하다 만나는 부소라 스트리트 사거리에 있다. **Map.P277-B2**

부소라 스트리트의 끝자락에 위치한 이곳은 현지인들의 삼시 세끼를 책임지고 있는 집이다. 무엇보다도 저렴한 가격이 매력적이라 주머니가 가벼운 배낭 여행자들에게도 제격. 로컬 스타일의 음식들을 판매하며 인도네시아식 볶음밥인 나시 고렝, 볶음국수 미고렝 등은 우리 입맛에도 잘 맞는다. 마치 뷔페처럼 진열된 찬장 안에서 입맛대로 반찬을 골라 밥을 퍼놓은 접시에 담아서 먹을 수도 있다. 우리 백반처럼 밥과 반찬을 먹는 방식이라 편하고 입에도 잘 맞는다.

캄퐁 글램 카페

데르비시 하랄 터키시 레스토랑 Derwish Halal Turkish Restaurant

주소 60 Bussorah Street, Singapore **전화** 6298-8986 **영업** 매일 12:00~22:00
예산 1인당 S$20~30(+TAX&SC 17%) **가는 방법** MRT Bugis 역에서 도보 약 10분, 술탄
모스크에서 직진하다 만나는 부소라 스트리트 중간쯤에 있다. **Map.P277-B2**

데르비시 하랄 터키시 레스토랑

터키 전문 요리를 선보이는 레스토랑으로 부소라 스트리트의 노른자위에 위치하고 있어 오고가며 식사와 차 한잔을 즐기기에 좋다. 화려한 컬러의 타일과 물담배, 소품에서 터키의 향기가 느껴진다. 우리에게도 친숙한 케밥과 터키식 피자인 피데는 한 끼 식사로도 든든. 터키 사람들이 즐겨 마시는 애플 티와 터키식 디저트인 바클라바 Baklava와 함께 달콤한 티타임을 즐기며 쉬어가도 좋다. 함께 운영하는 수피스 코너 Sufi's Corner Turkish Cafe는 물담배 카페로 아랍 스트리트를 걷다보면 삼삼오오 야외 테이블에 모여 앉아 물담배를 즐기는 이들이 쉽게 눈에 띈다.

블루 재즈 카페 Blu Jaz Cafe

주소 No.11 Bali Lane, Singapore **전화** 6292-3800 **홈페이지** www.blujaz.net
영업 월~목요일 12:00~24:00, 금요일 12:00~02:00, 토요일 16:00~02:00
휴무 일요일 **예산** 샐러드 S$8~, 맥주 S$6~, 칵테일 S$13~(+TAX&SC 17%)
가는 방법 MRT Bugis 역에서 도보 10분. 하지 레인 Haji Lane 골목 중간에서 발리
레인과 연결된다. **Map.P277-A2**

블루 재즈 카페

하지 레인 옆으로 이어지는 발리 레인에 숨어 있는 컬러풀한 건물. 블루 재즈 카페는 알 만한 사람은 다 아는 숨겨진 명소로 아랍 스트리트에서 가장 맥주 마시기에 좋은 곳이다. 알록달록한 컬러와 독특한 그림들, 소품이 어우러져 자유분방하고 유쾌하며 저녁에는 흥겨운 라이브 공연이 열리기도 한다. 게다가 맥주 값까지 저렴하니 이보다 더 좋을 수 없다.

% 아라비카 % Arabica

주소 56 Arab Street, Singapore **전화** 6291-3887 **홈페이지** arabica.coffee
운영 08:00~20:00 **예산** 카페라테 S$8~ **가는 방법** MRT Bugis 역에서 도보
10분. 하지 레인 Haji Lane 골목 가기 전 **Map.P277-A2**

% 아라비카

일본 교토의 유명 카페 아라비카가 싱가포르에도 문을 열었다. 오픈과 동시에 싱가포르의 핫플레이스로 인기를 끌고 있다. 특유의 모던하면서도 심플한 디자인의 인테리어와 커피 맛으로 매일같이 인파가 몰려들고 있다. 에스프레소를 바탕으로 한 커피 메뉴가 주를 이루며, 진하면서도 고소한 맛의 카페라테가 특히 유명하니 놓치지 말고 맛보자. 싱가포르 물가치고도 다소 비싼 편이지만 커피는 두루 다 맛있는 편이다.

컬러풀한 골목
하지레인

Walking on the streets of Haji Lane

이슬람의 향기가 녹아있는 아랍 스트리트에서 남다른 개성으로 젊은 층을 끌어들이는 명소가 하지 레인이다. 화려한 그래피티와 오래된 숍 하우스가 공존하는 이 거리는 200m도 채 안 되지만 개성 넘치는 숍들이 옹기종기 모여 있어 독특하고 남다른 패션을 사랑하는 트렌드세터들의 놀이터 같은 곳이다. 신진 디자이너의 숍과 유럽·일본 등에서 수입해온 아이템을 파는 셀렉트 숍들이 있으며 사이사이 감각적인 카페·바도 숨어 있다. 유니크하고 감각적인 숍들이 모여 하지 레인만의 분위기를 만들었으며 싱가포르 젊은이들 사이에서는 가장 핫한 동네로 통한다. 브랜드 쇼핑보다는 희소성 있고 흔치 않은 아이템을 좋아하는 쇼퍼홀릭이라면 반드시 들러보자. Map.P277-A2

286

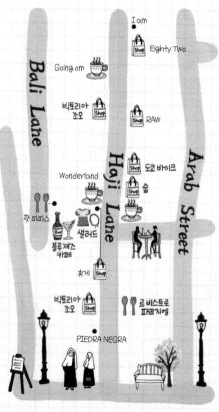

Bali Lane

Haji Lane

Arab Street

I am

Shop Eighty Two

Going om

빅토리아 조모 Shop

Shop RAW

Wonderland

Shop 도쿄 바이크

숍

팻 피피스

샐러드

블루재즈 카페

회게 Shop

빅토리아 조모 Shop

르 비스트로 파라지엥

PIEDRA NEGRA

고잉 OM MGoing OM

주소 63 Haji Lane, Singapore
전화 6396-3592
홈페이지 www.going-om.com.sg
영업 화~목요일 17:00~01:00 금요일 17:00~03:00 토요일 15:00~03:00 **휴무** 월요일

에스닉한 매력이 넘치는 카페 겸 바로 하지 레인에서 잠시 숨을 돌리기 좋은 힐링 카페와 같은 곳. 달콤한 디저트와 함께 커피 한 잔을 즐겨도 좋고 파스타나 피자에 와인을 마시며 저녁을 먹기에도 좋은 곳이다. 화요일과 목요일에는 라이브 공연이 있고 일요일에는 요가 클래스를 운영하는 등 다양한 시도를 하고 있다.

팻 파파스 Fat Papas

주소 17 Bali Lane, Singapore **전화** 6291-8028 **홈페이지** www.fatpapas.sg **영업** 12:00~22:00 **예산** 버거 S$12~, 샐러드 S$9~(+TAX&SC 17%)

하지 레인을 구경하다가 살짝 출출해지면 이곳으로 가보자. 다양한 수제 버거를 전문으로 하며 푸짐한 양과 맛으로 가성비가 꽤 괜찮은 곳이다. 버거의 종류도 다양하고 추가할 수 있는 소스와 옵션이 많아서 입맛에 맞게 조합하는 재미가 있다. 달콤하고 부드러운 밀크셰이크까지 곁들여 풍부한 맛을 즐겨보자.

아이 엠 I Am..

주소 674 North Bridge Road #01-01, Singapore **전화** 6295-5509 **홈페이지** www.iam.com.sg **영업** 일~목요일 11:00~23:00, 금~토요일 11:00~01:00 **예산** 버거 S$12.90~, 파스타 S$12.90~ (+TAX&SC 17%) **가는 방법** MRT Bugis 역에서 도보 10분. 노스 브리지 로드 North Bridge Road에서 하지 레인 Haji Lane이 연결되는 초입에 있다.

하지 레인으로 향하는 골목 어귀에 자리 잡고 있는 아담한 카페. 가게는 작지만 밀려드는 손님으로 웨이팅이 필수. 간판 메뉴는 수제 버거. 두툼한 패티가 들어간 버거는 패스트푸드와는 비교 불가다. 다양한 버거 중에서도 육즙이 가득한 Charcoal-grilled Juicy Beef Burger를 추천한다. 그 외에도 샌드위치와 파스타, 피자 등 캐주얼한 메뉴들도 다양하다. 일곱 가지 컬러풀한 레인보우케이크와 폭신한 레드 벨벳 케이크는 이곳의 베스트셀러 메뉴로 커피와 함께 먹으면 완벽하다.

샐러드 Salad

주소 25 Haji Lane, Singapore
전화 6299-5805
영업 매일 12:00~20:00

하지 레인에 들어서면 가장 먼저 눈에 들어오는 숍이다. 컬러별로 의류를 디스플레이해뒀으며 심플하지만 엣지 있는 스타일의 원피스가 S$100 정도. 의류는 물론 다이어리·액자·소품 등도 감각적으로 디스플레이해 두었는데 어느 것 하나 탐나지 않는 아이템이 없다.

휘게 HYGGE

주소 37 Haji Lane, Singapore **전화** 8163-1893 **영업** 월~토요일 12:00~18:30, 일요일 12:00~16:30

하지 레인에 위치한 아기자기한 소품 가게다. 여성 취향의 귀걸이와 목걸이 등 액세서리가 많고 그 외에도 의류, 가방, 기념품, 선물용으로 살 수 있는 소품들이 많아 구경하는 재미는 물론 소소한 쇼핑의 즐거움을 느낄 수 있다.

리틀
인디아
Little India

리틀 인디아 역에 내리는 순간 싱가포르가 아닌 인도의 어느 골목으로 순간 이동을
한 듯한 착각에 빠질지 모른다. 리틀 인디아는 말 그대로 싱가포르 속 작은 인도로
향신료 냄새와 커리 향, 전통 복장인 사리를 입은 여인들과 힌두 사원, 신에게 바칠
화환들과 거리의 화려한 장식들이 어우러져 정말 인도의 한 조각을 떼어서 그대로
옮겨놓았다고 해도 과언이 아니다. 다소 지저분해 보이는 거리와 허름한 가게들은
완벽에 가까우리만큼 깨끗하고 반듯한 싱가포르와 동떨어진 풍경이어서 낯설다.
이슬람 문화가 녹아있는 아랍 스트리트가 이국적이고 아기자기한 분위기라면 리틀
인디아에서는 더 리얼하게 인도계 이민자들의 삶과 종교, 문화를 느낄 수 있다.
리틀 인디아에서 손으로 난을 뜯어 커리에 찍어 먹어 보고, 헤나도 해보면서
인도의 향기에 빠져보자.

리틀 인디아
효율적으로 둘러보기

MRT 리틀 인디아 Little India 역에서 MRT 파러 파크 Farrer Park 역 방향으로 나있는 세랑군 로드 Serangoon Road를 따라서 동선을 짜면 좋다. 물론 반대로 MRT 파러 파크 역에서 나와 MRT 리틀 인디아 역으로 이동하는 루트도 괜찮다. 메인 로드라고 할 수 있는 세랑군 로드를 중심으로 비교적 일직선으로 주요 볼거리가 위치하고 있어 어렵지 않게 이동할 수 있다. 큰 동네는 아니고 MRT 한 정거장 정도 거리를 걸으며 둘러볼 수 있어 3~4시간 정도면 충분하다. 독특한 사원과 거리 곳곳에서 발견할 수 있는 인디언 레스토랑에서 커리와 난 같은 인도식 요리를 먹으며 인도인들과 리틀 인디아를 느껴보자.

리틀 인디아 Access

MRT 리틀 인디아 Little India 역

리틀 인디아로 가는 가장 편리한 방법은 리틀 인디아 역에 내리는 것. MRT 리틀 인디아에서 E번 출구로 나와서 1~2분만 걸으면 테카 센터가 나오고 길 건너에는 리틀 인디아의 시작점인 리틀 인디아 아케이드가 보인다.

A번 출구 테카 센터, 레이스 코스 로드, 버팔로 로드, 리틀 인디아 아케이드 방향

MRT 파러 파크 Farrer Park 역

리틀 인디아 역과 일직선상에 위치하고 있는 파러 파크 역. 리틀 인디아에서부터 파러 파크 역까지 리틀 인디아의 중심이기 때문에 파러 파크 역에서 내려서 리틀 인디아 역 방향으로 거슬러 올라가도 무방하다. 특히 무스타파 센터 방문이 목적이라면 파러 파크 역에서 내리면 된다.

A번 출구 키치너 로드, 세랑군 로드 방향. 무스타파 센터
B번 출구 롱산시 사원, 사캬 무니 붓다 가야 사원
I번 출구 시티 스퀘어 몰, 키치너 로드
G번 출구 스리 스리니바사 페루말 사원

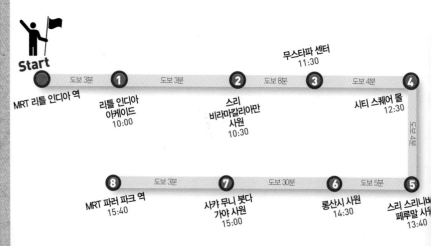

Start

MRT 리틀 인디아 역 — 도보 3분 — **1** 리틀 인디아 아케이드 10:00 — 도보 3분 — **2** 스리 비라마칼리아만 사원 10:30 — 도보 8분 — **3** 무스타파 센터 11:30 — 도보 4분 — **4** 시티 스퀘어 몰 12:30

도보 4분

5 스리 스리니바사 페루말 사원 13:40 — 도보 5분 — **6** 롱산시 사원 14:30 — 도보 30분 — **7** 사캬 무니 붓다 가야 사원 15:00 — 도보 3분 — **8** MRT 파러 파크 역 15:40

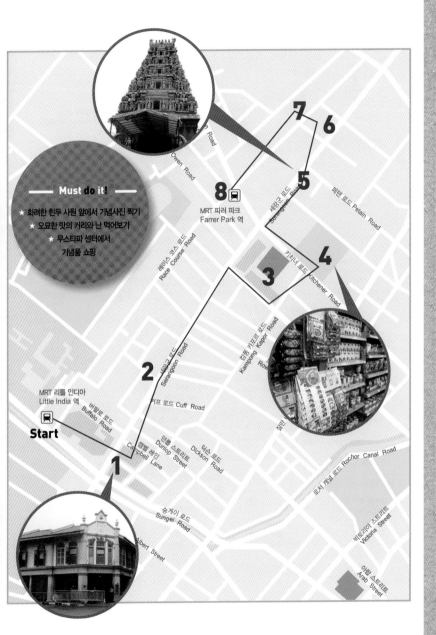

Must do it!

★ 화려한 힌두 사원 앞에서 기념사진 찍기
★ 오묘한 맛의 커리와 난 먹어보기
★ 무스타파 센터에서
   기념품 쇼핑

Owen Road

7 **6**

8 🚇
MRT 파러 파크
Farrer Park 역

세랑군 로드
Serangoon Road

페탄 로드 Petain Road

5

키치너 로드 Kitchener Road

레이스 코스 로드
Race Course Road

4

3

캄퐁 카포르 로드
Kampong Kapor Road

2

세랑군 로드
Serangoon Road

MRT 리틀 인디아
Little India 역

버펄로 로드
Buffalo Road

커프 로드 Cuff Road

딕슨 로드
Dickson Road

🚇
Start

캠벨 레인
Campbell Lane

던롭 스트리트
Dunlop Street

로처 캐널 로드 Rochor Canal Road

1

승게이 로드
Sungei Road

Albert Street

빅토리아 스트리트
Victoria Street

아랍 스트리트
Arab Street

싱가포르 | 리틀 인디아

리틀 인디아

Ⓐ   Ⓑ

N

Ⓗ 모리 호스텔
Mori Hostel

롱산시 사원
Leong San See Temple

샤캬 무니 붓다 가야 사원 ●
Sakya Muni Buddha Gaya Temple

룽강 로드 Rangoon Road

오웬 로드 Owen Road

Ⓑ

스리 스리니바사 페루말 사원
Sri Srinivasa Perumal Temple

페탠 로드 Petain Road

MRT 파라파크 역
Farrer Park 역

Ⓒ Ⓐ Ⓖ   Ⓗ

푸드 리퍼블릭
Food Republic

Ⓡ

파러 파크 필드
Farrer Park Field

레이스 코스 로드 Race Course Road

세랑군 플라자
Ⓢ

Ⓘ 시티 스퀘어 몰
City Square Mall

블랑 인 부티크 호스텔
Blanc Inn Boutique Hostel Ⓗ

체 생 홧 하드웨어
Chye Seng Huat Hardware Ⓡ

세랑군 로드 Serangoon Road

Ⓗ 파크로열 온 키치너 로드
Parkroyal on Kitchener Road Hotel

키치너 로드 Kitchener Road

티와잇 로드 Tywhit Road

무스타파 센터
Mustafa Centre

사쿤탈라스 푸드 팰리스
Sakunthala's Food Palace

Ⓡ 무투스 커리
Muthu's Curry

Ⓡ

Ⓗ 브로드웨이 호텔
Broadway Hotel

아퀸 잘란 베사르 호텔
Aqueen jalan Besar Hotel Ⓗ

Ⓗ

바나나 리프 아폴로 (본점)
The Banana Leaf Apolo Ⓡ

캄퐁 카포르 로드 Kampong Kapor Road

로웰 로드 Rowell Road

사이드 알위 로드 Syed Alwi Road

트래저 타번
백패커 호스텔
Tresor Tavern
Backpacker
Hostel

스리 비라마칼리아만 사원 ●
Sri Veeramakaliamman Temple

세랑군 로드 Serangoon Road

산타 그랜드 리틀 인디아
Santa Grand Hotel Little India Ⓗ

로처 운하 Rochor Canal

MRT 리틀 인디아 역
Little India 역

Ⓔ

테카 센터 호커 센터
Tekka Centre Hawker Center

버팔로 로드 Buffalo Road

커프 로드 Cuff Road

코말라 빌라스
Komala Vilas Ⓡ

풋프린트 호스텔
Footprints Hostel Ⓗ

딕슨 로드 Dickson Road

던롭 스트리트 Dunlop Street

잘란 베사르 jalan Besar

로처 캐널 로드 Rochor Canal Road

Ⓑ Ⓒ
Ⓐ

테카 센터
Tekka Centre Ⓢ

캠벨 레인 Campbell Lane

Ⓡ

원더러스트
Wanderlust Hotel Ⓗ

리틀 인디아 아케이드
Little India Arcade Ⓢ

벙크 앳 래디우스
BUNC@Radius Ⓗ

Ⓢ

베르지
Verge

바나나 리프 아폴로
The Banana Leaf Apolo

체커스 인
백패커스 호스텔
Checkers Inn
Backpackers Hostel

G4 스테이션
G4 Station Ⓗ

Ⓗ

숭게이 로드 Sungei Road

● 마지드 압둘 가푸르
Masjid Abdul Gafoor

빅토리아 스트리트 Victoria Street

알버트 코트 빌리지
Albert Court Village

알버트 스트리트 Albert Street

Ⓗ 호텔 81 로처
Hotel 81 Rochor

Ⓢ

심 림 스퀘어
Sim Lim Square

부기스, 아랍 스트리트 방면 ↘

랜드마크
빌리지 호텔
Landmark
Village Hotel Ⓗ

아랍 스트리트 Arab Street

292

Best
Attractions
리틀 인디아의 볼거리

리틀 인디아에는 인도계 사람들이 믿는 힌두교 사원은 물론 불교 사원도 있다. 독특한 사원들이 곳곳에서 눈길을 끈다. 스리 비라마칼리아만 사원 등 대부분의 사원들이 MRT 리틀 인디아 역에서 MRT 파러 파크 역 사이에 직선으로 포진해있으니 거리를 따라 올라가며 하나하나 관광해보자.

스리 비라마칼리아만 사원
Sri Veeramakaliamman Temple

주소 141 Serangoon Road, Singapore **전화** 6295-4538 **홈페이지** www.sriveeramakaliamman.com **운영** 매일 05:30~12:15, 16:00~21:15 **가는 방법** MRT Little India 역에서 도보 5~7분. 세랑군 로드에 있다. **Map.P292-A2**

1835년 시바신의 부인인 칼리 Kali 여신을 숭배하기 위해 지어진 힌두교 사원이다. 리틀 인디아의 메인 거리인 세랑군 로드에 위치하고 있어 리틀 인디아를 여행하다 보면 쉽게 눈에 띈다. 입구에 세워진 화려한 고푸람 Gopuram 이 눈길을 사로잡으며 힌두교에서 신성하게 여기는 소와 신화의 신들이 새겨진 제단화와 천장화가 화려하다. 아침부터 저녁까지 하루 4번 푸자 Pooja 기도 시간이 있다.

스리 비라마칼리아만 사원

스리 스리니바사 페루말 사원
Sri Srinivasa Perumal Temple

주소 397 Serangoon Road, Singapore **전화** 6298-5771 **운영** 매일 05:45~22:00 **가는 방법** MRT Farrer Park 역 G번 출구에서 도보 2~3분 **Map.P292-B1**

1855년에 세워진 힌두 사원으로 축복의 신 비슈누 Vishnu를 모시고 있으며 배우자인 락슈미 Lakshmi의 상도 함께 모셔져 있다. 사원 앞의 화려한 고푸람과 벽을 따라 놓인 동물들의 상이 인상적이다. 매년 1월 또는 2월에 열리는 힌두교의 유명한 축제 타이푸삼의 출발지로도 유명하다. 축제일에는 단식을 해온 신자들이 얼굴이나 혀에 굵은 침을 꽂고 카바디 Kavadi라 부르는 장식을 등에 지고 행진하는 모습이 장관을 이룬다.

스리 스리니바사 페루말 사원

[리틀 인디아]

travel plus

세랑군 로드 Serangoon Road와 레이스 코스 로드 Race Course Road

세랑군 로드와 레이스 코스 로드는 리틀 인디아의 메인 로드로 리틀 인디아를 여행한다면 반드시 거쳐야 하는 거리들입니다. 세랑군 로드는 가장 번화한 곳으로 화려한 인도 전통의상을 파는 옷가게, 금은방, 과일 가게들이 이어지며 사이사이에 사원들이 자리 잡고 있습니다. 레이스 코스 로드는 세랑군 로드에서 한 블록 뒤에 있으며 세랑군 로드에 비해 한적한 편이지만 바나나 리프 아폴로 Banana Leaf Apolo, 무투스 커리, 양자파 등 리틀 인디아에서 가장 맛있다고 소문난 인디언 레스토랑이 위치하고 있으며 힌두 사원과 불교 사원도 있습니다. 이 거리는 과거 경마용 말을 관리하던 곳이었으며 레이스 코스 로드라는 이름도 거기서 따왔답니다.

세랑군 로드

롱산시 사원 Leong San See Temple 龍山寺

주소 371 Race Course Road, Singapore **전화** 6298-9371 **운영** 매일 06:00~18:00 **가는 방법** MRT Farrer Park 역 B번 출구에서 레이스 코스 로드를 따라 도보 3~5분. 사캬 무니 붓다 가야 사원 맞은편에 있다. Map.P292-B1

롱산시 사원 또는 드래건 마운틴 게이트 사원이라고도 불리는 싱가포르에서 가장 오래된 불교 사원 중 하나다. 수천 개의 손을 지닌 천수관음상을 차이나타운이 아닌 리틀 인디아에서 만날 수 있다는 점이 인상적이다. 1913년 중국에서 온 승려 춘우에 의해 지어졌다. 춘우는 지금의 레이스 코스에 자리하고 있던 롱산 오두막에 중국에서 가져온 천수관음상 Bodhisattava Kuan Yin을 모시고 환자를 돌보았다. 1926년 중국의 사찰 양식을 기반으로 새롭게 사원을 건축했으며 세 차례에 걸친 재건축을 통해 현재의 사원 모습을 지니게 됐다. 대나무로 만든 둥근 창이 장수를 상징해서 노인들이나 가족들이 많이 찾아온다.

롱산시 사원

사캬 무니 붓다 가야 사원 Sakya Muni Buddha Gaya Temple

주소 366 Race Course Road, Singapore **전화** 6294-0714 **운영** 매일 08:00~16:30
가는 방법 MRT Farrer Park 역 B번 출구에서 레이스 코스 로드를 따라 도보 3~5분. 롱산시 사원 맞은편에 있다. Map.P292-B1

힌두교의 중심이라 할 수 있는 리틀 인디아 지역에서 보기 드문 불교 사원으로 1927년 태국에서 싱가포르로 건 온 베 러블 부티사사라에 의해 지어졌다. 사원 안에는 높이 15m, 무게 300t이 넘는 거대한 부처상이 10000여 개가 넘는 등불에 둘러싸여 있는 모습이 장관을 이룬다. 천등 사원 Temple of Thousand Lights이라는 명칭도 여기서 유래했다. 불상 뒤로는 불상 안으로 들어갈 수 있는 입구가 있으며 화려한 와불과 천장에 십이간지 그림이 그려져 있다.

294

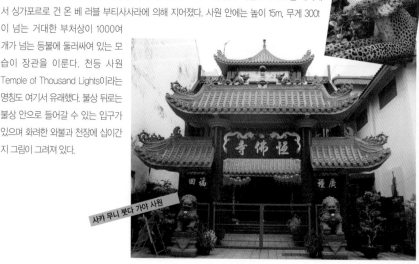

사캬 무니 붓다 가야 사원

세련된 쇼핑보다는 리틀 인디아의 특색이 묻어나는
쇼핑몰이 대부분이다. 특히 무스타파 센터는 24시간
문을 여는 마트이며 기념품과 독특한 식재료 쇼핑으로
여행자들에게도 인기를 끌고 있다.

무스타파 센터 **Mustafa Centre**

주소 145 Syed Alwi Road, Singapore **전화** 6295-5855 **홈페이지** www.mustafa.com.sg
영업 24시간 **가는 방법** MRT Farrer Park 역에서 세랑군 로드 Serangoon Road를 따라
도보 5분. 세랑군 플라자 건물이 보이면 좌회전하면 된다. Map.P292-B1

무스타파 센터는 정말 없는 거 빼고는 다 있는 도깨비시장 같은 곳이다. 24시간 운영되
는 쇼핑몰로 주로 현지인들이 즐겨 찾으며 전자제품·생활잡화·원단·의류·보석·식
재료 등 셀 수 없을 만큼 다채로운 상품들을 판매하고 있다. 밖에서 볼 때는 별로 커 보
이지 않지만 일단 안으로 들어가면 미로처럼 연결되는 상가를 따라서 다양한 상품이 진
열돼 있으니 눈을 크게 뜨고 돌아다녀야 한다.

1층에는 전자제품·향수·생활잡화 등이 있고 2층으로 올라가면 여행자들의 흥미를 끄는 상품들이 모여 있다. 향신료를
비롯한 식자재·라면·콜릿·스낵·쿠키 등과 기념품으로 사면 좋을 멀라이언 모양의 초콜릿, 망고, 두리안 쿠키를 포장
한 상품이 많아 선물용으로 좋다. 가격이 다른 마트에 비해 저렴한 편이며 1+1 상품들도 있으니 눈여겨보자. 한쪽 코너에
는 멀라이언상 조각, 열쇠고리, 싱가포르 티셔츠 등이 있으니 기념품을 찾는다면 둘러보자. 2층에서 연결되는 슈퍼마켓에
서는 각종 생선·과일·야채 등을 판다. 현지인들이 장을 보는 곳이라 가격이 저렴하니 과일이나 맥주·음료수 등을 구
입해 숙소에서 간식으로 먹는 것도 좋다. 1층에 환전소가 있으며 짐을 맡아주니 무거운 것은 맡기고 쇼핑을 즐기자. 여행
자들이 많이 사는 히말라야 허벌 화장품은 1층에서 판매하며 프로모션이 많아 확실히 다른 곳과 비교해 저렴한 편이다.

무스타파 센터

시티 스퀘어 몰 City Square Mall

주소 180 Kitchener Road, Singapore **전화** 6595-6565 **홈페이지** www.citysquaremall.com.sg
영업 10:00~22:00 **가는 방법** MRT Farrer Park 역 I 출구에서 연결된다. Map.P292-B1

리틀 인디아에 새롭게 문을 연 대규모 쇼핑몰로 쾌적한 시설로
무장해 리틀 인디아의 랜드마크로 등극했다. 쇼핑하기 좋은 다
양한 브랜드가 있으며 레스토랑도 다양하다. 지하 2층부터 9층
까지 몰로 이루어져 있으며 주요 브랜드와 레스토랑은 지하 2층
부터 5층까지 밀집되어 있다. 4층의 푸드 리퍼블릭은 알뜰하게
즐기기 좋은 푸드 코트이며 옆에 있는 더 루프 탑 The Roof Top
은 아기자기한 소품을 판매하는 곳으로 1960년대 올드 싱가포
르풍으로 꾸며 놓아 둘러볼 만하다. 여행자들이 사랑하는 찰스
앤 키스는 다른 곳보다 세일 중인 아이템이 다양한 편이라 잘
찾아보면 횡재가에 득템을 할 수 있다. 지하 1층에는 페어 프라
이스 Fair Price 슈퍼마켓이 있어 간식거리나 식재료 등을 사기
에도 좋다. 에코 컨셉트로 지어진 몰로서 주변이 녹음으로 둘러
싸여 있으며 옥상의 스카이 파크 Sky Park에는 야외 정원이
있다.

층	대표 인기 브랜드 *레스토랑 · 카페&기타
지하 2층	Lim's Art & Living, Babies'R'Us Gong Cha, Siam Kitchen, Ya Kun Kaya Toast
지하 1층	Guardian, Casa Italia, Dunkin' Donuts, KFC, KOI Cafe, McDonald's, Old Chang Kee, Old Town White Coffee, The Coffee Bean & Tea Leaf
1층	Charles & Keith, Cotton On, Esprit, Giordano Astons, Bread Talk, Pizza Hut, Starbucks, Toast Box
2층	UNIQLO, Bata, Bossini, Hush Puppies, New Look, Burger King, Milk & Honey, Watsons
3층	Seoul Garden, Swensen's, Watami
4층	Daiso, The RoofTop Food Republic, Marutama Ra-Men, The Manhattan Fish Market
5층	Golden Village(영화관), Momiji Japanese Buffet Restaurant, Nihon Mura

베르지 Verge

주소 2 Serangoon Road, Singapore **전화** 6295-5448
영업 매일 06:30~21:00 **가는 방법** MRT Little India 역
C번 출구에서 도보 2분. 길 건너편에 있다.
Map.P292-A2

세랑군 로드 초입에 위치한 쇼핑몰로 리틀 인디아에서
단연 눈에 띄는 최신식 시설을 갖추고 있다. 몰 안은 밝
고 깨끗하며 의류 숍, 여행사, 푸드 코트, 마사지 가게들
이 입점해있다. 여행자들에게 크게 어필할 쇼핑 거리는
부족한 편이고 오히려 마사지가 알차다. 깔끔한 시설에
시원한 마사지를 받을 수 있는 가게들이 있으니 리틀
인디아를 둘러본 후 잠시 피로를 풀며 마사지를 받아
보자. 드래건스 플레이스 Dragon's Place(4층 20호)는
비교적 저렴한 가격에 시원한 마사지를 받을 수 있으며
한층 더 고급스러운 스파를 경험하고 싶다면 아율리 아
유르베딕 스파 Ayurlly Ayurvedic Spa(5층 11호)를 추천
한다.

테카 센터 Tekka Centre

주소 665 Buffalo Road, Singapore **전화** 6396-8790
영업 매일 06:30~21:00 **가는 방법** MRT Little India 역
C번 출구에서 도보 1분. 왼편에 있다. Map.P292-A2

현지인들의 리얼한 삶을 엿볼 수 있는 몰로 1982년부
터 자리를 지켜온 리틀 인디아의 터줏대감이다. 1층에
는 호커 센터가 있으며 2층에는 의류·소품을 파는 가
게들이 있다. 여행자보다는 현지인들이 이용하는 곳이
라 전체적으로 재래시장 같은 분위기를 풍기는데 육
류·해산물 등을 파는 마켓은 다소 지저분한 느낌이 들
수도 있다.

리틀 인디아 아케이드 Little India Arcade

주소 48 Serangoon Road, Singapore **전화** 6295-5998 **영업** 매일 09:00
~22:00(매장에 따라 다름) **가는 방법** MRT Little India 역 C번 출구에서 도보
3분. 길 건너편에 있다. Map.P292-A2

리틀 인디아로 진입하는 초입에 있는 2층 건물로 노란색이라 쉽게 눈에 띈
다. 1920년대 콜로니얼 건축물을 새롭게 리노베이션해서 아케이드로 재탄생
시켰다. 인도풍의 의류·소품·액세서리를 파는 숍들이 입점해 있으며 인도
식 디저트, 과일을 파는 가게들도 있다.

리틀 인디아 대표 맛집인 바나나 리프 아폴로 Banana Leaf
Apolo의 분점도 입점해 있다. 리틀 인디아에 오는 여행자들이 한
번쯤 시도해보는 멘디(손에 인도식 헤나를 그리는 것)를 그려주
는 가게들도 있으니 재미 삼아 해보는 것도 좋겠다.

Best
Restaurants
리틀 인디아의
레스토랑

리틀 인디아는 인도 요리의 천국이다. 한 집 건너 하나씩 인디언 레스토랑이 있으며 아주 저렴한 호커 센터에서부터 유명한 레스토랑까지 종류도 다양하다. 커리와 난은 물론 리틀 인디아의 명물 피시 헤드 커리까지 맛볼 수 있으니 인도 요리에 도전해보자.

바나나 리프 아폴로 The Banana Leaf Apolo

주소 48 Serangoon Road, Singapore **전화** 6297-1595 **홈페이지** www.thebananaleafapolo.com
영업 매일 11:00~22:00 **예산** 커리 S\$10~, 볶음밥 S\$8, 버터 난 S\$3.50, 라씨 S\$4(+TAX 7%) **가는
방법** MRT Little India 역에서 도보 3분. 세랑군 로드의 리틀 인디아 아케이드 내에 있다.(본점은 MRT
Little India 역에서 도보 5분, 레이스 코스 로드 Race Course Road에 있다.) **Map.P292-A2**

커리 집이 많은 리틀 인디아에서 오랫동안 정상의 자리를 지키고 있는 곳. 이름처럼 바나나 잎을 접시 삼아 손으로 커리와 밥을 슥슥 비벼 먹는 현지인들의 모습이 마치 싱가포르가 아닌 진짜 인도의 식당에 온 것 같은 기분이 들게 만든다. 다양한 커리와 탄두리 치킨, 마살라, 티카, 난 등의 정통 인도 요리를 다양하게 다루고 있다.

이 집의 간판 요리는 생선 머리를 통째로 넣고 고아낸 피시 헤드 커리로 부담스러운 겉모습과는 다르게 묘하게 끌리는 맛이 있다. 누구 입맛에나 잘 맞을 추천 메뉴는 버터 치킨 커리로 갓 구운 난을 푹 찍어 먹으면 정말 맛있다. 탄두리 치킨은 인도에서 사용하는 전통적인 향신료를 이용해서 화덕에 구운 닭 요리로 기름기가 없고 담백하고 은은한 향이 나는 것이 특징이다. 난과도 비슷한 로티 프라타는 남인도식 팬케이크로 난과 마찬가지로 커리에 찍어 먹으면 별미다. 커리는 사람 수대로 시키면 양이 너무 많으므로 2~3명이 커리 하나에 난과 밥을 추가로 주문해 먹으면 적당하다. 본점은 레이스 코스 로드에 있지만 이곳이 리틀 인디아 역과 가깝고 눈에 쉽게 띄어 찾아가기 쉽다.

바나나 리프 아폴로 본점

바나나 리프 아폴로

코말라 빌라스 Komala Vilas

주소 78 Serangoon Road, Singapore **전화** 6293-6980 **홈페이지** www.komalavilas.com.sg
영업 매일 07:00~22:30 **예산** 콘 도사이 S\$3.20, 차파티 플레이트 S\$3.70, 브리야니 S\$7(+TAX&
SC 17%) **가는 방법** MRT Little India 역에서 도보 3분, 세랑군 로드의 리틀 인디아 아케이드 옆에 있
다. Map.P292-A2

첫 인상은 다소 허름하지만 현지인들에게는 소문난 알짜배기 맛집이다. 베지테리언 인디언 레스토랑으로 커리와 함께
나오는 빵 종류인 차파티 Chapati, 도사이 Dosai, 바투라 등의 모양이 다양해서 여행자들의 호기심을 자극한다. 바나나
잎이나 식판 같은 데 담겨 나오는데 강력 추천 메뉴는 콘 도사이 Cone Dosai. 입이 떡 벌어질 정도로 거대한 고깔 모습
이며 잘 구워진 짭조름한 팬케이크와 비슷한데 더 바삭하다. 커리에 찍어 먹으면 잘 어울린다. 혼자 먹기에 버거울 정도
로 큰데 가격도 저렴해서 더욱 추천할 만하다. 여행자들보다는 인도계 현지인들이 찾는 곳이라 분위기는 다소 허름한 편
이지만 저렴한 가격에 인도식 식사를 즐겨보고 싶다면 도전해보자.

무투스 커리 Muthu's Curry

주소 138 Race Course Road, Singapore **전화** 6392-1722 **홈페이
지** www.muthuscurry.com **영업** 매일 10:30~22:30 **예산** 피시 헤드
커리 S\$20, 난 S\$4(+TAX&SC 17%) **가는 방법** MRT Little India 역에
서 도보 5분. 레이스 코스 로드의 사쿤탈라스 푸드 팰리스 옆에 있다.
Map.P292-A1

리틀 인디아에서 오랫동안 피시 헤드 커리의 일인자 자리를 지키고
있는 무투스 커리. 다른 인디아 레스토랑에 비해 모던하고 깔끔한 인
테리어가 돋보이며 자리에 바나나 잎이 세팅되어 있는 모습이 재미
있다. 남인도 요리와 북인도 요리를 모두 선보이고 있는데 이 집의
대표 메뉴는 역시 피시 헤드 커리. 커다란 생선 머리가 통째로
들어가 있는 모습이 처음 볼 때는 다소 놀랍지만 진한 커
리 국물에 난이나 로티를 찍어 먹으면 독특한 맛에 금세
반할 것이다. 선텍시티 Suntec City에도 분점이 있으니
가까운 곳으로 골라서 가 보자.

| 리틀 인디아 |

사쿤탈라스 푸드 팰리스 Sakunthala's Food Palace

주소 66 Race Course Road, Singapore **전화** 6293-6649 **홈페이지** www.sakunthala.com.sg
영업 매일 12:00~02:00 **예산** 버터 치킨 S$6, 브리야니 S$4.50(+SC 10%)
가는 방법 MRT Little India 역에서 도보 5분. 레이스 코스 로드의 바나나 리프 아폴로 본점 옆에 있다. Map.P292-A1

리틀 인디아의 내로라하는 맛집들이 모여
있는 레이스 코스 로드에 위치하며 인도와
차이나의 퓨전을 표방하는 레스토랑. 모던
한 스타일의 깔끔한 인테리어가 현지인이
아닌 여행자가 들어가기에도 거부감이 없
다. 커리, 탄두리 치킨, 티카, 난 등 다양한
인도 요리를 선보인다. 커리의 양이 넉넉해
2~3명이 하나만 시키면 충분하다. 색다른
커리를 시도해보고 싶다면 Chicken Kolamb(S$6)를 추천! 일반 치킨 커리보다 매콤한 맛이 흡사 우리의 닭도리탕과 커리
를 섞어놓은 듯하다. 바싹 구운 난 혹은 프라타를 이 커리에 찍어 먹으면 최고의 궁합이다. 오후 3시부터 6시까지는 인도
식 하이 티(S$7~10)를 선보인다. 커피나 차와 함께 커리 퍼프, 치킨 윙, 프라타 등으로 구성되어 있어 출출한 오후에 가볍
게 즐기기에 좋다.

테카 센터 호커 센터 Tekka Centre Hawker Center

주소 665 Buffalo Road, Singapore **영업** 매일 09:00~21:00 **예산** 1인당 S$5~10
가는 방법 MRT Little India 역 C번 출구에서 도보 2분 Map.P292-A2

차이나타운에 맥스웰 푸드 센터가 있다면 리틀 인디아에는 테카 센터 호커 센터가 있다. 리틀 인디아 역에서 나오면 가장
먼저 만나게 되는 테카 센터에 있으며 북적거리는 사람들 때문에 절로 눈에 띈다. 바깥에서 바로 보이는 1층에 있는데 뒤
쪽으로도 이어진다. 현지인들 위주라 다소 허름하지만 가격이 매우 저렴하고 맛도 좋아 이 근방의 회사원과 현지인들이
식사를 해결하기 위해 자주 들른다. 로컬 푸드와 중국 음식, 일식을 내놓는 가게들도 있지만 역시 인도 요리가 강세다. 인
도의 맛을 경험하고 싶다면 안쪽에 위치한 YAKADER 노점을 추천한다. 인도식 커리 볶음밥인 브리야니만 다루는 곳으로
큼직한 닭다리까지 얹어주는데도 단돈 S$5도 안 되는 가격이다. 든든한 한 끼로 훌륭하며 옆집의 현지식 밀크 티인 테
타릭도 함께 곁들여 알찬 구성으로 즐겨보자.

푸드 리퍼블릭 Food Republic

주소 04-31, 180 Kitchener Road, Singapore **전화** 6636-5941 **홈페이지** www.foodrepublic.com.sg
영업 10:00~22:00 **예산** 1인당 S$6~10
가는 방법 MRT Farrer Park 역 I 출구에서 연결되는 시티 스퀘어 몰 4층 **Map.P292-B1**

인도 요리가 대부분인 리틀 인디아에서 인도 요리 외에 입맛대로 골라먹고 싶을 때 제격인 푸드 코트. 푸드 리퍼블릭은 싱가포르 내에서 쉽게 발견할 수 있는 푸드 코트인데 1920~60년대의 호커 센터 분위기를 재연해 놓은 스페셜한 푸드 코트다. 각각의 카운터마다 다른 컨셉트로 오래된 숍하우스처럼 꾸며놓아서 보는 즐거움도 쏠쏠하다. 인도네시아 스타일의 치킨 요리를 맛볼 수 있는 펜옛 바비큐 Penyet & BBQ를 비롯해 하이난 치킨라이스, 일본 도시락, 태국 요리 등 다채로운 음식을 고를 수 있으며 한국 음식도 만날 수 있다.

체 생 홧 하드웨어 Chye Seng Huat Hardware

주소 150 Tywhitt Road, Singapore **전화** 6396-0609 **홈페이지** www.cshhcoffee.com
영업 화~금 09:00~19:00, 토~일요일 09:00~22:00 **휴무** 월요일
예산 커피 S$4~, 바나나 팬케이크 S$12 **가는 방법** MRT Farrer Park 역에서 키치너 로드 (Kitchener Road)를 따라 걸으면 나오는 좌측의 티릿 로드(Tyrwhitt Road)에서 도보 5분. 블랑 인 부티크 호스텔(Blanc Inn Boutique Hostel) 맞은편 **Map.P292-B1**

여행자보다는 현지인들이 사랑하는, 아는 사람만 찾아가는 히든 플레이스다. 겉으로 보기에 카페라는 것을 알 수 있는 간판 하나 제대로 달려 있지 않지만 안으로 들어가면 단골들로 활기가 넘친다. 공업용 기계를 팔던 오래된 철물점을 매력적인 카페로 변신시켰는데 정성스럽게 내린 커피 맛 또한 탁월하다. 카페에서는 다양한 산지의 원두를 직접 블렌딩하고 로스팅한 커피를 구입할 수도 있다. 오후 5시까지는 팬케이크, 누들, 샐러드, 샌드위치 등 간단한 식사 메뉴도 주문할 수 있어 진한 커피와 함께 브런치를 즐기기에도 완벽하다.

리틀 인디아

싱가포르 동부
Singapore East

싱가포르의 동부 지역은 여행자들에게는 해산물로 유명한 이스트 코스트 정도만 알려졌지만 현지인들에게는 조금 더 특별한 곳이다. **동부를 대표하는 지역으로는 카통과 겔랑 Geylang, 이스트 코스트를 들 수 있다. 겔랑은 싱가포르의 원주민인 말레이인들이 모여 형성된 지역이다.** 카통은 싱가포르의 독특한 문화 페라나칸의 전통이 여전히 진하게 녹아 있는 지역으로 오래된 숍 하우스와 로컬 맛집들이 많은 동네로 알려져 있다. **또 이스트 코스트 파크는 싱가포르인들의 쉼터 역할을 하는 곳이다.** 주중에 열심히 일한 싱가포르인들은 주말이면 이스트 코스트 파크로 나와 피크닉과 레저를 즐기고 해산물로 만찬을 한다. 짧은 일정의 여행자라면 도심을 둘러보는 것만으로도 벅차겠지만 일정에 여유가 있는 사람이라면 하루 정도 싱가포르의 또 다른 문화를 느껴 보고 이스트 코스트 파크에서 여유로운 시간을 보내자.

싱가포르 동부
효율적으로
둘러보기

동부의 관광지는 크게 카통 Katong과 이스트 코스트 East Coast로 나눌 수 있다. 페라나칸의 문화가 녹아있는 카통을 먼저 둘러보고 오후에 이스트 코스트로 넘어가서 공원을 산책한 후 해산물로 저녁을 먹는 일정을 추천한다. 시간이 없는 여행자라면 바로 이스트 코스트만 둘러볼 수도 있다. 아쉽게도 바로 MRT로 연결되지 않으므로 가까운 역까지 간 후 택시로 이동하는 것이 좋다. 특별한 관광지가 있는 지역은 아니므로 길을 따라 걸으며 페라나칸 숍 하우스를 둘러보고 페라나칸 음식이나 로컬 푸드를 맛보자. 2~3시간이면 충분하다. 카통을 둘러본 후 이스트 코스트로 이동할 때는 거리가 멀지는 않지만 그래도 도보로는 어려우니 택시를 이용하는 게 현명하다. 택시로 5분 정도면 갈 수 있다.

싱가포르 동부 Access

MRT 파야 레바 Paya Lebah 역

카통까지 이동할 때는 파야 레바 역에서 내려 택시를 타고 이스트 코스트 로드(East Coast Road)에 있는 카통 앤티크 하우스에서부터 시작하는 것이 좋다. 택시로는 약 8~10분 정도 소요 된다. 이스트 코스트 파크도 마찬가지로 파야 레바 역에서 내려 택시로 약 10~15분 정도 소요된다.

B번 출구 버스 정류장, 파야 레바 로드, 말레이 빌리지 방향
D번 출구 심스 애비뉴, 시티 플라자, 그랜드링크 스퀘어

Start
MRT 파야 레바
Paya Lebar 역

심스 애비뉴 Sims Avenue

창이 ●
Changi

탄종 카통 로드
Tanjong Katong
Road

1

── Must do it! ──
★ 카통에서 페라나칸 문화 체험하기
★ 카통에서 로컬 푸드 맛보기
★ 이스트 코스트 파크에서 자전거 타기
★ 맛있는 해산물 실컷 즐기기

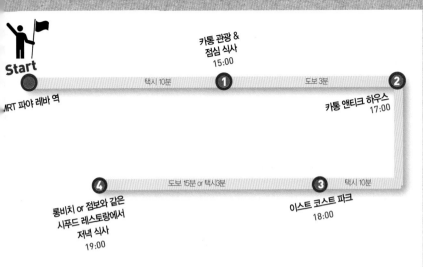

Start

카통 관광 &
점심 식사
15:00

MRT 파야 레바 역

택시 10분 **1** 도보 3분 **2**

카통 앤티크 하우스
17:00

4 도보 15분 or 택시 3분 **3** 택시 10분

롱비치 or 점보와 같은
시푸드 레스토랑에서
저녁 식사
19:00

이스트 코스트 파크
18:00

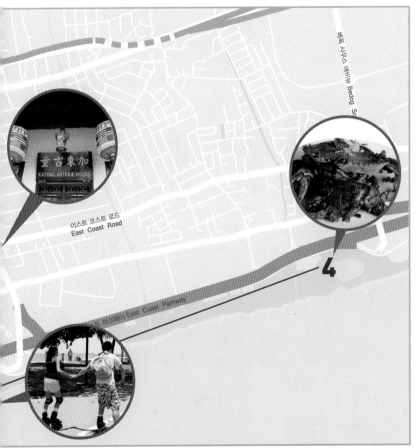

KATONG ANTIQUE HOUSE

똑똑 시우스 웰비뉴 Bedog So

이스트 코스트 로드
East Coast Road

4

이스트 파크웨이 East Coast Parkway

싱가포르 동부

베독 사우스 애비뉴 Bedog South Avenue

창이 공항 방면

MRT 켐방안 역
Kembangan 역

MRT 유노스 역
Eunos 역

MRT 파야 레바
Paya Lebar 역

심스 애비뉴 Sims Avenue

창이 로드 Changi Road

스틸 로드 Still Road

탄종 카통 콤플렉스
Tanjong Katong Complex

트리스타 콤플렉스
Tristar Complex

주 치앗 콤플렉스
Joo Chiat Complex

말레이 빌리지
Malay Village

주 치앗 플레이스
Joo Chiat Place

주 치앗 호텔
Joo Chiat Hotel

에브리싱 위드 프라이 R
Everything with Fries

프레그런스 호텔 사파이어 H
Fragrance Hotel Sapphire

호텔 말라카
Hotel Malacca

112 카통 몰
112 Katong Mall

112 카통 몰 S

S 카통 쇼핑 센터
Katong Shopping Centre

S 카통 라사 R
328 Katong Laksa

루마 베베 R
Rumah Bebe

페라나칸 하우스 거리 R
Peranakan House

던만 푸드 센터 (훙거 센터) R
Dunman Food Centre

킴 추 R
Kim Choo

Kim Choo's Kitchen &
Rumah Kim Choo

탄종 카통 로드
Tanjong Katong Road

산타 그랜드 호텔 H
이스트 코스트
Santa Grand Hotel
East Coast

오쏠리 초콜릿 R
awfully chocolate

분통키
Boon Tong Kee

카통 앤티크 하우스 R
Katong Antique House

록시 스퀘어
Roxy Square

그랜드 머큐어 록시 호텔 H
Grand Mercure Roxy Hotel

파크웨이 퍼레이드 S
Parkway Parade

이스트 코스트 로드
East Coast Road

용 후앗 R
YONG HUAT

바거킹 R

골드키스트 비치 리조트 H
Goldkist Beach Resort

이스트 코스트 파크웨이 East Coast Parkway

이스트 코스트 파크
East Coast Park

KFC R G 스타벅스
플레이그라운드 빅 스플래시
Playground @ Big Splash

이스트 코스트 R
라군 푸드 빌리지
East Coast
Lagoon Food Village

이스트 코스트 시푸드 센터
East Coast Seafood Centre

롱비치 시푸드 레스토랑 R
Longbeach Seafood Restaurant

점보 시푸드 R
Jumbo Seafood

노 사인보드 시푸드 레스토랑 R
No Signboard Seafood Restaurant

N

싱가포르의 동부 지역에서는 울창한 자연을 느낄 수 있다.
이스트 코스트 파크가 대표적인 공원이며 플라우 우빈,
와일드 와일드 웻, 스키 360˚와 같은 도심에서는 즐길 수
없는 관광지들을 만날 수 있다.

이스트 코스트 파크 **East Coast Park**

주소 East Coast Parkway and East Coast Park Service Road(Bedok), Singapore
가는 방법 ①마리나 베이에서 택시로 10~15분(택시 요금 S$15~) ②MRT Paya Lebar 역에서 택시로 10분   **Map.P306-B2**

싱가포르 남동쪽에 위치한 해안을 끼고 있는 넓은 공원으로 주말이면 여가를 즐기려는 이들
이 모여든다. 우리의 한강 공원처럼 이스트 코스트 파크는 싱가포르 국민들의 쉼터다. 녹음이
드리워진 공원에는 자전거·인라인·바비큐 등을 즐기는 사람들로 북적거린다. 공원이 워낙 크
기 때문에 걸어서 다니는 것보다는 자전거를 타고 바닷바람을 맞으면서 돌아보는 것이 편하고 색
다른 즐거움도 느낄 수 있을 것이다. 주변에 자전거를 렌트해 주는 곳들이 있는데 요금은 보통 1시간에 S$10 안팎이
다. 복합단지 빅 스플래시 Playground@Big Splash 주변에는 패스트푸드·카페·레스토랑 등이 모여 있으므로 공
원 산책을 한 후 이곳에서 식사를 하면서 쉬어가자.

travel plus → 자연 그대로 간직하고 있는 플라우 우빈 Pulau Ubin

가는 방법 MRT 타나 메라 Tanah Merah 역에서 버스 2번을 타고 창이 빌리지 Changi Village에서 하차. 창이 빌리지 제티
Changi Village Jetty 선착장에서 우빈 섬으로 가는 보트(요금 S$2~, 운항 06:00~20:00)를 타고 약 10분

플라우 우빈은 싱가포르의 북동쪽에 위치한 섬입니다. 화려하지만 인공적인 느낌이 강한 싱가포르 도심과는 분위
기가 전혀 다른 곳입니다. 이곳에 거주하고 있는 토착민은 대부분 인도네시아에서 건너온 사람들의 후손이며 그들
만의 전통과 문화로 공동체를 형성해 살아갑니다. 멋진 볼거리가 있는 곳은 아니지만 훼손되지 않은 산림과 자연
이 그대로 보존되어 있습니다. 특별한 관광 명소를 기대하면 실망할 수도 있지만 자전거를 타고 섬을 한 바퀴 돌
아보면서 휴식과 소박한 자유를 만끽할 수 있답니다.

이스트 코스트는 싱가포르에서 해산물 요리 먹기에 가장 좋은 지역이다. 점보·롱비치와 같은 쟁쟁한 시푸드 레스토랑들이 집중돼 있으니 해산물로 맛있는 식사를 즐겨보자.

롱비치 시푸드 레스토랑 Longbeach Seafood Restaurant 추천

주소 #01-04 East Coast Seafood Centre, Singapore **전화** 6448-3636
홈페이지 www.longbeachseafood.com.sg **영업** 월~금요일, 일요일 11:00~24:00, 토요일 11:00~01:00
예산 1인당 S$40~50(+TAX&SC 17%) **가는 방법** MRT Bedok 역에서 택시로 약 7분 Map.P306-D2

칠리 크랩

1946년 문을 연 롱비치는 60년의 전통을 자랑하며 본점인 이곳 외에 총 5개의 분점을 운영 중이다. 싱가포르 대표 음식인 칠리 크랩도 잘하지만 특히 이곳이 유명한 것은 블랙 페퍼 크랩 때문이다. 블랙 페퍼 크랩 요리를 최초로 만든 곳이 이곳이다. 원조답게 최고의 블랙 페퍼로 정평이 나 있다. 깔끔하고 우아한 원탁 테이블과 친절한 서비스 또한 만족스럽다.

한국인들은 칠리 크랩에 열광하지만 이곳에서는 꼭 블랙 페퍼 크랩에 도전해보자. 마치 진흙에서 방금 꺼낸 듯이 보여 다소 놀랍지만 알싸한 블랙 페퍼 소스가 담백한 게살과 어우러져 감동적인 맛을 선사한다. 또 다른 강추 메뉴는 골든 샌드 프론 Golden Sand Prawn이다. 바삭한 튀김가루를 얹어 내오는데 이 가루와 탱글탱글한 새우살 맛의 조화가 일품이다. 이곳에서는 크랩뿐만 아니라 생선·새우·조개·오징어 등 대부분의 해산물 요리들이 평균 이상으로 맛있다. 번 Bun과 볶음밥을 시켜 크랩의 소스를 곁들여 먹어도 기가 막히며 반찬으로 매콤하게 무친 나물인 캉콩 Sambal Kang Kong과 함께 먹으면 더 바랄 것이 없는 푸짐한 한 끼 식사다.

롱비치 시푸드 레스토랑

페퍼 크랩

점보 시푸드 Jumbo Seafood

주소 East Coast Parkway, Blk1206, #01-07/08 East Coast Seafood Centre, Singapore **전화** 6442-3435 **홈페이지** www.jumboseafood.com.sg **영업** 월~토요일 17:00~23:45, 일요일 12:00~24:00 **예산** 1인당 S$30~50(+TAX&SC 17%)
가는 방법 MRT Paya Lebar 역 또는 Eunos 역에서 택시로 5~10분, 이스트 코스트 시푸드 센터 내에 있다. **Map.P306-D2**

싱가포르 하면 칠리 크랩, 칠리 크랩 하면 점보라는 공식이 있을 만큼 1987년 창업한 이래 여행자와 현지인들에게 꾸준히 사랑받고 있는 시푸드 레스토랑이다. 다양한 해산물 요리를 다루고 있지만 가장 인기 있는 메뉴는 역시 칠리 크랩. 게살의 담백함과 매콤하면서도 달콤한 칠리소스가 우리 입맛에도 잘 맞아 한국인들이 특히 좋아하는 메뉴다. 볶음밥과 갓 튀긴 번까지 더하면 금상첨화다.

점보 시푸드

Dine

점보 시푸드 추천 메뉴

Chilli Crab
인기 No.1 칠리 크랩. 달콤하면서도 매콤한 소스가 한국인 입맛에도 딱이다.

Black Pepper Crab
후추로 버무린 블랙 페퍼 크랩. 알싸한 후추와 담백한 게살의 맛이 잘 어우러진다.

Live Prawns Fried with Cereal
바삭한 시리얼로 버무린 새우 요리. 바삭바삭하면서도 탱탱한 식감이 일품이다.

Scallops Wrapped in Yam Ring
관자를 참마(Yam)로 싸서 바삭하게 튀긴 요리. 애피타이저로 즐기기 좋다.

싱가포르 음식 |

이스트 코스트 라군 푸드 빌리지 East Coast Lagoon Food Village

주소 1220 East Coast Parkway, Singapore **영업** 매일 10:30~23:00
가는 방법 MRT Kembangan 역 또는 Eunos 역에서 택시로 5~10분 **Map.P306-D2**

싱가포르에서 가장 멋진 호커 센터라는 칭호가 아깝지 않은 곳입니다. 바로 옆으로 바다가 있고 맛있는 음식에 가격까지 저렴하니 더 바랄 게 없지요. 갓 구워낸 꼬치와 해산물, 쌀국수에 시원한 맥주까지 곁들이면 만찬이 완성됩니다. 이스트 코스트 파크에서 값비싼 시푸드를 먹기가 부담스러운 분들이라면 이곳으로 가세요!

페라나칸의 향기를 찾아,

카통 Katong

싱가포르는 다양한 민족과 문화가 융화되어 또 하나의 고유한 문화를 만들어 내는 힘이 있다. 아랍 스트리트, 리틀 인디아, 차이나타운이 그러하듯이 싱가포르 동부에 위치한 카통도 페라나칸 Peranakans이라는 고유한 문화를 꽃피운 곳이다. 페라나칸은 중국인들이 말레이반도에 들어와 정착했던 17세기에 시작됐다. 중국 남성들과 말레이 여성들이 결혼함에 따라 두 나라의 생활양식과 문화가 융화되어 새롭고 독특한 문화가 만들어졌다. 1950~60년대 페라나칸 문화의 황금기를 이끌었던 카통은 페라나칸 문화가 가장 잘 녹아있는 지역으로 오늘날까지도 전통적인 페라나칸 양식의 건축과 음식문화·복장·관습 등을 엿볼 수 있다. 한 줄로 이어진 2층식 숍하우스 Shop House는 페라나칸 문화의 대표적인 상징이다. 또한 현지인들에게는 로컬 맛집들이 많기로 유명한 식도락 천국이기도 하다. 페라나칸 레스토랑과 로컬 맛집, 페라나칸 숍 하우스들이 이어지는 거리는 호기심 가득한 여행자들과 여전히 그곳에서 살아가는 현지인들로 오늘도 북적이고 있다.

카통까지 이동할 때는 MRT 파야 레바 Paya Lebar 역에서 택시를 타고(약 5분) 이스트 코스트 로드 East Coast Road에 있는 카통 앤티크 하우스 Katong Antique House에서 내려 여행을 시작하는 것이 좋다. 특별한 관광지가 있는 곳은 아니므로 길을 따라 서 있는 페라나칸풍의 숍과 레스토랑을 즐기고 페라나칸 숍 하우스를 둘러보는 일정으로 1~2시간이면 충분하다. MRT보다는 시간이 더 걸리지만 한번에 버스로 이동하고 싶다면 MRT 클락 키 Clarke Quay 역에서 32 · 12번을 타고 록시 스퀘어, 카통 숍 센터 앞에서 하차해도 된다.

카통 앤티크 하우스 Katong Antique House

주소 208 East Coast Road, Singapore **전화** 6345-8544 **운영** 매일 11:00~18:30
가는 방법 이스트 코스트 로드의 112 카통 몰에서 도보 5분 **Map.P306-B2**

주인이자 큐레이터 역할을 하고 있는 피터 위 씨가 직접 살고 있는 집으로
페라나칸의 살아있는 역사를 경험할 수 있는 특별한 곳이다. 그는 외할아
버지에게서 물려받은 오래된 2층짜리 숍 하우스를 전통적인 페라나
칸 소품과 장식들로 화려하고 아름답게 꾸며놓았다. 여성 의복인 논야 케바야 Nonya Kebaya, 작은
비즈들로 섬세하게 만든 슬리퍼 카수트 마넥 Kasut Manek, 사진과 도자기·장신구 등을 통해 페라
나칸의 색채가 고스란히 느껴지는 살아있는 박물관이다. 전화로 예약 시 페라나칸의 전통 문화와 혼
례복·가구와 소품들에 대해 약 45분간 설명을 들으면서 집을 둘러볼 수 있다.

루마 베베 Rumah Bebe

주소 113 East Coast Road, Singapore **전화** 6247-8781 **홈페이지**
www.rumahbebe.com **운영** 화~일요일 09:30~18:30 **휴무** 월요일 **가는 방법**
이스트 코스트 로드의 112 카통 몰 맞은편 코너에 있다. **Map.P306-B2**

예쁜 민트색 컬러가 멀리서부터 시선을 사로잡는 숍 하우스로 1928
년에 지어졌다. 페라나칸 공예점이라고 생각하면 된다. 안으로 들어
가면 잘 꾸며진 숍이 나오며 페라나칸 전통 의상인 케바야 Kebayas, 바틱, 비즈로 만든 슬리퍼, 백 등이 무척
정교하고 아름답다. 페라나칸의 의복문화를 대표하는 것 중 하나가 비즈로 만든 신발인 카수트 마넥인데 비싼
것은 우리 돈 100만원을 호가할 정도. 직접 배워볼 수 있는 비즈 공예 수업을 운영하기도 한다.

분통키 Boon Tong Kee

주소 199 East Coast Road, Singapore **전화** 6478-1462 **홈페이지** www.boontongkee.com.sg **영업** 매
일 11:00~22:00 **예산** 1인당 S$8~15 **가는 방법** 이스트 코스트 로드의 산타 그랜드 호텔에서 도보 2분
Map.P306-B2

1979년 문을 열었으며 가장 맛있는 치킨라이스 집 가운데 한 곳으로 인정받고 있다. 7개의 분점
을 거느리고 있으며 치킨라이스는 물론 다양한 해산물을 이용한 각종 중국 요리도 맛볼 수 있다.

용 후앗 YONG HUAT

주소 127 East Coast Road, Singapore **영업** 매일 08:00~20:00 **예산** 1인당 S$6~10 **가는 방법** 이스트 코스트 로드의 112 카
통 몰 신호등 앞에 위치한 오풀리 초콜릿 Awfully Chocolate 맞은편에 있다. **Map.P306-B2**

1949년부터 국수 외길 인생을 걸어온 달인의 손맛을 볼 수 있는 곳. 코너에 있
는 작고 허름한 노점이지만 이 집 국수 맛을 보려는 이들로 언제나 발 디딜 틈
이 없다. 프라이드 호키엔 프론 미 Fried Hokkien Prawn Mee, 프론 미 드라이
Prawn Mee Dry 등 국수 전문으로 그중에서도 간판 메뉴는 볶음 국수인 퀘 테
우 Kway Teow. 해산물과 국수를 센 불에 볶아낸 맛이 일품이다.

328 카통 락사 328 Katong Laksa

주소 216 East Coast Road, Singapore **전화** 9732-8163 **영업** 매일 11:00~18:30 **예산** 락사 S$4~
가는 방법 이스트 코스트 로드의 루마 베베 매장에서 록시 스퀘어 Roxy Square 방향으로 도보 2분 `Map.P306-B2`

전주에 가면 전주비빔밥을 먹는 것처럼 카통에 가면 꼭 먹어봐야 할 것 중 하나가 바로 카통 락사다. 카통에는 사실 자신들이 원조라고 주장하는 유명한 락사 집들이 몇 군데 있는데 이곳은 그중에서도 가장 유력한 원조집으로 지지를 받는 곳. 코코넛 밀크에 향신료를 넣어서 끓인 걸쭉한 국물은 묘한 중독성이 있다. 저렴한 가격이지만 뜨끈한 국물에 국수가 들어간 락사 한 그릇이면 배가 든든해진다. 작은 규모임에도 맛의 내공으로 인기가 높아 카통 내에만도 여러 개의 가게를 볼 수 있다.

김 추스 키친 앤 루마 김 추 Kim Choo's Kitchen & Rumah Kim Choo

주소 111 East Coast Road, Singapore **전화** 6247-8781 **영업** 화~일요일 09:30~18:30 **휴무** 월요일
예산 논야 창 S$2.20~ **가는 방법** 이스트 코스트 로드의 루마 베베 매장 옆에 있다. `Map.P306-B2`

김 추 씨가 1945년부터 운영하는 레스토랑으로 페라나칸 전통 음식을 맛볼 수 있다. '논야 덤플링'이라고도 불리는 창 Chang이 대표 음식인데 밥으로 만든 덤플링 안에 고기·양념 등을 넣고 판단 Pandan 잎으로 싼 것이다. 치킨·새우 등 속의 종류가 다양하다. 논야 Nonya는 페라나칸 문화에서 여성을 지칭하는 말이다. 창 외에도 본격적인 식사 메뉴와 여러 가지 페라나칸 디저트가 있다. 2층에 부티크 갤러리도 함께 운영 중이며 오차드 로드의 아이온 ION 쇼핑몰 지하에도 작은 매장을 운영 중이다.

오풀리 초콜릿 Awfully Chocolate

주소 131 East Coast Road, Singapore **전화** 6345-2190 **홈페이지** www.awfullychocolate.com **영업** 매일 12:00~23:00
예산 1인당 S$8~15 **가는 방법** 이스트 코스트 로드의 112 카통 몰에서 대각선 방향으로 신호등 앞에 있다. `Map.P306-B2`

카통에는 페라나칸 음식과 로컬 음식만 있는 것이 아니다. 캐주얼한 레스토랑과 카페들도 만날 수 있다. 이 귀여운 카페는 이름처럼 지독하게 달콤한 디저트들을 내놓는데 한번 맛보면 헤어 나오기 힘들다. 메인은 초콜릿으로 초콜릿케이크·아이스크림·컵케이크 등 녹아내릴 만큼 달콤한 맛이 환상적이다. 상하이·홍콩 등에도 분점이 있으며 싱가포르 내에도 오차드의 아이온, 래플스 시티 쇼핑센터, 비보 시티 등에 분점을 거느리고 있다. 카통 지역에서 카통 락사나 페라나칸식으로 식사를 즐긴 후 달콤한 디저트를 먹으며 잠시 쉬어가 보자.

싱가포르 주롱 & 북부 지역

Singapore Jurong & North Area

싱가포르 시내 중심부를 벗어난 외곽에서 가볼 만한 곳으로는 주롱 지구와 북부 지역이 있다. 주롱 지구는 싱가포르인들의 주거 지역과 공업단지가 모여 있는 곳으로 MRT를 타고 지나가다보면 많은 아파트와 기업, 공단들을 볼 수 있다. 이곳에는 주롱 새공원과 싱가포르 사이언스 센터, 싱가포르 디스커버리 센터와 같은 관광지가 있어 여행자들의 발길이 이어진다. 또 북부 지역은 말레이시아와 국경을 이루고 있는 지역으로 때 묻지 않은 울창한 열대의 자연 환경을 갖추고 있다. 이런 자연 환경을 바탕으로 싱가포르 최고의 관광지로 꼽히는 싱가포르 동물원, 나이트 사파리가 조성돼 있어 여행자들이 필수 코스로 방문한다.

싱가포르 서북부

N

말레이시아 조호 바루
Malaysia Johor Baharu

우드랜즈 코즈웨이 브리지
Woodlands Causeway Bridge

MRT 마르시링
Marsiling 역

MRT 셈바왕 역
Sembawang 역

MRT 애드미럴티
Admiralty 역

순게이 불로 습지 보호 지구
Sungei Buloh Wetland Reserve

우드랜즈 타운 가든
Woodlands
Town Garden

MRT 우드랜즈
Woodlands 역

MRT 셈바왕
Sembawang 역

크란지 저수지
Kranji Reservoir

싱가포르 티프 클럽
Singapore Turf Club

MRT 크란지
Kranji 역

만다이 로드 Mandai Road

싱가포르 동물원
Singapore Zoological
Gardens

리버 사파리
River Safari

MRT 유 티
Yew Tee 역

어퍼 피어스 저수지
Upper Seletar Reservoir

나이트 사파리
Night Safari

싱가포르 아일랜드
골프 코스
Singapore Island
Golf Course

어퍼 셀레타 저수지
Upper Seletar Reservoir

싱가포르
디스커버리 센터
Singapore
Discovery Centre

크란지 익스프레스웨이
Kranji Expressway

부킷 티마 익스프레스웨이
Bukit Timah Expressway

부킷 바톡
힐사이드 파크
Bukit Batok
Hillside Park

MRT 부킷 곰박 역
Bukit Gombak 역

부킷 골프 코스
Bukit Golf Course

MRT 아우트램 파크
Outram Park 역

MRT 레이크사이드 Lakeside 역

MRT 부킷 바톡
Bukit Batok 역

MRT 분 레이
Boon Lay 역

MRT 티옹 바루
Tiong Bahru 역

MRT 차이니스 가든
Chinese Garden 역

중국 정원
Chinese Garden

MRT 보타닉 가든
Botanic Gardens 역

일본 정원
Japanese Garden

MRT 주롱 이스트
Jurong East 역

MRT 파이오니어
Pioneer 역

싱가포르
사이언스 센터
Singapore
Science Centre

MRT 홀랜드 빌리지 역
Holland Village 역

MRT 주 쿤
Joo Koon 역

주롱 새 공원
Jurong Birdpark

MRT 도버
Dover 역

MRT 파러 로드
Farrer Road 역

MRT 클레멘티 역
Clementi 역

보타닉 가든
Botanic
Garden

MRT 부오나 비스타
Buona Vista 역

MRT 퀸스타운
Queenstown 역

MRT 레드힐
Redhill 역

주롱 섬
Jurong Island

316

MRT 호 파 빌라
Haw Par Villa 역

마운트 패버
Mt. Faber

MRT 파시르 판장
Pasir Panjang 역

MRT 하버 프런트
HarbourFront 역

센토사
Sentosa

싱가포르 동물원

주롱 새공원 Jurong Bird Park

버드

주소 2 Jurong Hill, Singapore **전화** 6265-0022 **홈페이지** www.birdpark.com.sg
운영 매일 08:30~18:00 **예산** 입장료 일반 S\$27 어린이(3~12세) S\$18.
Tram Ride(왕복) 일반 S\$5, 어린이(3~12세) S\$3
가는 방법 MRT Boon Lay 역에서 버스 194·251번을 타고 10분 Map.P316-A2

코뉴어

1971년 싱가포르 정부가 만든 아시아 최대의 새공원 중 하나로 약 20만㎡ 규모이며, 600여 종 8000마리 이상의 새들이 울창한 자연 환경 속에서 살고 있다. 동남아와 아프리카·유럽 등 세계 전역에서 수집한 조류들이다. 월드 오브 다크니스 World Of Darkness에서는 올빼미·왜가리 등 야행성 조류, 폭포 새장에서는 관광객들이 직접 들어가서 날아다니는 새들을 가까이서 자유롭게 관찰할 수 있다.

호수에는 백조와 펠리컨들이 우아한 자태를 뽐내고 있으며 귀여운 펭귄들도 볼 수 있다. 하이라이트는 새들의 묘기를 구경할 수 있는 버드 쇼! 공원 한가운데 있는 원형극장에서 각종 버드 쇼가 열리니 브로슈어의 스케줄을 확인하고 관람하도록 하자. 트램 라이드 Tram Ride를 타면 더 편하게 트램을 타고 가이드의 설명을 들으면서 이동할 수 있으니 더위도 피할 겸 이용해보자.

tip

주롱 새공원 내의 레스토랑 & 쇼핑

주롱 새공원 내에는 'Hawk Cafe'를 비롯해 6개의 레스토랑 및 카페가 있어서 관광 후 가볍게 식사를 하거나 음료를 마시며 쉬어가기 좋다. 공원 내 송버드 테라스 Songbird Terrace는 플라밍고 호수 Flamingo Lake 옆에 위치한 레스토랑으로 생생한 버드 쇼를 감상하며 식사를 즐길 수 있다. 낮 12시 30분부터 2시까지 런치 뷔페를 운영하며 요금은 일반 S\$25, 어린이 S\$20이다. 특별한 식사를 경험하고 싶은 이들에게 추천한다.

Lory Loft suspension bridge

앵무새 먹이 주기

Enjoy
주롱 새공원 즐기기

주롱 새공원 관광에 앞서 우선 브로슈어를 보고 버드 쇼와 프로그램들을 체크해보자. 흥미로운 버드 쇼는 물론 새들에게 직접 먹이를 줄 수 있는 다양한 행사들이 시간대별로 준비되어 있다.

High Flyers Show 시간 매일 11:00, 15:00
주롱 새공원의 간판 쇼로 홍학들과 앵무새의 깜찍한 재롱을 감상할 수 있다. 후프 통과, 새 앉히기 등의 활동에 관객이 참여하기도 한다.

Kings of the Skies Show 시간 매일 10:00, 16:00
독수리·매와 같은 맹금류가 출연하는 쇼. 손 위에 매를 앉히고, 말을 타고 독수리를 부르기도 한다. 용맹스러운 맹금류들의 자태가 근사하다. 매를 손에 앉히는 체험에 참여할 수도 있다.

Lunch with Parrots 시간 매일 12:00, 14:00
앵무새 쇼와 함께 런치 뷔페를 먹을 수 있는 프로그램. 장소는 Songbird Terrace이며 별도로 요금이 추가된다. 쇼는 13:00부터 약 30분간 진행된다.

싱가포르 사이언스 센터 Singapore Science Centre

주소 15 Science Centre Road, Singapore **전화** 6425-2500 **홈페이지** www.science.edu.sg **영업** 매일 10:00~18:00
예산 일반 S$12, 어린이 S$8 **가는 방법** MRT Jurong East 역에서 버스 66·335번 이용 **Map.P316-A2**

과학의 여러 원리를 쉽고 재미있게 체험하면서 이해할 수 있는 전시관으로 싱가포르 어린이들과 학생들이 학습 목적으로 자주 찾는다. 자연과학과 관련한 상세한 자료, 착시 현상을 이용한 체험 공간, 우주 공간, 태양열 분수 등 아이와 함께 가족들이 즐길 수 있는 흥미로운 것들이 많다. 아이맥스 영화를 상영하는 옴니 시어터와 스노 시티도 있다. 사이언스 센터, 스노 시티, 아이맥스 무비를 모두 볼 생각이라면 패키지 티켓(S$24)으로 구입하자.

싱가포르 사이언스 센터

싱가포르 디스커버리 센터 Singapore Discovery Centre

주소 510 Upper Jurong Road, Singapore **전화** 6792-6188 **홈페이지** www.sdc.com.sg
영업 화~일요일 09:00~18:00 **휴무** 월요일 **예산** 일반 S$10, 어린이 S$6 **가는 방법** ①MRT Boon Lay 역에서 버스 182·193번을 타고 10~15분 ②MRT Joo Koon 역에서 도보 5~8분
Map.P316-A2

싱가포르 디스커버리

주롱 외곽 지역의 싱가포르 군 훈련 시설 부근에 만들어진 테마파크로 교육과 엔터테인먼트 두 가지를 모두 충족시킨다. 싱가포르의 역사와 군대에 관한 다양한 내용을 첨단 멀티미디어와 최신 장비들을 이용해 보여준다. 배틀필드 커맨드 Battlefield Command는 직접 사령관이 되어 전투기를 작동해볼 수 있는 어트랙션으로 아이들이 무척 좋아한다. 디자인 스튜디오의 Visionarium은 엄청나게 큰 지구본을 360도 화면으로 보여주는 전시관으로 세계 최초이자 최대 규모를 자랑한다. 약 20여 개의 실내·실외 전시장에서 직접 작동하고 참여할 수 있는 시뮬레이션이 많아 아이들이 흥미로워한다.

중국·일본 정원 Chinese·Japanese Garden

중국·일본 정원

주소 1 Chinese Garden Road, Singapore **전화** 6261-3632 **운영** 매일 06:00~23:00(일본 정원 06:00~19:00) **가는 방법** MRT Chinese Garden 역 B번 출구 **Map.P316-A2**

중국 베이징의 이화원을 본떠 만든 아늑한 정원이다. 정식 명칭은 유화원 裕華園으로 울창한 수목이 아름답다. 정원 안에는 청조 淸朝의 건축물을 모방해 만든 석탑과 건축 양식들을 볼 수 있으며 연못가에 어우러진 풍경이 멋지다. 특히 7층으로 쌓은 입운탑 入雲塔의 꼭대기에 오르면 넓은 정원이 한눈에 들어오며 해질 무렵이면 근사한 석양을 감상할 수 있다. 중국 정원 한쪽에는 성화원 星和園이라는 이름의 작은 일본 정원도 함께 있다. 주롱 새 공원이나 싱가포르 디스커버리 센터를 방문할 때 지나가는 루트이므로 함께 둘러보는 것이 좋다.

싱가포르 북부 지역
North Area

북부에는 울타리 없이 오픈된 개방식 동물원인 싱가포르 동물원과 야간에 어둠 속에서 신비로운 동물의 세계를 관찰할 수 있는 나이트 사파리, 아시아 최초의 강을 테마로한 리버 사파리가 모여 있다. 시간이 없어 한 가지만 봐야 한다면 단연 나이트 사파리를 추천한다. 오전에는 리버 사파리나 싱가포르 동물원 중 하나를 보고 저녁에는 나이트 사파리를 보는 일정도 좋다.

★ 싱가포르 동물원 · 나이트 사파리 · 주롱 새공원 · 리버 사파리 패키지 티켓

패키지	패키지 포함 내역	일반	어린이
ParkHopper Plus	4곳의 입장료와 트램 라이드, 보트 라이드가 포함된 패키지	S$94.05	S$75.05
4-Park Admission	4곳의 입장료가 포함된 패키지	S$76	S$57
2-Park Admission	4곳 중 2곳을 자유롭게 선택해서 입장할 수 있는 패키지	S$57~66.50	S$38~47.50

• 온라인 구매 시 정가 보다 할인받아 구매할 수 있으니 홈페이지(store.wrs.com.sg)를 확인하자.

Access

싱가포르 동물원으로 가는 방법
가는 방법 : MRT Ang Mo Kio 역에서 지하로 연결되는 버스 인터체인지에서 버스 138번을 타고 싱가포르 동물원에서 하차

시티로 돌아가는 방법
가는 방법 : 동물원과 나이트 사파리 사이에 위치한 정거장에서 버스 138번을 타고 MRT Ang Mo Kio 역까지 이동 후 MRT를 타고 시티로 가면 된다.

다이렉트 버스로 편하게 이동하기
싱가포르 동물원(나이트 사파리, 리버 사파리 포함)에 갈 때 더 편하게 이동하고 싶다면 '사파리 게이트(Safari Gate)' 익스프레스 버스를 타거나 싱가포르 주요 관광지를 연결해주는 '싱가포르 어트랙션 익스프레스(SAEx®)' 버스를 타는 것도 좋은 방법이다. 요금은 편도 S$6~7로 주요 호텔에서 픽업을 하기 때문에 MRT와 버스를 갈아탈 필요 없이 편리하게 이동할 수 있다. 자세한 스케줄과 픽업 장소 등은 홈페이지에서 확인 가능하다.
사파리 게이트(Safari Gate) www.zoo.com.sg
싱가포르 어트랙션 익스프레스(SAEx®) www.saex.com.sg

싱가포르 주롱&북부 지역

싱가포르 동물원 Singapore Zoo

주소 80 Mandai Lake Road, Singapore **전화** 6269-3411 **홈페이지** www.zoo.com.sg
운영 매일 08:30~18:00 **예산** 싱가포르 동물원 입장료 일반 S$33,30, 어린이(3~12세) S$22,50
Map.P316-B1

1973년 문을 연 싱가포르 동물원은 독도의 1.5배에 달하는 28만㎡의 거대한 규모를 자랑
한다. 개방식 동물원이어서 철창이나 울타리 없이 오픈된 구조로 자연과 동물들을 있는
그대로 만날 수 있어 답답함이 없고 자연친화적이다. 240여 종 3000여 마리의 동물들이 살
고 있으며 그중에는 코모도 드래건, 골든 라이언 타마리처럼 멸종 위기에 처한 40여 종의 희귀
동물들도 있다. 동물들이 공연하는 쇼나 함께 사진 찍기, 먹이 주는 체험 등 즐길 거리도 풍부하다. 오
랑우탄과 차를 마시는 프로그램과 말과 코끼리를 직접 타 볼 수 있는 프로그램 또한 가족 여행자들에게 인기가 높
다. 브로슈어에서 먹이 주기, 사진 촬영 등에 대한 내용을 확인할 수 있다. 워낙 규모가 크기 때문에 트램을 타고 이
동하면 더 편하게 둘러볼 수 있다. 요금은 S$50이며 무제한으로 탈 수 있다.

화이트 타이거

Enjoy

싱가포르 동물원에 간다면 동물 쇼 관람은 선택이 아닌 필수! 귀여운 동물들이 부리는 재롱이 기대 이상으로 흥미진진하다. 입장권 구입 후 브로슈어에 나온 쇼 스케줄을 확인하고 반드시 관람해보자.

애니멀 프렌즈 쇼 Animal Friends Show

시간 11:00, 16:00
위치 Rainforest Kidzworld Amphitheatre

깜찍한 강아지와 고양이가 선보이는 공연으로 아이들에게 인기 만점. 강아지와 고양이의 귀여운 재롱을 볼 수 있으며 끝나고 난 뒤 함께 사진 촬영도 할 수 있다.

스플래시 사파리 Splash Safari

시간 10:30, 17:00
위치 Shaw Foundation Amphitheatre

동물원의 아쿠아 프렌즈로 통하는 펭귄 · 바다사자 · 펠리컨 등이 보여주는 쇼로 평소에 보기 힘든 동물들의 재롱이 흥미롭다.

코끼리 앳 워크 앤 플레이
Elephants At Work & Play

시간 11:30, 15:30 **위치** Elephants of Asia

거대한 덩치의 코끼리들이 선보이는 퍼포먼스로 조련사의 지시에 따라 인사를 하고 통나무를 드는 등 묘기를 부린다. 쇼의 마지막에는 바나나를 먹으면서 코끼리 등 위에 타고 기념 촬영을 할 수도 있다.

레인포레스트 파이트 백 Rainforest Fights Back

시간 12:30, 14:30 **위치** Shaw Foundation Amphitheatre

오랑우탄 · 여우원숭이 · 수달 등 열대 동물들을 만날 수 있는 쇼! 파괴돼가는 열대 우림을 지키자는 내용의 쇼로 재미와 교육적인 면을 모두 느낄 수 있다.

추천 코스

••• **09:00** ••••••••••••
레인포레스트를 따라
Gibbon Island에 도착,
원숭이 구경

09:30 ••••••••••••
Elephant
Bathing에서
코끼리 구경

10:00 ••••••••••••
오랑우탄과 함께
특별한 아침 식사
(Ah Meng Restaurant)

10:30 ••••••••••
스플래시
사파리 쇼 관람

13:40 ••• **13:20** •••••••
점심 식사   Zoo Shop에서
기념품 쇼핑

12:40 •••••••••
아이들이 좋아하는
키즈월드에서 놀기

12:00 •••••••••
망토 원숭이
관람

11:30 •••••••••
코끼리 앳 워크 앤 플레이

나이트 사파리 **Night Safari**

표범 살쾡이 Leopard Cat

주소 80 Mandai Lake Road, Singapore **전화** 6269-3411 **홈페이지** www.zoo.com.sg
운영 매일 19:30~24:00(마지막 입장은 23:15까지) **예산** 일반 S$49, 어린이(3~12세) S$33
Map.P316-B1

세계 최초의 야간 개장 사파리로 싱가포르에서 꼭 봐야 할 대표 관광 코스다. 나이트 사파리는 말 그대로 어둠 속에
서 동물들을 관찰하는 것인데 체험해 보지 않으면 절대 알 수 없는 특별하고 신비로운 경험을 할 수 있다. 12만 평
규모의 광대한 부지에 30여 종 1000여 마리의 동물이 서식하고 있으며 80% 이상이 야행성 동물이다. 아무런 장애
물 없이 어둠 속에서 자연 상태의 동물들을 지켜보노라면 동물원이 아니라 마치 울창한 정글에서 숨죽이고 있는 듯
한 기분이 든다. 동남아시아의 열대우림, 아프리카의 사바나, 네팔의 협곡, 남아메리카의 팜파스, 미얀마의 정글 등
총 8개 구역으로 나누어져 있으며 도보와 트램을 이용할 수 있다. 트램을 탈 경우 가이드의 설명을 들으면서 동물
들을 관찰할 수 있으며 도보는 4가지 코스의 워킹 트레일을 이용하면 된다. 동물들에게 스트레스를 주지 않기 위하
여 달빛과 같은 성질의 빛을 조명으로 쓰고 있으며 사진 촬영은 가능하나 플래시를 사용하는 것은 절대 금물이다.

인디안 코뿔소 Indian Rhino

Enjoy
나이트 사파리의 추천 즐길 거리

나이트 사파리에서 가장 재미있는 쇼는 크게 두 가지. 컬처 퍼포먼스를 먼저 구경하고 동물 나이트 쇼를 본 후 트램을 타고 나이트 사파리를 돌아보는 일정으로 즐겨보자.

텀부아카 퍼포먼스 Thumbuakar Performance

시간 18:45, 20:00, 21:00(금 · 토요일은 22:00에 추가 공연)
위치 Entrance Plaza(기념품 숍 앞)

배에 식스 팩이 새겨진 이들이 원주민 복장을 하고 나와 흥겨운 전통 춤을 추며 불쇼를 선보인다. 입에서 불을 내뿜고 음악에 맞춰 신나는 퍼포먼스가 벌어진다. 앞자리를 선점해서 구경하자.

동물 나이트 쇼 Creatures of the Night Show

시간 19:15, 20:30, 21:30(금 · 토요일은 22:30에 추가 공연)
위치 Shaw Foundation Amphitheatre

30분간 귀여운 동물들의 공연을 볼 수 있다. 꽤 탄탄한 구성의 쇼로 아이들이 좋아하는 것은 물론 어른들이 봐도 재미있다. 유머러스한 사회자의 진행과 앙증맞은 동물들의 재롱이 이어지며 관객들을 참여시켜 더욱 흥미롭다. 귀여운 동물들이 줄을 타고 깜짝 등장하거나 의자 속에서 튀어나오는 등 관객들을 흥분시킨다.

Leely Say

싱가포르 동물원 & 나이트 사파리의 먹거리와 쇼핑!

싱가포르 동물원과 나이트 사파리 안에는 간단한 식사를 즐길 수 있는 패스트푸드점 KFC가 있고 나이트 사파리 입구에는 호커 센터 스타일의 울루울루 레스토랑 Ulu Ulu Restaurant이 있습니다. 점심을 해결하거나 나이트 사파리 전에 저녁 식사를 하기에 안성맞춤이죠. 편의점도 있어 간단한 간식이나 음료수를 사먹기에도 편리합니다. 또한 귀여운 동물 인형과 기념품을 파는 숍도 있으니 로고가 그려진 컵이나 앙증맞은 동물 조각, 동물 인형을 사는 것도 즐거운 추억을 남길 수 있겠죠!

Ulu Ulu Safari Restaurant

리버 사파리 **River Safari**

주소 80 Mandai Lake Road, Singapore **전화** 6269-3411 **홈페이지** www.riversafari.com.sg
운영 09:00~18:00 **입장료** 일반 S$30.60, 어린이(3~12세) S$20.70 **가는 방법** 싱가포르 동물원 옆에 위치 Map.P316-B1

미시시피강, 나일강, 콩고강, 메콩강, 양쯔강, 갠지스강이 한곳에 있다면? 상상만으로도 즐거운 일이 일어났다. 지난 2013년 새롭게 문을 연 리버 사파리는 아시아 최초로 강을 테마로 한 테마파크다. 싱가포르 동물원 내 위치한 야생 생태공원으로 전 세계를 대표하는 6개의 주요 강과 각 지역 환경을 그대로 재현했다.

무려 12ha의 면적에 300여 종 5000마리 이상의 다양한 동식물들을 만날 수 있으며, 가족과 함께 강을 따라 형성된 산책로를 걸으며 열대우림 환경을 체험할 수 있다. 평소 쉽게 만날 수 없는 자이언트 메기, 강 수달, 세계에서 가장 큰 담수어 아라파이마 Arapaima 등 희귀종 수생 동물과 판다, 원숭이 같은 육상 동물 등을 구경할 수 있다. 특히 리버 사파리의 인기 스타인 판다 '카이카이'와 '지아지아'는 양쯔강 유역에서 만날 수 있고 아마존 유역은 메너티 Manatee를 구경할 수 있는 수족관도 있다. 강을 보트를 타고 즐기는 리버 사파리 크루즈와 아마존 리버 퀘스트를 이용해 둘러 볼 수도 있다.

Enjoy

리버 사파리의 추천 즐길 거리

리버 사파리는 강을 테마로 한 만큼 물 위를 둥둥 떠다니며 관람할 수 있는 크루즈는 꼭 한 번 타볼 만하다. 귀여운 판다들을 테마로 한 레스토랑과 숍도 있어 여행자들에게 즐거움을 준다.

아마존 리버 퀘스트 Amazon River Quest

운영 10:00~16:30 (티켓 판매 15:29까지)

티켓 일반 S$5, 어린이 S$3

통통배와 같은 아담한 보트를 타고 아마존 양 옆으로 재규어, 브라질 테이퍼 등 동물들의 생태 환경을 감상할 수 있다. 소요 시간은 약 10분으로 짧은 편. 마치 놀이공원의 후룸나이드를 타고 리버 사파리를 둘러보는 기분을 느낄 수 있다. 마감이 일찍 끝나는 편이니 늦지 않게 가는 것이 좋으며 매달 정기적으로 휴무가 있으니 미리 홈페이지를 체크하도록 하자.

리버 사파리 크루즈 River Safari Cruise

운영 10:30~18:00

2014년 8월 문을 연 크루즈로 인공 호수를 떠다니는 크루즈 배에 몸을 싣고 울창한 자연을 유유히 돌아볼 수 있는 투어다. 리버 사파리는 물론 싱가포르 동물원, 나이트 사파리와 이어지는 주변 환경을 둘러볼 수 있다. 투어는 약 15분 동안 이뤄지며 입장권 안에 포함된 사항으로 별도의 티켓을 구입하지 않아도 된다.

자이언트 판다 포레스트 Giant Panda Forest

운영 10:00~17:30 (티켓 판매 17:00까지)

세계적으로 1600마리도 채 남지 않은 멸종위기의 자이언트 판다를 볼 수 있다. 양쯔강 유역 내에 있으며 천진난만하게 놀고 있는 자이언트 판다 카이카이(Kai Kai)와 지아지아(Jia Jia)를 만날 수 있다. 또 너구리 판다라고 불리는 레드 판다(Red Panda)도 함께 볼 수 있다.

Leely Say

리버 사파리 내의 먹거리 & 쇼핑

리버 사파리 내에는 2개의 레스토랑이 있다. 리버 사파리 티 하우스 River Safari Tea House에서는 싱가포르 로컬 음식과 중국 음식을 주로 다룬다. 바쿠테, 베이징 덕 등을 맛볼 수 있다. 마마 판다 키친 Mama Panda Kitchen은 중국 음식을 전문적으로 다루는데 간판처럼 곳곳에 판다를 주제로 귀엽게 꾸며져 있다. 대나무로 만든 테이블과 판다 의자 등 인테리어는 물론 귀여운 판다 모양의 딤섬, 대나무 밥 등 음식들도 흥미롭다. 리버 사파리 숍 River Safari Shop에서는 물고기, 동물 캐릭터가 그려진 티셔츠를 비롯해 다채로운 기념품을 판매하고 있으며 하우스 오브 카이카이 & 지아지아 House of Kai Kai & Jia Jia에는 귀여운 판다 기념품들이 가득하다.

센토사
Sentosa

싱가포르 본섬에서 남쪽으로 약 800m 떨어져 있는 섬 센토사는 싱가포르 여행에 딸린 보너스라 할 수 있다. 이곳에서는 도시적인 싱가포르 시티와는 180도 다른 열대의 풍경을 만날 수 있다. 여행자들이 즐길 만한 활동과 어트랙션이 풍성하며 리조트 월드 센토사와 유니버설 스튜디오 싱가포르의 탄생으로 즐길 거리들이 더 다양해졌다. 눈으로 보고 몸으로 체험할 수 있는 즐길 거리가 많은 덕분에 아이를 동반한 가족 단위 여행자와 활동적인 여행을 원하는 여행자들에게 필수 코스로 사랑받고 있다. 섬이라고는 해도 모노레일을 타면 10분도 걸리지 않을 만큼 가까워 당일치기로 센토사를 둘러볼 수도 있다. 시간 여유가 된다면 1박 이상 하면서 해변을 거닐고 풀코스로 어트랙션을 즐기며 열대 섬의 정취를 만끽해보자.

🚇 센토사 섬으로 들어가는 관문

★ MRT 하버 프런트 Harbour Front 역

하버 프런트 역은 MRT 보라색 라인의 종점이다. 택시 이외의 다른 교통수단으로 센토사에 들어가기 위해서는 우선 하버 프런트 역까지 가야 한다. 대부분의 여행자들이 이 역에서 연결되는 비보 시티 Vivo City에서 모노레일을 타거나 하버 프런트 타워에서 케이블카를 타고 센토사로 가게 된다.

★ 비보 시티 역 Vivo City Station

위치 MRT 하버 프런트 Harbour Front 역에서 연결되는 비보 시티 3층, 푸드 리퍼블릭 옆에 있다. **운영** 매일 07:00~20:00

모노레일을 타고 센토사 섬으로 들어가는 시작점으로 센토사와 시내(비보 시티 쇼핑몰)를 이어주는 중요한 중간 다리 역할을 한다. 승강장 옆 티켓 카운터에서 모노레일 티켓은 물론 센토사 패키지 패스, 윙즈 오브 타임 관람권 등도 구입할 수 있다. 티켓 카운터 옆으로 관광안내소가 있어 센토사 지도, 정보 등을 챙길 수 있다. 센토사 지도 한 장이면 섬 내에서 이동하는 방법, 주요 관광지 등을 한눈에 볼 수 있으니 꼭 챙겨두자.

🚇 센토사 섬으로 들어가기

센토사로 들어가기 위해서는 다음 방법들 중 하나를 택하게 된다. 가장 많이 애용하는 것은 모노레일이며 케이블카는 관광용으로 인기가 있다. 센토사 내에서 투숙할 예정이라서 짐이 있다면 택시가 가장 편리하다. 센토사 라이더도 여행 타입과 일정에 맞춰 이용하면 된다. 택시를 제외한 케이블카와 모노레일, 버스 등을 타기 위해서는 MRT 하버 프런트 역으로 가야 한다.

---

❶ 모노레일(센토사 익스프레스 Sentosa Express)

하버 프런트 역의 비보 시티와 센토사 내의 3개 정류장들을 이어주는 모노레일은 여행자들이 가장 많이 이용하는 교통수단이다. 비보 시티 3층의 비보 시티 역에서 센토사로 입장할 때는 요금을 내지만 센토사 섬 안에서 이동하거나 센토사에서 비보 시티로 나올 때는 무료로 이용할 수 있다. 이지 링크 카드도 가능!

위치 MRT 하버 프런트 Harbour Front 역에서 연결되는 비보 시티 3층. 푸드 리퍼블릭(Food Republic) 옆 비보 시티 역 **요금** 섬 입장료 포함 S\$4 **운행** 매일 07:00~24:00

❷ 케이블카(싱가포르 케이블 카 Singapore Cable Car)

센토사 섬으로 이동하면서 관광의 즐거움도 누릴 수 있어 애용하는 교통수단이다. 블랙 컬러로 나름대로 고급스럽게 단장을 했으며 바다를 건너 센토사 섬으로 들어갈 때 시원한 전망을 즐길 수 있다. 약 15분 정도 소요되며 센토사에 들어가서는 타이거 스카이 타워 옆 케이블카 승강장에 내리게 되며 그곳에서 주변 관광을 시작하거나 가까운 임비아 스테이션 Imbiah Station에서 모노레일을 타고 목적지로 이동해도 된다.

티켓 부스 하버 프런트 타워2 빌딩 1층(비보 시티 2층에서 케이블카 표시를 따라 이동)
탑승 장소 센토사 섬으로 들어갈 때: 하버 프런트 타워2 빌딩 15층
　　　　　　 하버 프런트 역으로 나올 때: 센토사의 타이거 스카이 타워 옆 케이블카 승강장
요금 마운트 페이버 라인 일반 S$33, 어린이 S$22, 센토사 라인 일반 S$15, 어린이 S$10,
　　　 마운트 페이버 라인 + 센토사 라인 일반 S$35, 어린이 S$25
운행 매일 08:45~22:00　**홈페이지** www.singaporecablecar.com.sg

----

❸ 택시 Taxi

센토사 내에서 숙박을 하는 여행자들이라면 짐 때문에 택시를 타는 것이 편리하다. 일반적으로 요일과 시간에 따라 택시 1대당 섬 입장료(S$2~6)가 추가로 부과된다. 단, 센토사 섬 안의 호텔에서 숙박을 할 경우에는 게이트에서 바우처(숙박권)를 제시하면 입장료를 안 내도 되므로 미리 챙겨두자. 참고로 공항에서 센토사까지 택시 요금은 약 S$28~30 수준이다.

----

❹ 센토사 보드워크 Sentosa Boardwalk

위치 MRT 하버 프런트 Harbour Front 역에서 연결되는 비보 시티에서 도보 3~5분　**부스** 매일 09:00~18:00　**요금** 무료
센토사 보드워크는 싱가포르 본토와 센토사 섬을 연결하는 700m 길이의 보행자 전용도로이자 산책로다. 이곳에서는 우거진 수목과 옆으로 펼쳐진 하버 프런트, 바다의 모습을 보며 걸을 수 있다. 더운 낮이나 짐이 있을 경우는 피하는 것이 좋다. 다리를 건너면 유니버설 스튜디오와 S.E.A. 아쿠아리움이 나온다.

----

❺ 센토사 셔틀 버스 Sentosa Shuttle Bus

센토사 섬과 MRT 하버 프런트 역 사이를 운행하는 직행버스로, 센토사에서 하버 프런트로 나갈 때 애용된다. 방문자가 붐비는 금, 토, 일요일만 운행하며 센토사 비치 스테이션에서 타고 MRT 하버 프런트 역으로 나가는 편도로만 이용할 수 있다.

탑승 장소 하버 프런트 역으로 나올 때: 센토사의 비치 스테이션 버스터미널
운행 18:00~21:00(금·토·일만 운행)

🚊 센토사 섬 안에서 무료로 이동하기

센토사 섬은 여행자들이 마음껏 여행을 즐길 수 있도록 섬 안에서는 버스, 모노레일, 비치 트램을 모두 무료로 탑승할 수 있도록 하고 있다. 택시가 있기는 하지만 이 세 가지 이동수단만으로도 센토사의 주요 리조트, 관광지들이 다 연결되므로 마음껏 편하게 돌아다닐 수 있다.

---

❶ 모노레일(센토사 익스프레스 Sentosa Express) 운행 매일 07:00~24:00

센토사와 비보 시티(MRT 하버 프런트 역)를 연결시켜 주는 중요한 교통수단으로 약 5분마다 왕복으로 운행하고 있어 센토사 섬 내에서 이동하거나 비보 시티로 나갈 때 유용하게 이용할 수 있다.

비보 시티 역 **Vivo City Station**		리조트 월드 역 **Resort World Station**		임비아 스테이션 **Imbiah Station**		비치 스테이션 **Beach Station**
위치 : 비보 시티 3층 (MRT 하버 프런트 역 연결)	▶	위치 : 리조트 월드 & 유니버설 스튜디오	▶	위치 : 타이거 스카이 타워, 케이블카 승강장	▶	위치 : 센토사 종점 (실로소 & 팔라완 비치)

---

❷ 비치 트램 Beach Tram 운행 일~금요일 09:00~22:30, 토요일 09:00~24:00

종점인 비치 스테이션에서 실로소 비치행, 팔라완 & 탄종 비치행 양 방향으로 트램을 운행하고 있다. 해변을 따라서 10분마다 운행하며 정류장 간격이 촘촘해 해변에 위치한 대부분의 관광지와 업소 부근에서 자유롭게 승·하차가 가능하다. 트램 자체가 귀여워 놀이기구를 탄 듯 즐거운 기분을 만끽할 수 있다.

---

❸ 센토사 버스 Sentosa Bus

운행 센토사 버스 1(배차 간격 10~15분) 일~금요일 07:00~22:30, 토요일 07:00~24:00
센토사 버스 2(배차 간격 15~20분) 09:00~22:30 **센토사 버스 3**(배차 간격 30분) 08:00~22:30

비치 트램이 해변을 중심으로 센토사 가장자리를 훑고 지나간다면 버스는 모노레일과 비치 트램이 가지 않는 센토사 구석구석 깊은 곳까지 연결해준다. 3개의 버스 라인이 있으며 무료 배포하는 센토사 지도를 참고하면 자세한 노선과 정류장을 확인할 수 있다. 에어컨이 시원하게 나오므로 더위도 식히면서 편하게 이동할 수 있다.

332

알아두세요

센토사의 중심역, 비치 스테이션 Beach Station

모노레일의 종점이라 할 수 있는 비치 스테이션은 센토사 안에서 중요한 랜드 마크 역할을 하고 있습니다. 모노레일에서 내리면 바로 아래에는 각종 패스와 티켓을 살 수 있는 티켓 부스가 있고 양 옆으로는 센토사 버스를 탈 수 있는 버스터미널과 비치 트램을 탈 수 있는 정류장이 있습니다. 센토사 섬 안에서는 버스와 비치 트램을 무료로 이용할 수 있으니 자신의 목적지에 맞는 이동 수단을 골라서 타세요.

센토사 버스 & 비치 트램

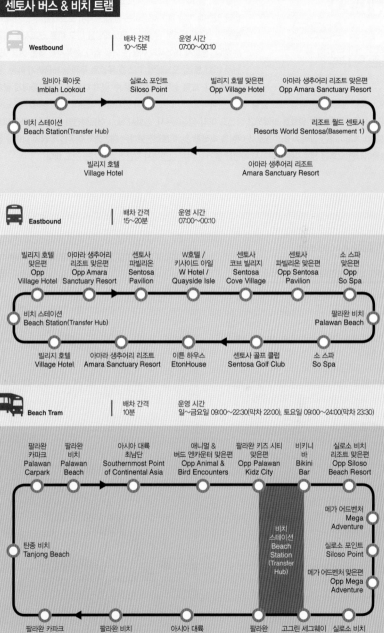

Westbound
배차 간격 10~15분
운영 시간 07:00~00:10

임비아 룩아웃 Imbiah Lookout
실로소 포인트 Siloso Point
빌리지 호텔 맞은편 Opp Village Hotel
아마라 생추어리 리조트 맞은편 Opp Amara Sanctuary Resort
비치 스테이션 Beach Station(Transfer Hub)
리조트 월드 센토사 Resorts World Sentosa(Basement 1)
빌리지 호텔 Village Hotel
아마라 생추어리 리조트 Amara Sanctuary Resort

Eastbound
배차 간격 15~20분
운영 시간 07:00~00:10

빌리지 호텔 맞은편 Opp Village Hotel
아마라 생추어리 리조트 맞은편 Opp Amara Sanctuary Resort
센토사 파빌리온 Sentosa Pavilion
W호텔 / 키사이드 아일 W Hotel / Quayside Isle
센토사 코브 빌리지 Sentosa Cove Village
센토사 파빌리온 맞은편 Opp Sentosa Pavilion
소 스파 맞은편 Opp So Spa
비치 스테이션 Beach Station(Transfer Hub)
팔라완 비치 Palawan Beach
빌리지 호텔 Village Hotel
아마라 생추어리 리조트 Amara Sanctuary Resort
이튼 하우스 EtonHouse
센토사 골프 클럽 Sentosa Golf Club
소 스파 So Spa

Beach Tram
배차 간격 10분
운영 시간 일~금요일 09:00~22:30(막차 22:00), 토요일 09:00~24:00(막차 23:30)

팔라완 카파크 Palawan Carpark
팔라완 비치 Palawan Beach
아시아 대륙 최남단 Southernmost Point of Continental Asia
애니멀 & 버드 엔카운터 맞은편 Opp Animal & Bird Encounters
팔라완 키즈 시티 맞은편 Opp Palawan Kidz City
비키니 바 Bikini Bar
실로소 비치 리조트 맞은편 Opp Siloso Beach Resort
메가 어드벤처 Mega Adventure
실로소 포인트 Siloso Point
메가 어드벤처 맞은편 Opp Mega Adventure
탄종 비치 Tanjong Beach
비치 스테이션 Beach Station (Transfer Hub)
팔라완 카파크 맞은편 Opp Palawan Carpark
팔라완 비치 맞은편 Opp Palawan Beach
아시아 대륙 최남단 맞은편 Opp Southernmost Point of Continental Asia
팔라완 키즈 시티 Palawan Kidz City
고그린 세그웨이 에코 어드벤처 Gogreen Segway Eco Adventure
실로소 비치 리조트 Siloso Beach Resort

센토사
효율적으로
둘러보기

센토사로 들어가기 위해서는 모노레일, 케이블카, 택시 등의 다양한 방법이 있는데 가장 많이 애용하는 방법은 역시 모노레일이다. 가격도 저렴하고 간편해서 5분 남짓이면 모노레일을 타고 바로 센토사로 이동할 수 있다. 센토사 내에서의 이동은 더욱 쉽다. 센토사를 찾는 여행자들을 위해 비치 트램, 모노레일, 버스를 무료로 무제한 제공하기 때문. 웬만한 관광지, 호텔 등은 다 이동할 수 있기 때문에 여행자들에게 날개가 되어준다. 센토사에는 직접 보고 즐길 수 있는 액티비티와 어트랙션이 넘쳐나기 때문에 시간 분배가 중요하다. 가고 싶은 어트랙션의 위치를 파악하고 동선도 미리 생각해두자. 센토사 No.1 어트랙션인 유니버설 스튜디오를 방문할 계획이라면 일찍 서둘러 센토사 여행을 시작할 것. 어트랙션보다는 해변에서 여유롭게 섬의 낭만을 즐길 계획이라면 오후에 센토사에 넘어가서 해변을 즐기고 비치 클럽에서 망중한을 즐기는 것도 좋다.

센토사 Access

MRT 하버 프런트 Habour Front 역

하버 프런트 역은 보라색 라인의 종점으로 비보 시티로 바로 연결된다. 센토사로 이동하기 위해 모노레일이나 케이블카를 탈 계획이라면 하버 프런트 역에서 내리면 된다.

B번 출구 하버 프런트 센터(싱가포르 케이블카 탑승), 싱가포르 크루즈 센터
C번 출구 센토사 보드워크
E번 출구 비보 시티, 센토사 익스프레스 (센토사 행 모노레일 역)

Start

MRT 하버 프런트 — 도보 1분 — ① 비보 시티 10:00 — 모노레일 이동 — ② 유니버설 스튜디오 11:00 — 도보 10분 — ③ S.E.A. 아쿠아리움 16:00

모노레일 이동

④ 센토사 루지 17:40 — 비치 트램 이동 — ⑤ 탄종 비치 클럽 18:30 — 비치 트램 이동 — ⑥ 윙즈 오브 타임 20:40

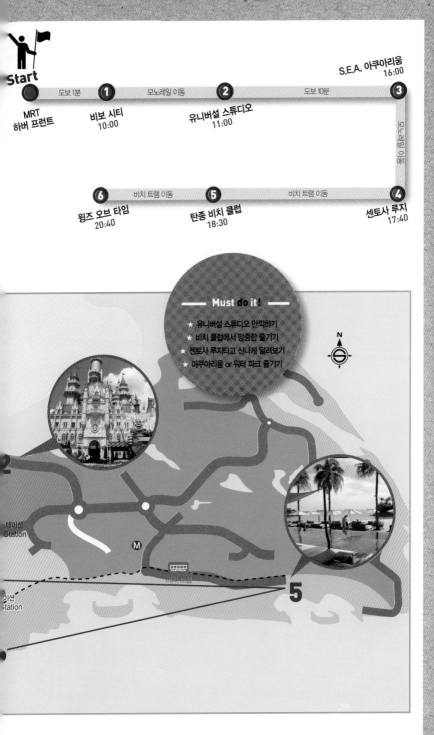

Must do it !

★ 유니버설 스튜디오 만끽하기
★ 비치 클럽에서 망중한 즐기기
★ 센토사 루지타고 신나게 달려보기
★ 아쿠아리움 or 워터 파크 즐기기

N

테이션
Station

M

비치 트램

이션
Station

5

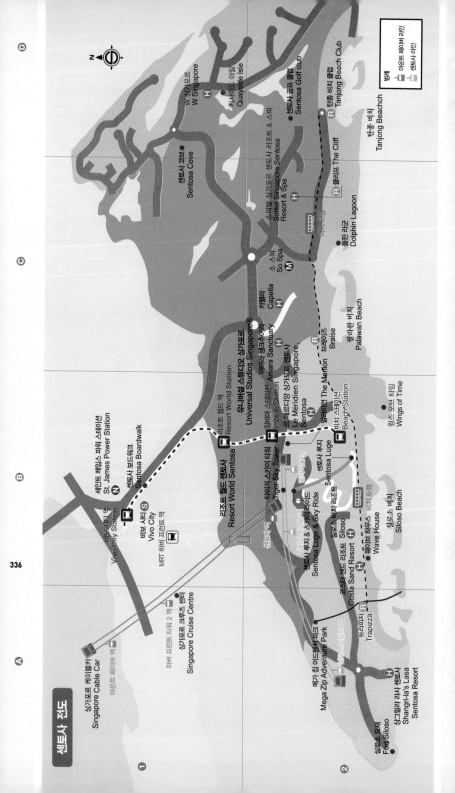

센토사 전도

336

싱가포르 케이블카
Singapore Cable Car

싱가포르 크루즈 센터
Singapore Cruise Centre

비보 시티
Vivo City

세인트 제임스 파워 스테이션
St. James Power Station

센토사 보드워크
Sentosa Boardwalk

리조트 월드 센토사
Resort World Sentosa

유니버설 스튜디오 싱가포르®
Universal Studios Singapore®

리조트 월드 역
Resort World Station

타이거 스카이 타워
Tiger Sky Tower

아마라 생크추어리
Amara Sanctuary

카펠라
Capella

소 스파
So Spa

소피텔 싱가포르 센토사 리조트 & 스파
Sofitel Singapore Sentosa Resort & Spa

센토사 코브
Sentosa Cove

W 싱가포르
W Singapore

퀘이사이드 아일
Quayside Isle

센토사 골프 클럽
Sentosa Golf club

탄종 비치 클럽
Tanjong Beach Club

클리프 The Cliff

탄종 비치
Tanjong Beachch

돌핀 라군
Dolphin Lagoon

르 메르디앙 싱가포르 센토사
Le Méridien Singapore, Sentosa

비치 스테이션
Beach Station

센토사 루지
Sentosa Luge

팔라완 비치
Palawan Beach

브레이즈
Braise

멀라이언 The Merlion

윙즈 오브 타임
Wings of Time

센토사 루지 & 스카이라이드
Sentosa Luge & Sky Ride

코스타 샌드 리조트
Costa Sand Resort

웨이브 하우스
Wave House

실로소 비치
Siloso Beach

메가 짚 어드벤처 파크
Mega Zip Adventure Park

실로소 요새
Fort Siloso

상그릴라 라사 센토사
Shangri-la's Lasa Sentosa Resort

트라피자
Trapizza

싱카팟 피어 역

하버 프런트 타워 2 역

MRT 하버 프런트 역

임비아 스테이션
Imbiah Station

범례
바치 트램

세토사 코브 방면

① Tanjong Beach Club
탄종 비치 클럽

세토사 골프 클럽
Sentosa Golf club

탄종 비치
Tanjong Beach

⑤

④

⑤A

수버비아
Suburbia

⑪ 소피텔 싱가포르
세토사 리조트 & 스파
Sofitel Singapore
Sentosa Report & Spa

더 클리프 ®
The Cliff

③

소 스파 ⑭
So Spa

카펠라 ⑭
Capella

보짜 바
보짜 바

②

②A

팔라완 비치
Palawan Beach

세토 어레인
세토 어레인

포트 오브 로스트 원더
Port of Lost Wonder

그린 세그웨이
Gogreen Segway

아이플라이 싱가포르
iFly Singapore

아주라 비치 클럽
Azzura Beach Club

아마라 생크추어리 ⑭
Amara Sanctuary

르 메리디앙 싱가포르, 세토사 ⑭
Le Méridien Singapore, Sentosa

임비아 스테이션
Imbiah Station

더 멀라이언
The Merlion

멀라이언 워크
Merlion Walk

멀라이언 플라자
Merlion Plaza

타이거 스카이 타워
스카이 타워

윙스 오브 타임
Wings of Time

바치 스테이션
Beach Station

이미지 오브
싱가포르
이미지 오브

세토사 루지
Sentosa Luge

①A

코스테즈 ®
코스테즈

센즈 바 ®
센즈 바

실로소 비치
Siloso Beach

크룸포드 터미널 ⑭

유니버설
스튜디오
싱가포르

리조트 월드 센토사
Resort World Station

리조트 월드 호텔
Festive Hotel

하드 락 호텔
Desperados 3D

데스페라도스 3D

세토사 4D 매직스

시네블라스트

데스페라도스

바치 트램

②

②A

③

③A

실로소 바치 리조트
Siloso Beach Resort

맘보 바치 클럽 Mambo Beach Club

웨이브 하우스
Wave House

코스탈 센즈 리조트
Coastia Sands Resort

트라피자 ®

세토사 보드워크
Sentosa Boardwalk

Vivo City Station
하버 프런트
비보 시티 방면

세토사 익스프레스
MRT 하버 프런트 역

S.E.A. 아쿠아리움
S.E.A. Aquarium ⑤

④A

어드벤처 코브 워터파크
Adventure Cove Waterpark

메가 집 어드벤처 파크
Mega Zip Adventure Park

포트 실로소
Fort Siloso

실로소 오세

선글라스 ⑭
리사 센토사

337 | 세토사 |

Ⓐ   Ⓑ   Ⓒ   Ⓓ

①

②

센토사는 섬 전체가 테마파크라고 해도 좋을 만큼 다양한 어트랙션과 즐길 거리가 넘쳐난다. 단시간에 많은 것을 보려 욕심내면 체력은 물론 비용도 많이 소모되므로 미리 계획을 세운 후 즐기도록 하자.

리조트 월드 센토사 Resort World Sentosa 추천

전화 6577-8888 **홈페이지** www.rwsentosa.com **가는 방법** ①모노레일로 이동 시 Resrot World Station에서 내리면 바로 연결된다. ②케이블 카로 이동 시 페스티브 워크를 따라 도보 10분 **Map.P336-B1**

리조트 월드 센토사

관광과 휴양의 섬 센토사는 리조트 월드 센토사의 탄생으로 더욱 완벽한 엔터테인먼트 아일랜드로 재탄생했다. 리조트 월드 센토사는 논스톱으로 관광과 휴양·식도락·쇼핑·카지노,·서커스 등을 즐길 수 있는 복합 엔터테인먼트 리조트로 아시아 최대 규모를 자랑한다. 동남아 최초이자 유일한 유니버설 스튜디오 테마파크로 화제를 모았으며 호텔·카지노·시어터 등의 면적만 해도 49㏊에 달한다. 이 야심 찬 프로젝트에는 65억 싱가포르 달러 이상이 투자됐으며 리조트 월드 센토사 오픈 후 센토사의 관광객이 3배나 늘어났다고 한다.(자세한 정보는 p.354 참고)

윙즈 오브 타임 Wings of Time

주소 Siloso Beach, Sentosa Express Beach Station, Singapore **전화** 6736-8672 **홈페이지** www.wingsoftime.com.sg **입장료** 일반 S\$18, 프리미엄 S\$23 **공연** 1회 19:40, 2회 20:40 **가는 방법** 모노레일 Beach Station 앞 해변 방향으로 도보 2분 **Map.P337-C1**

센토사에서 가장 인기 높았던 공연 '송즈 오브 더 시'가 막을 내리고 '윙즈 오브 타임'으로 새롭게 재단장했다. 송즈 오브 더 시를 감독했던 프랑스 ECA2 팀이 총괄 기획, 디자인한 멀티미디어 쇼로 약 90억 원을 투자한 공연이다. 윙즈 오브 타임은 호기심 많고 모험심이 강한 소녀 레이첼과 소심한 필렉스가 긴 잠에서 깨어난 선사시대 신화 속의 새 샤바즈 Shahbaz를 만나 집으로 돌아가는 여정을 그린 이야기다. 25분간의 여정은 바다 위에 설치된 무대장치와 레이저, 분수, 조명 등 화려한 효과를 통해 극대화된다. 센토사의 실로소 해변과 멋진 바다를 배경으로 야외 공연장에서 펼쳐지며 특히 아이를 동반한 가족 여행자들에게 인기가 좋다. 하루 2회 공연하며 미리 티켓을 예매해두는 것이 좋다.

싱가포르 케이블카 Singapore Cable Car

싱가포르 케이블카

블랙 오팔 Black Opal 레스토랑

홈페이지 www.singaporecablecar.com.sg **운영** 매일 08:45~22:00 **입장료** 마운트 페이버 라인 일반 S\$33, 어린이 S\$22, 센토사 라인 일반 S\$15, 어린이 S\$10, 마운트 페이버 라인 + 센토사 라인 일반 S\$35, 어린이 S\$25 **가는 방법** ①센토사 섬으로 들어갈 때: 하버 프런트 타워2 빌딩 15층 ②하버 프런트로 나올 때: 센토사의 타이거 스카이 타워 옆 케이블카 승강장에서 탄다. **Map.P336-A1**

하버 프런트에서부터 센토사까지 연결해주는 케이블카를 운행한다. 약 15분 동안 케이블카 안에서 발 밑의 바다와 센토사의 전망을 바라보는 기분이 아찔하다. 센토사에서는 타이거 스카이 타워 옆 승강장에 내려주며 편도와 왕복 요금의 차이가 거의 없으니 왕복으로 끊는 것이 유리하다. 최근 센토사 라인이 추가 되었으며 두 가지 라인을 모두 즐길 수 있는 통합권. 케이블 카 스카이 패스(Cable Car Sky Pass 일반 S\$33, 어린이 S\$22)를 구입하면 마운트 패버 라인과 센토사 라인을 모두 탈 수 있다.

타이거 스카이 타워 Tiger Sky Tower (현재는 운영 중단)

타이거 스카이 타워

홈페이지 www.skytower.com.sg **운영** 매일 09:00~21:00 **입장료** 일반 S\$18, 어린이 S\$10
가는 방법 임비아 룩아웃 앞. 케이블카 승강장 옆(Imbiah Station에서 도보 3분)에 있다. **Map.P337-C2**

센토사에서 가장 높은 전망대인 타이거 스카이 타워는 해발 131m의 높이에서 360도의 짜릿한 전망을 볼 수 있다. 정상에 올라가면 리조트 월드를 비롯한 센토사 전역과 멀리 남쪽의 섬들까지 싱가포르의 스카이라인을 한눈에 볼 수 있어 감탄사가 절로 나온다. 약 7분 정도 전망을 감상할 수 있으며 낮보다는 화려한 야경을 감상할 수 있는 저녁에 가는 것이 좋다.

멀라이언 The Merlion (2019년 10월부터 운영 임시 중단)

운영 매일 10:00~20:00 **입장료** 일반 S\$18, 어린이 S\$15 **가는 방법** 모노레일 Imbiah Station에서 도보 3~5분 **Map.P337-C2**

센토사의 심벌이자 아이콘이 된 멀라이언 타워는 그 높이가 무려 37m에 달하는 거대한 석상이다. 싱가포르에 있는 멀라이언상 중에서도 가장 큰 규모로 실제로 보면 엄청난 크기에 놀라게 된다. 입구에 들어가면 절반은 사자이고 절반은 물고기 형상을 한 멀라이언이 싱가포르의 상징이 되기까지의 스토리를 애니메이션으로 관람할 수 있다. 석상 안으로 들어가 엘리베이터를 타고 올라간 후 계단을 통해 멀라이언의 머리 부분까지 갈 수 있다. 전망대에서 시원스러운 센토사 주변 경관을 즐길 수 있다.

멀라이언

S.E.A. 아쿠아리움 S.E.A. Aquarium

주소 S.E.A. Aquarium, 8 Sentosa Gateway, Sentosa Island, Singapore **전화** 6577-8888
홈페이지 www.rwsentosa.com **운영** 10:00~19:00 **입장료** 일반 S$40, 어린이(3~12세) S$29
가는 방법 센토사 모노레일 이동 시 Resrot World Station에서 내리면 연결되는 리조트 월드 센토사 내 해양 체험 박물관 지하에 위
치 **Map.P337-C2**

세계 최대 규모를 자랑하는 초대형 아쿠아리움. 무려 4500만L의 물을 사용하
였으며 800종이 넘는 해양 생물 10만 마리가 살아 숨쉬고 있는 초특급 아쿠
아리움이다. 10개 해협을 테마로 수중 생태계와 해당 생태계를 이루는 어종들
을 관람할 수 있으며, 오픈 오션 Open Ocean은 한쪽 벽면 전체가 유리로 되
어 있어 마치 바닷속에서 해양 생물들을 관찰하는 기분을 느낄 수 있다.
아쿠아리움에는 돌고래, 상어, 백상아리, 가오리, 자이언트 머레이 등 쉽게 만
나볼 수 없는 어종들이 살아 숨쉬고 있다. 하루 3번 전문 다이버, 아쿠아리
움 큐레이터와 함께하는 시간은 또 다른 볼거리. 최고의 하이라이트는
터널처럼 길게 쭉 뻗어 있는 샤크 시 Shark Seas. 반원 모양으로
머리 위까지 유리 수족관으로 되어 있어 이곳을 통과할 때는 200
마리에 가까운 상어들이 머리 위를 헤엄치는 모습을 생생하게 관
찰할 수 있다. 아쿠아리움 내에는 신비로운 바닷속 풍경을 보며 식
사를 즐길 수 있는 오션 레스토랑(p.361)도 있다.

어드벤처 코브 워터파크 Adventure Cove Waterpark

주소 Adventure Cove Waterpark™, 8 Sentosa Gateway, Sentosa Island, Singapore **전화** 6577-8888
홈페이지 www.rwsentosa.com **운영** 10:00~18:00 **입장료** 일반 S$38, 어린이 S$30 **가는 방법** 센토사 모노레일 이동 시 Resrot
World Station에서 내리면 연결되는 리조트 월드 센토사 내 해양 체험 박물관 건물 뒤쪽에 위치 **Map.P337-C2**

리조트 월드 센토사 안에 있는 워터파크로 무더위를 피해 시원하게 물놀이를 즐길 수 있는 오아시스 같은 곳. 보통의 워터파크처럼 슬라이드, 플라스틱 원통 롤러코스터, 웨이브 풀이 있어 신나게 물놀이를 즐기는 것은 물론이고 해양 생물들과 특별한 경험을 할 수 있다는 점이 특별하다.

샤크 인카운터 Shark Encounter는 상어들이 있는 해저 속을 경험하는 프로그램인데 특별 제작된 아크릴 통 안에 들어가서 관찰하기 때문에 안전하다. 요금은 S$38. 시 트렉 어드벤처 Sea Trek® Adventure는 1000마리가 넘는 해양 생물들이 살아 숨쉬는 해저 세계를 경험할 수 있는 프로그램으로 특수 제작된 수중 헬멧을 쓰고 들어간다. 요금은 S$238로 다소 비싸지만 수천 마리의 해양 생물들을 가까이서 생생하게 관찰하는 특별한 경험을 할 수 있다. 더운 날씨에 유니버설 스튜디오를 구경한 뒤 물놀이를 하기에 좋고 S.E.A. 아쿠아리움과 함께 1일, 2일권으로 판매하는 패키지 티켓도 판매한다. 워터파크 내에는 휴식을 취할 수 있는 카바나와 라커 등이 있으며 식당도 있어 식사를 해결하기에도 좋다.

341

포트 오브 로스트 원더 Port of Lost Wonder

주소 54 Palawan Beach Walk, Sentosa Island, Singapore **홈페이지** www.polw.com.sg **운영** 10:00~18:30 **입장료** 이미지 오브 싱가포르 + 마담 투소 싱가포르 콤보 티켓 일반 S$39, 어린이 S$29 **가는 방법** 비치 스테이션에서 팔라완 행 비치 트램으로 이동, 1번 정류소에서 하차 **Map.P336-A1**

싱가포르 최초의 아이들을 위한 키즈 비치 클럽. 아이들이 신나게 물놀이를 즐길 수 있는 소규모 워터파크라고 생각하면 된다. 성인은 별도의 입장료 없이 입장할 수 있으며 간단한 먹거리를 파는 레스토랑 포트 벨리 Port Belly도 함께 있어 식사를 해결하기도 편리하고 시간마다 다양한 액티비티가 있어 신나게 물놀이를 하며 반나절 정도 시간을 보내기에 좋다. 해적선이 물을 뿜는 워터플레이 구역은 10세 미만 어린이들을 위한 공간이며 수영복과 선크림 등은 필수다.

마담 투소 싱가포르 Madame Tussauds Singapore

주소 40 Imbiah Road, Imbiah Lookout, Sentosa, Singapore **전화** 6715-4000 **홈페이지** www.madametussauds.com/Singapore **운영** 월~금요일 10:00~19:30(마지막 입장 18:00) 토~일요일 10:00~21:00 (마지막 입장 19:30) **입장료** (이미지 오브 싱가포르 + 마담 투소 싱가포르 콤보 티켓) 일반 S$32, 어린이 S$22 **가는 방법** 모노레일 Imbiah Station에서 도보 3분. 멀라이언 플라자 내 위치 **Map.P336-A1**

세계적으로 유명한 밀랍인형 박물관 마담 투소가 싱가포르에도 문을 열었다. 스포츠, 역사, 음악, TV, 필름 등 각각의 테마가 있고 테마에 맞는 유명 인사들의 피규어를 전시해두었다. 마이클 잭슨, 브래드 피트, 안젤리나 졸리, 비욘세, 마돈나 등 우리에게도 잘 알려진 할리우드 스타들을 비롯해 오바마, 싱가포르의 총리 리셴룽(李顯龍) 등 명사들의 피규어도 볼 수 있다. 이곳에서는 보트도 탈 수 있는데 멀라이언상, 마리나 베이 샌즈 등 싱가포르를 상징하는 이미지들을 환상적인 조명과 함께 재현해두어 색다른 즐거움을 선사한다.

이미지 오브 싱가포르 Image of Singapore

이미지 오브 싱가포르

전화 6275-0388 **운영** 매일 09:00~19:00 **입장료** (이미지 오브 싱가포르 + 마담 투소 싱가포르 콤보 티켓) 일반 S$32, 어린이 S$22
가는 방법 ①케이블카 승강장 근처, 타이거 스카이 타워 옆 ②모노레일 Imbiah Station에서 도보 3분 **Map.P337-C1**

싱가포르의 다채로운 역사와 풍부한 문화를 전시해 놓은 박물관이다. 다양한 민족과 문화가 조화를 이루고 있는 싱가포르의 이미지를 한눈에 볼 수 있다. 3D 애니메이션, 밀랍인형 등 실감나는 전시를 통해 싱가포르를 더욱 쉽게 이해할 수 있도록 돕고 있다.

센토사 루지 & 스카이 라이드 Sentosa Luge & Sky Ride

전화 6736-8672 **홈페이지** www.skylineluge.com **운영** 매일 10:00~21:30 **입장료** 루지 & 스카이 라이드 콤보 2회 S$23.50, 4회 S$28 **가는 방법** ①케이블카 승강장 근처에서 도보 1분 ②모노레일 Imbiah Station에서 도보 3분 **Map.P337-C1**

스카이 라이드

센토사 루지

센토사의 어트랙션 중 베스트로 꼽히는 것으로 썰매처럼 생긴 루지를 타고 가파른 경사를 내려오며 스피드를 즐길 수 있다. 실로소 비치까지 600m가 넘는 구간을 바람을 가르며 내려오는 짜릿한 스릴을 느껴본 사람들은 1회권보다는 2회권을 추천한다. 특수 설계된 스틱을 당기고 밀면서 속도를 조절하며 스피드를 만끽할 수 있는데 생각보다 쉬우니 겁내지 않아도 된다. 가족과 함께 여러 번 타고 싶다면 패밀리 딜을 추천. 4회부터 10회까지 있으며 요금을 조금 더 아낄 수 있다. 루지와 함께 패키지로 파는 스카이 라이드도 탁 트인 센토사의 전망을 감상하기 좋다. 티켓은 타이거 스카이 타워의 반대편 매표소와 실로소 비치 앞의 매표소에서 살 수 있다.

메가 집 어드벤처 파크 Mega Zip Adventure Park

센토사

전화 6884-5602 **홈페이지** www.megazip.com.sg **운영** 매일 11:00~19:00 **입장료** 메가 집 S$55, 메가 월 S$15, 메가 점프 S$18 **가는 방법** 센토사 버스를 타고 임비아 룩아웃 Imbiah Lookout 정거장에서 하차후 임비아 힐 Imbiah Hill 방향으로 도보 5분 **Map.P337-D2**

2009년에 문을 연 메가 집 어드벤처 파크는 하이 로프 코스를 이용해 짜릿한 스릴을 느낄 수 있는 리얼 액티비티다. 메가 집은 70m 높이에서 숲을 지나 해변까지 450m 구간을 하강하며 비행하게 된다. 자연을 감상하며 스릴을 느낄 수 있어 다른 액티비티와는 또 다른 재미가 있다. 파라 점프는 15m 상공에서 하강하는 번지 점프이며 노스페이스는 16m의 암벽을 등반하는 액티비티다.

메가 집 어드벤처 파크

센토사 4D 매직스 & 시네블라스트 & 데스페라도
Sentosa 4D Magix & Cineblast & Desperados

홈페이지 www.sentosa4dmagix.com.sg **운영** 매일 10:00~21:00 **입장료** 4D 어드벤처랜드 패스 일반
S$35, 어린이 S$24.20 **가는 방법** 케이블카 승강장에서 오른쪽으로 도보 2분 **Map.P337-C2**

센토사 4D 매직스는 350만 싱가포르 달러를 투자해 만든 최고급 사양의 4D극장이다 특수 안경을 쓰고 최첨단 장
치가 설치된 좌석에서 화면을 보는데 생생한 사운드까지 곁들여져 마치 영상 속으로 들어간 듯 실감나는 영상을 감
상할 수 있다. 좌석에는 물 뿌리기와 같은 특수 효과도 준비되어 있어서 아이들이 무척 좋아한다.
시네블라스트는 가상 롤러코스터로 특수의자에 앉아 영상 속에서 높은 산에서 계곡으로 떨어지는 등의 아찔한 스릴
을 느낄 수 있다. 가장 최근에 생긴 데스페라도는 가상 총격 게임으로 말안장에 앉아서 애니메이션 속 영상의 주인
공이 돼 악당들과 총격전을 벌일 수 있다. 3가지 어트랙션을 하나씩 경험해 봐도 되지만 콤보 패키지로 티켓을 구입
하면 더 저렴하게 2~3가지를 함께 즐길 수 있다.

센토사에서 워터 스포츠 즐기기

전화 6376-4336 **홈페이지** www.seabreeze.com.sg
운영 10:30~19:00 (마지막 예약 18:00)
요금 바나나 보트 1인 S$25, 패들 보드 1시간 S$35, 카약킹 1시간
S$25 **가는 방법** 비치 트램(실로소 비치행)을 타고 실로소 비치
리조트에서 하차, 웨이브 하우스 내에 위치

센토사 해변에서는 다채로운 워터 스포츠도 체험할 수
있다. 웨이브 하우스 안에 있는 시브리즈 워터 스포
츠 SeaBreeze Water-Sports를 통해 워터 스포츠
를 즐길 수 있으며 하늘을 나는 기분을 느낄 수
있는 젯팩. 신나는
바나나 보트와 도넛,
카약킹 등이 있다.

고그린 세그웨이 에코 어드벤처 Gogreen Segway Eco Adventure

홈페이지 www.segway-sentosa.com **운영** 매일 10:00~21:30 **요금** 펀 라이드 S$15, 에코 어드벤처(30분) S$33.90
가는 방법 모노레일 Beach Station에서 해변을 바라보고 왼쪽으로 도보 3분 **Map.P337-B1**

고그린 세그웨이 에코 어드벤처

두 개의 바퀴가 앞뒤가 아니라 양 옆으로 나란히 붙어있는 전동 스쿠터 '세그웨이'를 타고 센토사를 돌아볼 수 있는 아시아 최초의 액티비티. 두 발로 세그웨이에 올라서서 몸을 뒤로 젖히는 동작만 하면 자동으로 앞으로 나아가기 때문에 신기하면서도 재미있다. 특별한 장치 없이 몸의 균형만으로 작동되는데 특히 아이들이 좋아한다. 펀 라이드를 탄 후 S$5를 추가하면 1회를 더 탈 수 있다.

고그린 헤리티지 앤 아일랜드 익스플로러

고그린 헤리티지 앤 아일랜드 익스플로러
Gogreen Heritage & Island Explorer

홈페이지 www.gogreencycle.sg **운영** 매일 10:00~20:00
요금 에코 어드벤처 30분 S$33.90 **가는 방법** 실로소 비치 워크 **Map.P337-D1**

자전거를 타고 가이드와 같이 센토사의 구석구석을 누벼보는 프로그램이다. 가이드의 상세한 설명을 들으면서 약 1시간 동안 열대 수풀 속을 가르며 센토사의 잘 알려지지 않은 장소를 둘러볼 수 있다.

실로소 요새 Fort Siloso

운영 매일 10:00~18:00 **가는 방법** ①비치 트램(실로소 비치행)을 타고 종점 하차 후 도보 3분 ②센토사 버스를 타고 실로소 포인트 정거장에서 하차 후 도보 3분 **Map.P337-D2**

실로소 요새

1880년대 싱가포르의 연안 경비를 위해 건축됐으며 싱가포르에서 유일하게 보존된 해안 요새다. 과거 식민지 시대와 전쟁의 아픈 역사를 체험할 수 있는 곳으로 제2차 세계대전에 관한 자료가 다수 보관되어 있다. 대포 컬렉션에서는 폭탄 발사 시뮬레이션이 설치되어 있으며 전쟁 당시 병사들의 상황을 체험하고 실제 총과 대포를 구경할 수 있다.

아이플라이 싱가포르 iFly Singapore

전화 6571-0000 **홈페이지** www.iflysingapore.com **운영** 월 · 화 · 목~일요일 09:00~22:00, 수요일 10:30~22:00
입장료 챌린지(2 skydive): 일반 S$119 **가는 방법** 모노레일 Beach Station 앞, 맥도날드 옆에 있다.

Map.P337-C1

싱가포르에서 유일하게 실내에서 스카이다이빙 시뮬레이션을 경험할 수 있는 곳. 17m 상공에서 센토사의 풍경을 감상하면서 짜릿한 경험을 할 수 있다. 요금은 요일과 시간에 따라 차이가 난다. 3살 이상이면 누구나 체험 가능하며 색다른 액티비티를 즐기고 싶은 여행자들에게 추천할 만하다.

아이플라이 싱가포르

웨이브 하우스 **Wave House**

전화 6377-3113 **홈페이지** www.wavehousesentosa.com **운영** 매일 10:30~22:30
입장료 플로 라이더 The Flow Rider 월~금요일 S$35/1시간, 토·일요일 S$40/1시간
플로 배럴 The Flow Barrel 월~금요일 S$45/1시간, 토·일요일 S$50/1시간
가는 방법 비치 트램(실로소 비치행)을 타고 실로소 비치 리조트에서 하차. 실로소 비치에 있다.
Map.P337-D1

웨이브 하우스

실로소 비치 중심에 위치한 웨이브 하우스는 인공 파도를 이용해 서핑을 체험할 수 있는 곳이다. 웨이브 하우스는 세계적 체인으로 남아프리카공화국의 더반, 미국 캘리포니아, 칠레의 산티아고에도 서핑 시설이 있다. 지난 2009년 10월 아시아 최초로 웨이브 하우스가 센토사에 생긴 이후부터 싱가포르에서도 인공 서핑을 즐길 수 있게 되었다. 웨이브 하우스 센토사에서는 어린이들과 초보 라이더를 위한 플로 라이더 The Flow Rider, 상급 라이더와 전문 서퍼들을 위한 플로 배럴 The Flow Barrel 등 총 2개의 웨이브 시스템을 운영 중이다. 플로 라이더의 경우 분당 3만 갤런의 물이 투입되며 처음엔 보디보드 Bodyboard로 시작한다. 비치 클럽과 레스토랑도 함께 운영하고 있다. 맛있는 음식과 시원한 음료, 거기에 파도까지 탈 수 있으니 도심 속에서 다소 따분해졌을 여행자들에게는 매력적인 공간이다.

나비공원 & 곤충왕국 **Butterfly Park & Insect Kingdom**

전화 6275-0013 **홈페이지** www.jungle.com.sg **운영** 09:30~19:00(마지막 입장 18:30) **입장료** 일반 S$18, 어린이 S$12.60
가는 방법 케이블카 어라이벌 플라자 옆에 위치 **Map.P337-C1**

형형색색 화려한 나비들과 곤충들을 관찰할 수 있는 곳으로, 아이가 있는 가족 여행자들에게 인기다. 곤충의 종류는 50여 가지, 나비의 수는 약 1500마리에 달하며 직접 나비와 곤충들을 가까이에서 보고 만질 수 있어 아이들이 무척 좋아한다.

센토사의 해변 **Sentosa Beach**

센토사에는 3개의 대표적인 해변 실로소 비치 Siloso Beach, 팔라완 비치 Palawan Beach, 탄종 비치 Tanjong Beach가 있다. 해변마다 분위기가 조금씩 다른데 팔라완 비치는 해변에서 즐길 수 있는 액티비티가 다양해서 가족 여행지로 안성맞춤이다. 실로소 비치는 활기찬 레스토랑, 비치 클럽 등이 모여 있고 해변 파티가 열리는 등 젊은 여행자들과 친구끼리 온 여행자들이 좋아할 만하다. 또 탄종 비치는 비교적 한적하고 여유로운 분위기로 연인과 커플들에게 제격이다. 하늘 높이 쭉쭉 뻗은 야자수와 모래사장이 펼쳐지며 한가롭게 태닝을 하거나 비치발리볼을 즐기는 이들을 볼 수 있다. 무료 샤워 시설과 라커, 자전거 대여 등 편의 시설이 잘 갖춰져 있으므로 이곳에서 숙박하지 않더라도 수영복과 타월 등을 챙겨서 반나절 정도 해변에서 신나게 놀고 비치 클럽에서 식사를 하는 것도 괜찮을 것이다.

실로소 비치

탄종 비치

팔라완 비치

Leely Say 여행자들을 위한 센토사의 센스 있는 편의 시설

센토사에서는 무료 교통수단 외에도 여행자들을 위한 배려를 곳곳에서 발견할 수 있습니다. 우선 해변에서 물놀이를 할 때 편리하게 이용할 수 있는 탈의실과 샤워실이 있습니다. 실로소 비치와 팔라완 비치에 있으며 신나게 물놀이를 한 후 간단하게 씻을 수 있습니다. 따로 비품을 갖춰놓지는 않으니 물놀이를 할 예정이라면 간단한 세면도구와 수건 정도는 챙기는 게 좋습니다. 또 유료이긴 하지만 짐을 맡길 수 있는 라커(S$2)가 있고 자전거도 빌려서 탈 수 있답니다.

센토사 해변을 즐기는 또 다른 방법,

비치클럽즐기기

아름다운 해변이 있는 센토사를 100% 즐기고 싶다면 비치 클럽을 이용하는 것도 좋은
방법이다. 실로소 비치부터 탄종 비치까지 죽 이어지는 비치 클럽에서는 해변에 자리를
잡고 식사부터 액티비티까지 마음껏 즐길 수 있다. 숙박을 하지 않고도 선베드에 누워
일광욕을 즐기고 수영장에서 편안하게 쉬기도 하며 익사이팅한 워터 스포츠를 즐길 수
있다. 저녁이 되면 핫한 클럽 분위기로 달아오르기도 한다.

탄종 비치 클럽 Tanjong Beach Club 추천

전화 6270-1355 **홈페이지** www.tanjongbeachclub.com **영업** 11:00~23:00, 런치 화~금요일 12:00~14:30, 디너 화~토요일
18:30~22:00 **휴무** 월요일 **예산** 버거 S$26, 탄종 슬링 S$19, 레드 상그리아 S$17 **가는 방법** 비치 트램(팔라완-탄종 비치행)을 타고
종점에서 하차 후 도보 2분 **Map.P337-A1**

센토사에서 바쁘게 관광을 하기보다는 바닷바람을 맞으며 여유로운 시간을 보내고 싶은
이들에게 추천할 만한 곳이다. 센토사의 서쪽에 위치한 탄종 비치는 이곳 해변 중 가장 한
적하며, 느긋하게 태닝을 하거나 산책을 하려는 이들이 즐겨 찾는다.

탄종 비치 클럽은 해변을 마주하고 근사한 풀과 데이 베드, 바를 갖추고 있어 칠 아웃 뮤
직을 들으며 기분 좋은 한때를 보낼 수 있다. 간단한 애피타이저와 칵테일, 맥주 한잔을 즐
기기에 좋으며 식사 메뉴도 갖추고 있다. 토요일과 일요일 오전 10시~오후 4시 브런치 타
임으로 팬케이크나 에그 베네딕트 등의 브런치 메뉴를 즐기며 여유를 즐기기에 좋다. 사람
들이 많이 몰리는 토요일과 일요일에는 데이 베드, 풀 베드를 사용하려면 최소한 S$200
이상을 주문해야 하므로 가능하면 평일에 가는 것이 좋다. 일 년에 세 번 풀문 파티와 같
은 큰 파티가 열리는데 이때는 해변 가득 수백 명의 사람이 모여든다. 관련 정보는 홈페이
지와 페이스북에서 체크할 수 있다.

아주라 비치 클럽 Azzura Beach Club

전화 6270-8003 **홈페이지** www.azzura.sg **영업** 월~목요일 10:00~22:00, 금요일 10:00~2:00, 수상 스포츠 10:00~18:30 **예산** 치킨 버거 S$20~, 나초 S$12(+TAX&SC 17%) **가는 방법** 비치 트램(실로소 비치행)을 타고 세 번째 정거장에서 하차. 코스테츠 비치 클럽 옆에 있다. Map.P337-C1

센토사에는 해변을 중심으로 비치 클럽이 모여 있는데 기본적인 카페 역할을 하는 것은 물론 다양한 액티비티까지 즐길 수 있다. 아주라 비치 클럽은 선 베드에 누워 칵테일 한잔을 즐기며 망중한을 즐기기 좋은 곳이다. 1870㎡의 여유 있는 규모에 웨이크보드·바나나보트 등의 수상 스포츠를 즐길 수 있어 인기를 끌고 있다.

맘보 비치 클럽 Mambo Beach Club

전화 6276-6270 **영업** 월~목요일 10:00~22:00, 금요일 10:00~24:00, 토요일 09:00~24:00, 일요일 09:00~22:00 **예산** 1인당 S$25~35 **가는 방법** 비치 스테이션에서 비치 트램(실로소 비치행)을 타고 이동. 웨이브 하우스 옆 Map.P337-C1

실로소 비치에 새롭게 문을 연 비치 클럽. 실로소 비치와 접하고 있다. 바로 앞에는 바다가 있고 물놀이를 즐길 수 있는 수영장까지 구비돼 리조트에서 휴양을 즐기는 기분을 만끽할 수 있다. 그릴, 바비큐부터 간단하게 즐기기 좋은 타파스까지 메뉴가 다양하다. 시원한 맥주나 칵테일을 마시면서 센토사 섬에서의 달콤한 휴양을 누려보자.

travel plus

실로소 비치 파티 Siloso Beach Party

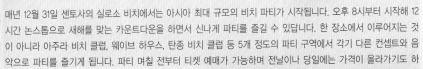

홈페이지 www.silosobeachparty.com **티켓** S$49~

매년 12월 31일 센토사의 실로소 비치에서는 아시아 최대 규모의 비치 파티가 시작됩니다. 오후 8시부터 시작해 12시간 논스톱으로 새해를 맞는 카운트다운을 하면서 신나게 파티를 즐길 수 있답니다. 한 장소에서 이루어지는 것이 아니라 아주라 비치 클럽, 웨이브 하우스, 탄종 비치 클럽 등 5개 정도의 파티 구역에서 각기 다른 컨셉트와 음악으로 파티를 즐기게 됩니다. 파티 며칠 전부터 티켓 예매가 가능하며 전날이나 당일에는 가격이 올라가기도 하니 가보고 싶다면 미리 예매해 두는 게 좋습니다. 티켓은 비보 시티 3층 센토사 스테이션, 비치 스테이션 앞 티켓 부스, 홈페이지에서 구입할 수 있습니다. 싱가포르에서 한 해의 마지막 날을 신나고 화려하게 보내고 싶다면 실로소 비치 파티에 올인해 보세요!

Restaurants
센토사의 레스토랑

센토사의 먹거리는 어트랙션에 비하면 다소 수가 적고 빈약한 것이 사실이다. 대개 관광 위주로 일정을 소화하다 간단한 패스트푸드, 푸드 코트가 인기 있는 편이다. 그러나 리조트 안에는 로맨틱한 파인 다이닝도 있으며 리조트 월드 센토사가 오픈하면서 식도락의 수준이 높아졌다 하루 이상 투숙할 때에는 비보 시티로 나가 식사를 즐기는 사람도 많다.

트라피자 Trapizza

전화 6376-2662 **영업** 월~금요일 12:00~21:30, 토·일요일 12:00~23:00 **예산** 1인당 S\$20~25(+TAX&SC 17%) **가는 방법** 비치 트램(실로소 비치행)을 타고 네 번째 정거장에서 하차 **Map.P337-D1**

트라피자

여행자들이 센토사에서 가장 사랑하는 맛집 중 하나로 해변의 정취를 느끼며 편하게 피자를 즐길 수 있어 인기를 끌고 있다. 실로소 비치가 바로 보이는 야외 레스토랑으로 라사 상그릴라 리조트에서 운영한다. 열대의 정취가 느껴지지만 대신 더위는 감수해야 한다. 인기의 비결은 화덕에서 구워내는 피자로 토핑을 풍성하게 올려서 맛이 좋다. 피자와 함께 샐러드·파스타까지 곁들이면 푸짐한 한 끼 식사로 충분하다. 아이들을 위한 키드 메뉴도 갖추고 있다.

클리프 The Cliff

전화 6371-1425 **영업** 매일 18:30~21:30 **예산** 1인당 S\$50~100(+TAX&SC 17%) **가는 방법** 센토사 버스 B를 타고 센토사 골프 클럽에서 하차. 소피텔 싱가포르 센토사 리조트 & 스파 Sofitel Singapore Sentosa Resort & Spa 내에 있다. **Map.P337-A1**

클리프

싱가포르에서 가장 로맨틱한 레스토랑이자 프러포즈하기 좋은 레스토랑으로 손꼽히는 곳이다. 수준 높은 프랑스 요리를 선보이는데 정성스러운 요리들은 먹기가 아까울 정도. 단품도 주문이 가능하지만 예산이 충분하다면 코스 요리를 택해 느긋하게 분위기와 맛을 즐길 것을 추천한다. 디너만 있으며 전망 좋은 자리는 예약이 필수다. 그림 같이 아름다운 풍경을 바라보며 낭만적인 식사를 즐기고 싶은 허니무너 커플이라면, 혹은 센토사에서 제대로 된 프렌치 다이닝을 경험하고 싶다면 고민할 것 없이 이곳으로 가자.

아름다운 가든에서 즐기는 최고의 스파,

소 스파 So Spa

전화 6371-1288 **홈페이지** www.sofitel-singapore-sentosa.com **영업** 10:00~21:00(야외 가든 스파 10:00~18:30)
예산 So Exhilarating Massage S$190(60분), So Abhyanga Massage S$180(60분)(+TAX&SC 17%) **가는 방법** 센토사 버스 B를
타고 센토사 골프 클럽에서 하차. 소피텔 싱가포르 센토사 리조트 & 스파 Sofitel Singapore Sentosa Resort & Spa 내에 있다.

Map.P337-A1

소 스파

싱가포르 최초의 정원식 스파로 센토사를 넘어 싱가포르 최고의 스파로 손꼽힌다. 아름다운 열대 정원에 수영장
과 계곡, 머드 풀을 갖추고 있어 자연 속에서 최상급의 럭셔리 스파를 경험할 수 있다. 14개의 개별 룸에는 각각
로컬 스파이스의 이름이 붙어 있으며 6개의 야외 트리트먼트 파빌리온은 현지에서 인기 있는 화초들의 이름을 붙
였다. 야외의 독립된 스위트 룸에서 스파를 받을 경우 추가 요금(S$40)이 발생하며 30분간의 욕조 사용이 포함돼
있다. So Abhyanga Massage는 고대 인도의 아유르베딕(Ayurvedic) 기술을 접목시킨 마사지로 어깨와 등의 뭉
친 근육을 풀어주는 마사지로 스트레스로 인한 피로를 완화시켜주는 데 효과적이다.
보디 마사지 외에도 스크럽·페이셜·네일·헤어 등의 케어도 받을 수 있다. 또한 스파에 사용되는 오일과 다양한
스킨케어·티 등을 판매하고 있는데 퀄리티가 뛰어나다. 요금이 워낙 고가여서 누구에게나 권할 순 없지만 한번쯤
제대로 된 호사를 누려보고 싶은 이들, 로맨틱한 커플 스파를 체험하고 싶은 허니무너 혹은 진정 스파를 즐기는
스파 마니아들이라면 놓치지 말자.

센토사

Singapore Luxury Marine Life

싱가포르 1%를 위한 럭셔리 타운, 센토사 코브의 키사이드 아일

Quayside Isle

싱가포르 안에서도 가장 비싼 땅값을 자랑하는 최고급 주거단지다. 싱가포르 내에서는 바다를 끼고 있는 유일한 주거지역으로 외국인들이 주로 거주하는 럭셔리한 타운이다. W 호텔이 이곳에 문을 열었으며 호화로운 요트들이 정박되어 있는 원 15 마리나 클럽, 근사한 레스토랑과 바가 모여 있어 키사이드 아일은 하나의 럭셔리한 다이닝 타운을 이루고 있다. 바다에 정박되어 있는 요트들을 보며 미식을 즐길 수 있어 최근 트렌드세터들의 핫 플레이스로 뜨고 있다. 키사이드 아일의 레스토랑들은 주말에 더 활기를 띠며 평일에는 주로 저녁에 문을 연다. 요트들을 바라보며 트렌디한 레스토랑에서 브런치 또는 디너를 즐기면서 이국적인 분위기에 흠뻑 빠져보자.

주소 31 Ocean Way, Sentosa Cove, Singapore **전화** 6887-3502 **홈페이지** www.quaysideisle.com
영업 10:00~22:00 **가는 방법** 센토사 버스 B를 타고 W 싱가포르-센토사 코브에서 하차. `Map.P336-D1`

미코노스 온 더 베이
Mykonos On The Bay

전화 6334-3818 **홈페이지** www.mykonosonthebay.com
영업 월~수요일 18:30~22:30, 목~금요일 12:00~14:30,
18:30~22:30, 토~일요일 12:00~22:30

이름처럼 지중해 요리를 선보이는 레스토랑으로 온통 화이트와 블루 컬러에 인테리어도 그리스에서 공수해온 소품들로 꾸며 그리스 정취가 물씬 풍긴다. 토마토, 치즈, 신선한 해산물을 이용한 지중해 가정식 요리를 맛볼 수 있다. 추천 메뉴인 무사카 Mousaka는 그리스식 라자냐로 대표적인 그리스 음식이다. 게미스타 Gemista는 토마토 안에 허브와 쌀을 넣고 오븐에 구운 요리이고 스티파도 Stifado는 토마토와 레드 와인에 송아지 고기를 넣고 끓인 그리스식 스튜로 한국인 입맛에도 잘 맞는다. 마치 그리스에 와 있는 것 같은 이국적인 기분을 느끼며 맛있는 지중해 음식을 맛보자.

솔레 포모도로 Sole Pomodoro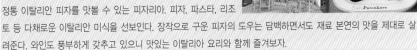

전화 6339-4778 **홈페이지** www.solepomodoro.com **영업** 월·수·금요일 12:00~14:30 18:00~22:00, 화·목요일 18:00~22:00, 토~일요일 11:45~22:00

정통 이탈리안 피자를 맛볼 수 있는 피자리아. 피자, 파스타, 리조토 등 다채로운 이탈리안 미식을 선보인다. 장작으로 구운 피자의 도우는 담백하면서도 재료 본연의 맛을 제대로 살려준다. 와인도 풍부하게 갖추고 있으니 맛있는 이탈리아 요리와 함께 즐겨보자.

브뤼셀 스프라우트 Brussels Sprouts

전화 6684-4344
홈페이지 www.brusselssprouts.com.sg
영업 화~금요일 17:00~23:00, 토~일요일
일 12:00~23:00 **휴무** 월요일

맛있는 벨기에식 홍합 요리와 함께 시원한 맥주 한 잔을 들이켜기 좋은 벨기안 레스토랑. 대표 메뉴는 홍합 요리로, 홍합과 조개의 무게를 고른 후 원하는 방식의 조리 방법을 골라 주문할 수 있다. 디저트로 벨기안 초콜릿까지 먹으면 완벽하다. 저녁 7시까지는 해피 아워로 생맥주나 글라스 와인을 1+1로 즐길 수 있다. 이 밖에도 요일별로 유쾌한 프로모션을 하고 있으니 체크해보자.

원 15 마리나 클럽 ONE 15 Marina Club

홈페이지 www.one15marina.com

멤버십으로 운영되는 호화로운 요트 클럽으로 수억 원을 호가하는 슈퍼 요트들이 정박해 있는 모습이 무척이나 이국적이다. 싱가포르는 물론 아시아에서도 가장 럭셔리한 마리나로 손꼽힌다. 마리나 클럽 내에는 카페와 레스토랑도 있으며 이곳에서 운영하는 숙소는 일반 여행자들도 투숙할 수 있으니 체크해보자.

Singapore's Mega Playground!
리조트 월드 센토사 & 유니버설 스튜디오
Resort World Sentosa & Universal Studios Singapore

관광과 휴양의 섬 센토사는 리조트 월드 센토사의 탄생으로 더욱 완벽한 엔터테인먼트 아일랜드로 재탄생했다. 리조트 월드 센토사는 관광과 휴양·식도락·쇼핑·카지노·서커스 등을 한꺼번에 즐길 수 있는 복합 엔터테인먼트 리조트 월드로 아시아 최대 규모를 자랑한다. 또한 리조트 월드 센토사의 꽃인 유니버설 스튜디오 테마파크와 호텔들·카지노·시어터 등의 면적만 해도 49ha에 달하며 65억 싱가포르 달러가 투자됐다. 리조트 월드 센토사 오픈 후 센토사의 관광객이 3배나 늘었다고 한다. 센토사에 왔다면 싱가포르의 대표 테마파크로 등극한 리조트 월드 센토사를 즐겨보자.

Access

리조트 월드 센토사로 가는 법　Map.P336-B2

1. 센토사 익스프레스(모노레일) 이용 시 리조트 월드 역 Resorts World Station에서 하차(1인당 S$4, 센토사 내에서는 무료)
2. 케이블카 이용 시 페스티브 워크를 따라 도보 10분
3. 택시 이용 시 지하 1층 카지노 택시 스탠드에서 하차 후 에스컬레이터로 이동한다.
4. 센토사 보드워크(S$1) 이용 시 표지판을 따라 도보 10분

리조트 월드 센토사

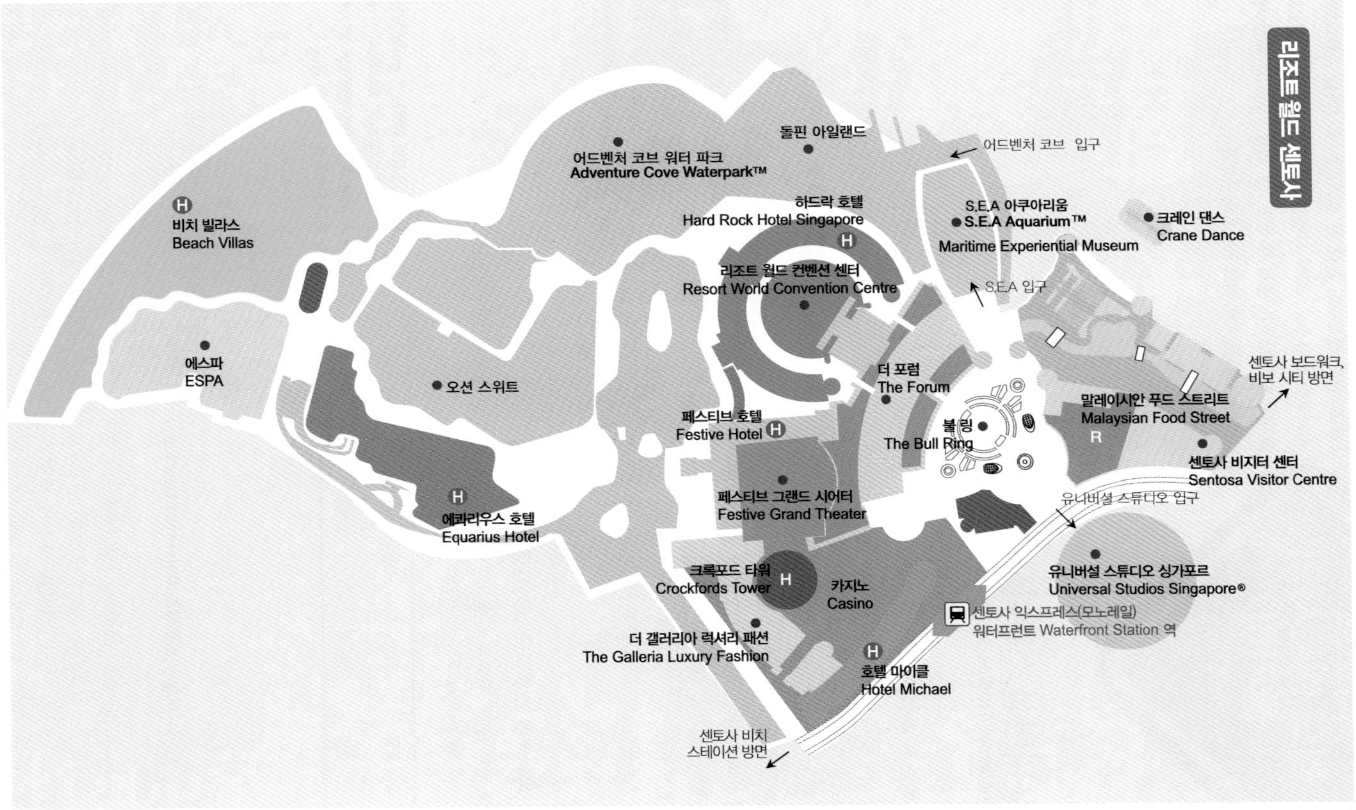

센토사 보드워크, 바로 시티 방면 →

크레인 댄스
Crane Dance

센토사 바지타 센터
Sentosa Visitor Centre

S.E.A 아쿠아리움
S.E.A Aquarium™
Maritime Experiential Museum

말레이시안 무드 스트리트
Malaysian Food Street

유니버셜 스튜디오 상가포르
Universal Studios Singapore®

어드벤처 코브 입구

R

유니버셜 스튜디오 입구

S.E.A 입구

불링
The Bull Ring

센토사 익스프레스(모노레일)
워터프런트 Waterfront Station 역

더 포럼
The Forum

호텔 마이클
Hotel Michael

돌핀 아일랜드

하드락 호텔
Hard Rock Hotel Singapore

리조트 월드 컨벤션 센터
Resort World Convention Centre

페스티브 호텔 ⒽFestive Hotel

페스티브 그랜드 시어터
Festive Grand Theater

카지노
Casino

크록포드 타워
Crockfords Tower

Ⓗ

어드벤처 코브 워터 파크
Adventure Cove Waterpark™

더 갤러리아 럭셔리 패션
The Galleria Luxury Fashion

센토사 비치
스테이션 방면

오션 스위트

애쿼리우스 호텔
Equarius Hotel

Ⓗ

비치 빌라스
Beach Villas
Ⓗ

에스파
ESPA

355

| 센토사 |

리조트 월드 센토사의 볼거리

Attraction

리조트 월드 센토사의 가장 큰 볼거리는 유니버설 스튜디오다. 할리우드 영화 거리 외에 다양한 어트랙션이 있어서 정신없이 즐기다 보면 하루가 금세 갈 정도. 그 외에 카지노와 해양 체험 박물관, 아쿠아리움, 워터 파크 등도 있어 흥미롭다.

유니버설 스튜디오 싱가포르
Universal Studios Singapore

동남아시아 최초의 유니버설 스튜디오로 오픈 전부터 큰 화제를 모았다. 유니버설 스튜디오 싱가포르는 영화를 주제로 한 총 7개의 테마관과 24가지의 어트랙션을 갖추고 있다. 또한 카페, 레스토랑, 기념품 숍 등이 구석구석에 자리 잡고 있다. 유니버설 스튜디오의 심벌인 유니버설 글로브를 지나 입장하면 화려한 축제가 시작된다. 할리우드의 영화 거리를 그대로 재현한 테마 파크를 시작으로 다양한 어트랙션이 줄줄이 이어진다. 곳곳에 슈렉, 마릴린 먼로, 베티 붑 등의 캐릭터들이 기다리고 있어 신나게 포토타임을 즐길 수 있고 유니버설 스튜디오만의 다양한 기념품을 살 수 있는 숍들이 있으며 레트로풍의 카페와 레스토랑도 있어 식도락 문제도 해결해준다.

★ 유니버설 스튜디오 싱가포르의 티켓 구입

전화 6577-8899 **티켓 부스** 월~목 · 일요일 09:00~19:00, 금 · 토요일 09:00~21:00 **개장** 매일 10:00~19:00(마감 시간은 19:00~22:00까지 일별로 차이가 있으니 홈페이지 참고)

티켓 종류	일반	어린이(4~12세)	60세 이상
1일권	S$79	S$59	S$41

* 모든 패스는 인터넷 예매가 가능하며 현장에서 신용카드로도 구매가 가능하다. 인터넷 예매 시 예매 후 메일로 전송되는 예약확인증을 꼭 프린트하여 지참해야 한다.

알아 두세요 유니버설 익스프레스 Universal Express

익스프레스 입장권은 어트랙션과 쇼를 관람할 때 긴 줄을 서지 않고 바로 입장할 수 있는 우선권이다. 매일 한정 판매되며 1일 패스 입장권과는 별도로 구매해야 한다. 보통 인기 있는 어트랙션은 줄이 길어 탑승하는 데 시간이 많이 소요되므로 일정상 시간이 많지 않은 여행자나 주말이나 피크에 인파가 몰릴 때라면 유용하게 사용할 수 있다. 요금은 종류에 따라 S$30, S$50 두 가지로 나뉜다.

할리우드 Hollywood

영화계의 성지와도 같은 할리우드 판타지 극장을 모델로 한 브로드웨이 스타일의 극장과 레트로풍의 레스토랑, 올드 카가 있는 1950년대 거리를 그대로 재현해 브로드웨이로 타임머신을 타고 이동한 듯한 기분이 든다. 이곳의 판타지 할리우드 극장에서는 뮤지컬 등 다양한 이벤트가 열린다. 유니버설 스튜디오 스토어에서는 머그 컵, 티셔츠, 인형 등 이곳만의 기념품을 판매하므로 꼭 들러보자. 출출하다면 영화 〈청춘 낙서〉의 배경을 그대로 옮겨 놓은 듯한 멜즈 드라이브 인 Mel's Drive-In®에서 정통 미국식 햄버거를 먹으며 할리우드의 기분을 만끽해보자.

뉴욕 New York

거리에 뉴욕을 상징하는 건물들이 이어져 실제로 현장에 온 것처럼 느껴진다. 스티븐 스필버그의 특수효과 무대 'Lights, Camera, Action!'을 통해 영화 세트장과 제작 현장을 엿볼 수도 있다. 뉴욕 스타일의 요리를 선보이는 레스토랑도 두 곳 있다. 케이티 그릴 KT's Grill은 1950년대 스타일의 클래식한 레스토랑으로 스테이크와 해산물이 훌륭하며, 루이스 뉴욕 피자 팔러 Loui's NY Pizza Parlor에서는 오리지널 뉴욕 스타일 피자를 맛볼 수 있다. 하루 네 번(12:00, 13:30, 15:00, 16:00) 'The Rockafellas'라 부르는 신나는 비보잉 공연도 있으니 시간이 맞는다면 보너스로 감상해보자.

세서미 스트리트 Sesame Street

사이 파이 시티 Sci-Fi City

미래의 사이버 도시를 연상시키는 사이 파이 시티에서는 배틀스타 갤럭티카 Battlestar Galactica와 트랜스포머 더 라이드 Transformers The Ride와 같은 어트랙션을 경험해보자. 배틀스타 갤럭티카는 세계에서 가장 긴 듀얼 롤러코스터로 미국 드라마를 테마로 했다. 파란색과 빨간색이 뒤엉킨 듯 보이는데 사일론 Cylon으로 불리는 파란색 레일은 스릴과 스피드를 최고로 즐길 수 있고, 휴먼 Human이라고 불리는 빨간색 레일은 편안하고 재미있게 탈 수 있다. 트랜스포머를 테마로 한 트랜스포머 더 라이드는 3D 안경을 쓴 채 롤러코스터를 타면서 영웅 오토봇 AUTOBOTS과 악당 디셉티콘 DECEPTICON의 전투를 즐길 수 있는 기구다. 특수 효과 덕분에 마치 영화 속 로봇이 된 기분으로 배틀을 할 수 있다.

Accelerator

배틀스타 갤럭티카

고대 이집트 Ancient Egypt

피라미드와 오벨리스크를 보면서 고대 이집트로 시간여행을 떠날 수 있는 곳이다. 미라의 복수 Revenge of the Mummy®는 암흑 속에서 빠른 스피드로 급커브를 돌며 달리는 스릴 만점의 라이드다. 끝날 듯하다가 다시 빠른 역주행을 하며 로봇 미라 군단과 마주칠 때는 짜릿한 스릴을 느낄 수 있다. 직접 자동차를 운전하면서 보물찾기를 하는 즐거움을 느낄 수 있는 트레저 헌터 Treasure Hunters®도 아이와 함께 즐기기 좋다. 고대 이집트 복장의 캐릭터들과 사진촬영 하는 것도 빼먹지 말자.

잃어버린 세계 The Lost World

쥐라기 공원과 워터월드 두 개의 테마 지역으로 나누어진 이곳은 유니버설 스튜디오에서 오랫동안 사랑받아온 하이라이트 어트랙션인데 싱가포르에서 새롭게 업그레이드됐다. 쥐라기 공원은 스티븐 스필버그 감독의 고전적인 모험 액션 영화를 테마로 하고 있다. 쥐라기 공원 래피드 어드벤처 Jurassic Park Rapids Adventure®는 원형 래프트를 타고 급류 타기의 스릴을 만끽할 수 있는 어트랙션이다. 360도 회전하는 래프트 옆으로 먹이를 찾아 헤매는 티라노사우르스가 불쑥 나타나면 스릴이 배가된다. 워터월드 WaterWorld는 30여 명의 배우들이 열정적인 액션과 폭발 장면을 연기하는 쇼로 12:30, 15:00, 17:30에 공연된다.

래피드 어드벤처

머나먼 왕국 Far Far Away Castle

영화 〈슈렉〉에서 영감을 얻어 만든 곳으로 유쾌한 슈렉과 피오나 공주를 만나볼 수 있다. 당나귀 동키가 진행하는 동키 라이브 쇼 Donkey LIVE, 〈슈렉〉의 주인공들이 출연하고 3D 영상과 특수 효과로 흥미진진한 슈렉 4D 어드벤처 Shrek 4D Adventure도 감상할 수 있다. 미니 롤러코스터를 타고 슈렉이 살고 있는 성으로 여행을 떠날 수 있는 인챈티드 에어웨이즈 Enchanted Airways도 빼놓을 수 없는 재미. 귀여운 캐릭터 상품들을 살 수 있는 기념품 숍도 꼭 들러서 인기 만점 기념품인 슈렉 모자를 구경해 보자.

마다가스카르 Madagascar

드림웍스의 흥행작 〈마다가스카르〉 애니메이션을 테마로 한 이곳에서는 뉴욕의 동물원으로부터 벗어나 모험을 하는 4명의 동물 주인공을 만날 수 있다. 크레이트 어드벤처 Madagascar: A Crate Adventure는 배를 타고 마다가스카르의 주인공들이 열대 정글에서 겪는 모험을 함께 경험할 수 있다. 영화 속 귀여운 캐릭터들과 함께 사진을 찍는 포토존도 놓치지 말자.

크레이트 어드벤처

크레인 댄스 Crane Dance

가는 방법 유니버설 스튜디오 출입구에서 도보 이동. 워터프런트 방향

유명한 무대 설계자 제러미 레일튼의 지휘 아래 설치된 대형 작품이다. 거대한 철근 구조물이 조명과 음악에 맞춰 화려한 쇼를 선보인다. 매일 저녁 8시부터 약 10분간 퍼포먼스를 선보여 특별한 볼거리를 선사한다.

카지노 Casino

위치 유니버설 스튜디오 앞 에스컬레이터 이용

새롭게 오픈한 카지노로 럭셔리 호텔 '크록포드 타워' 지하 1층에 있다. 15개 이상의 테이블 게임과 게임 머신 등을 갖추고 있으며 규모는 약 4500평으로 마리나 베이 샌즈의 카지노보다는 작다. 21세 미만은 입장이 불가하며 싱가포르 현지인일 경우 S$100의 입장료가 부과되지만 외국인은 무료입장이 가능하며 입장 시 여권(출입국 카드 포함)이 필요하다.

해양 체험 박물관 Maritime Experiential Museum

위치 페스티브 워크에서 하드락 호텔-해변 방향으로 도보 **요금** 박물관 입장료 일반 S$5, 어린이 S$2, 타이푼 극장 입장료 일반S$6, 어린이 S$4 **운영** 월~목요일 10:00~19:00, 금~일요일 · 공휴일 10:00~21:00

싱가포르 최초의 해양사 박물관으로 19세기 말라카 해협의 실크로드를 여행하고 당시 무역품인 세라믹 · 조각품 · 천 등을 볼 수 있으며 고대 항구와 해적 · 침몰선 등도 관람할 수 있다. 거대한 보물선이 실제와 동일한 크기의 모형으로 전시되어 있으며 15세기 중국에서 서양까지의 여정을 짧은 애니메이션으로 소개해준다. 전시물 관람 후 멀티미디어 극장 스크린을 통해 가상 여행을 할 수 있어 흥미롭다. 지하에는 S.E.A. 아쿠아리움이 연결된다.

리조트 월드 센토사의 푸드&다이닝
Restaruant

리조트 월드 센토사 덕분에 센토사의 식도락이 한층 풍성해졌다. 곳곳에 세계적인 파인 다이닝이 들어선 것은 물론 딘타이펑 Din Tai Fung, 브레드 토크 Bread Talk 같은 맛집과 정겨운 호커 센터까지 골고루 있으니 마음껏 즐겨보자.

말레이시안 푸드 스트리트 Malaysian Food Street

영업 월~목 · 일요일 11:00~22:00, 금 · 토요일 09:00~24:00 **예산** 1인당 S\$7~10
가는 방법 모노레일 Resorts World Station 하차 후 The Bull Ring 옆, 유니버설 스튜디오 입구 옆

차 퀘 테우

새롭게 문을 연 테마 푸드 코트로 말레이시아의 호커 센터를 그대로 옮긴 듯이 완벽하게 재현했다. 말레이시아의 거리 이름과 안내 표시판, 노점과 테이블 등도 설치해 실내임에도 불구하고 정말 야외의 호커 센터에서 먹는 것처럼 느껴진다. 음식 또한 현지의 맛 그대로이고 정겨운 분위기에 가격까지 부담 없어 인기 만점이다. 꼭 맛봐야 할 말레이 대표 음식은 커리에 말레이식 팬케이크를 찍어 먹는 로티 차나이 Roti Canai와 볶음국수인 차 퀘 테우 Char Koay Teow다.

오시아 OSIA

영업 런치 12:00~15:00, 디너 18:00~20:00 **예산** 1인당 S\$50~100
가는 방법 페스티브 워크를 따라 도보 이동. 크록포드 타워 호텔 앞에 있다.

리조트 월드 센토사 내에는 유명한 스타 셰프들이 지휘하는 레스토랑이 대거 입점했는데 오시아도 그중 한 곳이다. 다양한 수상 경력이 있는 셰프 스콧 웹스터가 아시아와 웨스턴에서 영향을 받은 오스트리아 퀴진을 선보인다. 제대로 디너를 즐겨보고 싶다면 4코스 세트를 추천. 요금은 1인당 S\$68로 일~목요일까지만 맛볼 수 있다.

딘타이펑 Din Tai Fung@Baits

영업 월~금요일 10:00~22:00, 토 · 일요일 10:00~24:00 **예산** 1인당 S\$15~20
가는 방법 유니버설 스튜디오 출입구 방향. 캔디 숍 오른쪽에 있다.

맛있는 딤섬으로 유명한 대중적인 체인 레스토랑. 간판스타인 샤오롱바오를 비롯하여 다양한 딤섬 메뉴와 누들 · 볶음밥 등 한 끼 식사를 해결하기에 무난한 중국 음식들을 먹을 수 있다. 특히 샤오롱바오는 꼭 먹어봐야 할 메뉴로 진한 육즙이 일품이다.

오션 레스토랑 Ocean Restaurant

주소 Resorts World Sentosa, 8 Sentosa Gateway, Sentosa Island, Singapore **전화** 6577-6688
홈페이지 www.rwsentosa.com **영업** 런치 11:30~15:00, 디너 18:00~22:30 **예산** 런치 코스 S$60, 메인
메뉴S$22~ (+TAX&SC 17%) **가는 방법** 리조트 월드 센토사 내 S.E.A. Aquarium에 위치(S.E.A.
Aquarium을 입장하지 않을 경우 지하 1층의 West Car Park로 찾아가면 옆에 있다).

깊은 바닷속에서 수백 마리 물고기들의 향연을 감상하며 식사를 즐길 수 있는 특별한 곳. 최초의 여성 미국 아이언 셰프로도 유명한 캣 코라(Cat Cora)가 운영하는 레스토랑으로 환상적인 아쿠아리움 뷰와 수준 높은 요리로 오감을 만족시켜준다. 4가지 요리를 맛볼 수 있는 런치 코스 요리가 인기인데 해산물과 육류 메인 요리를 하나씩 맛볼 수 있다. 캘리포니아 출신 스타 셰프의 시그너처이며, 단품 요리로 주문도 가능하다. 레스토랑의 하이라이트는 아쿠아리움이 보이는 대형 창이다. 맛있는 식사를 즐기면서 푸른 바닷속을 헤엄치는 다채로운 해양 동물들을 감상할 수 있어 눈과 입이 모두 즐겁다. S.E.A. Aquarium을 방문한다면 아쿠아리움을 통해서 들어올 수 있으며 S.E.A. Aquarium 을 방문하지 않고 레스토랑만 오고 싶다면 지하 1층 주차장 옆을 통해 가면 된다.

싱가포르 시푸드 리퍼블릭 Singapore Seafood Republic

주소 26 Sentosa Gateway #02-138 Festive Walk, Resorts World Sentosa, Singapore **전화** 6265-6777
홈페이지 www.singaporeseafoodrepublic.com.sg
영업 런치12:00~15:00 디너 17:30~23:30 **예산** 1인당 S$40~(+TAX&SC 17%)
가는 방법 페스티브 워크, 오시아 레스토랑 옆

칠리 크랩으로 유명한 점보 시푸드 계열에서 운영하는 해산물 레스토랑으로 메뉴도 점보 시푸드와 매우 비슷하다. 싱가포르 대표 음식 칠리 크랩을 비롯해 블랙 페퍼 크랩, 화이트 페퍼 크랩, 커리 크랩 등 다양한 종류의 크랩 요리를 맛볼 수 있다. 크랩 외에도 새우, 생선, 랍스터 등의 해산물 요리를 두루두루 갖추고 있다. 대표 메뉴인 칠리 크랩에 따뜻한 번, 볶음밥 등을 곁들여 먹으면 한 끼 식사로 훌륭하다.

리조트 월드 센토사의 호텔&리조트
Hotel & Resort

리조트 월드 센토사에는 6개의 호텔이 모여 하나의 거대한 월드를 형성하고 있다. 여행자들에게는 하드락 호텔과 페스티브 호텔이 인기가 높으며 최근 럭셔리 컨셉트의 에쿠아리우스 호텔 Equarius Hotel과 프라이빗 빌라 스타일의 비치 빌라 Beach Villas가 새롭게 문을 열었다.

하드 락 호텔 Hard Rock Hotel Singapore

하드락 호텔 특유의 자유분방하고 펑키한 스타일이 매력적이어서 인기가 높다. 1층 로비에 들어서면 몽환적인 분위기가 근사한 라운지 클럽을 연상시킨다. 객실도 팝 스타일로 꾸며졌으며 락 스타들의 그림이 걸려 있다. 야자수로 둘러싸인 넓은 수영장 주변에는 해변의 느낌이 나도록 모래를 깔아두어 아이가 있는 가족 단위 여행자들에게 인기가 높다. 리조트 월드 내의 호텔에서는 센토사 라이더를 무료로 이용할 수 있어 시내로 나가기가 편리하다.

페스티브 호텔 Festive Hotel

가족 여행자에게 인기가 높은 페스티브 호텔은 아이들을 위한 게임 시설, 패밀리 레스토랑을 완비하고 있으며 객실은 디자인이 컬러풀하고 인테리어가 독특하다. 아이가 있는 가족 여행자라면 디럭스 패밀리 룸을 추천한다. 일반 베드 외에 2층 침대와 같은 구조의 베드가 더 있으며 소파도 침대로 이용할 수 있어 총 4명까지 투숙이 가능하다. 수영장은 하드락 호텔에 비해 작은 편이지만 페스티브 호텔의 투숙객도 하드락 호텔 수영장을 자유롭게 이용할 수 있다.

호텔 마이클 Hotel Michael

세계적으로 유명한 건축가 마이클 그레이브스가 디자인한 호텔이다. 총 객실 수가 470개로 하드락 호텔과 페스티브 호텔보다 규모가 크며 건축가의 독창적인 디자인 철학이 고스란히 담겨 있다. 컬러풀한 색감과 부드러운 곡선이 강조된 디자인이 특징. 1층에는 마이클 그레이브스가 디자인한 아이템들을 판매하는 스토어 숍이 있으며 호텔 내의 스카이 바 또한 멋진 전망을 감상할 수 있으니 찾아가보자.

크록포드 타워 Crockfords Tower

일반인 투숙객은 받지 않고 VIP 고객들만 받는 호텔이다. 120개의 전 객실이 스위트 룸으로 구성된 럭셔리 호텔로 24시간 개인 버틀러 서비스를 제공한다. 크록포드 타워에 머무는 고객은 호텔 내에서 추가 비용 없이 식사와 게임, VIP 시설들을 프라이빗하게 즐길 수 있다.

센토사의 허브,
하버 프런트&비보 시티
Harbour Front & Vivo City

MRT 하버 프런트 역은 센토사로 가는 중요한 관문이자 쇼핑과 엔터테인먼트를 즐길 수 있는 거대한 쇼핑몰 비보 시티로 연결되는 핵심 스폿이다. 모노레일 · 버스 · 케이블카로 센토사로 바로 연결되며 슈퍼 쇼핑몰 비보 시티는 쇼핑은 물론 식도락과 즐길 거리까지 다양하다. 쇼핑과 식도락을 즐기기에 다소 부족한 센토사에서 숙박한다면 비보 시티는 더욱 오아시스 같은 존재가 된다. 모노레일을 타고 자유롭게 이동하며 드나들 수 있다.

비보 시티 Vivo City

주소 1 Harbour Front Walk, Singapore **전화** 6377-6860 **홈페이지** www.vivocity.com.sg **영업** 매일 10:00~22:00 **가는 방법** MRT 하버 프런트 역에서 연결, 비보 시티 3층 비보 시티 스테이션 Vivo City Station으로 모노레일 연결

센토사에서 다이렉트로 연결되는 대형 쇼핑몰. 센토사로 연결되는 모노레일도 비보 시티에서 출발하고, 케이블카를 탈 수 있는 하버 프런트 타워도 이곳과 연결되기 때문에 센토사를 찾는 사람들이라면 꼭 들르게 되는 필수 코스다.

비보 시티에는 다양한 레스토랑과 카페, 각종 브랜드가 모여 있다. 센토사에는 식도락과 쇼핑을 즐길 수 있는 곳이 부족한데 모노레일을 타고 이곳으로 넘어와 식사와 쇼핑을 즐길 수 있다. 명품 브랜드보다는 ZARA, MANGO, Gap, Forever 21, Charles & Keith 등 실속 있는 캐주얼 브랜드가 많아 알찬 쇼핑을 즐길 수 있다. 식사는 다양한 맛을 한곳에서 즐길 수 있는 푸드 리퍼블릭이 절대적으로 인기를 끌고 있으며 나이트라이프까지 즐기고 싶다면 세인트 제임스 파워 스테이션으로 넘어갈 수도 있다.

층	대표 인기 브랜드 *레스토랑 · 카페&기타시설
지하2층	유안샹, 왓슨스Watson's *Bread Talk, Toast Box, Old Chang Kee, Tai Express, 푸드 코트, MRT 연결, Vivo Mart(자이언트)
1층	crocs, Gap, Diesel, 바이스, Loccitane, COACH, MANGO, Marks&Spencer, Forever21, UNIQLO, TOPAHOP, ZARA, H&M 등 *베이커진, 브로자이트, 크리스탈 제이드, 허니문 디저트, 고 인디아, 모데스토, 스타벅스, 통 록 시그너처, 재패니즈 구르메 타운, 다지마야 야키니쿠 등 비보 마트(가디언), 씨티은행(ATM)
2층	G2000, Rip Curl, Quicksilver, Charles& Keith, ToysRus, Lim's Art 등 *커피 빈, 버거킹, 스시 테이, 하겐다즈, 시크릿 레시피 등, 케이블카 연결(하버 프런트 타워), 세인트 제임스 파워 스테이션 연결, 켄코(마사지),
3층	DAISO, Timezone, The Pet Safari 등 *푸드 리퍼블릭(푸드 코트), 마르쉐, 임페리얼 레스토랑, 노 사인보드 등, 센토사 익스프레스(모노레일), 스카이 파크

센토사

Shop
Dine
비보 시티의 추천 매장

포에버 21 Forever 21 🎁 1층 71호
전화 6376-9091 **영업** 매일 11:00~22:00

국내의 명동에도 매장이 있는 포에버 21은 트렌디한 스타일의 옷과 소품을 판매하는 여성 의류 브랜드로 싱가포르 젊은 층에게 인기가 높다. 가격이 저렴한 편이고 캐주얼부터 열대풍의 맥시 드레스, 클러빙에 어울리는 과감한 스타일까지 다양하게 갖추고 있다. 쇼핑 후 바로 변신해 여행을 즐길 수 있는 것도 묘미.

푸드 리퍼블릭 Food Republic 🍲
위치 3층 1호-센토사 모노레일 옆 **전화** 6276-0521
영업 매일 08:00~22:00 **예산** S$5~10

과거의 호커 센터를 보는 듯한 정겨운 테마의 푸드 코트로 다양한 음식들을 한자리에서 먹을 수 있다. 싱가포르 로컬 푸드를 비롯해 누들·딤섬·웨스턴식·말레이식·한식까지 다채로운 음식을 골라 먹는 재미가 있으며 레스토랑에 비해 저렴하게 즐길 수 있어 일석이조. 센토사 섬으로 연결되는 모노레일 옆에 있어 섬으로 넘어가기 전이나 센토사에서 나올 때 들르기 좋다.

립 컬 Rip Curl 🎁 2층 19호
전화 6275-2680 **영업** 매일 11:00~22:00

스포티하면서도 캐주얼한 스타일의 의류와 소품을 찾는다면 주목해야 할 브랜드. 호주 서핑브랜드로 서핑 관련 보드 숏, 티셔츠, 가방, 플립플랍 등을 판매한다. 특히 센토사 섬에서 액티비티를 즐기기 위한 옷을 사려는 이들에게 추천!

타이포 Typo 🎁 2층 39호
영업 매일 10:00~22:00

예쁜 것들만 모아둔 보물상자와도 같은 곳. 일상을 즐겁게 만들어줄 문구용품, 텀블러, 인테리어 소품들을 판매하고 있는 호주 잡화 브랜드다. 유니크한 감성이 녹아 있는 개성 넘치는 소품이 많아 소소한 쇼핑을 즐기기 좋다. 귀여운 수첩과 다이어리 등의 종류가 많고 기념품으로 좋은 여행용품도 다양하다.

백스 비빔 Paik's Bibim 🍲 2층 125호
영업 매일 12:00~21:00
예산 우삼겹 비빔밥 S$8.90, 비빔국수 S$7.9

현지 음식이 지겹거나 한국 음식이 그리운 이들이라면 여기로! 국내 외식업계의 큰손 백종원의 프랜차이즈로 비빔밥을 테마로 한 아담한 레스토랑이다. 우삼겹 비빔밥, 해산물 비빔밥, 비빔국수, 떡볶이 등 한 접시 단품 메뉴로 간단하지만 맛있게 한 끼를 먹을 수 있다. 가격도 부담 없고 맛도 좋아 한국 음식이 먹고 싶을 때 제격이다. 바로 옆에는 우삼겹으로 유명한 본가 Bornga가 있다.

제이미스 이탈리안 Jamie's Italian 1층 165호

전화 6733-5500 홈페이지 www.jamieoliver.com 영업 일~목요일 12:00~22:00, 금~토요일 12:00~23:00 예산 미트 플랭크 S$15.50, 램 찹 S$32, 크랩 스파게티 S$16

영국의 유명한 스타 셰프 제이미 올리버의 이탈리안 레스토랑이 런던, 시드니, 홍콩 등에 이어 싱가포르에 문을 열었다. 아늑하고 감각적인 인테리어로 꾸며져 있으며 창밖으로는 탁 트인 하버 뷰가 근사하다. 매콤한 토마토 소스의 맛이 매력적인 펜네 아라비아따, 게살 맛이 일품인 크랩 스파게티, 연어 스테이크, 램 찹 등이 대표적인 메뉴. 프로슈토, 치즈, 피클 등이 함께 나오는 미트 플랭크(Meat Plank)는 애피타이저로도 좋고 칵테일과 곁들이기에도 좋다.

비보 마트 자이언트 VIVOMART Giant'
1층 23호, 2층 23호

전화 6275-6064 영업 10:00~22:00

지하 2층과 1층에 걸쳐서 있는 대형 슈퍼마켓으로 이것저것 슈퍼마켓 쇼핑을 원한다면 강력 추천한다. 리조트에서 간식으로 먹기 좋은 과일, 맥주, 과자, 라면, 생필품 등이 가득해서 센토사 섬에서 숙박할 경우 이곳에서 간단하게 장을 봐서 들어가도 좋다. 싱가포르 필수 쇼핑 아이템인 카야 잼, 부엉이 커피와 같은 아이템도 종류가 다양하다.

브로자이트 Brotzeit German Bier Bar & Restaurant 1층 149호

전화 6376-9644 영업 매일 12:00~22:30 예산 1인당 $15~25(+TAX&SC 17%)

정통 독일식 맥주와 요리를 경험해보고 싶은 사람이나 맥주 애호가라면 꼭 가봐야 할 곳. 단골은 주로 싱가포르에 거주하는 유럽인들이며 저녁은 물론 대낮에도 진한 독일 맥주와 함께 식사를 즐기려는 이들로 붐빈다. 메뉴에는 각 맥주의 특징과 도수 등이 자세히 나와 있으며 드래프트 맥주의 종류는 14가지다. 독일 하면 맥주만큼이나 소시지도 유명하니 꼭 맛보자. 맥주 한 잔을 시원하게 들이켜고 베어 먹는 탱탱한 소시지의 맛은 최고다. 유명한 독일식 족발 요리인 슈바인스학세 Schweinshaxe도 제대로 경험할 수 있다. 그 외에도 다채로운 메뉴를 갖추고 있어 골라 먹는 재미를 느낄 수 있다. 오후 5~8시까지 때에 따라 맥주 가격을 할인해주고 있으니 참고하자. 래플스 시티와 313@서머셋에도 분점이 있으니 가까운 곳으로 찾아가보자.

365

---

tip 센토사와 하버 프런트를 이어주는 모노레일 타기

비보 시티 3층에 올라가면 센토사로 넘어갈 수 있는 모노레일을 탈 수 있습니다. 멀게만 느껴지는 센토사 섬이지만 이 모노레일을 타면 한 정거장만 넘어가도 센토사가 시작되니 무척이나 가깝고 쉬운 방법이지요. 들어갈 때만 섬 입장료 포함해 S$4의 티켓을 끊으면 되고 센토사 섬 안에서, 그리고 다시 비보 시티로 나올 때는 무료로 탑승할 수 있습니다. 이 모노레일을 탑승하는 곳 바로 옆에는 푸드 리퍼블릭 Food Republic 푸드 코트가 있으니 센토사로 넘어가기 전 간단하게 식사를 한 후에 넘어가도 좋습니다(센토사 교통 정보는 330p 참고).

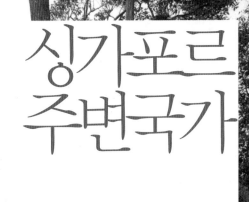

싱가포르 주변국가

싱가포르는 말레이 반도에 위치하고 있는 지리적인 이점 덕분에 주변 국가로의 여행이 쉽고 편리하다. 말레이시아의 조호 바루 같은 경우는 버스를 타고 매일 싱가포르로 출퇴근하는 이들이 있을 정도로 가까우며 비교적 물가가 저렴한 조호 바루에서 쇼핑을 즐기고 오는 이들도 많다. 쿠알라룸푸르 · 말라카 등 말레이시아의 주요 도시 또한 직통버스나 에어아시아와 같은 저가 항공을 이용해 쉽게 넘어갈 수 있다. 또한 인도네시아의 빈탄 · 바탐과 같은 섬도 배를 타고 한 시간 남짓이면 닿을 수 있어 도시적인 싱가포르와는 또 다른 트로피컬한 휴양을 덤으로 즐길 수 있다. 시간적인 여유가 있다면 싱가포르는 물론 주변 국가로도 자유롭게 넘나들며 여행의 즐거움을 만끽해보자.

빈탄
Bintan

싱가포르에서 약 40km 떨어져 있는 인도네시아의 빈탄 섬은 싱가포르를 찾는 여행자들과 싱가포르 현지인들에게 인기 있는 휴양지다. 싱가포르에서 페리로 채 1시간도 걸리지 않으며 도시적인 싱가포르와는 달리 트로피컬한 휴양지 분위기를 만끽할 수 있다. **또 싱가포르보다 저렴한 비용으로 열대의 리조트를 이용할 수 있는 것도 큰 장점이다.** 그러나 리조트와 골프장·스파·액티비티 등을 즐기기는 좋지만 대중교통이 빈약하고 볼거리가 적은 편이므로 활동적인 관광보다는 리조트 안에서의 휴양 여행에 초점을 맞추는 게 좋다. 워낙 거리가 가깝고 싱가포르를 거쳐 빈탄으로 가는 여행자가 많다 보니 인도네시아라기보다 싱가포르의 작은 섬 같은 느낌도 들지만 엄연히 인도네시아 영토이므로 입국 심사를 거쳐야 하며 무비자인 싱가포르와는 달리 비자도 발급받아야 한다는 것을 유념하자.

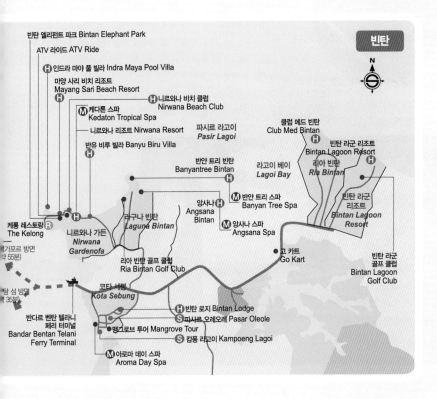

빈탄 엘리펀트 파크 Bintan Elephant Park
ATV 라이드 ATV Ride
인드라 마야 풀 빌라 Indra Maya Pool Villa
마양 사리 비치 리조트 Mayang Sari Beach Resort
케다톤 스파 Kedaton Tropical Spa
니르와나 비치 클럽 Nirwana Beach Club
니르와나 리조트 Nirwana Resort
파시르 라고이 *Pasir Lagoi*
반유 비루 빌라 Banyu Biru Villa
클럽 메드 빈탄 Club Med Bintan
빈탄 라군 리조트 Bintan Lagoon Resort
반얀 트리 빈탄 Banyantree Bintan
리아 빈탄 *Ria Bintan*
라고이 베이 *Lagoi Bay*
라구나 빈탄 *Laguna Bintan*
케롱 레스토랑 The Kelong
앙사나 빈탄 Angsana Bintan
반얀 트리 스파 Banyan Tree Spa
빈탄 라군 리조트 *Bintan Lagoon Resort*
니르와나 가든 *Nirwana Gardenofa*
앙사나 스파 Angsana Spa
리아 빈탄 골프 클럽 Ria Bintan Golf Club
고 카트 Go Kart
빈탄 라군 골프 클럽 Bintan Lagoon Golf Club
코타 세붕 *Kota Sebung*
반다르 벤탄 텔라니 페리 터미널 Bandar Bentan Telani Ferry Terminal
빈탄 로지 Bintan Lodge
파사르 오레오레 Pasar Oleole
맹그로브 투어 Mangrove Tour
캄퐁 라고이 Kampoeng Lagoi
아로마 데이 스파 Aroma Day Spa

싱가포르 방면 (약 55분)
탐 섬 방면 (약 35분)

싱가포르 주변 국가 |

빈탄 여행에 필요한 정보 Info

● **여권** : 인도네시아 출입국을 위해 여권은 필수. 또한 싱가포르 입국 때 받은 출국 카드도 필요하다.

● **출입국 카드** : 페리 터미널에서 출입국 카드 용지를 받으면 써야 할 사항들을 기입해 여권과 함께 챙겨두자.

● **비자** : 2016년부터 한국인이 인도네시아 방문 시 무비자 입국이 가능해져서 별도의 비자 요금을 지불하지 않는다.

● **환전** : 인도네시아는 루피아를 사용하지만 대부분의 여행자들이 싱가포르에서 오기 때문에 싱가포르 달러가 통용되므로 일부러 루피아로 환전하지 않아도 된다.

싱가포르 ~ 빈탄으로 가는 페리 정보

싱가포르에서 빈탄행 페리를 타기 위해서는 타나 메라 페리 터미널 Tanah Merah Ferry Terminal로 가야 한다. 홈페이지를 통해 스케줄 확인과 티켓 예매를 할 수 있다. 현장 구매도 가능하지만 주말이나 공휴일이 끼어 있거나 여행자들이 몰리는 첫 페리와 마지막 페리를 탈 계획이라면 미리 예매를 하는 것이 안전하다.

싱가포르에서 인도네시아 빈탄까지는 배를 타고 약 1시간 정도 소요되는 거리다. 빈탄 내에서는 이동이 쉽지 않은 편이므로 호텔 간 교통을 미리 알아두고 가는 것이 좋다.

스케줄 & 요금 정보

빈탄 페리 홈페이지 www.brf.com.sg

출발	싱가포르 타나 메라 페리 터미널 Tanah Merah Ferry Terminal (싱가포르 시간 기준)	빈탄 반다르 벤탄 텔라니 Bandar Bentan Telani (빈탄 시간 기준)
월~금요일	09:10, 11:10, 14:00, 17:00, 20:20	08:35, 11:35, 13:35, 14:35, 17:35, 20:15
토~일요일	08:10, 09:10(토요일만 추가 운행), 11:10, 12:10, 14:00, 17:00, 20:20	08:35, 09:35(토요일만 추가 운행), 11:35, 13:35, 14:35, 15:35, 16:35(일요일만 추가 운행), 17:35, 20:15
요금	편도 일반 S$45, 어린이 S$40 왕복 (비수기) 일반 S$58, 어린이 S$50 (성수기) 일반 S$70, 어린이 S$58	

*페리 시간은 현지 시간 기준이며 빈탄은 싱가포르보다 한 시간 느리다.
*티켓은 편도로도 구매 가능하다.
*스케줄과 요금은 변동이 있을 수 있으니 홈페이지를 체크할 것!

싱가포르~빈탄 출입국 교통 정보

⚓ 싱가포르에서 빈탄으로 들어가기

❶ 싱가포르의 타나 메라 페리 터미널 가기

싱가포르에서 빈탄으로 가기 위해서는 먼저 동부에 위치한 타나 메라 페리 터미널로 가야 한다. **MRT 타나 메라 Tanah Merah 역에서 하차 후 역 앞의 정류장에서 버스 35 · 570번을 타거나 택시를 타도 된다.** 도심에서 바로 택시를 타고 가면 페리 터미널까지 30~40분 정도 소요된다.

❷ 싱가포르에서 빈탄으로 출국하기

출국 심사나 여러 가지 시간 소요를 계산해 적어도 **출발 시간 1시간30분 전에는 터미널에 도착**하도록 하자. 티켓을 미리 구입했다면 출발 당일 터미널의 체크인 카운터에서 보딩 패스를 수령하면 되는데 **출발 시간 30분 전까지 보딩 패스를 찾지 않으면 취소될 수 있으니 주의하자.** 보딩 패스를 받은 후에는 일반적인 해외여행의 수속과 똑같이 수하물 검사를 한 뒤 출국 심사를 하고 페리에 타면 된다. 배에 탑승한 후 싱가포르에서 타 국가로 출국하는 것이므로 나눠주는 출입국 신고서도 작성해두도록 하자.

❸ 빈탄 페리 터미널 도착 – 입국 심사

빈탄에 도착하면 줄을 서서 입국 심사, 수하물 검사를 받는다. 이때 여권을 필히 지참해야 한다. 입국 수속이 끝나고 짐을 찾은 뒤에는 리조트 셔틀을 타고 이동하면 된다.

빈탄 내 교통정보 : 빈탄 섬은 대중교통이 없고 리조트의 셔틀을 이용해 터미널과 파사르 올레(쇼핑 빌리지) 등으로 이동할 수 있다.

⚓ 빈탄에서 싱가포르로 들어가기

돌아오는 길은 수하물 검사 후 출국 심사대를 지나 페리 대합실에 도착하는 순서로 진행된다. 여행객이 많을 때는 생각보다 수속이 지체되는 경우가 있으므로 서두르는 편이 좋다.

빈탄 페리 터미널 ➔ 출국 심사 ➔ 타나 메라 페리 터미널 ➔ 입국 심사

Best
Activity
빈탄의
즐길 거리

빈탄의 즐길 거리는 해양 스포츠와 골프 정도로
압축할 수 있는데 싱가포르에 비하면 저렴한 비용으로
즐길 수 있으니 시도해보자.

니르와나 비치 클럽 Nirwana Beach Club

주소 Jalan Panglima Pantar, Lagoi, Riau Islands Province 29155, Indonesia **전화** 770-692505 **운영** 매일 10:00~17:00
Map.P369

빈탄 여행에서 가장 인기 있는 즐길 거리는 다양한 해양 스포츠로 싱가포르에 비해 저렴한 비용으로 즐길 수 있다. 바나나보트, 카약, 웨이크 보드, 스노클링, 윈드서핑 등을 즐길 수 있으며 장비 대여와 함께 교육도 하고 있다. 종류에 따라 비용에 차이가 있으며 S$10부터 시작된다.

리아 빈탄 골프 클럽 Ria Bintan Golf Club

주소 Bintan Utara, Lagoi, Riau, Indonesia **전화** 770-692868 **홈페이지** www.riabintan.com **Map.P369**

골프 다이제스트지가 공식적으로 선정한 세계 100대 골프장 중 하나. 게리 플레이어가 디자인한 골프 클럽으로도 유명하다. 빈탄 라군 근처에 있는데 거의 전 홀이 바닷가를 끼고 있어 풍경이 근사하다. 함께 운영하는 리아 골프 로지 Ria Golf Lodge 숙박이 합쳐진 패키지도 홈페이지를 통해 예약 가능하다.

빈탄의 북서부에는 리조트들이 많이 모여 있다.
대표적인 리조트 그룹 니르와나 가든에는 총 5개의 숙소가
있어 빈탄 내에서 중요한 역할을 하고 있으며 북쪽에는 럭셔리
리조트의 대명사인 반얀 트리 빈탄과 자매 리조트 앙사나가
위치하고 있다.

니르와나 리조트 Nirwana Resort

주소 Jalan Panglima Pantar, Lagoi 29155, Bintan Resorts, Indonesia
전화 6323-6636 **홈페이지** www.nirwanagardens.com
요금 슈피리어 S$150, 디럭스 S$190 **Map.P369**

빈탄에 5개의 리조트를 보유하고 있는 니르와나 가든의 숙소 중 가장 대중
적이며 가족 단위 여행자들이 선호하는 리조트다. 330㏊의 넓은 부지에 야자수와 싱그러운 정원이 열대의 분위기를
물씬 풍긴다. 바다를 마주하고 있는 수영장이 넓고 전망이 좋아 휴양을 즐기기에 제격이다. 총 245개의 객실을 갖추고
있다. 객실은 비교적 넓은 편이며 목조 가구를 많이 사용해서 인도네시아의 전통적인 분위기가 느껴진다.

반얀 트리 빈탄 Banyan tree Bintan

주소 Jalan Teluk Berembang, Laguna Bintan, Lagoi
29155, Bintan **전화** 770-693100 **홈페이지** www.
banyantree.com **요금** 시 뷰 빌라 US$480, 시 프런트 빌
라 US$520~ **Map.P369**

빈탄을 대표하는 럭셔리 리조
트로 허니무너들에게 압도적인
사랑을 받고 있는 숙소. 바다가
훤히 내려다보이는 언덕 위에
있어 전망이 압권이며 단독 빌
라 스타일의 객실은 오붓한 시
간을 보내기에 더없이 좋다. 녹음으로 둘러싸여 있으며
숙소 내에서는 버기로 편안하게 이동할 수 있다. 근사
한 수영장 옆으로 난 계단을 내려가면 해변이며 수상
스포츠를 즐길 수 있는 센터가 나온다. 19채의 풀빌라
와 55채의 자쿠지 빌라로 이루어져 있으며 호사스럽고
고급스러운 시설을 갖추고 있다. 달콤한 허니문 혹은
최상급의 휴가를 즐기고 싶다면 반얀 트리로 가자.

앙사나 빈탄 Angsana Bintan

주소 Jalan Teluk Berembang, Insel Bintan **전화** 770-
693111 **홈페이지** www.angsana.com **요금** 슈피리어
US$255, 디럭스 US$320 **Map.P369**

반얀 트리 리조트의 자매 리조트. 반얀 트리에 비해 요
금이 합리적인 중급 리조트로 젊은 여행자들이 선호한
다. 해변과 가까우며 총 106개의 객실 모두에 발코니가
있어서 근사한 전망을 즐길 수 있다. 객실은 모던하고
깔끔한 스타일로 꾸며져 있는데 거실과 주방 공간이 나
뉘어 있는 2베드룸 스위트 Two Bedroom Suite는 가족
이나 친구들끼리의 여행에 잘 어울리고 앙사나 스위트
Angsana Suite는 여유로운 공간으로 허니무너에게도
잘 어울린다. 바다를 바라보고 있는 수영장이 열대 분
위기를 물씬 풍기며 라구나 빈탄 골프
코스 Laguna Bintan Golf Course, 윈드
서핑·스노클링·웨이크보드 등의 수상
스포츠를 즐길 수 있는 마린 센터 등 숙
소 내의 다양한 부대시설을 이용할 수
있다.

373

싱가포르 주변 지역

인도네시아 바탐은 리아우 제도 Kepulauan Riau에 속해 있는 섬으로
싱가포르 남쪽에 위치하고 있다. 싱가포르에서 30분 정도면 닿을 수 있으며
싱가포르보다 물가가 저렴하고 리조트 · 스파 · 골프장 등이 갖춰져 있어
싱가포르인들이 주말이나 휴가 때 자주 찾는다.

바탐 여행에 필요한 정보 Info

● **여권** : 인도네시아 출입국을 위해 여권은 필수. 또한 싱가포르 입국 시 받은 출국 카드도 함께 가지고 가야 한다.

● **출입국 카드** : 페리 터미널에서 출입국 카드 용지를 받으면 필수 사항을 기입해 여권과 함께 챙겨두자.

● **비자** : 2016년부터 한국인이 인도네시아 방문 시 무비자 입국이 가능해져서 별도의 비자 요금을 지불하지 않는다.

● **환전** : 루피아를 사용하지만 대부분의 여행자들이 싱가포르에서 오기 때문에 싱가포르 달러가 통용되므로 일부러 환
전하지 않아도 된다.

● **바탐행 페리 티켓 구입하기** : 바탐 섬의 항구는 크게 3곳으로 농사푸라 Nongsapura, 세쿠팡 Secupang, 바탐 센
터 Batam Center다. 숙소와 목적지가 어느 항에서 가까운지 체크하고 티켓을 구매하자. 싱가포르 내 하버 프런트
크루즈 센터, 타나 메라(농사푸라행)에서 바탐행 페리를 탈 수 있다.

싱가포르 크루즈 센터 Singapore Cruise Center

위치 MRT 하버 프런트 역에서 약 5분, 하버 프런트 센터 3층 **전화** 6270-2524
홈페이지 www.singaporecruise.com.sg **목적지** 바탐 센터 Batam Center, 세쿠팡
Sekupang

바탐으로 가는 티켓은 싱가포르 크루즈 센터 2 · 3층에 4~5개의 페리 회사
들(Pacific Ferry, Wave Master, Batamfast)이 있으므로 출발 스케줄과 가격
을 체크하고 매표소에서 사면 된다. 회사마다 스케줄은 다르지만 거의 매시
간 배가 있는 편이다. 바탐 내에서의 숙박과 투어 등이 포함된 2박, 3박 패키
지도 함께 판매하는 경우가 대부분. 왕복 페리와 숙박, 숙소로 가는 교통편 등이 포함된 2박 패키지가 1인당 S$100부
터 시작된다. 원 데이 바탐 투어는 S$40 정도부터 가능하다. 숙소나 일정을 아직 정하지 않았다면 고려해볼 만하다.
브로슈어의 요금과 포함 사항 등을 비교해보자.

주요 항 (바탐 내)	출발/도착 터미널(싱가포르 내)	소요 시간	요금(왕복)
농사푸라 Nongsapura	타나 메라	약 30분	일반 S$34~38
세쿠팡 Secupang	싱가포르 크루즈 센터	약 40분	어린이 · 유아 S$24~32
바탐 센터 Batam Center	싱가포르 크루즈 센터	약 40분	

*Departure Fee(S$6), Terminal fee(S$7)가 추가된다.

· 농사푸라의 경우 싱가포르 동부에 위치한 타나 메라 페리 터미널 Tanah Merah Ferry Terminal에서도 배를 탈 수 있다.
· 스타 크루즈와 같은 크루즈가 출발하는 곳이기도 하므로 크루즈를 이용하는 사람도 이곳을 통과하게 된다.

싱가포르 여행의 즐거움 중 하나는 말레이시아와 인도네시아와 같은 인접 국가로 쉽게 이동해 여행을 이어갈 수 있다는 것. 특히 말레이시아는 싱가포르와 거의 붙어있다시피 가까우므로 연계해서 말레이 반도를 둘러보는 것도 특별한 여행이 될 것이다. 가장 가까운 조호 바루는 당일치기로 다녀와도 좋고 말레이시아의 수도 쿠알라룸푸르로 버스나 저가 항공을 타고 넘어갈 수도 있다.

말레이시아 여행에 필요한 정보 Info

● **여권** : 말레이시아 출입국을 위해 여권은 필수. 또한 싱가포르 입국 시 받은 출국 카드도 함께 넣어둘 것.
● **비자** : 3개월 무비자 체류 가능
● **환전** : 말레이시아 화폐인 링깃(RM)을 사용

싱가포르에서 조호 바루 Johor Baharu 로 넘어가기!

조호 바루는 싱가포르에서 가장 가까운 말레이시아 지역으로 거의 싱가포르와 이웃하고 있다고 해도 과언이 아닐 정도로 가깝다. 싱가포르에 비해 물가가 저렴해서 싱가포르인들이 주말에 쇼핑을 위해 넘어가곤 한다. 특별한 관광지는 아니지만 이슬람 관광 명소들이 있어 여행자들은 당일이나 1박 정도로 조호 바루를 둘러본다.

시티 스퀘어

🚌 버스 타고 가기

싱가포르에서는 일반적으로 퀸 스트리트 Queen Street의 버스터미널에서 일반버스 170번이나 고속버스 Singapore-Johor Express를 타고 이동할 수 있다. 중간에 체크포인트에 도착하면 여권 검사와 출국 심사를 받은 후 다시 버스표를 보여주고 버스에 탑승하면 된다. 조호 바루 열차역 체크포인트에서 다시 정차 후 조호 바루 입국 심사를 받는다. 도착 후 육교를 건너면 쇼핑몰 시티 스퀘어로 이어진다. 또 다른 방법은 MRT 우드랜즈 Woodlands 역까지 간 후 조호 바루로 넘어가는 버스를 타는 것이다. 조호 바루까지 소요 시간은 약 40분~1시간 정도다.

퀸 스트리트 버스터미널 Queen Street Bus Terminal

주소 50 Ban San Street, Singapore **운행** 매일 06:30~24:00 **요금** 버스 170번 S$1.70/편도, 고속버스 Singapore-Johor Express S$2.40/편도 **가는 방법** MRT Bugis 역에서 나와 빅토리아 스트리트 Victoria Street를 따라 직진, 골든 랜드마크 콤플렉스 Golden Landmark Complex 건물이 나오면 왼쪽으로 난 아랍 스트리트 Arab Street를 따라 도보 3~5분

tip 창이 국제공항과 리조트 월드 센토사에서 조호 바루로 가는 직행버스를 운행하고 있다.
요금은 약 S$7. 홈페이지에서 스케줄과 요금 등을 확인할 수 있다. 홈페이지 www.transtar.travel/crossborder

아시아 최고의 레고 테마파크
레고랜드 LEGOLAND® Malaysia

주소 7, Jalan LEGOLAND, Bandar Medini Iskandar Malaysia, Johor Darul Takzim, Malaysia
전화 607-597-8888 **홈페이지** www.legoland.com.my **운영** 레고랜드 테마 파크 10:00~20:00, 워터 파크 10:00~18:00

2012년 아시아 최초로 말레이시아 조호 바루에 레고랜드가 개장했다. 싱가포르 현지인들은 주말이면 아이들과 함께 찾고 있으며 여행자들도 하루 시간을 내서 레고랜드로 향하는 수가 늘고 있다. 레고랜드는 크게 3개 테마로 나뉘는데 놀이기구와 액티비티를 즐길 수 있는 레고랜드, 시원하게 즐길 수 있는 워터파크, 바로 옆에 이웃하고 있는 레고랜드 호텔이다. 곳곳에 간단한 식사를 즐길 수 있

입장권	성인	아이
레고랜드 테마 파크	RM 188	RM 150
워터 파크	RM 122	RM 103
레고랜드 테마파크 + 워터파크 콤보	RM 235	RM 188
*홈페이지에서 예약 시 할인받을 수 있다.		

는 카페, 레스토랑이 있고 레고를 비롯해 다양한 기념품을 파는 숍은 아이들과 마니아들의 구매욕을 부른다.

가는 방법

● **대중교통으로 직접 찾아가는 방법**
싱가포르 퀸 스트리트 버스터미널 또는 우드랜드에서 조호바루 JB Sentral로 이동(이동 방법 P.P.375 참고). JB Sentral 지하에 위치한 버스 정류장에서 LM1 버스 탑승.
버스 요금 RM4.50 **이동 시간** 약 1시간

● **여행사 직행 버스를 타고 이동하는 방법 :** WTS 트래블에서 운영하는 직행 버스를 타면 더 쉽고 간단하게 레고랜드로 이동할 수 있다. 왕복 요금이며 싱가포르 플라이어에서 출발한다. 주중/주말 버스 출발 시간표가 있으니 미리 체크하고 예약해두자.

● **레고랜드 직행 버스 여행사 WTS Travel**
홈페이지 www.wtstravel.com.sg **버스요금** S$20(왕복. 성인 어린이 동일)

레고랜드 테마파크

레고랜드는 20여 개의 라이더 어트랙션과 70여 개의 레고 모델, 7개의 테마관으로 구성되어 있다. 그중에서도 레고랜드의 하이라이트는 단연 미니랜드(Miniland). 말레이시아, 싱가포르, 중국, 베트남 등 17개 지역의 상징적인 모습들을 1:20의 스케일로 축소해서 모두 레고로 재현해놓았다. 약 3년에 걸쳐 50만 개의 레고 블록을 사용해서 만든 대작으로 놀라움을 자아낸다. 레고를 만들며 체험할 수 있는 이미지네이션 Imageination, 시원한 물세례를 맞으며 12m 높이에서 하강하는 랜드 오브 어드벤처 Land of Adventure, 아이들이 소방관이 되어 직접 화재 진압하는 경험을 할 수 있는 레고 시티Lego City 등 다양한 어트랙션이 준비되어 있다.

레고랜드 워터파크

우리나라의 캐리비안 베이 같은 곳과 비교하면 규모는 작은 편이지만 무더운 날씨에 테마파크를 둘러본 후 더위에 지쳤을 때 오아시스가 되어주는 곳이다. 20여 개의 슬라이드가 있으며 역시 레고들로 꾸며놓아 동심을 공략하고 있다. 물에 둥둥 떠다니며 레고를 조립할 수 있는 빌드 어 래프트(Build-A-Raft), 귀여운 레고 친구들이 쏟아내는 시원한 물벼락을 맞는 조커 소커(Joker Soaker)를 비롯해 다양한 슬라이드들을 탈 수 있다. 수영복은 필수.

레고랜드 호텔

레고랜드 파크 안에 있는 호텔로 로비에서부터 객실까지 레고들로 꾸며놓은 테마 호텔이다. 해적 룸, 모험 룸, 왕국 룸 등 249개 객실이 각기 다른 컨셉트로 꾸며져 있어 아이들이 무척 좋아한다.

tip 레고랜드를 더욱 알차게 즐기는 팁!

– 레고랜드를 충분히 즐기고 싶다면 레고랜드 호텔에서 1박을 하는 것도 추천한다. 레고랜드 입장권과 호텔 숙박을 묶어서 파는 패키지 상품을 이용하면 예산을 줄일 수 있다.

– 레고랜드 안에 카페나 레스토랑이 있지만 가격 대비 만족도는 떨어지는 편. 몰 안에 버거킹, 맥도날드 등 패스트 푸드부터 레스토랑까지 다양하게 있으니 식사를 하고 입장하면 좋다.

– 무더운 날씨의 말레이시아는 대부분의 즐길 거리가 야외에 있어 쉽게 지칠 수 있으니 마실 물과 선크림, 모자, 선글라스 등은 필수로 챙겨가자.

– 이왕이면 테마파크와 워터파크를 함께 이용할 수 있는 콤보를 추천한다. 테마파크 티켓과 콤보 티켓 가격 차이는 1만 원 정도밖에 나지 않는다. 더운 날씨에 땀 흘린 후 워터파크에서 시원하게 놀면 안성맞춤이다.

싱가포르에서 말레이시아의 쿠알라룸푸르까지는 비행기로는 약 1시간, 버스로는 약 6시간 정도로 가까운 편이라 싱가포르와 연계해서 여행을 할 수 있다. 쿠알라룸푸르는 말레이시아의 수도이며 세계에서 가장 높은 쌍둥이 빌딩 페트로나스 트윈 타워로 유명한 도시다. 싱가포르와 닮은 듯 다른 매력으로 여행자들을 끌어모으고 있다. 저가 항공을 이용하면 비싸지 않은 요금으로 이동할 수 있으며 버스는 더 저렴하게 이용할 수 있다. 이동 시간은 더 걸리지만 시내 터미널에서 출발하고 티켓 구입이 편하다는 이유로 버스를 이용하는 이들도 많다. 에어 아시아와 같은 저가 항공사는 다양한 프로모션이 있으니 체크해본 후 자신의 여행 일정과 예산 등을 잘 따져서 선택하자.

✈ 비행기 타고 가기

에어 아시아 AirAsia와 같은 저가 항공을 이용하면 S$40~60(편도) 정도로 갈 수 있다. 쿠알라룸푸르는 공항이 두 곳인데 저가 항공(에어 아시아 포함)을 이용할 경우 KLIA2 공항에 도착한다(단, 파이어플라이 Firefly 항공은 수방 공항에 도착한다). KLIA2 공항에서 쿠알라룸푸르 시내까지는 약 1시간이 소요된다. 저렴하게 이동 하고 싶다면 KLIA2에서 버스를 타고 KL센트럴(중앙역)로 이동해서 대중교통 (LRT 등)을 이용해 시내(부킷 빈탕, KLCC)로 나가면 된다. 편하게 시내 중심까지 이동하고 싶다면 KLIA2에서 택시로 이동하면 되며 요금은 우리나라 돈으로 3만원 안팎이다.

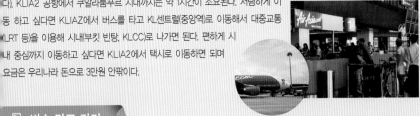

🚌 버스 타고 가기

비행기보다는 이동 시간이 더 걸리지만(약 6시간) 요금이 S$15~40(편도)로 저렴하고 공항까지 가는 번거로움도 피할 수 있다. 싱가포르 내에는 쿠알라룸푸르행 버스가 다양하게 있으며 버스 회사마다 출발하는 터미널, 버스 상태, 가격 등에 차이가 큰 편이다. 또한 버스 회사마다 쿠알라룸푸르 내의 도착지도 다르므로 자신이 출발하는 곳과 목적지를 고려해서 버스 회사를 선택해야 한다.

싱가포르 내 대표적인 버스터미널 : Golden Mile Complex Singapore, Novena Square

골든 마일 콤플렉스 Golden Mile Complex

싱가포르에서 쿠알라룸푸르행 버스가 출발하는 터미널 중 한 곳으로 부기스 Bugis 역에서 택시로 약 4~5분 정도 소요된다. 버스 티켓을 판매하는 티켓 오피스가 줄줄이 모여 있는데 회사마다 버스 시설에 크게 차이가 나고 시간과 요금도 다르니 체크해

보자. 버스 티켓은 물론 호텔 숙박이 포함된 2박 패키지와 같은 상품도 있으며 또 다른 말레이시아의 관광지 말라카 · 이포 · 팡코르 아일랜드 등의 패키지도 판매한다. 건물 내에 말레이시아 링깃으로 바꿀 수 있는 환전소도 있다.

travel plus

에어 아시아 타고 동남아 유랑하기

저가 항공의 대표 주자인 에어 아시아는 저렴한 항공료에 다양한 노선을 보유하고 있어 동남아 여행 때 편리합니다. 싱가포르에서 가까운 말레이시아의 쿠알라룸푸르 · 코타키나발루 · 랑카위 · 페낭 등은 물론 태국의 푸껫과 방콕, 인도네시아의 자카르타 · 발리 등 다양한 노선으로 연결되니 가까운 이웃 나라들로 연계 여행을 계획 중이라면 꼭 체크해보세요. 특히 에어 아시아는 깜짝 놀랄 만큼 저렴한 프로모션을 종종 선보이니 잘 살펴보세요.

에어 아시아 www.airasia.com

싱가포르
숙소
Singapore
Accommodation

여행에 있어 빼놓을 수 없는 핵심 요소가 바로 숙소일 것이다. 관광대국 싱가포르는 나라의 크기에 비하면 숙소의 수는 놀랄 만큼 많은 편이고 그 종류 또한 다양하다. 하루에 20달러 남짓한 저가 숙소부터 호화로운 럭셔리 호텔들까지, 가격대에 따라서 숙소를 고를 수 있다. 또한 트렌디한 도시답게 독특한 스타일과 아이디어로 탄생된 유니크한 부티크 호텔이 유난히 많은 곳이기도 하다. 센토사 섬으로 눈을 돌리면 남극의 휴양을 만끽할 수 있는 트로피컬한 리조트들도 만날 수 있다. 이토록 가격대별로, 스타일별로 다양한 숙소들이 기다리고 있으니 예산과 취향을 고려해 나에게 꼭 맞는 숙소로 여행의 만족도를 한층 높여보자.

체크인 & 체크아웃

호텔마다 차이는 있지만 일반적으로 체크인 시간은 오후 2시이며 미리 도
착 시 객실에 여유만 있다면 더 일찍 방을 내어준다. 숙소에 도착하면 로
비의 리셉션에서 예약 시 받은 숙박권을 여권과 함께 보여 주어 예약 명단
을 확인한다. 예약이 확인되면 간단한 신상명세서를 작성하고 키를 받으
면 된다. 보통 디포짓 Deposit(보증금)의 의미로 신용카드를 요구하기도
한다. 이 과정을 마치면 직원과 함께 객실로 이동하거나 직접 키를 받아
객실로 가면 된다.

체크아웃은 체크인보다 더 간단하다. 체크아웃 시간은 보통 낮 12시이며
짐을 싼 후 리셉션에 전화를 걸어 짐을 들어줄 것을 요청하거나 직접 짐
을 들고 리셉션으로 간다. 그간 숙소에서 사용했던 금액(미니바·전화요
금·부대시설 등)은 이때 정산하면 되며 이용한 내역이 없다면 추가 비용
을 지불하지 않는다.

디포짓 Deposit 이란?

체크인 시에 리셉션에서 디포짓 Deposit 용으로 신용카드나 일정 금
액(US$100~)을 요구하는 경우가 있다. 디포짓은 보증금 개념으로 숙
박비 이외에 리조트 내에서 이용하게 되는 룸서비스, 미니바, 전화, 숙
소 내 레스토랑 등의 사용료를 확보하기 위한 안전장치 같은 것이다.

추가로 사용하는 부분이 없다면 자동으로 승인 취소가 나거나 보증
금을 돌려준다. 처음 경험하는 이는 당황할 수 있으나 이것은 대부분
의 숙소에서 공통적으로 요구하는 사항이므로 크게 놀라거나 불안해
할 필요가 없다.

미니 바 사용하기

미니바란 객실 안에 있는 작은 냉장고를 말한다. 미니바를 열어보면 물과 음료수·맥주·스낵 등이 채워져 있다. 대부분 유료이며 시중에서 파는 가격보다 비싸게 받으니 웬만하면 이용하지 않는 것이 좋다. 근처의 편의점에서 쉽게 구입할 수 있는 맥주·탄산음료 등은 마신 다음 똑같은 제품으로 채워두는 것도 요령이다. 보통 인스턴트 커피, 티백 차, 물 2병 정도만 무료로 제공되며 무료로 제공되는 아이템에는 'Complimentary'라는 표시가 되어 있다. 유료인지 궁금하다면 객실 내 전화로 물어보는 것이 가장 정확하다.

숙소 내 부대시설 이용

중급 이상의 호텔들은 수영장. 피트니스 센터 등의 부대시설을 포함하고 있는 경우가 많다. 비싼 숙소 요금에는 이런 부대시설 비용이 모두 포함되어 있으므로 적극 이용해보자. 우선 숙소에 체크인하면서 브로슈어를 챙겨서 부대시설을 체크해보자. 수영장, 피트니스 센터 말고도 숙소에 따라 스파, 키즈 클럽 등을 갖추고 있는 곳도 많다. 스파는 대부분이 유료지만 딸려있는 사우나나 자쿠지 등은 무료인 곳도 있다. 리조트의 경우 키즈 클럽을 운영하기도 하는데 특별한 프로그램을 제외하고는 무료로 운영하는 곳이 많으니 확인해보자. 그 외에 데일리 액티비티 등을 운영하는 것이 있다면 적극 참여해보자. 바깥에서의 관광도 좋지만 비싼 돈을 들여서 부대시설이 좋은 숙소를 선택했다면 100% 즐겨보자.

조식당 이용하기

중급 이상의 숙소라면 아침 식사는 대부분 뷔페 스타일로 제공된다. 정해진 시간에 조식당에 가서 식사를 하게 되는데 숙소의 가격대나 규모에 따라 그 수준도 천차만별이다. 보통 과일·빵·샐러드·죽·요리 등이 준비되어 있고 즉석에서 오믈렛이나 와플 등을 만들어주기도 한다. 커피와 차는 직원들이 서빙해주는 곳이 많으며 자리에 앉아서 원하는 것을 주문하면 된다.

팁 주기

팁을 반드시 주어야 한다는 원칙이 있는 것은 아니다. 그러나 호텔을 이용하면서 팁을 주는 것은 일종의 매너다. 액수도 물론 마음대로 줄 수 있지만 S\$3~5 정도가 적당하다. 보통 객실을 나설 때 청소하는 직원을 위해 침대나 베개 위에 팁을 올려놓는다. 짐을 들어달라고 부탁했거나 객실로 무엇인가를 요청했을 때도 주면 좋다.

인터넷 이용하기

대부분의 호텔들은 유·무선 인터넷을 제공하며 컨디션에 따라 유료와 무료로 나뉜다. 예약 시 미리 인터넷 컨디션을 확인한 후 필요하다면 유료로 이용할 수 있도록 요청해두자. 리셉션에서도 추가로 요청할 수 있는데 유료일 경우 대부분 하루 S\$20 이상으로 요금이 만만치 않다. 인터넷 사용이 중요하다면 호텔 예약 전 꼼꼼히 포함 사항과 유·무료인지를 확인해두자.

모닝 콜 요청하기

대부분의 숙소에는 전화기가 마련되어 있으며 전화로 미리 요청 시 모닝콜을 받을 수 있다. 늦잠으로 하루 일정을 망칠까 걱정이라면 미리 전날 밤 요청해두도록 하자. 모닝 콜 Morning call 혹은 웨이크 업 콜 Wake up call이라고도 한다.

세이프티 박스에 귀중품 보관하기

객실에 현금이나 여권을 두고 외출하는 것은 다소 위험할 수 있으니 세이프티 박스가 있다면 사용하는 것도 좋다. 중급 숙소 이상일 경우 대부분 객실 내에 세이프티 박스가 있다. 무료인 만큼 안전을 위해서 귀중품은 이곳에 보관하도록 하고 체크아웃할 때는 잊지 말고 반드시 챙겨서 떠나도록 하자.

그 외 알아두면 좋은 팁

- 객실 열쇠 대신 카드 키를 사용하기도 합니다. 카드를 문의 홈 안에 화살표 방향으로 넣으면 (혹은 넣었다 빼면) 녹색등이 들어오는데 이때 문을 열면 됩니다.

- 호텔문은 대부분 문을 닫고 나가면 자동으로 잠기도록 되어 있습니다. 객실을 나설 때는 꼭 열쇠를 가지고 가세요.

- 중급 호텔 이상이라면 대부분 욕실에 비누, 칫솔 세트, 샴푸, 보디 워시 등의 어메니티는 갖추고 있습니다. 다만 고급 호텔이 아닌 경우 퀄리티가 다소 떨어질 수 있으니 예민한 편이라면 미리 챙겨가는 게 좋습니다.

- TV프로그램 중에는 돈을 내고 봐야 하는 성인용 영화나 최근 개봉 영화가 방영되는 채널이 있습니다. 유·무료를 확인하고 시청하세요.

- 객실 번호는 잘 기억해두세요. 잊어버렸다가는 리조트 내에서 미아가 될지도~!

- 혹시 모를 상황을 대비해 호텔 명함과 무료 지도를 챙겨 두세요.

호텔 용어 사전

**해외여행이 익숙지 않은 초보 여행자라면 처음 들어보는 용어들이 낯설지 모른다.
알아두면 요긴하게 쓰일 호텔 용어들을 소개한다.**

- **체크인 Check in** 숙소에 도착해서 객실로 들어가기 위한 과정. 리셉션에서 바우처와 여권을 제출하면 된다.

- **체크아웃 Check Out** 투숙이 끝나고 나가는 과정. 시간에 맞춰 리셉션에 키를 반납하면 된다.

- **얼리 체크인 Early Check in** 정해진 시간(보통 오후 2시)보다 일찍 체크인하는 것을 말한다. 체크인 시간보다 일찍 도착했다면 얼리 체크인이 가능한지 물어보자.

- **레이트 체크아웃 Late Check Out** 정해진 시간(보통 낮 12시)보다 늦게 체크아웃을 하는 것을 말한다. 비행기 출발 시간이 늦게 잡혀 있을 때 이용하면 좋은 서비스로 리셉션에 유·무료를 확인하고 이용할 수 있다. 보통 오후 6시까지 1박 요금의 50%가 책정된다.

- **바우처 Voucher** 숙박 예약 확인증을 말한다. 숙소 예약을 하면 홈페이지나 이메일로 바우처를 보내주며 체크인 시 제출하면 된다.

- **디포짓 Deposit** 숙소 내에서 사용하게 될 미니바·레스토랑·전화 등의 이용료를 체크인 시 미리 보증금 개념으로 걸어두는 것. 보통 신용카드로 디포짓을 하며 얼마간의 현금으로 맡겨두는 경우도 있다.

- **콤플리멘터리 Complimentary** 무료로 제공되는 것을 의미한다. 보통 생수 2병과 차·커피 등이 이에 해당한다.

- **세이프티 박스 Safety Box** 여권·현금·지갑 같은 귀중품을 보관할 수 있도록 객실 내에 준비된 안전금고다. 비밀번호를 설정하고 사용할 수 있다.

- **어메니티 Amenity** 객실에 비치되어 있는 용품을 가리키는 말로 샴푸·비누·칫솔 등이 이에 해당된다.

- **미니바 Minibar** 객실에 비치된 냉장고를 가리키는 말. 정확히 말하면 냉장고 안에 들어있는 술·음료·스낵 등을 뜻한다. 대부분 유료로 요금 리스트가 따로 있다.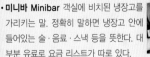

- **버틀러 Butler** 고급 숙소에서 제공하는 서비스로 한 명의 직원이 한 객실을 전담하여 1대1 서비스를 제공하는 것.

- **웰컴 드링크 Welcome Drink** 호텔에 도착해 체크인을 하는 동안 시원한 음료를 제공하는 것. 차가운 타월과 함께 더위를 식히도록 배려하는 서비스다.

- **웰컴 프루트 Welcome Fruits** 숙소에서 제공하는 환영 과일. 방에 들어가면 테이블 위에 놓여 있으며 숙소의 수준에 따라 수와 종류가 달라진다.

- **턴다운 서비스 Turndown Service** 오전에 하는 객실 청소 외에 중간에 침구 정리와 세팅을 한 번 더 해주는 것. 세심한 서비스를 제공하는 고급 호텔 같은 경우 카드나 안내책자·초콜릿 등을 선물로 놓고 가기도 한다.

- **룸서비스 Room Service** 객실에서 전화로 음식이나 음료 등을 주문하는 것을 말한다. 음식을 객실로 직접 가져다주어 편리하며 대부분 객실 내에 룸서비스 메뉴를 비치해둔다.

- **하우스 키핑 House Keeping** 숙소에서 지내면서 필요한 비품(수건·물·콘센트 등)과 청소 등을 담당하는 부서. 필요한 것이 있으면 이곳으로 전화를 하면 된다.

- **메이크업 룸 Makeup Room** 객실 청소를 말한다. 외출을 하면서 청소를 원할 때는 'Makeup Room, Please'가 적힌 팻말을 걸고 나가면 된다. 청소를 원하지 않거나 직원들이 객실에 들어오는 게 싫다면 'Do Not Disturb' 팻말을 걸어두면 된다.

- **트윈 룸 Twin Room** 싱글 침대가 2개 놓여 있는 객실

- **더블 Double Room** 2명이 잘 수 있는 더블 침대 1개가 놓여 있는 객실

- **엑스트라 베드 Extra Bed** 2명 기준 객실에 1명이 더 머무를 경우 추가로 들이는 침대를 말한다. 숙소에 따라 유·무료로 운영된다.

싱가포르 숙소가이드 A to Z

여행에 있어서 가장 중요한 요소 중 하나가 바로 숙소다. 싱가포르의 물가는 동남아치고는 다소 비싼 편인데 안타깝게도 숙박료 역시 저렴한 편이 아니다. 그럼에도 불구하고 1년 12달 쏟아지는 여행자들과 각종 행사들로 객실 점유율이 무척 높다. 요금이 다소 비싼 대신 종류가 무척 다양해서 고르는 즐거움은 누릴 수 있다.

어떤 숙소를 고를까?

싱가포르는 관광대국이어서 도시의 크기에 비해 숙소의 수가 많은 편이다. 세계적인 고급 호텔 브랜드들이 앞 다퉈 문을 열고 경쟁하고 있으며 그 어떤 도시보다 독특한 스타일의 부티크 호텔도 많다. 국제적인 금융도시답게 실용적인 비즈니스 호텔이 잘 마련돼있으며 주머니 가벼운 배낭 여행자를 위한 호스텔까지 갖추고 있다. 숙소의 종류와 형태가 다양하니 자신의 여행 스타일과 예산에 맞게 골라보자.

고급 호텔

싱가포르에는 고급 호텔들의 격전지라 할 만큼 세계적인 고급 호텔 체인 호텔들이 대거 포진해있다. 포시즌스, 만다린 오리엔탈, 리츠 칼튼, 콘래드, 샹그릴라 등 이름만으로도 빛나는 최고급 호텔들을 만날 수 있는데 특히 오차드 로드와 마리나 베이 지역에 집중적으로 모여 있다. 예산이 허락한다면 세계적인 수준의 호텔을 경험해보는 것도 여행의 큰 즐거움이 될 것이다.

중급 호텔

사실상 중급 호텔이라고 하기에는 가격대가 다소 높은 편으로 S$150 이상 주어야 숙박이 가능하다. 체인 호텔 브랜드나 중간 규모의 호텔들 중에서 찾아볼 수 있으며 시내 중심보다는 주변 지역으로 갈수록 가격의 메리트가 있다.

부티크 호텔

부티크 호텔이란 작은 규모에 독특한 스타일을 가지고 있는 호텔을 말한다. 트렌디한 시티인 싱가포르에는 독특한 개성과 스타일이 녹아 있는 부티크 호텔들이 많고 계속해서 새로운 부티크 호텔들이 등장하고 있다. 객실마다각기 다른 인테리어와 디자인 가구, 아티스트

들의 참여 등 대형 호텔과는 차별화된 스타일을 선보인다. 덕분에 트렌드에 민감한 젊은 여행자들에게 인기가 높다. 대신 규모가 작아 부대시설이 다소 부족한 아쉬움이 있으며 가격대는 호텔과 객실에 따라 중저가부터 고가까지 차이가 크다.

저가 숙소

호텔 값 비싸기로 유명한 싱가포르에서 비싼 숙박료 때문에 고민이라면 저렴한 호스텔로 눈을 돌려보자. 1박에 S$30~60 정도인 게스트 하우스나 호스텔·민박 등이 있으며 비교적 쾌적하다. 호스텔의 경우 2층 침대를 함께 사용하는 도미토리와 더블·트윈·

싱글 룸을 갖추고 있다. 저렴한 게스트 하우스나 호스텔은 리틀 인디아와 차이나타운 지역에 집중적으로 모여 있다. 한인 민박들도 있는데 대부분 위치가 다소 시내에서 떨어져 있지만 한국인이 운영하므로 정보를 얻기 쉽고 한식을 제공하는 등의 장점도 있다.

싱가포르 추천숙소

중급 호텔

| 오차드 로드 |

콩코드 호텔 Concorde Hotel

주소 100 Orchard Road, Singapore **전화** 6733-8855 **홈페이지** singapore.concordehotelsresorts.com **요금** 디럭스 US$190, 이 그제큐티브 US$240 **가는 방법** MRT Somerset 역에서 도보 3분, 오차드 플라자 옆에 있다. **Map.P123-D3**

과거 르 메르디앙 호텔이었던 곳으로 리노베이션을 거쳐 2008년 콩코드 호텔로 새롭게 태어났다. MRT 서머셋 역에서 무척 가까이 있으며 길 하나만 건너면 오차드 센트럴, 313@서머셋 쇼핑몰 등이 이어지고 또 반대쪽으로는 이스타나 파크가 이어지는 최적의 접근성을 자랑한다. 3층부터 호텔이 시작되며 1층에는 작은 숍들이 모여 아케이드 형태를 이루고 있다. 총 407개의 객실은 블랙 컬러를 중심으로 모노톤으로 인테리어가 되어 있어 세련미가 흐른다. 전체적으로 깔끔하고 시크한 스타일로 남성적인 느낌이 강해 비즈니스 여행 중인 투숙객이 대부분이다. MRT 서머셋 역 근처에서 세련된 감각의 모던한 호텔을 찾는 이들에게 권할 만하다.

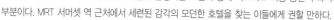

오아시아 호텔 Oasia Hotel

주소 8 Sinaran Drive, Singapore   **전화** 6664-0333   **홈페이지** www.oasiahotel.com
요금 디럭스 US$220, 클럽 룸 US$270   **가는 방법** MRT Novena 역에서 도보 3분. 노베나 스퀘어에서 연결된다.

노베나 지역은 여행자들에게 다소 생소하지만 고급 레지던스가 집중적으로 모여 있는 곳으로 최대 번화가인 오차드 역에서 MRT 두 정거장 거리로 가깝다. 장기 거주하는 이들을 위한 레지던스와 쇼핑몰, 메디컬 센터가 밀집되어 있는 오아시아 호텔은 혼잡한 오차드를 잠시 뒤로하고 쾌적한 휴식을 즐길 수 있는 곳이다. '아시아의 오아시스'라는 뜻의 이름에 맞게 바위·나무·식물 등 자연적인 소재를 최대한 활용하여 도심 속에서 안정과 휴식을 얻을 수 있도록 꾸며져 있다. 제대로 휴식을 취하고 싶다면 일반 객실보다 클럽 룸 카테고리 이상을 추천한다. 22층에는 클럽 룸 게스트만을 위한 24시간 오픈하는 클럽 라운지와 수영장도 마련되어 있어 도심을 내려다보며 완벽한 휴양을 즐길 수 있다. 8층에 일반 객실 이용자를 위한 수영장이 따로 있으며 바로 옆에 노베나 스퀘어, 벨로 시티 같은 쇼핑몰이 있고 MRT 노베나 역으로 다이렉트로 이어져 이동이나 쇼핑·식사 등에 불편함 없이 지낼 수 있다.

호텔 젠 탕글린 싱가포르 Hotel Jen Tanglin Singapore

주소 1A Cuscaden Road, Singapore   **전화** 6738-2222
홈페이지 www.hoteljen.com
요금 슈피리어 US$190, 디럭스 US$210
가는 방법 MRT Orchard 역에서 도보 15분. 오차드 로드 Orchard Road 에서 탕글린 몰 방향으로 도보 15 분   **Map.P122-A4**

깔끔한 스타일과 실용성을 찾는 비즈니스 여행자들에게 호평을 받고 있다. 총 546개의 객실은 깔끔하게 관리가 되고 있으며 인터넷을 무료로 제공한다. 오차드 역에서는 다소 거리가 있지만 바로 옆에 있는 탕글린 몰을 따라 내려가면 도보로 이동이 가능한 정도의 위치다. 호텔 내에 유명 스파인 에센스 베일 스파 Essence Vale Spa가 있으며 칠리 크랩을 비롯한 싱가포르 로컬 음식이 맛있기로 소문난 아 호이즈 키친 Ah Hoi's Kitchen은 일부러 찾아가볼 만한 맛집이다. 보타닉 가든과도 거리가 가까운 편이라 도보나 버스로 쉽게 이동해서 공원을 산책할 수 있다.

오차드 퍼레이드 호텔 Orchard Parade Hotel

주소 1 Tanglin Road, Singapore **전화** 6737-1133
홈페이지 www.orchardparade.com.sg **요금** 슈피리어 US$185,
디럭스 US$200 **가는 방법** MRT Orchard 역에서 도보 6~8분,
포럼 쇼핑몰 옆에 있다. **Map.P122-A3**

오차드 로드 안에 위치해 바로 옆의 포럼 쇼핑몰을 시작으로 오차드 로드로 언제든
나갈 수 있어 활동적인 여행자들에게 잘 어울린다. 겉모습은 다소 낡아 보이지만
리노베이션을 통해 객실이 한 단계 업그레이드되어 더욱 메리트가 있으며 오차드
내의 호텔 중에는 가격대도 비교적 합리적인 편이다. 또한 호텔 바로 앞으로 연결
되는 아케이드에는 모데스토, 스타벅스, 통록 클래식 레스토랑이 있어 편리하게 이
용할 수 있다.

엘리자베스 호텔 Elizabeth Hotel

주소 24 Mount Elizabeth, Singapore **전화** 6738-1188
홈페이지 www.theelizabeth.com.sg **요금** 슈피리어 US$160, 이그제큐티브 US$230
가는 방법 MRT Orchard 역에서 도보 10분. 굿우드 파크 호텔 뒤편의 퀸시 호텔 옆에 있다.
Map.P123-C2

퀸시 호텔과 함께 파 이스트 그룹 계열의 호텔이며 퀸시 호텔 바로 옆에 위치하고
있다. 트렌디한 퀸시와는 다르게 차분하고 우아한 분위기가 느껴지는 호텔로 오차
드에서 중급 호텔을 찾는 여행자들에게 꾸준한 인기를 끌고 있다. 리노베이션을
마친 이그제큐티브 룸은 한층 모던하고 쾌적해졌으며 왕복 공항 픽업, 세탁 서비
스, 미니바 등의 베네핏을 누릴 수 있다. 오차드 로드 뒤쪽에 위치하고 있어 도보로
쉽게 이동할 수 있는 것도 장점이다.

아퀸 호텔 발레스티어 Aqueen Hotel Balestier

주소 387 Balestier Road, Singapore **전화** 6593-0999 **홈페이지** www.aqueenhotels.com
요금 스탠더드 S$80~ **가는 방법** MRT Novena 역에서 도보 약 20분

오차드 로드 위쪽 발레스티어 지역에 위치한 호
텔로 S$100 이하의 호텔을 찾는 이들에게 제격.
깔끔한 시설에 비해 가격은 합리적인 편이라 호
텔 요금을 아끼고 싶은 여행자들에게 추천하고
싶다. 2009년에 문을 연 중급 호텔로 싱글 룸부

터 더블, 트윈, 퀸까지 다양하다. 무선 인터넷을 무료로 제공하며 객실은
군더더기 없이 깔끔하며 침구나 욕실도 깨끗한 편이라 비슷한 가격대의 호
텔 룸 컨디션과 비교하면 경쟁력이 있다. MRT 역과 거리가 있다는 점이 단
점이지만 오차드 로드와 리틀 인디아까지 택시로 5~10분이면 갈 수 있다.

데이즈 호텔 싱가포르 Days Hotel Singapore

주소 1 Jalan Rajah, Singapore   **전화** 6808-6868   **홈페이지** www.dayshotelsingapore.com
요금 스탠더드 US$120~, 비즈니스 US$135~   **가는 방법** MRT Novena 역에서 택시 또는 셔틀버스로 약 4분

오차드 로드에서 조금 떨어진 발레스티어 지역에 새롭게 문을 연 호텔이다. 2012년 12월 문을 열었으며 중급대의 가격에 깔끔하고 모던한 시설로 여행자들에게 인기를 끌고 있다. 객실 규모는 작은 편이지만 밝은 컬러로 포인트를 줘서 산뜻한 분위기를 풍기며 침구나 욕실 등의 시설은 무척 쾌적해서 청결을 중요시하는 여행자들에게 추천한다. 무선 인터넷을 무료로 사용할 수 있으며 위치가 타운에서 벗어나 있지만 바로 옆에 쇼핑몰이 있어 슈퍼마켓 쇼핑과 간단한 식사를 해결하기 좋다. MRT 노베나 역까지 무료로 셔틀서비스를 제공하고 있어서 편리하게 이동할 수 있다.

라마다 싱가포르 Ramada Singapore at Zhongshan

주소 16 Ah Hood Road, Singapore   **전화** 6808-6888   **홈페이지** ww.ramadasingapore.com
요금 스탠더드 US$135~, 비즈니스 US$150~   **가는 방법** MRT Novena 역에서 택시 또는 셔틀버스로 약 4분

2013년 문을 연 비교적 최신 호텔로 총 384개의 객실을 갖추고 있는 중급 호텔이다. 모던한 감각의 비즈니스호텔 스타일로 깔끔한 객실 시설이 돋보인다. 바로 옆의 데이즈 호텔 싱가포르와 함께 무료로 MRT 노베나 역까지 셔틀서비스를 왕복으로 제공하고 있다. 야외에 수영장이 있어 도심 속에서 휴양을 만끽하며 즐길 수 있으며 객실 내 무선 인터넷을 제공한다. 바로 옆에는 산책하기 좋은 중산 공원과 쇼핑몰이 있어 식사를 해결하기 좋다. 간단한 먹거리를 살 수 있는 대형 슈퍼마켓에서 부엉이 커피, 히말라야 화장품 등을 살 수도 있다.

칼튼 호텔 Carlton Hotel

주소 76 Bras Basah Road, Singapore **전화** 6338-8333 **홈페이지** www.carlton.com.sg **요금** 디럭스 US$210~, 이그제큐티브 US$230 **가는 방법** MRT City Hall 역에서 도보 5분, 차임스 건너편에 있다. **Map.P168-A2**

올드 시티 지역의 대표적인 인기 호텔로 깔끔한 컨디션을 자랑하는 호텔이다. 무엇보다 편리한 위치가 가장 큰 장점으로 길을 건너면 차임스가 코앞에 있고 래플스 시티 쇼핑몰도 도보로 이동이 가능하다. MRT 시티 홀 역과도 가까워 다른 지역으로 접근성도 편리하며 시티 홀 주변 관광을 즐기기에 더 없이 편리하다. 총 630개의 룸을 갖춘 대형 호텔로 2010년 리노베이션을 통해 뉴 프리미어 룸을 새롭게 추가하며 한층 더 시설이 쾌적해졌다. 깔끔한 룸 컨디션에 위치도 좋고 전체적으로 만족도가 높아 다녀온 이들에게 호평을 받고 있다. 시티 홀 부근에서 가격 대비 쾌적한 호텔을 찾는 이들에게 추천한다.

그랜드 파크 시티 홀 Grand Park City Hall

주소 10 Coleman Street, Singapore **전화** 6336-3456 **홈페이지** www.parkhotelgroup.com/cityhall **요금** 디럭스 US$210~, 클럽룸 US$230 **가는 방법** MRT City Hall 역 B번 출구에서 도보 5분, 페닌슐라 플라자 건너편에 있다. **Map.P168-B2**

MRT 시티 홀 역에서 도보로 5분도 걸리지 않는 곳에 위치한 5성급 호텔이다. 콜로니얼풍의 호텔 외관이 클래식한 분위기를 풍긴다. 총 333개의 객실을 갖춘 규모 있는 호텔로 객실은 브라운 톤으로 중후하고 차분한 분위기로 꾸며져 있으며 관리도 깔끔하게 이루어지고 있다. 크기는 다소 작지만 열대 분위기의 야외 수영장을 갖추고 있으며 유명 스파인 스파 파크 아시아 Spa Park Asia가 호텔 내 있어 수준 높은 테라피를 받을 수도 있다. 호텔 주변으로 세인트 앤드루스 성당, 푸난 몰 등이 있어 올드 시티를 관광하기에 최상의 위치다.

인터콘티넨털 싱가포르 로버슨 키
InterContinental Singapore Robertson Quay

주소 Nanson Road, Singapore **전화** 6826-5041 **홈페이지** www.ihg.com **요금** 스튜디오 US$170~ **가는 방법** 로버슨 키, 키 사이드의 레드하우스 옆 **Map.P236-A1**

2017년 로버슨 키에 문을 연 인터콘티넨털 호텔이다. 로버슨 키 강변에 위치하고 있어 여유로운 분위기에서 휴식할 수 있고, 클락 키까지 도보로 이동이 가능해 위치가 좋다. 이 일대는 주로 오래된 호텔이 많은 편인데 이곳은 생긴 지 얼마 되지 않아 전반적으로 시설이 산뜻하고 깔끔한 게 강점이다. 도심 속 휴양을 즐길 수 있도록 야외 수영장을 갖추고 있으며 자전거를 빌려줘서 강변을 따라 라이딩을 즐겨볼 수도 있다.

일반 객실 기준으로 객실 크기가 다소 작다는 점이 아쉽지만 모던하면서도 세련된 인테리어가 돋보이고 침구나 룸 컨디션은 가격 대비 만족도가 높다. 싱가포르는 전반적으로 호텔들의 가격대가 높은 편이라는 것을 고려할 때, 합리적인 가격대에 브랜드 호텔을 선호하는 비즈니스 방문자나 젊은 여행자에게 추천할만한 곳이다.

스위소텔 머천트 코트 Swissotel Merchant Court

주소 20 Merchant Road, Singapore **전화** 6337-2288
홈페이지 www.swissotel.com **요금** 클래식 US$230, 스위스 비즈니스 US$280
가는 방법 MRT Clarke Quay 역에서 도보 2분. 센트럴 쇼핑몰 옆에 있다. **Map.P237-C1**

클락 키의 중심에 들어와 있는 호텔로 클락 키에서 많은 시간을 보내고 싶은
여행자에게는 더없이 좋은 곳이다. 객실은 무난한 편이며 일부 객실은 리노베
이션을 통해 한층 업그레이드되었다. 수영장은 열대의 분위기가 풍기도록 꾸
며져 있으며 아이들이 좋아하는 슬라이드도 있다. 피트니스·스파·레스토랑
등의 부대시설도 부족함 없이 갖추고 있다. MRT 역과 센트럴 쇼핑몰이 바로
옆이고 핫 플레이스들이 가득한 클락 키와 바로 마주하고 있어 언제든 내 집
드나들 듯 갈 수 있다.

리버뷰 호텔 Riverview Hotel

주소 382 Havelock Road, Singapore **전화** 6349-4888
홈페이지 www.riverview.com.sg **요금** 슈피리어 US$130, 디럭스 US$150
가는 방법 MRT Clark Quay 역에서 도보 15~20분. 로버슨 키 방향으로 갤러리 호텔을 지나 다리 건너편에 있다. **Map.P236-A1**

싱가포르 강가가 이어지는 해브록 로드 주변에는
실속 있는 중급 호텔들이 밀집해있는데 리버뷰 호
텔은 그중 가장 먼저 문을 연 호텔로 지금도 여전
히 여행자들에게 인기를 끌고 있다.
첫 인상은 세련미와는 거리가 좀 있지만 객실이나
부대시설·레스토랑 등이 충실해서 합리적인 요금
에 무난하게 지내기 좋은 호텔이다. 총 476개의 객
실은 지속적인 리노베이션으로 깔끔하고 모던해
만족스럽다. 가장 가까운 MRT 역은 클락 키 역으
로 도보로 약 20분 정도로 먼 편이지만 오차드 로
드와 차이나타운으로 무료 셔틀 서비스를 제공하
고 있으니 편리하게 이용하도록 하자. 1층의 커피
하우스는 싱가포르 리버와 바로 연결되어 강가의
운치를 즐길 수 있으며 바로 앞의 다리를 건너면
로버슨 키, 클락 키로 연결되는 산책로가 이어진
다. 강가를 따라서 브런치 카페와 분위기 좋은 바
들이 많이 모여 있다.

푸라마 시티 센터 Furama City Centre

주소 60 Eu Tong Sen Street, Singapore   **전화** 6533-3888
홈페이지 www.furama.com/citycentre   **요금** 슈피리어 US$190, 디럭스 US$210
가는 방법 MRT Chinatown 역에서 도보 3분, 피플스 파크 콤플렉스 옆에 있다.   **싱가포르 중심도-B3**

차이나타운과 클락 키 두 지역 모두 도보로 이동할 수 있을 정도로 가까운 거리라서 관광을 즐기기에 편리한 위치다. 총 445개의 객실을 갖추고 있으며 룸 컨디션이 고급스럽거나 세련된 편은 아니지만 비교적 깔끔하고 쾌적하게 관리되고 있다. 무엇보다 위치가 좋고 객실과 서비스도 가격 대비 만족도가 높아 중급 호텔들 중에서 지속적으로 인기를 끌고 있다. 주로 바깥에서 관광을 즐기면서 많은 시간을 보낼 여행자에게 제격이다.

호텔 아이비스 Hotel ibis Singapore on Bencoolen

주소 170 Bencoolen Street, Singapore   **전화** 6593-2888   **홈페이지** www.ibishotel.com   **요금** 스탠더드 US$185~
가는 방법 MRT Bugis 역에서 도보 5분, 로코 로드 Rochor Road를 따라서 직진한다.   **싱가포르 중심도-C1**

전 세계에 790개가 넘는 호텔 망을 가진 호텔 체인으로 중급 가격에 합리적인 조건으로 실속파 여행자들에게 애용된다. 객실이 깔끔하고 모던해 젊은 여행자들에게 제격이다. 룸 컨디션에 비하여 가격은 합리적인 편이다. 외부에서 시간을 많이 보내고픈 활동적인 여행자에게 잘 어울린다. 부기스와 가까워서 도보로 이동이 가능하며 노베나 지역에 두 번째 지점도 문을 열었다.

링크 호텔 Link Hotel

주소 50 Tiong Bahru Road, Singapore   **전화** 6622-8585
홈페이지 www.linkhotel.com.sg   **요금** 슈피리어 US$140, 디럭스 US$160   **가는 방법** MRT Outram Park 역 A번 출구에서 도보 10분
싱가포르 중심도-A4

티옹 바루 지역은 싱가포르 사람들의 문화와 일상을 가장 잘 느낄 수 있는 곳 중 하나로 주변에 맛있고 저렴한 호커 센터와 맛집이 많아서 현지인들에게 더 사랑받는 지역이다. 티옹 바루에 위치한 링크 호텔은 1950년대 싱가포르인들이 살던 건물을 새롭게 부티크 호텔 스타일로 변신시켰다. 객실은 말레이 · 차이나 · 모던 스타일 등 각각 다른 컨셉트로 꾸며져 있으며 브리지를 통해 두 건물이 연결되도록 설계되었다. 호텔 옆으로 편의점 · 한식당 · 일식당 등이 이어지며 길 건너편에도 로컬 맛집들이 있어 편리하다. 호텔 내에서는 인터넷이 무료이며 오차드 로드와 클락 키로 왕복 셔틀 서비스를 제공하여 위치의 단점을 커버하고 있다.

알버트 코트 빌리지 호텔 Albert Court Village Hotel

주소 180 Albert Street, Singapore **전화** 6339-3939 **홈페이지** www.stayvillage.com/albertcourt **요금** 슈피리어 US$130, 디럭스 US$150 **가는 방법** MRT Little India 역에서 도보 3분, 더 베르지 쇼핑몰 건너편에 있다. **Map.P292-B2**

리틀 인디아 지역에서 클래식한 분위기의 근사한 숙소를 찾고 있다면 이곳을 추천한다. 과거 숍 하우스였던 건물을 새롭게 단장해 호텔로 운영 중인 곳으로 싱가포르 내에 유명 호텔을 거느리고 있는 파 이스트 계열 중 한 곳이다. 마치 유럽 어느 마을의 저택과도 같은 분위기가 클래식하면서도 이국적이다. 무료로 인터넷을 사용할 수 있으며 수영장이 없는 대신 자쿠지가 있다. 리틀 인디아 역과 무척 가까우며 투숙객을 위하여 시티 홀 City Hall 역까지 셔틀 서비스를 제공하고 있으니 적극 활용하도록 하자.

파크로열 온 키치너 로드 Parkroyal on Kitchener Road Hotel Singapore

주소 181 Kitchener Road, Singapore **전화** 6428-3000 **홈페이지** www.parkroyalhotels.com/kitchener **요금** 슈피리어 US$180, 디럭스 US$200 **가는 방법** MRT Farrer Park 역에서 도보 5분, 무스타파 센터 뒤 키치너 로드에 있다. **Map.P292-B1**

저가 숙소들이 많이 모여 있는 리틀 인디아의 중심에서 단연 눈에 띄는 대형 호텔로 쾌적한 시설을 갖춘 4성급 호텔이다. 총 534개의 객실은 깔끔하고 차분한 스타일로 꾸며져 있으며 수영장과 피트니스 등의 부대시설도 부족함이 없다. 리틀 인디아의 주요 관광지로 도보 이동이 가능하며 24시간 문을 여는 무스타파 센터를 지척에 두고 있어 편하게 쇼핑할 수 있다.

아퀸 잘란 베사르 호텔 Aqueen Jalan Besar Hotel

주소 230 Jalan Besar, Singapore **전화** 6426-0999 **홈페이지** www.aqueenhotels.com

요금 스탠더드 US$ 130, 디럭스 US$ 150 **가는 방법** MRT Farrer Park 역 B번 출구로 나와서 도보 5분 **Map.P292-B1**

리틀 인디아 중심에 위치한 호텔로 중급대 가격에 깔끔한 시설, 편리한 위치로 실속 있는 여행자들에게 인기다. 감각적인 외관만큼이나 내부도 군더더기 없이 깔끔한 시설로 객실의 스타일과 청결도도 뛰어난 편이다. 리틀 인디아 지역에서는 돋보이는 모던한 호텔로 객실도 비슷한 가격대의 호텔과 비교하면 무척 깔끔하고 깨끗하다. 무스타파 센터와 시티 스퀘어 쇼핑몰과 가깝게 위치하고 있어 쇼핑을 하기도 좋고 MRT 파러 파크 역까지도 도보 5분 정도 거리로 편리하다. 호텔 내에서 무선 인터넷을 무료로 제공하며 같은 계열의 아퀸 라벤더 호텔과 아퀸 발레스티어 호텔도 있다.

창이 빌리지 호텔 Changi Village Hotel

주소 1 Netheravon Road, Singapore **전화** 6349-7111 **홈페이지** www.changivillage.com.sg
요금 슈피리어 US$150, 디럭스 US$170 **가는 방법** 창이 공항에서 차로 15분

공항에서 바로 연결되지는 않지만 창이 공항과 비교적 가깝게 위치하고 있어 경유 여행자들의 트랜짓 호텔로 애용된다. 과거의 르 메르디앙 호텔에서 이름을 바꾸고 새롭게 태어났으며 알록달록한 외관이 한눈에 들어온다. 총 380개의 객실을 갖추고 있다. 객실은 모던한 스타일로 쾌적하게 꾸며져 있다. 바다가 내려다보이는 인피니티 풀에서는 시원스러운 전망을 감상하며 휴양을 즐길 수 있다. 자체적으로 창이 공항까지 오전부터 새벽까지 무료로 매시간 셔틀 서비스를 제공하고 있어 공항으로 이동할 때 편리하다.

그랜드 머큐어 록시 호텔 Grand Mercure Roxy Hotel

주소 Roxy Square, 50 East Coast Road, Singapore **전화** 6344-8000
홈페이지 www.grandmercureroxy.com.sg
요금 디럭스 S$210, 이그제큐티브 S$280 **가는 방법** MRT Paya Lebar 역에서 차로 5분

페라나칸 문화의 중심지인 카통 지구 한복판에 위치하고 있는 호텔로 세계적인 호텔 체인인 아코르 Accor에서 운영한다. 카통 거리의 맛집들이 바로 앞에 펼쳐지며 맞은편에 파크웨이 퍼레이드 쇼핑 센터 Parkway Parade Shopping Centre가 있어 쇼핑과 식사를 즐기기에도 편리하다. 이스트 코스트 파크와도 가깝고 공항까지 무료 셔틀 서비스를 제공하고 있다. 공항과 차로 약 15분 거리로, 도착하는 날이나 마지막 날 카통과 이스트 코스트 지역을 둘러보고 공항으로 가기에 좋은 위치에 있다.

크라운 플라자 창이 에어포트 Crowne Plaza Changi Airport

주소 75 Airport Boulevard #01-01, Singapore **전화** 6823-5300
홈페이지 www.crowneplaza.com **요금** 디럭스 US$280 **가는 방법** 창이 국제공항 터미널3에 있다.

싱가포르의 창이 국제공항은 전 세계적으로도 유명한 공항으로 특히 싱가포르를 거쳐 다른 나라로 이동하는 경유지로 애용되고 있다. 이 호텔은 창이 공항에서 바로 연결되는 공항 트랜짓 호텔인데 고급스럽고 모던한 스타일로 호평을 받고 있다. 터미널3에서 바로 연결되는 최적의 접근성으로 싱가포르 경유 비행기로 1박을 해야 하는 경우나 밤 비행기로 도착하는 여행자들에게 제격이다. 총 370개의 객실에 스파, 야외 수영장, 라운지 등 부대시설도 알차다. 현대적이면서도 세련된 분위기로 고급스럽게 꾸며져 있으며 비즈니스 여행자들은 물론 허니무너들이 묵기에도 좋다.

실로소 비치 리조트 Siloso Beach Resort

주소 51 Imbiah Walk, Sentosa Singapore **전화** 6722-3333 **홈페이지** www.silosobeachresort.com **요금** 슈피리어 US$175, 디럭스 US$200 **가는 방법** 센토사 비치 트램을 타고 실로소 비치 정거장에서 하차, 아주라 비치 클럽 맞은편에 있다. Map.P337-D1

자연의 섬 센토사와 잘 어울리는 리조트로 열대 우림 속에서 하룻밤을 보내는 듯한 기분을 만끽할 수 있다. 싱그러운 녹음에 계곡처럼 이어지는 95m의 긴 수영장은 이곳의 하이라이트로 마치 숲속의 호수에서 수영을 하는 기분을 느낄 수 있다. 일반 객실은 깔끔하지만 다소 평범한 편으로 세련미나 고급스러움은 기대하기 어렵다. 실로소 비치의 중심에 위치하고 있어 언제든 해변으로 갈 수 있고 주요 관광지로 이동하기도 편리하다.

코스타 샌즈 리조트 Coasta Sands Resort

주소 30 Imbiah Walk, Sentosa, Singapore **전화** 6275-1034 **홈페이지** www.costasands.com.sg **요금** 캄퐁 헛 S$119, 디럭스 S$199 **가는 방법** 센토사 비치 트램을 타고 실로소 비치 정거장에서 하차, 실로소 비치 리조트 옆에 있다. Map.P337-D1

고급 호텔이 대부분인 센토사에서 비교적 저렴한 가격으로 투숙할 수 있는 곳이다. 일반 객실인 디럭스 룸, 4명이 투숙할 수 있는 도미토리로 이루어진 캄퐁 헛으로 나뉜다.

주로 싱가포르 청소년들이 수련회 등으로 애용하며 가격이 저렴한 대신 시설은 다소 떨어지는 편이다. 아담하지만 수영장을 갖추고 있으며 무선 인터넷을 무료로 사용할 수 있다. 바로 앞에 실로소 비치가 있으며 적은 비용으로 센토사에서 숙소를 찾는 이들에게 합리적인 선택지다.

고급 호텔

오차드 로드

굿우드 파크 호텔 Goodwood Park Hotel

주소 22 Scotts Road, Singapore   **전화** 6737-7411   **홈페이지** www.goodwoodparkhotel.com   **Map.P122-B2**
요금 디럭스 US$320, 주니어 스위트 US$430   **가는 방법** MRT Ochard 역에서 도보 8분, 파 이스트 플라자 옆에 있다.

오차드 로드에서 품격 있는 휴가를 즐기고 싶은 이들은 굿우드 파크 호텔을 기억하자. 이 호텔은 고층 빌딩과 쇼핑몰로 언제나 복잡한 오차드에 있으면서도 홀로 우아한 포스를 풍긴다. 유럽 저택을 연상시키는 굿우드 파크 호텔은 겉모습만 클래식한 게 아니라 유서 깊은 히스토리가 녹아있는 헤리티지 호텔이다. 1900년 부유한 독일인들의 사교장이었던 Teutonia Club의 건물로 지어졌으며 오차드의 고층 호텔과는 대비되는 3층 건물이지만 100년이 넘는 전통에서 나오는 품격이 곳곳에 녹아있어 특별한 느낌을 준다.

호텔로 들어가면 베이지 톤의 인테리어가 밝고 우아하다. 화려한 겉모습에 비해 객실은 다소 평범한 편으로 앤티크한 가구들이 클래식한 분위기를 풍긴다. 2개의 수영장이 있으며 호텔 내 레스토랑은 투숙객이 아닌 이들에게 더 인기가 높아 식사 시간이면 빈자리를 찾아보기 힘들다. 특히 1층에 위치한 레스프레소는 매일 오후 2시부터 5시까지 운영하는 영국식 애프터눈 티로 유명하다. 뷔페 스타일로 먹기 아까울 정도로 사랑스러운 디저트들 덕분에 여성들의 인기를 독차지하고 있다. 오차드 로드에서 접근성과 품격 두 가지를 다 원하는 이들에게 더 없이 좋은 곳이다.

399

호텔 포트 캐닝 **Hotel Fort Canning**

주소 11 Canning Walk, Singapore **전화** 6559-6770 **홈페이지** www.hfcsingapore.com **요금** 디럭스 US$290, 프리미어 US$310 **가는 방법** MRT Dhoby Ghaut 역에서 도보 10분, 파크 몰 뒤편의 포트 캐닝 공원 내에 있다. **싱가포르 중심도-C2**

싱그러운 숲에 둘러싸인 고풍스러운 저택에서의 하룻밤. 호텔 포트 캐닝에서라면 가능하다. 녹음이 드리워진 포트 캐닝 공원 안에 위치한 이곳은 1920년대 헤리티지 건축물을 2010년에 새롭게 호텔로 재탄생시켰다. 새하얀 콜로니얼풍의 외관은 기품이 넘친다. 클래식한 겉모습과는 또 다르게 객실과 시설은 모던하고 최신식이다. 무엇보다 이곳은 욕실 구조가 남다르다. 침대 너머로 보이는 욕실의 새하얀 욕조에서는 넓은 통유리창을 통해 포트 캐닝 공원의 녹음을 감상할 수 있다. 커튼과 조명 등 모든 버튼은 터치식이고 전 객실에 네스프레소 머신과 아이팟 도킹 스테이션을 완비하고 있으며, 어메니티는 탄 Thann을 사용하는 등 객실 내 시설도 수준급이다.

객실을 포함한 호텔 전체에서 무선 인터넷을 무료로 제공하며 로비에서는 언제든 에스프레소를 즐길 수 있고 오후 6시부터 8시까지는 와인과 간단한 스낵도 즐길 수 있다. 2개의 수영장과 싱가포르 내의 유일한 탄 생크추어리 Thann Sanctuary 스파, 유리창으로 둘러싸인 레스토랑 글라스 하우스 The Glass House도 놓치지 말아야 할 포인트. 흠이라

면 도비 갓 역에서 도보로 10분 정도 걸리는 언덕 위 공원 안에 있어 이동하기가 조금 힘들다는 것이지만 대신 숲속에 둘러싸여 지내는 하룻밤은 도심과는 비교할 수 없는 감동을 준다.

포시즌스 호텔 Four Seasons Hotel Singapore

주소 190 Orchard Boulevard, Singapore **전화** 6734-1110 **홈페이지** www.fourseasons.com/singapore
요금 슈피리어 US$330, 디럭스 US$370 **가는 방법** MRT Ochard 역에서 도보 5분, 리앗 타워 뒤편에 있다. **Map.P122-A3**

세계적인 럭셔리 호텔의 대명사답게 클래식한 스타일과 품격 있는 서비스로 무장하고 있다. 1994년 오픈한 후 오차드 로드의 대표적인 고급 호텔로 명성을 이어가고 있다. 대형 쇼핑몰들이 즐비한 오차드 로드의 중심에 위치하고 있지만 녹음 속에서 번잡하지 않게 쉴 수 있다. 호텔 내부에는 1500개가 넘는 고가구와 작품들이 전시되어 있어 한층 고급스럽다. 2개의 수영장과 4개의 테니스 코트, 피트니스 센터, 스파 등을 고루 갖추고 있으며 3층 수영장 옆의 라운지에서 투숙객이 무료로 간단한 차와 다과를 즐길 수 있도록 배려해두었다. 호텔 내 애프터눈 티로 유명한 원 나인티 One Ninety와 딤섬 뷔페로 유명한 중식당 장난천 Jiang Nan Chun이 있다.

샹그릴라 호텔 Shangri-la Hotel Singapore

주소 22 Orange Grove Road, Singapore **전화** 6737-3644 **홈페이지** www.shangri-la.com
요금 디럭스 타워 윙 US$440 **가는 방법** MRT Ochard 역에서 도보 15분, 오차드에서 팔레 르네상스 방향으로 오렌지 그로브 로드를 따라 직진한다. **Map.P122-A1**

| 샹그릴라 호텔 |

호화롭기로 유명한 샹그릴라 그룹의 호텔답게 특유의 화려한 시설을 뽐내며 서비스 또한 특급호텔다운 수준을 자랑한다. 번화한 오차드 로드의 중심가에서 살짝 들어가 있어 한적하고 조용하며 녹음에 둘러싸여 있어 활기찬 시티의 매력과 자연 속 휴양지의 평화로움을 동시에 느낄 수 있다. 총 객실 수 750개에 타워 윙,

가든 윙, 벨리 윙으로 나누어져 있다. 피트니스 센터와 테니스 코트, 스파 등 부대시설도 부족함 없이 관리되고 있다. 녹음이 우거진 정원 속 수영장은 도심 속이라곤 믿기지 않을 정도로 열대의 리조트 분위기를 물씬 풍기며 키즈 풀과 자쿠지 시설도 갖추고 있다.

세인트 레지스 St. Regis Singapore

주소 29 Tanglin Road, Singapore **전화** 6506-6888 **홈페이지** www.stregissingapore.com **요금** 이그제큐티브 디럭스 US$550, 그랜드 디럭스 US$580 **가는 방법** MRT Ochard 역에서 도보 10분, 힐튼 호텔을 지나 탕글린 몰 옆에 있다.

Map.P122-A3

세인트 레지스는 다소 생소하게 들릴 수 있지만 세계적인 호텔 그룹 스타우드 소속으로 같은 그룹 내에 있는 쉐라톤이나 W 호텔보다 더 높은 등급의 최고급 럭셔리 브랜드다. 세인트 레지스는 고급스럽고 화려한 스타일로 유명한데 로비에서부터 객실까지 우아함이 흘러넘친다. 객실마다 버틀러 서비스를 실시하고 있어 서비스 만족도 또한 월등히 높다. 단점이라면 수영장이 다소 빈약하다는 것. 호텔의 명성만큼이나 호텔 내 스파·레스토랑들의 수준도 단연 뛰어나다. 특히 1층 레사뵈르 Les Saveurs의 애프터눈 티도 명성이 높으니 달콤한 오후 시간을 보내고 싶다면 즐겨보자.

그랜드 하얏트 Grand Hyatt Singapore

주소 10 Scotts Road, Singapore **전화** 6738-1234 **홈페이지** www.grandhyatt.com **요금** 그랜드 US$390, 그랜드 디럭스 US$430 **가는 방법** MRT Ochard 역에서 도보 3분, 스코츠 스퀘어 옆에 있다. **Map.P122-B2**

오차드에서 오랫동안 굳건히 명성을 쌓아가고 있는 대표 호텔이다. 객실은 총 662개로 10개의 카테고리로 나뉘며 고급 대형 호텔답게 부대시설도 훌륭하다. 도시적인 호텔 분위기와는 또 다르게 수영장과 스파가 있는 부대시설은 정글을 연상시킬 정도로 싱그러운 녹음과 인공 계곡이 트로피컬한 분위기를 물씬 풍긴다. 다마이 스파와 스트레이트 키친은 호텔 투숙객은 물론 외부 방문객들에게도 뜨거운 인기를 끌고 있다. 최고의 장점은 오차드 로드의 노른자위에 위치해 언제든지 오차드 로드의 인기 쇼핑몰로 이동할 수 있다는 것이다.

매리어트 호텔 Marriott Hotel Singapore

주소 320 Orchard Road, Singapore **전화** 6735-5800 **홈페이지** www.marriott.com **요금** 디럭스 US$360, 이그제큐티브 US$420 **가는 방법** MRT Orchard 역 A번 출구에서 바로 연결된다. **Map.P122-B3**

오차드 로드와 스코츠 로드가 만나는 곳에 우뚝 솟은 호텔로 위치로는 백점 만점이다. 30층의 높은 건물과 동양적인 스타일의 독특한 지붕 덕분에 복잡한 오차드 로드에서도 단박에 눈에 띈다. MRT 오차드 역과 바로 이어져 교통이 편리하며 탕스 Tangs 쇼핑몰과도 연결되어 지내기에 부족함이 없다. 객실은 모던하고 럭셔리하게 꾸며져 있으며 호텔 내에 위치한 매리어트 가든에서 런치와 디너에 열리는 뷔페와 하이티도 인기를 끌고 있다.

래플스 호텔 Raffles Hotel

주소 1 Beach Road, Singapore **전화** 6337-1886 **홈페이지** www.raffleshotel.com **요금**
코트야드 스위트룸 US$620, 코트 스위트룸 US$690 **가는 방법** MRT City Hall 역에서 도
보 3분 **Map.P168-A2**

단순한 숙소가 아니라 싱가포르를 대표하는 관광지가 된 래플스 호텔. 싱가포르의
국보급 호텔인 이곳은 전 세계의 셀러브리티와 정치가들이 머물렀던 이력으로도
명성이 자자하다. 모든 객실은 스위트로 구성되어 있으며 클래식하면서도 기품이
호텔 안팎으로 흘러넘친다. 높은 숙박료 때문에 여행자들 대부분은 숙박보다는 관
광지처럼 들러 구경을 하고 레스토랑이나 바에서 래플스 호텔을 경험하는 것으로
만족하고 있다. 특별한 히스토리가 녹아있는 호텔에서 하룻밤을 보내고 싶은 여행
자 혹은 허니무너라면 추천할 만하다.

스위소텔 스탬퍼드 Swissotel The Stamford

주소 2 Stamford Road, Singapore **전화** 6338-8585 **홈페이지** www.swissotel.com/singapore-stamford **요금** 클래식 룸
US$280, 하버 뷰 룸 US$330 **가는 방법** MRT City Hall 역에서 연결되는 래플스 쇼핑센터 옆에 있다. **Map.P168-A2**

70층의 아찔한 높이에서 최상의 야경을 볼 수 있는 호텔이다. 1261개의 객실을 보
유하고 있는 대형 호텔이지만 언제나 투숙객들로 붐빈다. 호텔 내에 싱가포르에서
도 최고의 다이닝 스폿으로 꼽히는 에퀴녹스 콤플렉스를 비롯해 16개의 다이닝
& 바가 있어 식도락과 나이트라이프를 중요하게 여기는 여행자라면 더욱
플러스 요인이 된다. MRT 시티 홀 역 및 래플스 시티 쇼핑센터와 곧장
연결되는 탁월한 접근성도 큰 장점 중 하나다.

페어몬트 호텔 Fairmont Singapore

주소 80 Bras Basah Road, Singapore **전화** 6339-7777 **홈페이지** www.fairmont.com/singapore **요금** 슈피리어 US$300, 스탠
더드 US$340 **가는 방법** MRT City Hall 역에서 도보 3분. 스위소텔 스탬퍼드 호텔 옆에 있다. **Map.P168-A2**

래플스 시티 쇼핑센터에서 바로 이어지는 호텔로 스위소텔 스
탬퍼드와 이웃하고 있다. 총 769개의 객실은 단아하면서도 깔
끔한 스타일로 꾸며져 있으며 위치 좋은 숙소를 찾는 여행자
들과 비즈니스 여행자들이 애용한다. 객실 층이 높을수록 풍경
이 근사하며 객실의 구조도 전망을 고려하여 한쪽을 통유리로
꾸며놓았다. 숙소 내에 고급 중식당 스촨 코트 Szechuan Court와 일식당 엔주 ENJU 등 소문난 맛집이 있으며 유명한
윌로 스팀 스파 Willow Stream Spa도 있다. 바로 옆에 있는 스위소텔 스탬퍼드와 스파 · 수영장 등을 공유하고 있다.

만다린 오리엔탈 Mandarin Oriental Singapore

주소 5 Raffles Avenue Marina Square, Singapore **전화** 6338-0066 **홈페이지** www.mandarinoriental.com **요금** 프리미어 US$420, 클럽 룸 US$570 **가는 방법** MRT City Hall 역에서 도보 5~8분, 마리나 스퀘어에서 연결된다. **Map.P192-B2**

쟁쟁한 고급 호텔들이 각축을 벌이고 있는 마리나 베이에서 고객들의 만족도가 단연 높은 호텔이 바로 만다린 오리엔탈. 비싸지만 그만큼의 값어치를 한다는 것이 다녀온 이들의 평이다. 만다린 오리엔탈의 심벌인 부채 모양을 형상화한 아트리움은 웅장하고 강렬한 첫인상을 주기에 충분하다. 세심한 서비스 또한 여행자들에게 최고라 칭송받는 이유 중 하나. 5층에 위치하고 있는 야외 수영장은 만다린 오리엔탈의 하이라이트다. 뒤로는 선텍시티, 옆으로는 싱가포르 플라이어, 마리나 베이 샌즈, 플러튼 호텔 너머의 마천루들이 둘러싸고 있어 수영을 하며 그 어떤 루프탑 바 부럽지 않은 최고의 뷰를 감상할 수 있다. 호텔 내에서 럭셔리 스파로 인기가 높은 더 스파 The Spa와 중식당 체리 가든 Cherry Garden, 프리미엄 스테이크 하우스 몰튼 Morton's 등을 만날 수 있다. 마리나 스퀘어와 연결되어 언제든 쇼핑과 식도락을 즐길 수 있으며 에스플러네이드, 마리나 베이 샌즈도 도보로 이동이 가능하다.

더 리츠칼튼 밀레니엄 The Ritz-Carlton Millenia Singapore

주소 7 Raffles Avenue Marina Square, Singapore **전화** 6337- 8888 **홈페이지** www.ritzcarlton.com **요금** 프리미어 US$470, 클럽 룸 US$5620 **가는 방법** MRT Promenade 역에서 도보 3~4분. 만다린 오리엔탈 호텔 옆에 있다. **Map.P192-B2**

싱가포르의 고급 호텔을 논할 때 빠지지 않는 곳이 바로 이곳 리츠칼튼이다. 럭셔리한 시설과 고품격 서비스로 무장해 인기 순위에서 늘 상위에 랭크되는 호텔이다. 동급의 호텔들과 비교해도 고풍스럽고 우아한 분위기는 가히 최고로 여겨지고 있다. 또한 호텔 곳곳에서 4200개에 달하는 예술 작품들을 만날 수 있다. 바로 옆으로는 싱가포르 플라이어와 마리나 베이 샌즈가 이어져 접근성과 전망이 모두 탁월하다. 객실은 크기가 평균 550㎡를 넘는 사이즈로 여유로운 편이며 객실의 침대도 전망에 초점을 맞춰서 높게 만들어 놓았다. 이곳을 더욱 유명하게 만든 것은 바로 욕실의 팔각 창인데 창 너머로 마리나 베이의 황홀한 전망을 감상할 수 있다. 숙소에 투자할 준비가 되었다면 이왕이면 클럽 레벨 카테고리의 객실을 누려볼 것을 추천한다.

클럽 레벨의 게스트만 이용할 수 있는 32층에 위치한 클럽 라운지는 다른 곳과 비교해도 월등히 뛰어난 베니핏을 제공한다. 샴페인과 함께 즐길 수 있는 아침 식사부터 오후의 애프터눈 티에는 달콤한 디저트와 함께 커피나 차를, 저녁이면 칵테일 아워로 칵테일과 타파스 등을 무제한으로 즐길 수 있다. 무엇보다 통 유리창 너머로 보이는 마리나 베이의 전망이 압도적이라 스카이라운지 부럽지 않은 뷰를 자랑한다.

플러튼 호텔 The Fullerton Hotel

주소 1 Fullerton Square, Singapore **전화** 6733-8388 **홈페이지** www.fullertonhotel.com
요금 코트야드 룸 US$420, 헤리티지 룸 US$480 **가는 방법** MRT Raffles Place 역에서 도보 5분 `Map.P192-A2`

역사적인 건축물로도 의미가 깊은 플러튼 호텔은 원래는 건국 100주년을 기념하기 위해 1928
년에 지은 우체국이었다. 2001년 새롭게 호텔로 거듭났으며 현재는 유명한 관광 스폿처럼 싱
가포르에서 중요한 랜드마크 역할을 하고 있다. 마리나 베이의 빌딩 숲을 배경으로 중심을 지
키고 있으며 아름다운 건축 양식에서 클래식한 위엄이 흘러넘친다. 높은 천장과 콜러니얼풍으로
꾸며진 내부가 아름다우며 플러튼의 역사적인 장면이 담긴 사진과 자료들이 전시되어 있다. 총 객실
수는 400개로 내부는 우아하고 장중한 분위기로 꾸며져 있다. 25m의 인피니티 풀은 강가를 내려다보며 낭만적인 휴
양을 즐기기에 더 없이 좋다. 싱가포르의 심벌인 멀라이언 파크, 래플스경 상륙지, 아시아 문명 박물관도 가깝게 위치
하고 있다. 로비에 있는 더 코트야드 The Courtyard는 싱가포르에서도 가장 인기가 높은 애프터눈 티로 유명하다.

플러튼 베이 호텔 The Fullerton Bay Hotel

주소 80 Collyer Quay, Singapore **전화** 6333-8388 **홈페이지** www.fullertonbayhotel.com **요금** 디럭스 US$510, 프리미어
US$540 **가는 방법** MRT Raffles Place 역에서 도보 5분, 또는 플러튼 호텔에서 도보 3분 `Map.P192-A3`

싱가포르를 대표하는 건축물이자 호텔인 플러튼 호텔에서 야심차게 새로이 문을 연 호텔이다. 플러튼 호텔이 클래식
한 아름다움이라면 이곳은 모던한 감각으로 럭셔리하게 치장되어 있다. 또한 마리나 베이 워터프런트에 위치하고 있
어 마치 물 위에 지어진 듯 마리나 베이를 가장 스펙터클하게 조망할 수 있다. 총 100개의 객실은 발코니에서 워터프
런트 뷰를 조망할 수 있으며 스위트 객실은 전용 자쿠지와 선 베드까지 설치되어 있다. 5개의 테마 스위트는 일반 객
실의 두 배가 넘는 크기를 자랑하며 차이니스 · 말레이 · 인디아 · 페라나칸 · 코로니얼 컬처 등의 컨셉으로 꾸며졌다. 루
프탑에는 근사한 수영장과 바가 있어 마리나 베이의 환상적인 전망을 내려다보며 휴양을 즐길 수 있다.

마리나 베이 샌즈 호텔 **Marina Bay Sands Hotel**

주소 10 Bayfront Avenue, Singapore   **전화** 6688-8868   **홈페이지** www.marinabaysands.com
요금 디럭스 US$390, 프리미어 US$420   **가는 방법** MRT Bayfront 역 B·C·D·E번 출구에서 연결된다.   Map.P192-B3

호텔보다는 오히려 하나의 관광 스폿처럼 되어버린 마리나 베이 샌즈는 현재 싱가포르에서 가장 인기가 뜨거운 호텔이다. 카드를 맞대 놓은 듯한 3개의 타워 위에 크루즈 배를 올려놓은 것 같은 모습은 실제로 보면 더욱 웅장하고 놀랍다. 총 객실이 무려 2561개에 달해 규모 면에서는 단연 싱가포르 최고 수준이다. 타워1과 타워3에 호텔 체크인 데스크가 있으며 객실은 비교적 넓은 편이고 탁 트인 뷰가 근사하다. 대부분의 투숙객이 이곳에 묵는 이유인 57층의 스카이 파크는 싱가포르가 한눈에 내려다보이는 인피니티 풀이 장관이다. 수영을 하며 내려다보는 싱가포르의 시티 뷰는 오직 투숙객만이 누릴 수 있는 특권이다. 객실은 물론 호텔 내에서 무선 인터넷을 무료로 사용할 수 있으며 57층의 수영장에 갈 때는 룸 키를 인원수에 맞게 반드시 챙길 것.

더 웨스틴 싱가포르 **The Westin Singapore**

주소 12 Marina View, Asia Square Tower 2, Singapore   **전화** 6922-6888
홈페이지 www.thewestinsingapore.com   **요금** 디럭스 US$230, 프리미어 US$260
가는 방법 MRT Downtown 역에서 도보 5분. 아시아 스퀘어 타워 2에 위치   Map.P192-B3

가장 핫한 마리나 베이 지역에 새롭게 5성급 호텔 웨스틴이 문을 열었다. 아시아 스퀘어 타워 2에 위치하고 있으며 웨스틴 특유의 모던하면서도 고급스러움이 넘치는 스타일이 녹아 있다. 최신 호텔로 객실과 전체적인 컨디션이 모두 최상이라는 것이 메리트. 객실은 베이 뷰, 시 뷰에 따라 등급이 나뉜다. 하이라이트는 야외 수영장으로 35층에 있는 수영장은 사방이 탁 트인 구조의 인피니티 풀로 싱가포르의 시티 뷰를 즐기면서 수영을 할 수 있다. 최상급 스파를 경험할 수 있는 헤븐리 스파 Heavenly Spa by Westin도 만날 수 있다. 바로 옆에는 아시아 스퀘어 타워가 있고 다양한 음식을 파는 푸드 코트와 레스토랑이 있어 편리하다.

콘래드 **Conrad Centennial Singapore**

주소 2 Temasek Boulevard, Singapore **전화** 6334-8888 **홈페이지** www.
conradhotels.com **요금** 클래식 US$280, 비즈니스 룸 US$330 **가는 방법**
MRT Promenade 역에서 도보 3~5분, 밀레니아 워크 옆에 있다.

Map.P192-B1

콘래드는 고급 호텔로 잘 알려진 힐튼 계열의 호텔로 힐튼보다 상위
브랜드에 속한다. 총 517개의 객실은 콘래드 특유의
스타일에 맞게 깔끔하면서도 럭셔리하게 꾸며져 있다. 전체적으로 단정하면서도 세련미가 녹아있
는 스타일 덕분에 비즈니스 여행에도 많이 애용되고 있다. 다양한 테마의 뷔페로 유명한 오스카
Oscar's, 정통 칸토니즈 레스토랑 골든 피오니 Golden Peony가 호텔 내에 있으며 바로 뒤에
선텍시티와 밀레니아 워크가 있어 쇼핑이나 식도락을 즐기기에 편리하다.

마리나 만다린 **Marina Mandarin**

주소 6 Raffles Boulevard Marina Square, Singapore **전화** 6845-1000
홈페이지 www.meritushotels.com **요금** 프리미어 US$290, 클럽 룸 US$420
가는 방법 MRT Promenade 역에서 도보 3~5분, 밀레니아 워크 옆에 있다.

Map.P192-A1

메리터스 그룹의 5성급 호텔이다. 21층의 건물은 천장까지 뚫려있는 아
트리움 구조이며 웅장하고 화려한 첫인상을 준다. 모던 차이나 컨셉트로 세련미와 동양적인 아름다움이 조화롭게 어
우러져있다. 총 575개의 객실은 모던하고 쾌적한 룸 컨디션을 자랑하며 침구·욕실 등도 호화롭게 꾸며져 있다. 대형
호텔답게 부대시설도 풍부하며 마리나 스퀘어와 붙어 있는 최상의 위치로 식도락과 쇼핑에 더 없이 좋다.

팬 퍼시픽 **Pan Pacific Singapore**

주소 7 Raffles Boulevard Marina Square, Singapore **전화** 6336-8111 **홈페이지**
www.panpacific.com/singapore **요금** 디럭스 US$350, 클럽 룸 US$520 **가는 방법**
MRT Promenade 역에서 도보 3~5분, 마리나 만다린 옆에 있다. **Map.P192-B1**

총 778개의 룸을 가진 37층의 호텔로 주변에 집중적으로 모여 있는 대형 호텔
과 비교해 규모 면에서는 뒤처지지 않는다. 객실은 모던하면서도 고급스럽게
꾸며져 있으며 공간도 여유로운 편이다. 독특하게 엘리베이터가 바깥쪽으로
설계되어 있어 전망까지 누릴 수 있다. 마리나
스퀘어와 선텍시티에서 가까운 곳에 있으며
비즈니스 여행자들을 위하여 CBD 지구로 주
중에 셔틀 서비스를 제공하고 있다. 호텔 내에
서 해천루·잠부카와 같은 유명 레스토랑들을
만날 수 있다.

인터콘티넨털 호텔 Intercontinental Singapore

주소 80 Middle Road, Singapore **전화** 6338-7600 **홈페이지** www.intercontinental.com **요금** 디럭스 US$380, 클럽 룸 US$450 **가는 방법** MRT Bugis 역에서 바로 연결된다. 부기스 정션 옆에 있다. **Map.P276-A2**

이름만으로도 신뢰가 가는 인터콘티넨털 호텔 체인에 속한 이곳은 부기스 지역에서는 독보적인 고급 호텔이다. 고풍스러운 콜로니얼풍 건물에 우아하고 클래식한 분위기가 흘러넘친다. 1960년대의 페라나칸 숍 하우스의 모습이 고스란히 녹아있는 건축 양식이 아름답다. 총 객실 수는 403개이며 객실 내부도 앤티크한 가구들로 차분하고 고상하게 꾸며져 있다. 특히 샹들리에가 빛나는 로비가 아름다우며 이곳에서의 애프터눈 티도 근사하다.

MRT 부기스 역에서 바로 연결되어 접근이 쉽고 부기스 정션 쇼핑몰도 붙어있어 쇼핑과 식도락을 즐기기에 완벽한 환경이다. 호텔 내에 위치한 레스토랑 중 최고의 중식당으로 꼽히는 만복원, 뷔페로 명성이 자자한 올리브 트리도 눈여겨볼 만하다.

페라나칸(Peranakan)이란 중국과 말레이의 혼합된 싱가포르만의 독특한 문화로, 인터콘티넨털 호텔은 페라나칸을 상징하는 문양과 소품, 가구 등으로 꾸며놓아 더 의미가 있다. 스위트 등급의 객실은 리노베이션을 마쳐 룸 컨디션이 한층 고급스럽고 쾌적해졌다. 야외 수영장이 있어 품격 있는 휴양을 즐기기에도 부족함이 없다.

샹그릴라 라사 센토사 Shangri-la's Lasa Sentosa Resort

주소 101 Siloso Road, Sentosa Island, Singapore **전화** 6275-0100 **홈페이지** www.shangri-la.com **요금** 슈피리어 US$330, 디럭스 US$360 **가는 방법** 센토사 비치 트램(실로소 비치행)을 타고 실로소 비치 끝에서 하차 Map.P337-D1

여행자들이 꿈꾸는 휴양을 가장 완벽하게 실현시켜 주는 리조트로 오랫동안 센토사 내 인기 리조트 정상의 자리를 지키고 있다. 실로소 비치 끝자락에 있으며 바다를 감싸 안는 듯한 하얀 건물에 싱그러운 정원과 넓은 풀을 갖추고 있다. 휴양을 즐기기에 더 없이 좋은 환경이며 특히 아이들을 위한 슬라이드, 키즈 풀, 키즈 클럽이 잘 관리되고 있어 투숙객의 상당수가 가족 단위 여행자들이다.

총 454개의 객실을 갖추고 있으며 10개의 룸 카테고리는 가족 여행자부터 허니무너까지 폭넓은 타깃을 아우른다. 2011년 리노베이션을 마쳐 한층 더 고급스럽고 세련된 룸 컨디션을 자랑하고 있다. 아이를 동반한 가족 여행자라면 데이 베드를 유용하게 사용할 수 있는 패밀리 룸을 추천하며 허니무너라면 넓은 테라스에서 파노라마 뷰를 감상하며 프라이빗한 식사까지 즐길 수 있는 테라스 룸을 추천한다. 전 객실이 테라스를 갖추고 있어서 어디든 시원스러운 전망을 즐길 수 있다. 7개의 레스토랑을 갖추고 있어 리조트 안에서 식도락을 즐기기에도 충분하며 비보 시티로 연결되는 셔틀버스를 20분마다 왕복 운행하고 있어 언제든 비보 시티 쇼핑몰로 가서 쇼핑을 즐길 수 있다.

카펠라 Capella

주소 1 The Knolls, Sentosa Island, Singapore　**전화** 6377-8888
홈페이지 www.capellahotels.com/singapore　**요금** 프리미어 US$450, 원 베드룸 가든 빌라 US$950
가는 방법 센토사 버스를 타고 아마라 생크추어리 앞에서 하차 후 도보 3~5분　Map.P337-B1

센토사는 물론 싱가포르에서도 상위 1% 럭셔리 리조트로 꼽히는 카펠라. 푸른 초원 위에 드넓게 펼쳐
진 호텔의 모습은 마치 유럽의 호화로운 저택에 초대된 기분을 들게 한다. 2009년 문을 연 카펠라
는 등장과 함께 센토사의 정상 자리를 차지했으며 현재도 여전히 센토사는 물론 싱가포르를 대표
하는 럭셔리 리조트다. 1880년대의 헤리티지 건축물을 보존해서 증축하였으며 로비와 라이브러리
가 있는 건물은 옛 형태가 그대로 남아있다. 모던한 객실은 최고급으로 꾸며져 있으며 무엇보다
전망에 초점을 맞추었다. 침대와 소파 어디에서든 스펙터클한 풍경을 감상할 수 있다. 프라이빗한 빌
라는 허니문에 더 없이 완벽하며 스파와 레스토랑도 최상의 수준을 자랑한다. 도널드 트럼프 미국 대통령
과 김정은 북한 국무위원장의 6·12 북미정상회담이 이곳 카펠라에서 이뤄지면서 전 세계적으로 주목을 받기도 했다.

르 메르디앙 싱가포르 센토사 Le Méridien Singapore, Sentosa

주소 23 Beach View Sentosa, Sentosa Island, Singapore　**전화** 6818-3388　**홈페이지** www.marriott.com
요금 디럭스 US$280　**가는 방법** 센토사 모노레일 Imbiah 역 아래, 멀라이언상 건너편에 있다.　Map.P337-B1

옛 트래저 리조트를 뫼벤픽 그룹에서 새롭게 리노베이션해 재탄생시킨 호텔이다. 모노레일 임비아 역에서 내리면 거대
한 멀라이언 상과 함께 눈에 들어오는 유럽풍 저택 같은 리조트가 바로 이곳. 1940년대의 헤리티지 건축물을 그대로
재현하고 그 뒤편으로 신축 건물을 올려 과거와 현재가 마주보며 공존하는 형태로 완성했다. 객실은 모던하며 리노베
이션을 마쳐 룸 컨디션은 최상이다. 가장 독특한 객실은 온센 스위트 Onsen Suites로 계단을 따라 내려가면 객실 내
에 단독으로 자쿠지가 있고 채광이 좋아 마치 야외 노천탕에서 온천을 즐기는 듯한 기분을 만끽할 수 있다. 해변에서
조금 떨어져 있는 편이지만 모노레일 임비아 역과 마주하고 있어 리조트 월드나 비보 시티, 해변 어디로든 접근이 편
리하며 임비아 역 주변에 포진한 어트랙션을 즐기기에도 좋은 위치다.

411

소피텔 싱가포르 센토사 리조트 & 스파
Sofitel Singapore Sentosa Resort & Spa

주소 2 Bukit Manis Road, Sentosa Island, Singapore **전화** 6708-8310 **홈페이지** www.sofitel-singapore-sentosa.com
요금 디럭스 US$260, 프리미어 스위트 US$510 **가는 방법** 센토사 버스 B를 타고 센토사 골프 클럽에서 하차. **Map.P337-A1**

트로피컬한 자연 속에서 온전히 휴가를 즐길 수 있는 수준 높은 리조트다. 3만 평이 넘는 부지에 아름다운 정원이 꾸며져 있고 그 사이사이 레스토랑과 객실·수영장이 여유롭게 조성되어 있어 복잡한 도시를 떠나 완벽한 휴양을 즐기기에 더 없이 좋은 환경이다. 객실은 총 215개이며 일반 객실부터 둘만의 시간을 보낼 수 있는 독립된 빌라까지 두루 갖추고 있다. 취향에 따라 고를 수 있도록 자체 패키지가 많은 것이 차별화된 특징이다. 로맨틱 패키지는 스파, 클리프에서의 디너, 샴페인 등이 포함되어 있어 커플들이 선호하며, 완벽한 휴양을 즐기고 싶다면 스파와 객실이 함께 구성된 '심플리 스파 패키지'를 추천한다. 리조트내의 클리프 레스토랑과 소 스파는 명성이 자자하니 꼭 경험해보자. 워낙 규모가 크기 때문에 걷기 힘들다면 버기를 타고 리조트 안에서 스파 등으로 이동할 수 있다. 쇼핑이나 식도락을 즐기고 싶다면 투숙객들의 편의를 위해 제공되는 무료 셔틀 서비스를 이용해 오차드의 파라곤과 비보 시티로 이동할 수 있다.

아마라 생크추어리 Amara Sanctuary

주소 1 Larkhill Road, Sentosa Island, Singapore **전화** 6825-3887
홈페이지 www.amarasanctuary.com **요금** 디럭스 US$270, 원 베드룸 빌라 US$590
가는 방법 센토사 버스를 타고 아마라 생크추어리 앞에서 하차 **Map.P337-B1**

일반 객실을 비롯하여 스위트, 풀 빌라를 갖추고 있는 럭셔리 리조트로 여유롭고 한가로운 휴가를 꿈꾸는 이들에게 잘 어울리는 곳이다. 총 140개의 객실은 전체적으로 화사하고 우아하면서도 절제된 아름다움을 느낄 수 있다. 둘만의 프라이빗한 풀을 갖춘 풀 빌라는 허니무너들에게 큰 인기를 끌고 있다. 넓은 부지에 잘 가꾸어진 아름다운 정원이 펼쳐지며 투숙객들은 버기를 타고 이동할 수 있다. 수영장은 2개로 숲속에서 수영을 즐기는 기분과 루프 탑에서의 전망을 만끽할 수 있다. 다양한 액티비티 프로그램을 제공하며 비보 시티가 있는 하버 프런트 역까지 무료로 셔틀 서비스를 운행하고 있다.

하드 락 호텔 Hard Rock Hotel Singapore

주소 8 Sentosa Gateway, Sentosa, Singapore **전화** 6577-8899 **홈페이지** www.hardrockhotelsingapore.com
요금 디럭스 US$200~ **가는 방법** 센토사 모노레일 워터프런트 역에서 하차. 리조트 월드 센토사 내에 있다. Map.P355

센토사의 거대한 테마파크인 리조트 월드 센토사 내에 있는 대중적으로 인기가 높은 호텔이다. 하드 락 호텔 특유의 펑키하고 팝적인 스타일로 유명하며 로비는 근사한 바를 연상시킨다. 객실마다 락 스타들의 그림들이 걸려 있으며 트렌디한 스타일로 꾸며져 있다. 울창한 야자수들로 열대의 분위기가 물씬 풍기는 수영장은 이곳의 자랑거리로 해변처럼 모래를 깔아두어서 아이들이 놀기에도 좋다.

페스티브 호텔 Festive Hotel

주소 8 Sentosa Gateway, Sentosa, Singapore **전화** 6577-8899
홈페이지 www.rwsentosa.com **요금** 디럭스 US$200~, 디럭스 패밀리
US$230~ **가는 방법** 센토사 모노레일 워터프런트 역에서 하차. 리조트 월드 내 하드 락 호텔 옆에 있다. Map.P355

리조트 월드 센토사 내의 호텔 중 가족 단위 여행자에게 가장 인기가 높은 곳으로 아이들을 위한 게임 시설, 패밀리 레스토랑을 풍부하게 갖추고 있다. 특히 디럭스 패밀리 객실은 성인이 잘 수 있는 일반 베드 외에 2층 침대가 있고 객실 분위기가 컬러풀하고 유쾌해 아이들에게 무척 인기가 좋다. 수영장은 하드 락 호텔과 비교하면 작은 편이지만 하드 락 호텔의 수영장을 공유할 수 있다. 쇼핑 브랜드가 밀집한 갤러리아와 가까워 쇼핑하기에도 좋고 레스토랑과 유니버설 스튜디오, 카지노를 즐기기에도 최적의 환경이다.

알아두세요 리조트 월드 센토사의 호텔들

리조트 월드 센토사에는 총 6개의 호텔이 모여 있습니다. 하드 락 호텔, 페스티브 호텔, 호텔 마이클 Hotel Michael, 에콰리우스 호텔 Equarius Hotel은 대중적인 숙소이며 크록포드 타워 Crockfords Tower는 하이엔드 급으로 일반 투숙객이 아닌 VIP만을 위한 곳입니다. 최근에 문을 연 비치 빌라 Beach Villas는 고급 빌라로 1 베드룸부터 4 베드룸까지 있으며 럭셔리한 풀을 갖추고 있어 호사스러운 휴가를 보낼 수 있습니다. 각각의 호텔 마다 스타일과 가격대가 다르니 취향과 예산에 맞게 골라보세요.

| 싱가포르 숙소 편 |

| 올드 시티 |

나우미 Naumi

주소 41 Seah Street, Singapore **전화** 6403-6000
홈페이지 www.naumihotel.com **요금** 프리미어 US$290~ **가는 방법** MRT City Hall
역에서 도보 8~10분. 래플스 호텔 지나 민트 박물관 가기 전에 있다.

Map.P168-A2

나우미는 2007년 오픈한 후 싱가포르를 대표하는 럭셔리 부티크 호텔로 자
리잡았다. 스타일리시하고 세련된 부티크 호텔로 특히 여성들에게 높은 지지
를 받고 있다. 여성 여행자만 투숙 가능한 층이 따로 있으며 객실 디자인과
어메니티 등에도 차이를 두는 등 특별한 배려도 잊지 않았다. 부티크 호텔임
에도 피트니스 센터와 전망 좋은 루프탑의 인피니티 풀, 요가 룸, 라운지도
갖추고 있다. MRT 시티 홀 역에서 도보로 이동이 가능한 위치이며 주
변에는 로컬 맛집부터 파인다이닝 레스토랑까지 다양한 음식점이 포
진해 있어 식도락가라면 더욱 즐겁다. 스타일리시한 고급 부티크 호텔
에서의 하룻밤을 꿈꾸는 이들이라면 눈여겨보자.

| 차이나타운 |

스칼렛 호텔 The Scarlet a Boutique Hotel

주소 33 Erskine Road, Singapore **전화** 6511-3303 **홈페이지** www.thescarlethotel.com **요금** 디럭스 US$180~, 프리미엄
US$250~ **가는 방법** MRT Chinatown 역에서 도보 8~10분, 불아사 건너편 오르막길로 도보 2분 **Map.P255-A3**

싱가포르 최초의 럭셔리 부티크 호텔로 화려하고 매혹적인 스타일로 치장하고 있다. 1920년대 숍 하
우스로 사용되던 건물 양식을 고스란히 살린 채 2004년에 내부만 리노베이션을 마쳤다. 멀리서 봐도
호텔이라기보다는 부티크 숍과 같은 모습을 하고 있지만 안으로 들어가면 화려한 상들리에와 강렬한
레드와 블랙의 색상이 눈길을 사로잡는다. 객실은 앤티크 가구와 강렬한 컬러의 벨벳 등의 소재를 사용해 화
려하게 꾸며져 있다. 공주풍의 로맨틱한 분위기 덕분에 호불호가 확실히 나뉘며 투숙객의 대부분은 여성 여행자와 커
플들이다. 객실마다 스타일과 사이즈가 다르며 야외 자쿠지가 있는 로맨틱한 방은 허니무너에게 인기가 높다. 역사가
오래됐지만 지속적인 관리로 낡은 느낌은 없으나 복도 등은 좁은 편이며 부대시설이 부실한 것이 최대의 단점이다. 부
대시설보다는 로맨틱한 객실에 로망을 갖고 있는 여행자에게 잘 어울린다.

호텔 1929 **Hotel 1929**

주소 50 Keong Saik Road, Singapore **전화** 6347-1929 **홈페이지** www.hotel1929.com **요금** 슈피리어 US$140~, 디럭스 US$170 **가는 방법** MRT Outram Park 역에서 도보 5~8분, 동아 커피숍을 따라 도보 2분 **Map.P254-A2**

1929년에 지어진 오래된 건물에 내부는 트렌디한 감각으로 꾸며져 있어 반전을 느낄 수 있는 부티크 호텔이다. 공간은 작지만 최대한 공간을 활용하려 노력하였으며 산뜻한 디자인으로 생기를 불어넣었다. 스위트 객실은 야외 공간에 욕조가 있는 것이 특징이다. 오너가 디자인 체어를 수집하는 취미를 가진 덕분에 멋진 디자인 체어들로 눈요기를 할 수 있다. 싱가포르에 부티크 호텔 붐을 일으킨 장본인 중 하나로 이후 뉴 마제스틱, 원더러스트를 연달아 히트시켰다. 3곳 중 가장 가격이 저렴하며 수영장이나 즐길 만한 부대시설이 없고 객실이 다소 좁다는 것이 단점이다.

호텔 레 **Hotel Re! @ Pearl's Hill**

주소 175A Chin Swee Road, Singapore **전화** 6827-8288 **홈페이지** www.hotelre.com.sg
요금 디럭스 US$140~, 이그제큐티브 US$190 **가는 방법** MRT Outram Park 역에서 도보 8~10분 **싱가포르 중심도-B3**

톡톡 튀는 컬러와 디자인으로 젊은 층에게 뜨고 있는 호텔. 1800년대에는 초등학교였으며 후에 학생들을 위한 레지던스로 사용되다가 지금의 부티크 호텔로 거듭났다. 총 140개의 객실은 6가지 카테고리로 나뉘며 알록달록한 컬러와 팝아트풍의 월 페이퍼로 꾸며져 있다. 또한 객실 내 무선 인터넷, 미니바 등의 베니핏을 무료로 제공한다. 호텔이 언덕에 위치하고 있다는 것이 단점이라면 단점이지만 자체적으로 아우트램 파크 역으로 셔틀 서비스를 제공해 이동에는 문제가 없다. 시크하고 세련된 부티크 호텔을 찾기보다는 튀는 부티크 호텔을 찾는 이들에게 제격이다.

왕즈 호텔 **WANGZ Hotel**

주소 231 Outram Road, Singapore **전화** 6595-1388 **홈페이지** www.wangzhotel.com
요금 디럭스 US$220~ **가는 방법** MRT Outram Park 역 A번 출구에서 도보 10분 **싱가포르 중심도-A4**

새로 생긴 호텔로 건축 스타일이 독특하며 아티스틱한 감성이 느껴진다. 총 객실 수 41개로 중형 호텔에 속하지만 객실의 컨디션만큼은 고급 호텔 부럽지 않을 만큼 뛰어나다. 특히 루프탑에 위치한 할로 루프탑 라운지 Halo Rooftop Lounge는 저녁이면 전망과 분위기가 근사하니 꼭 들러서 칵테일 한잔의 여유를 누려보자. MRT 아우트램 파트 역에서 도보 5분 거리로 위치가 좋은 편이며 차이나타운과도 가깝다. 노베나 지역에 있는 더 포레스트 바이 왕즈 THE FOREST BY WANGZ는 좀 더 디자인적인 재미가 녹아있는 부티크 스타일 레지던스로 장기 투숙이나 키친 공간이 필요한 여행자에게 잘 어울린다.

| 리버사이드 |

리버 시티 인 River City Inn

주소 33C Hong Kong Street, Singapore **전화** 6532-6091 **홈페이지** www.rivercityinn.com
요금 도미토리 1인당 S$27~, 프라이빗 룸 S$32~ **가는 방법** MRT Clarke Quay 역 E번 출구에서
홍콩 스트리트 방향으로 도보 5분

클락 키 역과 가까운 저가 호스텔로 클락 키는 물론 차이나타운까지 편리하게 여행할 수 있는 좋은 위치다. 여럿이 묵는 도미토리는 물론 4인이 사용할 수 있는 프라이빗 룸이 있어서 가족이나 친구와 함께 묵기에도 좋다. 무선 인터넷을 무료로 사용할 수 있으며 아침도 포함되어 있다. 모던하고 깔끔한 시설에 서비스도 친절해서 다녀온 이들의 후기 또한 좋은 편. 클락 키 지역에서 저렴한 숙소를 찾는다면 눈여겨보자.

| 차이나타운 |

윙크 호스텔 WINK HOSTEL

주소 8A Mosque Street, Singapore **전화** 6222-2940 **홈페이지** www.winkhostel.com
요금 싱글 팟 S$50, 더블 팟 S$90 **가는 방법** MRT Chinatown 역에서 도보 3~5분, 모스크 스트리트에 있다. **Map.P255-B1**

어두컴컴하고 청결하지 않은 중저가 호텔보다는 깨끗하고 스타일 좋은 호스텔에서 자겠다는 여행자들에게 완벽한 곳이다. 부티크 호스텔이라고 부르고 싶을 만큼 감각적인 이 호스텔은 일반적인 철제 2층 침대의 도미토리와는 다르게 팟 Pod 이라 부르는 새하얗고 네모난 베드가 마치 큐브 안에서의 하룻밤을 연상시킨다. 침대 시트가 무척 청결하고 공동 샤워 시설도 무척 깨끗하게 관리되고 있어 청결과 쾌적함을 최고로 여기는 이들에게도 합격점을 받을 만하다. 호텔 못지않은 첨단 시설로 개인 라커도 카드키를 통해 본인만 열 수 있으며 객실도 키를 소유한 게스트만이 들어갈 수 있다. 청결과 안전을 중시하는 여성 여행자들에게 유난히 인기가 높다. 간단한 조리를 할 수 있는 키친이 있으며 빨래를 할 수 있는 세탁실과 사용 가능한 노트북도 2대 있다. 무선 인터넷이 제공되며 차이나타운이 시작되는 모스크 스트리트에 위치해 접근성도 탁월하다. 일반 호스텔보다 가격이 다소 비싸지만 깨끗하고 쿨한 호스텔을 찾는 이들에게 강력히 추천한다.

5 풋웨이 인 5 footway.inn

주소 63A Pagoda Street , Singapore **전화** 6348-7101 **홈페이지** www.5footwayinn.com **요금** 4인 도미토리 1인당 S$38 **가는 방법** MRT Chinatown 역 A번 출구에서 도보 1분 **Map.P254-A1**

싱가포르의 1호 부티크 호스텔이라 자부하는 곳으로 심플하면서도 감각적인 인테리어는 호텔 부럽지 않은 수준. 전체적으로 화이트 톤으로 꾸며져 깔끔하고 화사하며 테라스는 트렌디한 카페에 온 듯하다. 무선 인터넷과 간단한 아침 식사도 무료로 포함되어 있다. 이름처럼 차이나타운 역에서 몇 발자국만 걸으면 나오는 위치라 접근성이 최고의 장점이다. 평범한 호스텔보다는 깨끗하고 예쁜 숙소를 찾는 이들에게 제격이다. 보트 키, 아랍 스트리트 지역에도 분점이 있다.

모리 호스텔 Mori Hostel

주소 429 Race Course Road, Singapore **전화** 6299-1774 **홈페이지** www.morihostel.com
요금 도미토리 S$50~ **가는 방법** MRT Farrer Park 역 B번 출구로 나와서 도보 5분
Map.P292-B1

감각적인 스타일과 깔끔함으로 인기를 끌고 있는 부티크 호스텔. 블랙 & 화이트의 모던한
스타일로 오픈한 지 얼마 되지 않아 시설과 청결이 단연 뛰어나다. 여성 전용 6인 도미토리
와 남녀 공용 도미토리, 단독으로 쓸 수 있는 더블 룸(Mori Deluxe Private Suites)이 있다.
무선 인터넷이 무료로 제공되며 간단한 아침도 제공된다. 리틀 인디아의 주요 관광지. 무스
타파 센터까지는 도보 약 3~5분 거리에 위치하고 있다. 가격은 호스텔치고는 저렴하지 않
지만 청결과 스타일을 중시하는 여행자들에게 적극 추천한다.

G4 스테이션 G4 Station

주소 11 Mackenzie Road, Singapore **전화** 6334-5644 **홈페이지** www.g4station.com
요금 4인 도미토리 1인당 S$33, 8인 도미토리 1인당 S$28 **가는 방법** MRT Little India 역 A번 출구에서
도보 3분 **Map.P292-A2**

저가 호스텔이 집중적으로 모여 있는 리틀 인디아 지역의 대표적인 호스텔로 노란색 건물이라
눈에 쉽게 띈다. MRT 리틀 인디아 역에서 가까우며 더블 룸부터 2~8 베드 도미토리 룸을 갖추
고 있다. 깔끔하고 쾌적한 시설로 만족도가 높으며 역이 바로 코앞에 있다는 위치적 장점이 가장
돋보인다. 무선 인터넷이 제공되며 여행자들이 사용 가능한 컴퓨터도 있다. 위치 좋고 깔끔한 도
미토리를 찾는 여행자에게 안성맞춤이다.

풋프린트 호스텔 Footprints Hostel

주소 25A Perak Road, Singapore **전화** 6295-5134 **홈페이지** www.footprintshostel.com.sg
요금 도미토리 1인당 S$15~, 패밀리 룸 S$88.90~

417

가는 방법 MRT Little India 역에서 도보 10분, 페락 로드에 있다. **Map.P292-A2**

리틀 인디아에 있으며 호스텔 치고는 규모가 꽤 크다. 전 세계 배낭여
행자들이 모여드는 곳으로 벽면 가득 여행자가 써놓은 낙서가 재미
있다. 다양한 도미토리 타입 중에서 고를 수 있다. 패밀리 룸의
경우 6개의 베드가 있어 인원수가 많은 친구들끼리 한
방을 빌려서 지내기에 편리하다. 투숙객이 사용 가능한
컴퓨터가 있으며 유료로 이용할 수 있는 세탁기와 건조기도 있어
장기 여행자에게 유용하다. 리틀 인디아 역과 부기스 역의 중간 지
점에 위치하고 있으며 MRT 역에서 약간 멀다는 것이 단점이다.

싱가포르
여행준비

Step By Step
싱가포르 여행 준비 일정

1 여행 계획 세우기

내 마음대로 떠나는 자유여행에서 항공권과 숙소를 걱정할 필요 없는 에어텔, 모든 것이 포함되어 있는 패키지까지 어떠한 형태로 여행을 떠날 것인지, 기간과 예산은 얼마나 잡을 것인지 대략적인 여행 스타일을 정해보자.

2 여권 만들기

해외여행에 여권은 필수. 아직 여권이 없다면 미리 신청해두자. 여권이 있다면 유효 기간이 여행 날짜 기준으로 6개월 이상 남았는지 확인하자.

3 항공권 예약하기

여행 기간을 정했다면 이제 항공권을 예약하도록 하자. 싱가포르는 성수기와 비수기가 큰 차이가 없으며 특히 주말이나 연휴에는 사람들이 몰리니 미리 예약하는 것이 안전하다. 각 항공사와 여행사의 가격 비교는 필수!

4 숙소 예약하기

항공권 예약을 완료했다면 이제는 숙소를 정해야 할 때. 예산에 맞는 호텔을 커뮤니티나 책에서 찾은 후 호텔 예약 사이트, 홈페이지 등에서 가격을 비교해 보고 예약하자.

5 여행정보 수집하기

항공권과 숙소 예약을 마쳤다면 큰 그림은 완성된 것이나 다름없다. 이제 기간에 맞게 가보고 싶은 관광지 · 맛집 · 쇼핑 등을 커뮤니티나 책을 통해 공부한 후 세부적인 루트와 일정을 계획해 보자.

6 면세점 쇼핑하기

해외여행의 즐거움 중 하나는 면세 쇼핑. 시내 면세점이나 인터넷 면세점을 통해서 미리 쇼핑한 후 공항에서 수령할 수 있다. 물론 출국 당일 공항 내 면세점에서도 구매가 가능하다.

7 환전하기

여행 기간에 사용할 대략적인 예산을 짠 후 환전을 해두자. 예비로 사용할 만한 신용카드도 해외에서 사용이 가능한지 확인한 후 챙겨두자.

8 여행자보험 가입하기

여행 기간 동안 혹시 일어날지도 모를 사고를 대비해서 여행자보험에 가입하는 것이 안전하다. 인터넷으로도 가입이 가능하며 공항에서도 가능하다.

9 짐 꾸리기

챙겨야 할 것들을 리스트로 작성해 빠뜨린 것이 없는지 꼼꼼하게 확인하면서 짐을 꾸리자. 불필요한 것은 최소화하도록 하고 여권과 전자항공권(e-ticket), 숙박 바우처 등 가장 중요한 것들은 빠지지 않았는지 더블 체크하자.

0 최종 점검 & D-Day 싱가포르로 출발!

비행기 출발 시간, 호텔 체크인 날짜, 공항으로 가는 방법 등을 마지막으로 다시 한번 체크하고 꾸려 놓은 짐들도 최종적으로 점검해 보자.

싱가포르 여행준비

여행 계획 세우기

여행 스타일 정하기

자유여행

관광대국 싱가포르는 여행자들을 위한 편의시설이 무척 잘돼 있어 자유여행을 즐기기에 더없이 좋다. 대중교통 이용도 쉽고 편리하며 치안도 다른 동남아 국가들과 비교해 안전한 편이다. 또한 영어가 통용되며 사람들도 여행자들에게 친절하고 관대한 편이라 길을 묻거나 할 때 적극적으로 도와준다. 자유여행은 100% 자신의 스타일대로 여행을 계획하고 즐길 수 있어 여행자들이 가장 선호하는 형태로 여행의 참맛을 즐길 수 있다.

에어텔 여행

'Air+Hotel'의 합성어로 항공과 숙박이 포함된 상품이다. 정해진 항공과 숙박 외에는 마음대로 자유여행을 즐길 수 있다. 항공 스케줄과 호텔이 자신에게 맞고 가격도 괜찮다면 추천할 만하다. 특히 싱가포르는 싱가포르항공에서 운영하는 SIA Holiday(p.430 참고)가 대표적으로 선택의 폭이 넓으며 다양한 혜택도 누릴 수 있어 추천할 만하다.

패키지 여행

싱가포르는 작은 도시이고 여행자를 위한 편의시설과 대중교통 등이 잘돼 있어서 대부분 자유여행을 선호한다. 해외여행 초보이거나 준비할 시간이 없다면 이용하는 것도 괜찮지만 이왕이면 자유여행으로 싱가포르의 매력을 찾아볼 것을 추천!

여행 기간 & 예산 짜기

여행의 스타일이 결정됐다면, 이제 내가 최대한 여행에 할애할 수 있는 기간을 생각해 보고 거기에 맞춰 대략적인 예산을 세우자. 싱가포르는 서울과 비슷한 규모의 도시로 짧은 기간에 즐길 거리가 풍부해서 주말여행지로도 사랑받고 있다. 여행에 소요될 총 예산을 미리 짜고 환전할 금액도 산출해보도록 하자.

항공 요금

항공권은 항공사와 시즌, 체류 기간에 따라서 요금의 차이가 큰 편이다. 왕복 기준 약 40만~70만원 수준으로 싱가포르항공·아시아나항공과 같은 직항은 경유하는 항공사에 비해 더 비싸다. 무조건 저렴한 요금만 찾을 것이 아니라 여행 기간, 경유 시간, 스케줄을 꼼꼼히 확인해서 자신의 여행과 가장 잘 맞는 항공권을 택하자.

숙박비

숙박비는 여행 예산에서 가장 격차가 심한 부분이다. 저가 호스텔에서부터 최고급 호텔까지 있어서 어떤 숙소를 선택하느냐에 따라 예산이 180도 달라진다. 배낭여행

자라면 저가 호스텔의 도미토리 같은 경우 S$30~60 정도에 묵을 수 있으며 중급 호텔은 최소 S$150부터 시작된다. 마리나 베이 샌즈, 만다린 오리엔탈 호텔과 같은 고급 호텔은 S$400 정도 수준. 최고급 호텔이나 단독 풀빌라와 같은 호화 숙소의 경우 S$1000에 육박하기도 하니 자신의 여행 컨셉트와 예산에 맞게 선택하자.

식비

싱가포르는 호커 센터와 푸드 코트가 사방에 있어서 저렴한 비용으로 맛있는 한 끼 식사를 해결할 수 있다. 보통 호커 센터나 푸드 코트에서는 S$5~8 정도면 먹을 수 있으며 따로 세금(Tax)과 서비스 차지가 붙지 않아 더욱 저렴하다. 쇼핑몰 내의 체인 레스토랑이나 카페에서 식사를 할 경우 한국과 비슷하거나 더 비싼 편이며 최종 요금에 17%의 세금이 더해지면 조금 더 가격이 높아진다. 고급 레스토랑에서 식사를 한다면 최소 S$50 혹은 그 이상을 예상해야 한다. 매 끼니를 레스토랑에서 해결하면 예산이 부담스러울 수 있으니 저렴한 호커 센터와 레스토랑, 파인 다이닝까지 적절하게 섞어서 식도락을 즐기도록 하자.

교통비

싱가포르는 대중교통이 잘 발달되어 있으며 요금도 S$1~2 안팎으로 우리나라와 비슷하다. 충전식 교통카드인 이지링크를 사서 버스와 MRT를 최대한 활용하고 가까운 거리는 도보로 이동하면 교통비를 절약할 수 있다.

택시비는 기본료가 S$3 정도이지만 할증이 무척 다양해서 최종 요금이 올라가기도 하니 주의하자. 무조건 돈을 아끼기보다는 체력을 고려해서 대중교통과 택시를 적절히 활용하는 게 좋다.

투어 및 관광지 요금

싱가포르는 다양한 즐길 거리와 관광지가 있으므로 몇 가지를 둘러보고 체험하느냐에 따라서 예산의 차이가 크다. 대표적인 곳으로 나이트 사파리, 유니버설 스튜디오, 주롱 새공원, 싱가포르 플라이어, 센토사 섬 등이 있으니 비용과 시간을 잘 분배해 즐겨보자. 본격적인 관광파라면 싱가포르 관광 패스(p.41 참고), 할인 여행사(p.257 참고) 등을 이용하는 것도 괜찮은 선택. 짧은 시간에 너무 많은 것을 보려고 하기보다는 꼭 보고 싶은 것들을 선별해 온전히 즐기는 것이 좋다.

* 나이트라이프 · 스파 · 쇼핑 등도 어느 정도 수준으로 즐기느냐에 따라 비용이 달라진다. 대략적으로 어느 정도로 할지를 정해두고 적절한 예산을 짜도록 하자.

1일 예상 체류비 (최소)	싱가포르 물가 지표
숙박비 S$50~	편의점 생수 한 병 S$1.20~
교통비 S$15~20	야쿤 카야 토스트 S$2
식사 S$20~30	푸드 코트 식사 S$4~
기타 잡비 S$5~10	택시 기본료 S$3.2~
	MRT 1회 S$1.10~
	버스 1회 S$1.10~

여권 만들기

싱가포르에 입국하기 위해서는 유효 기간이 최소 6개월 이상 남은 여권이 필요하다. 여권은 해외여행을 할 때 가장 기본적이고 중요한 준비물이다. 대한민국 국민임을 증명하는 신분증명서로서 국민이 해외여행을 하는 동안 편의와 보호에 대한 협조를 받을 수 있도록 하기 위해 발급한다. 여권에는 단수여권과 복수여권이 있다. 단수여권은 유효 기간이 1년이고 한 번만 외국에 나갈 수 있다. 보통 병역 미필자가 해외에 나가고자 할 때 발급받는다. 복수여권은 유효 기간이 5년 또는 10년이며 횟수 제한 없이 외국으로 나가는 것이 가능하다.

여권의 종류

한국 여권에는 10년 복수, 5년 복수, 1년 단수(1년 동안 1번의 출입국만 가능), 미성년자 5년 복수 4가지가 있다. 여행자로서 가장 편한 여권은 10년 동안 횟수에 제한 없이 출입국 할 수 있는 10년 복수여권이다. 기간 연장은 1회만 가능하며 일반적으로 5년 복수여권이 새로 발급된다. 2008년 8월 25일부터 여권의 보안성과 여행자의 편의 증진을 목적으로 전자여권이 도입됐다.

여권 발급처

여권 발급 신청은 서울 25개 구청과 광역시청, 지방 도청의 여권과에서 가능하며 본인이 직접 방문 신청해야 한다. 여권 발급에 소요되는 기간은 3~5일 정도이며 지역에 따라 1주일쯤 걸리는 곳도 있다. 여권을 수령할 때는 본인의 주민등록증이 있어야 하며 대리인이 수령할 경우에는 위임장과 신청인의 주민등록증 또는 그 사본과 대리인의 주민등록증이 필요하다.

여권 발급 절차

신청서 작성 → 발급 기관(지정된 구청과 도청 등) 접수 → 신원 조회 → 각 지방 경찰청 조회 결과 회보 → 여권 서류 심사 → 여권 제작 → 여권 교부

 알아두세요 **여권 유효 기간과 여권 분실**

여행 전 여권의 유효 기간을 꼭 확인해야 합니다. 출국일 기준으로 유효 기간이 6개월 미만 남아 있다면 관할 여권 발급 기관을 방문해서 유효 기간 연장을 신청하세요. 구여권을 가지고 있다면 연장이 불가능하므로 전자여권으로 새로 발급받아야 합니다. 일반적으로 여행 중 여권을 분실하면 대사관이나 영사관에 가서 여행용 임시 증명서를 발급받게 됩니다. 이때 여권 번호와 사진 2장이 필요하므로 여권 번호를 따로 적어 놓고 사진도 예비로 준비해 가는 것이 좋습니다. 여권 복사본이 있으면 더 편리하지요. 여권 복사본과 사진은 여권과 분리해서 따로 보관하세요.

여권이 필요할 때

- 달러 환전 시 – 출국 수속 및 항공기 탑승 시 – 현지 입국 수속 시 – 귀국 시

- 호텔 투숙할 때

- 면세점에서 면세 상품 구입 시

- 국제운전면허증 만들 때

- 여행자수표(T/C)로 대금을 지급하거나 현지 화폐로 환전할 때

- T/C를 도난당하거나 분실한 후 재발급 신청할 때

- 출국 시 병역 의무자가 병무신고를 할 때와 귀국 신고 할 때

- 해외여행 중 한국으로부터 송금된 돈을 찾을 때

- 렌터카 임차할 때

일반 여권 신청 시 필요한 서류

1. 여권 발급 신청서 1부(외교통상부 홈페이지에서 다운받거나 각 구청 여권과에 비치되어 있음)

2. 신분증(주민등록등본 1통, 주민등록증 또는 운전면허증)

3. 여권용 사진 2장(최근 6개월 이내)

4. 여권 발급 수수료
   - 일반 복수여권
     10년 이내 5만 원(24면), 5년 4만2000원(8세 이상, 24면), 5년 3만 원(8세 미만, 24면)
   - 일반 단수여권 1만5000원

* 병역 의무 해당자는 병역 관계 서류
* 여권 발급처 및 여권 발급에 대한 기타 자세한 안내는 외교통상부 해외안전여행 사이트(www.passport.go.kr)를 참고하면 된다.

여권에 관한 궁금증 FAQ

Q 다른 사람이 대신하여 여권을 신청할 수 있나요?

A 여권발급신청은 반드시 본인이 직접 하여야 합니다. 단, 본인이 직접 신청할 수 없을 정도의 사고나 질병 등의 사유가 있을 경우 또는 18세 미만의 미성년자의 경우 대리인을 통해 신청 가능합니다.

Q 여권 사진에 특별한 규정이 있나요?

A 가로 3.5cm, 세로 4.5cm 규격의 6개월 이내에 촬영한 천연색 상반신 정면 사진이어야 합니다. 또한 여권 사진은 얼굴을 머리카락이나 장신구 등으로 가리면 안되고 얼굴 전체가 나와야 합니다. 상의는 아주 밝은 색보다는 유색의 옷을 입는 것이 좋습니다.

Q 급하게 여권발급을 받을 수 있나요?

A 특수한 경우에 따라 48시간 내 여권을 발급 받을 수 있습니다. 인도적 · 사업상 급히 출국할 필요가 있다고 인정되는 경우 혹은 여권의 자체 결함이 있거나 여권발급기관의 행정착오로 여권이 잘못 발급된 사실이 출국 3일전 발견된 경우 가능합니다.

| 싱가포르 비자 |

대한민국 여권으로 싱가포르를 관광 및 출장 목적으로 방문할 경우 최대 90일까지 무비자 체류가 가능하다.

항공권 예약하기

여행 날짜가 확정됐다면 이제 항공권을 예약할 차례. 항공권은 미리 예약할수록 요금이 저렴하다. 그 대신 변경이나 취소 시에는 수수료가 추가되니 신중하게 결정하도록 하자. 싱가포르는 직항을 이용해도 비행시간만 6시간 정도가 소요되며 다른 도시를 경유할 경우 시간이 더 걸린다. 일반적으로 직항보다는 경유편이 저렴하지만 시간적으로 여유가 없다면 직항을 이용하는 것이 좋다.

항공권 구매하기

항공사 홈페이지나 온라인 여행사에서 쉽게 구입할 수 있으니 여러 업체의 가격·조건을 비교한 후 예약하도록 하자. 규정상 취소·환불이 어렵거나 수수료가 부과되는 경우가 있으므로 항공권 예약 시 꼼꼼하게 살펴보자.

온라인 예약 사이트

인터파크투어 tour.interpark.com   **온라인투어** www.onlinetour.co.kr
웹투어 www.webtour.com
투어익스프레스 www.tourexpress.com

우리나라에서 싱가포르로 취항하는 대표적인 항공사

항공사	경유	홈페이지	특징
싱가포르항공	직항	www.singaporeair.com/kr	싱가포르 국적기로 싱가포르항공 탑승 시 관광지·레스토랑 등에서 다양한 혜택이 있다.
아시아나항공	직항	www.flyasiana.com	국적기로 밤 비행기 스케줄로 시간을 절약할 수 있다.
대한항공	직항	kr.koreanair.com	국적기로 다른 시간대의 매일 2회 스케줄로 운항한다.
베트남항공	하노이 /호찌민	www.vietnamairlines.com	경유 항공권 중에서도 저렴한 편에 속하며 호찌민 혹은 하노이를 경유한다.
캐세이패시픽	홍콩	www.cathaypacific.com/kr	비교적 스케줄이 많고 공항 대기 시간도 짧은 편이다.
타이항공	방콕	www.thaiair.co.kr	다양한 스케줄을 가지고 있고 방콕에서 최대 2회 스톱오버 가능하며 2회까지 무료다.
에어아시아	쿠알라룸푸르	www.airasia.com	대표적인 저가 항공사로 편도요금 기준으로 책정되며 동남아와 연계하여 싱가포르로 갈 때 유리하다.

* 항공 스케줄과 규정은 변동될 수 있으니 홈페이지나 여행사를 통해 확인하는 것이 정확하다.

항공권 예약 절차

항공사 홈페이지나 온라인 여행사에서 클릭 몇 번으로 손쉽게 항공권을 예약할 수 있다.

홈페이지 접속 → 날짜 지정 후 항공권 검색 → 노선과 규정, 요금 확인 후 항공권 선택 → 탑승자

정보 입력 후 예약하기 → 결제 시한 확인 → 결제 시한 내 현금 또는 카드 결제 → 결제 확인 후

메일로, 또는 홈페이지에서 전자항공권 수령 → 전자항공권 인쇄

항공권 예약 체크리스트

☐ **예약은 서두를수록 저렴하다.**

항공권은 특성상 자리가 줄어들수록 가격이 높아지는 점을 유의하자. 미리 구매하면 얼리버드 특가 등의 혜택이 있으니 여행 날짜가 확실해졌다면 최대한 발 빠르게 티켓을 구매하는 것이 유리하다. 다만 결제 후에는 날짜 변경, 취소 시에 수수료가 부과될 수 있으니 최대한 변동이 없도록 주의하자.

☐ **세금과 유류세도 포함해 계산하자.**

항공권의 요금을 체크할 때 기본적인 항공 요금은 물론 세금까지 포함해 확인해야 한다. 경유 항공권의 경우 세금이 더 높기도 하니 표면적인 항공 요금이 아니라 모두 합산된 요금으로 체크해야 정확하다.

☐ **영문 이름은 반드시 더블 체크!**

여권의 영문 이름과 항공권의 영문 이름은 반드시 일치해야 하므로 주의해서 더블 체크하도록 하자. 가장 기본적인 사항이지만 의외로 영문 이름 오류 때문에 불상사가 발생하기도 하니 유의하자.

☐ **마일리지를 모으자.**

싱가포르항공·아시아나항공 등은 같은 스타얼라이언스 계열로 마일리지를 적립하면 추후 마일리지 티켓을 받을 수 있다. 그 외에도 대부분의 항공사가 마일리지 제도를 운영하고 있으니 미리 체크해보자. 공항에서 티케팅 시 적립 가능하며 할인 항공권의 경우 마일리지 적립이 불가할 수도 있으니 확인해보자.

☐ **스톱오버 체크하기!**

경유 비행기를 이용할 때 스톱오버를 할 예정이라면 예약 시 미리 요청을 해두자. 항공사에 따라 스톱오버의 횟수와 세금, 무료와 유료 등의 차이가 있으니 확인해두자.

☐ **전자항공권은 잘 보관해둘 것!**

온라인 여행사에서 예약하면 결제 후 여행사 홈페이지나 이메일을 통해서 전자항공권(e-ticket)을 보내주는 경우가 많다. 분실 시 프린트만 다시 하면 되므로 이메일로 받았을 경우 삭제하지 말고 잘 보관하자.

싱가포르 No.1 항공사, 싱가포르항공

싱가포르항공은 싱가포르 국적기로 전 세계적으로도 베스트 항공사 순위에서 늘 상위에 랭크된다. 한국인 고객에게 편리한 서비스를 제공하기 위해 한국인 승무원이 탑승하며 기내 엔터테인먼트 시스템인 크리스월드 KrisWorld를 도입해 항공기 내에서의 시간을 더욱 즐겁게 만들어준다. 또한 싱가포르 대표 칵테일인 싱가포르 슬링과 타이거 맥주도 요청하면 맛볼 수 있다.

싱가포르항공(인천↔싱가포르) 운항 스케줄

인천 → 싱가포르				싱가포르 → 인천			
항공편	운항 횟수	출발 시간	도착 시간	항공편	운항 횟수	출발 시간	도착 시간
SQ603	주 7회	00:15	05:35	SQ608	주 7회	00:10	07:45
SQ607	주 7회	09:00	14:20	SQ600	주 7회	08:00	15:35
SQ609	주 7회	16:40	22:00	SQ016	주 7회	09:25	16:45
SQ15	주 7회	19:35	00:50+1day	SQ602	주 7회	14:30	22:05

 알아두세요 **싱가포르항공의 보딩 패스로 누리는 혜택 Boarding Pass Privileges**

싱가포르항공을 이용하면 싱가포르의 관광지, 투어, 레스토랑 등에서 할인 혜택을 받을 수 있어 더욱 인기를 끌고 있다.

주요 볼거리 : 가든스 바이 더 베이, S.E.A. 아쿠아리움, 주롱 새공원, 싱가포르 동물원, 나이트 사파리, 싱가포르 플라이어, 센토사 시네 블라스트(4D 영화관), 센토사 스카이라운지, 언더워터 월드, 시아 홉온 버스

다이닝 : 점보 시푸드, 아웃백 스테이크하우스, 레드하우스 시푸드, 피자리아 자르디노, 토다이, 카페 라구나, 브루웍스, 하드 록 카페, 하리스 바, 스테이크하우스, 더 화이트 래빗, 탄종 비치 클럽, 래플스 싱가포르

쇼핑 & 라이프스타일 : ALESSI, bYSI, ION Orchard, Royal Selangor, St James Power Station, SK-Ⅱ Boutique Spa, VivoCity, Wisma Atria, The Body Shop, Banyan Tree Spa, Marina Square

숙소 예약하기

여행에서 숙소가 차지하는 비중은 생각보다 커서 여행의 만족도를 좌지우지하기도 한다. 자신의 여행 패턴과 예산, 위치, 스타일 등을 고려해서 숙소를 선택하자. 싱가포르는 숙소가 무척 다양하고 수도 많은 편이지만 관광객이 많기 때문에 객실 점유율도 무척 높다. 마음에 드는 숙소가 있다면 서둘러 예약하는 것이 안전하고 가격 면에서도 유리하다. 최근에는 다녀온 사람들의 후기를 인터넷 카페, 블로그 등을 통해 쉽게 확인할 수 있어 숙소 선택에 큰 도움이 된다.

숙소 예약 팁

숙소 예약은 호텔 홈페이지나 예약 대행 업체를 통해서 할 수 있다. 그 호텔의 홈페이지에서 다이렉트로 예약하는 것이 저렴할 수도 있고 호텔 예약을 대행해주는 사이트를 이용하는 것이 저렴할 수도 있다. 작은 규모의 호스텔 같은 경우 홈페이지에서 예약을 하거나 이메일로 직접 예약 요청을 하는 방법도 있다.

▲ 부킹닷컴 숙소 정보 페이지

호텔 예약 사이트

호텔패스 www.hotelpass.co.kr
세이브온호텔 www.saveonhotel.co.kr
글로벌 룸스 www.globalrooms.co.kr
부킹닷컴 www.booking.com
아시아룸스 www.asiarooms.com
아고다 www.agoda.co.kr
호텔스닷컴 kr.hotels.com

호스텔 예약 사이트

호스텔월드 www.hostelworld.com
호스텔닷컴 www.hostels.com/ko
호스텔북커스 www.hostelbookers.com
호스텔스클럽 www.hostelsclub.com

호텔 가격 비교 사이트

호스텔컴바인 www.hostescombined.co.kr

✓ 숙소 예약 체크리스트

▫ 택스와 옵션을 확인하자

같은 호텔이라도 호텔 예약 사이트마다 가격에 차이가 있다. 표면적인 가격만 확인하지 말고 세금과 서비스 차지가 포함된 최종 가격으로 비교하자. 또 아침 식사, 무선인터넷 등의 옵션 포함 사항도 확인해두자.

▫ 가격 비교는 필수!

호텔을 정했다면 호텔 자체 홈페이지를 포함해 최소한 3~4곳의 사이트에서 가격과 옵션 등을 비교한 후 선택하자. 같은 호텔일지라도 예약 업체에 따라 가격 차이가 나는 경우가 있으며 깜짝 프로모션과 같은 행운을 만날 수도 있다.

▫ 취소 규정을 확인하자

호텔 예약 사이트마다 규정에 차이가 있으며 특히 외국 사이트의 경우 취소 및 환불이 까다로울 수 있다. 예약하기 전 날짜 변경 및 취소 시 수수료가 있는지 반드시 확인하자.

▫ 후기들을 참고하자

요즘은 검색 창에 호텔 이름만 쳐도 인터넷 커뮤니티와 블로그 등에서 그곳에 다녀온 이들의 생생한 후기를 쉽게 볼 수 있다. 호텔 홈페이지의 멋진 사진에 현혹돼 예약했다가 막상 가보면 사진과는 다른 수준에 실망하는 경우도 있다. 이미 다녀온 사람들의 솔직한 후기를 읽으며 정보를 얻을 수 있으니 참고하자.

▫ 바우처 챙기기

숙소 예약을 마치면 보통 이메일이나 홈페이지를 통해서 바우처를 발급해준다. 바우처는 호텔 체크인 시 반드시 필요하므로 프린트해서 잘 보관해두자.

▫ 여행 스타일에 맞게 숙소 위치 잡기

짧은 기간에 알차게 싱가포르 여행을 즐기고 싶다면 MRT 역과 가까운 호텔을 잡는 것이 이동에 편리하다. 가격 대비 숙소의 질을 높이고 싶다면 중심에서 조금 떨어진 곳으로 눈을 돌려보자. 중심가를 벗어나면 같은 가격이라도 더 좋은 컨디션의 호텔을 예약할 수 있다.

▫ 호텔 마일리지 쌓기

아코르, 스타우드 등 전 세계에 체인을 거느린 호텔의 경우 마일리지 프로그램이나 멤버십 카드 등을 발급해주는 곳들이 많다. 숙박 시 마일리지를 적립할 수 있으며 마일리지가 쌓이면 추후에 무료 숙박, 객실 업그레이드, 호텔 내 식사 등 다양하게 사용할 수 있다.

알아두세요 싱가포르항공의 에어텔 패키지, SIA Holidays

항공권과 숙소를 한번에 해결하고 싶다면 에어텔을 눈여겨보세요. SIA Holidays는 싱가포르항공이 제공하는 에어텔 패키지로 2박3일 또는 3박4일 정도의 싱가포르 여행을 계획하는 여행자들에게 합리적인 요금과 다양한 혜택으로 인기를 끌고 있습니다. 기본적인 베이식 여행부터 여자들을 위한 싱가포르 레이디 스페셜, 바쁜 직장인을 위한 1박3일 에어텔 등 다양한 종류가 있으며 싱가포르 창이 국제공항~호텔 간 왕복 교통편, SIA Hop-on 버스 무제한 탑승권 등의 혜택이 주어집니다.

홈페이지 www.siaholidays.co.kr

여행정보 수집하기

패키지가 아닌 자유여행을 계획하고 있다면 틈틈이 여행정보를 수집하며 계획을 짜도록 하자. 정보는 가이드북, 여행 커뮤니티, 관광청 등을 통해서 얻을 수 있다. 가이드북 한 권을 사서 읽고 전체적인 그림을 그린 후 인터넷에서 관광지·맛집·투어 등의 여행 후기를 검색해 상세한 일정들을 추가하자.

싱가포르 관광청 공략하기

싱가포르 관광청에 가면 풍부하고 정리가 잘된 정보를 얻을 수 있다. 홈페이지에서도 자세한 정보와 팁을 얻을 수 있지만 관광청 방문 시 각종 브로슈어, 지도, 할인 쿠폰 등을 얻을 수 있으니 시간 여유가 있다면 들러보는 것도 좋다.

싱가포르 관광청 서울사무소

주소 서울시 종로구 종로1가 교보생명빌딩 9층 **전화** 02-734-5570
홈페이지 www.yoursingapore.com

여행정보 사이트

싱가폴 사랑 cafe.naver.com/singaporelove
싱가포르 관광청 카페 cafe.naver.com/yoursingapore
싱가포르항공 www.singaporeair.com/kr
트립 어드바이저 www.tripadvisor.com

싱가포르 앱 이용하기

스마트폰을 사용한다면 싱가포르 여행에 유용한 앱을 받아 현지에서 활용하는 것도 좋은 방법! 싱가포르 여행에 도움이 될 만한 앱들을 소개한다.

유어 싱가포르 가이드 : 레스토랑, 쇼핑, 나이트라이프 등 대표적인 스폿들 소개

트립 어드바이저 : 전 세계에서 가장 인기 높은 여행 정보 사이트로 인기 랭크 확인은 물론 현재 위치에서 가까운 업소들을 소개해준다.

싱가포르 지도 : 싱가포르 구석구석 상세한 지도를 제공하는 앱

싱가포르 관광 안내 : 대표적인 싱가포르 관광지들을 소개하는 앱

Show Near by : 현재 위치에서 가까운 병원·카페·ATM 등을 검색해 소개해주는 앱

면세점 쇼핑하기

해외여행자의 특권인 면세점 쇼핑! 국내 면세점은 출국 시에만 이용이 가능한 곳으로, 입국 시에는 이용할 수 없다는 점을 유의하자.

면세점 쇼핑 가이드

면세점은 크게 네 종류다. 이 가운데 시내 면세점과 인터넷 면세점은 구입 후 물품 수령은 공항에서 하게 된다. 이때 구입한 영수증을 꼭 지참해야 한다.

● 시내 면세점

직접 방문해서 물건을 보고 구입할 수 있다는 장점이 있다. 종종 구매 금액별 상품권 이벤트나 세일 등을 하기도 한다. 또 먼저 안내데스크를 방문해서 VIP카드를 발급 받으면 더 저렴하게 쇼핑을 즐길 수 있다.

롯데 면세점(본점)
주소 서울시 중구 소공동 1번지
롯데백화점 본점 9~11층 **전화** 02-759-6600

롯데 면세점(코엑스점)
주소 서울시 강남구 삼성동 인터컨티넨탈 서울 코엑스
지상 2~3층, 지하 1~2층 **전화** 02-3484-9600

동화 면세점
주소 서울시 종로구 세종로 211번지 지하 1층
전화 02-399-3000

신라 면세점
주소 서울 중구 장충동2가 202번지
전화 1688-1110

면세점 이용 팁

면세점 쇼핑 시 필요한 것
: 출국하는 본인의 정확한 출국정보(출국 일시, 출국 공항, 항공/편명)와 여권

면세점 상품 구매 가능 기간
: 출국일로부터 60일 이전까지 구매 가능

면세점 구매 한도
: 출국 시 내국인의 국내 면세품 구입 한도는 1인당 미화 3000달러까지이지만 국내로 들여올 수 있는 반입 한도는 면세점에서 구입한 물품과 해외에서 구입해 가져오는 물품을 포함하여 1인당 미화 600달러까지만 면세 적용을 받을 수 있습니다. 즉, 1인당 미화 600달러를 초과하는 물품에 대해서는 입국 시 자진신고하고 세금을 납부해야 합니다. 만약 초과되는 물품을 신고하지 않고 입국하다 걸릴 경우에는 세금 외에 가산세가 추가되고, 경우에 따라서는 관세법에 따라 처벌받을 수도 있습니다. 자진신고 시 물품 가격은 신고금액으로 적용받을 수 있으니 영수증도 챙겨두세요.

*자세한 사항은 인천공항세관(홈페이지 www.customs.go.kr/airport) 참고

● 인터넷 면세점

집에서 온라인으로 쇼핑을 할 수 있어 편리하다. 또한 가격 면에서도 가장 메리트가 있으며 각종 할인 쿠폰, 신규 가입 적립금 이벤트 등을 상시 진행하고 있어 더욱 알뜰하게 쇼핑을 즐길 수 있다. 단점이라면 직접 물건을 보지 못하는 것과 제한적인 상품만 쇼핑할 수 있다는 것. 사려는 것이 익숙한 제품이 아니라면 오프라인 면세점에 가서 구경한 후 온라인으로 주문하는 것도 방법이다.

롯데 면세점 www.lottedfs.com
동화 면세점 www.dutyfree24.com
신라 면세점 www.dfsshilla.com
신세계 면세점 www.ssgdfs.com

● 공항 면세점

출국 당일 공항 내 면세 구역에서 쇼핑을 할 수 있다. 구입과 동시에 수령이 가능하다는 장점이 있으나 할인 폭이 시내 면세점보다 작고 시간이 없을 경우 쇼핑을 제대로 즐기기 힘들다.

● 기내 면세점

항공사에서 운영하는 면세점으로 비행기에 탑승해 기내에 비치된 책자를 보고 마음에 드는 제품을 고르면 돌아오는 비행기에서 수령이 가능하다. 기내 면세점의 장점은 여행 내내 물건을 들고 다니지 않아도 된다는 것이다. 반면에 물품의 종류가 적은 편이라서 선택의 폭이 좁은 게 단점이다.

면세품 수령하기

시내 면세점과 온라인 면세점에서 구입하면 출국일 공항 안에 있는 면세품 인도장에서 물품을 수령하게 된다. 입국 심사를 마치고 면세 구역으로 들어가면 구입 시 받은 영수증과 여권을 제시해야 한다. 면세품 인도장의 정확한 위치는 영수증이나 공항 내 지도를 확인하자.

환전하기

한국의 원화는 싱가포르 현지에서 환전이 어려우므로 **국내에서 미리 싱가포르 달러로 환전**하는 것이 유리하다. 환전한 싱가포르 달러가 남아서 여행 후 다시 한화로 바꾸면 환율 면에서 손실이 있으므로 미리 적당한 예산을 세우고 그에 맞는 금액만 환전하는 것이 좋다. 비상금이 필요하다면 **예비로 미국 달러를 준비**해 가서 현지의 쇼핑몰이나 은행 환전소에서 싱가포르 달러로 바꿀 수도 있다.

환전 체크리스트

☐ **인터넷 환전 신청**

시간 여유가 없어서 은행에 못 갔다면 인터넷 뱅킹으로 환전 신청을 한 후 공항에서 수령하는 방법도 있다. 단, 밤 비행기라면 공항 환전소 마감 시간을 확인하여 영업이 종료되기 전에 수령할 수 있도록 하자.

☐ **환전 수수료 할인받기**

환전 수수료를 할인받을 수 있는 쿠폰을 인터넷 커뮤니티 등에서 쉽게 찾을 수 있다. 큰돈은 아니지만 조금이라도 수수료를 아끼고 싶다면 활용하자. 또한 주거래 은행일 경우 조금 더 할인을 해주기도 하고, 은행에 따라 일정 금액 이상 환전 시 여행자보험을 들어주기도 하니 문의해보자.

☐ **신용카드 챙기기**

예산에 맞춰 환전을 했더라도 현지에서 생각지도 못한 지출이 생길 수 있으니 예비로 신용카드를 챙겨 가는 것이 좋다. 신용카드가 해외에서 사용이 가능한지 카드사에 미리 확인해두자.

 알아두세요 **씨티 국제현금카드 활용하기!**

체류 기간이 길거나 예산 산출이 어렵다면 씨티 국제현금카드를 추천합니다. 우리나라에서 미리 현금카드에 한국 원화를 넣어두고 가면 싱가포르 현지에서 쉽게 ATM을 통해 싱가포르 달러로 인출해 사용할 수 있습니다. 싱가포르 달러로 바로 나오므로 환전할 필요가 없어 편리합니다. 또한 씨티은행은 수수료가 US$1여서 수수료 부담이 크지 않은 것도 장점이지요. 씨티은행 ATM은 쇼핑몰이나 MRT 역에서 쉽게 발견할 수 있습니다.

여행자보험 가입하기

여행 중 생길 수 있는 사고나 도난 등에 대비해 여행자보험을 들어두는 것이 안전하다. 대부분의 보험회사에서 여행자보험을 들 수 있으며 온라인이나 공항에서도 가능하다. 여행 중 아파서 병원을 가거나 상해를 입었을 경우, 도난 및 물품 파손 등의 사고를 당했을 경우에 보상을 받을 수 있으며 보험료는 여행 기간, 보상 금액과 보험회사에 따라 차이가 있다. 만약 사고가 발생했을 경우 현지 경찰서나 병원에서 사고를 증빙하는 서류나 진료 확인증, 영수증 등을 받아두어야 추후 보상받을 수 있다.

짐 꾸리기

여행 준비의 마무리는 짐 꾸리기다. 가장 중요한 작업이므로 빠뜨리는 것이 없도록 꼼꼼히 체크해 가면서 여행가방을 꾸리자. 여권, 항공권, 각종 바우처, 현금 등은 바로바로 꺼낼 수 있도록 트렁크가 아닌 작은 가방에 넣어두자. 짐은 최대한 간소하게 꾸리는 것이 좋다. 또한 현지 쇼핑으로 짐이 늘어날 것을 감안하여 공간을 남겨두어야 한다.

여행 수품 체크리스트

□ **여권과 여행경비**
  여권, 전자항공권, 여행 경비, 신용카드, 여권 사본과 예비 여권사진

□ **의류**
  더운 나라이므로 여름옷을 챙겨 가는 것은 당연하다. 그 외에 뜨거운 자외선과 강한 에어컨 바람을 막아줄 얇은 카디건이나 긴팔 상의도 챙기자.

□ **수영복**
  해변에 갈 계획이 있거나 수영장이 있는 호텔에 묵는다면 반드시 수영복을 챙기자.

□ **선글라스**
  뜨거운 자외선도 막고 패션에도 한몫하는 선글라스는 필수!

□ **선크림**
  자외선을 막아줄 선크림도 필수. SPF 지수가 높은 것으로 준비하는 것이 좋다.

□ **세면도구**
  치약·칫솔·샴푸·린스 등은 기본적으로 제공되지만 질이 떨어지는 곳들도 있으니 휴대용을 준비하자. 렌즈 세정액, 식염수, 면도기, 화장품도 챙기자.

□ **전자 제품**
  카메라(충전기, 메모리 카드)·노트북·휴대폰·MP3·변환 어댑터

□ **의약품**
  간단한 응급약(감기약·지사제·진통제·소화제·반창고), 모기퇴치제, 물파스, 생리용품

알아두세요

기내 액체류 반입 제한

2007년부터 안전상의 이유로 국제선 탑승 시 화장품·물·식염수 등 액체류의 기내 반입을 제한하고 있다. 용기 1개당 100㎖ 이상의 액체와 젤 타입 물건은 기내에 가지고 들어갈 수 없으므로 반드시 수하물로 부쳐야 한다. 용기 1개당 100㎖ 미만일 경우는 1L 이내의 밀폐 봉투에 넣어서 비행기에 가지고 탈 수 있다. 봉투는 1인당 1개만 허용된다. 이를 잊을 경우 즉시 폐기 처리되므로 꼭 유의하자.

사건·사고 대처 요령

몸이 아플 때

싱가포르에서는 더운 바깥과 에어컨을 켜놓은 실내의 온도 차이 때문에 감기에 걸리는 경우가 많다. 또한 날씨가 덥다 보니 금방 지칠 수 있다. 몸의 상태가 좋지 을 때는 가디언 Guardian이나 왓슨 Watsons 같은 곳에서 증상을 말하고 약을 사서 먹도록 하자.

여권을 분실했을 때

여권을 잃어버렸을 경우에는 한국대사관(영사과)에서 여행증명서를 발급받아 귀국해야 한다. 여권 발급은 약 2~3일이 소요되는데 주말에 여권을 분실했을 경우 관공서 휴무로 인해 시간이 더 걸린다.

① 우선 인근 경찰서에 가서 여권 분실 신고를 한 다음 신고증명서를 발급받는다. 여권 사본이 있다면 일처리가 훨씬 수월하므로 여행 전에 미리 챙겨 놓자.

② 발급받은 신고증명서를 가지고 택시를 타고 싱가포르 이민국(ICA)으로 가서 임시사증(A4 용지 한 장 형태)을 발급받는다.

③ 여권 분실 신고증명서와 임시사증을 가지고 한국대사관(영사과)을 방문하여 여행증명서를 발급받는다(본인의 신분을 증명할 수 있는 한국 신분증 지참).

④ 여행증명서와 임시사증을 가지고 있으면 여권을 대신할 수 있으므로 휴대하고 출국한다.

싱가포르 이민국(ICA)

주소 Immigration & Checkpoints Authority ICA Building, 10 Kallang Road, Singapore
전화 6391-6100 **팩스** 6298-0837
홈페이지 www.ica.gov.sg
운영 월~금요일 08:00~15:00, 토요일 08:00~13:00
휴무 일요일·공휴일
가는 방법 MRT Lavender 역 A번 출구 옆에 있다.

주 싱가포르 대한민국 대사관
Embassy of the Republic of Korea

주소 #16-03, Goldbell Towers, 47 Scotts Road, Singapore
전화 6256-1188 **팩스** 6258-3302
홈페이지 sgp.mofat.go.kr
운영 월~금요일 09:00~12:30, 14:00~16:30
휴무 토·일요일·공휴일
가는 방법 MRT Newton 역 A번 출구에서 도보 2분, 쉐라톤 호텔 옆 골드벨 타워 16층에 있다.

알아두세요 싱가포르 담배 관련 주의 사항

싱가포르는 1991년 이래 담배 반입의 경우 반입량과 관계없이 일체 면세를 허용하지 않는다. 입국 여행객은 본인의 소비를 위한 담배라 할지라도 반드시 세관 신고를 해야 하며, 신고하지 않은 채 적발되면, 한 갑당 200 싱가포르 달러 전후의 벌금이 부과된다.

또한 2018년 2월부터 전자담배와 물 담배, 씹는 담배 등 담배 유사제품을 구매하거나 소지, 사용하는 행위 역시 완전히 금지한다. 만일 적발될 시 최고 2000 싱가포르 달러의 벌금이 부과되니 반드시 주의하자.

신용카드를 분실 · 도난당했을 때

카드가 분실된 것을 확인하는 즉시 한국의 카드사로 전화를 해서 카드를 정지시켜야 한다.

해외 분실 신고

비씨카드 0082-2-330-5701   **외환카드** 0082-2-524-8100

신한카드 0082-1544-7200   **씨티카드** 0082-2-3704-7000

삼성카드 0082-2000-8100   **롯데카드** 0082-2-2280-2400

현금을 분실 · 도난당했을 때

현금을 잃어버렸을 경우 안타깝지만 보상받을 수가 없다. 카드를 가지고 있다면 비상금을 인출할 수 있겠지만 카드도 없다면 한국에 전화해 송금을 받는 방법밖에 없다. 싱가포르 내에 한국 은행들이 있으므로 보통 1~2시간이면 송금 받을 수 있다.

외환은행	우리은행	신한은행
주소 Prudential Tower, #24-03/08, Cecil Street, Singapore	**주소** MBFC Tower 2, #13-05, 10 Marina Boulevard, Singapore	**주소** #15-031 Pidemco Centre, George Street, Singapore
전화 6536-1633	**전화** 6422-2000	**전화** 6536-1144
가는 방법 MRT Raffles Place 역 하차, Republic Plaza Building쪽 출구	**가는 방법** MRT Raffles Place 역 하차, MBFC Tower 방향으로 도보 5~10분	**가는 방법** MRT Clarke Quay 역 하차, OCBC 센터 방향으로 도보 5~10분

항공권을 분실 · 도난당했을 때

전자항공권으로 티켓을 받았다면 재출력하면 되므로 걱정할 필요가 없다. 그러나 종이 티켓으로 발급받았다면 일이 복잡해진다. 가까운 경찰서에서 분실도난증명서를 발급받은 뒤 해당 항공사를 찾아가야 한다. 재발급 받기까지 3~6일 정도 걸리고 비용도 많이 나오므로 분실하지 않도록 조심하고 되도록 전자항공권으로 받아두는 것이 안전하다.

소지품을 분실했을 때

여행자보험에 가입했다면 분실한 물건에 대하여 일정 부분 보상을 받을 수 있다. 우선 가까운 경찰서로 가서 분실도난증명서를 작성해야 하는데 이때 브랜드 · 모델명까지 자세히 언급하는 것이 보상받을 때 중요하다. 도난과 분실은 차이가 크며 부주의로 인한 분실은 보상받기 어렵다는 것을 알아두자.

알아두세요

해외여행자 등록제 '동행'

해외여행자 인터넷등록제, '동행'은 해외여행자가 신상정보, 국내 비상연락처, 현지 연락처, 여행일정 등을 등록해두면 여행자가 불의의 사고를 당한 경우, 등록된 정보를 바탕으로 효율적인 영사 조력이 가능하도록 하는 제도다. 인터넷 등록과 동시에 목적지의 안전정보를 이메일을 통해 받아볼 수 있으며 사고 발생 시 가족에게도 신속한 연락을 취할 수 있다.

외교통상부 홈페이지 www.0404.go.kr

싱가포르 여행준비

찾아보기

438

439

friends 프렌즈 시리즈 19

프렌즈 싱가포르

발행일 | 초판 1쇄 2012년 10월 17일
　　　　개정 4판 1쇄 2018년 12월 20일
　　　　개정 5판 2쇄 2020년 1월 29일

글 · 사진 | 박진주

발행인 | 이상언
제작총괄 | 이정아
편집장 | 손혜린
책임편집 | 강은주

본문 디자인 | 김은정, 디박스
개정 디자인 | 김미연
일러스트 | 주아롬

발행처 | 중앙일보플러스(주)
주소 | (04517) 서울특별시 중구 통일로 86 바비엥3 4층
등록 | 2008년 1월 25일 제2014-000178호
판매 | 1588-0950
제작 | (02)6416-3892
홈페이지 | jbooks.joins.com
네이버 포스트 | post.naver.com/joongangbooks

ISBN 978-89-278-1071-1 14980
ISBN 978-89-278-1051-3(set)

ⓒ 박진주, 2012~2020